# Sivuniŋa Sikum

Iñuŋit taġiumlu sikua piŋasuni nunaaqqiñi

International Polar Institute Press

Distributed by University Press of New England

Apiġigaluaġnagit sunaitchuq. Una
makpiġaaq arriḷiuġnaitchuq iluqaaġlugu naagga
iḷałhiñaŋaunnii, qiñiġaaliat taputivlugit,
qanupayaaq pagmami arriḷiuġutinik naagga
aglakługu, apiġiŋaunnagi makpiġarriŋaruat.

Makpiġaam qiññaŋa savaaġiŋagaat Harp and
Company-tkut Marketing Communications-ŋata

Qiñiġaaliaŋa Maaku Opie-m
makpiġaam qaaliani

Makpiġaaq siamitkaat University Press-kut,
New England-miut, www.upne.com

ISBN: 978-0-9961938-7-0
China-mi makpiġarriaguruq

IPI

Post Office Box 212
Hanover, New Hampshire 03755

**Editors**

Shari Fox Gearheard
Lene Kielsen Holm
Henry P. Huntington
Joe Mello Leavitt
Andrew (Andy) R. Mahoney
Margaret Opie
Toku Oshima
Joelie Sanguya

**Qiñiġaaq makpiġaam qalliani:**

Joe Leavitt uiñiġmi qanittuami
Utqiaġvigñun Alaska-mi.
(Maaku Opie-m qiñiġaaŋa)

Quyyatigipiaġataġivut ukua manniġmatigut suli ikayuutinik aitchuqłuta savaaġigaptigu una makpiġaaq *Sivuniŋa Sikum*.

Tautuglugulu Nalunaiqsauruat Ikayuŋaruat iḷisimavsaaġukkuvsi tamatkunuuna ikayuŋaruatigun allatigullu iñuktigun ikayuŋaruatigun una makpiġaaq iñiqtaullasivḷugu.

Maniññaktaapayaatik tuniuqqaġumirruŋ *Sivunġa Sikum* ikayuutiginiaġai nunaaqqiñi Qaanaami Kalaałłit Nunaanni, Kaŋiqługaapigmi Nunavut-mi, suli Utqiaġvigñi, Alaska-mi.

Ittaq Heritage and Research Centre

Greenland Institute of Natural Resources

NSIDC
National Snow and Ice Data Center

Santé Canada    Health Canada

INUIT

Nunavut Arctic College

ALASKA ESKIMO WHALING COMMISSION
P.O. Box 570   Barrow, Alaska 99723

Ilisaqsivik

UKPEAĠVIK IÑUPIAT CORPORATION

arctic slope regional corporation

BARROW ARCTIC BASC SCIENCE CONSORTIUM

INTERNATIONAL POLAR YEAR 2007-2008

ZIA DESIGN GROUP

*Tiġitquuraq*

*Uvluaq*

*Ole Petersen*

*Jacopie Panipak*

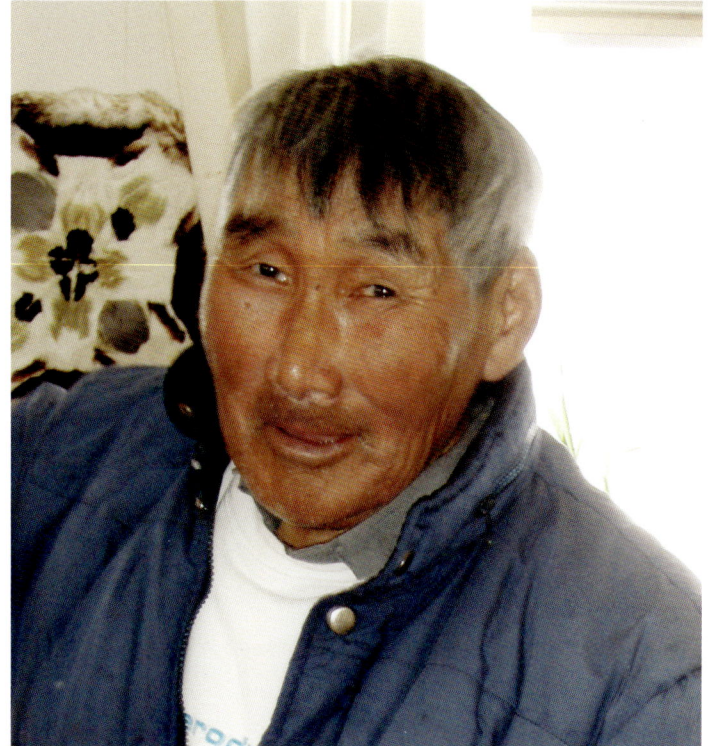

*Qaavigannguaq Qisuk*

*Qulutannguaq Jerimiassen*

*Itqaaqługit*
*Tiġitquuraq*
*Uvluaq*
*Ole Petersen*
*Jacopie Panipak*
*Qulutannguaq Jerimiassen*
*Suli Qaavigannguaq Qisuk*

*Nakuaġirat aŋayuqaaġiiñi,*
*Utuqqanaat, suli avilaitqatit*

*"Taġium sikua qiñiyunaqtuaq nautchiivik"*, isummataaniñ Ugiaqtam
(tautuglugu Aullaqisaaġun), qiñiġaaliaŋa Dorothia Rohner-m.

# Makpiġaam Avgutai

# Paqirrutai Nunaurat, Qiñiġaaliat Urriqutit, suli Taiguiñiq Sunik

## Nunaurat

## Qiñiġaaliat urriqutit

## Taiguiñiq sunik

# Qaitchiruat

**Tiġitquuraq** (Arnold Brower, Sr.) aniŋaruq Suvluġvik akimiaq atausiŋŋuġman, 1922-mi aŋayuqaaŋigñun Charles D. Brower-lu Asiaŋŋataġlu. Tiġitquuraq nuimaruaguruat Utqiaġvigñi iḷagiŋagaat. Aŋuyaktauŋaruq aŋuyakpagmata World War II-mi akiññaktaaqaqhuni American Theater Ribbon-mik, Asiatic-Pacific Theater Ribbon-mik, suli akimaruat World War II-mi nalunaiññutaŋannik. Supputitalgupiaqtuani iḷauŋaruq M1 suppunmik suli iḷisaqtuani iḷauvluni tiŋŋutiniñ nautkiaġaqtuani iḷisaqḷuniḷu qaaġautitautinik. Nukatpiaġrualuuŋŋaġmi akimiaġutaiḷatun ukiuqaqḷuni aapaŋata naliġaaksritkaa San Francisco-mun iḷisaġiaġugmagaan naagga aapayaŋa Paniattaaq qunnḷiḷiqiruaq ikayuġugmagaan. Aapayaŋata sivunniuqusaaġaa qimmiqallasiyumiñaġnivḷugu ikayuqpani aglaan iḷisimammiuq suraġaallasiyumiñaqtilaani miŋuaqtuvsaaġiaġumi. Qunnḷiḷiqiyumaalliqsuq; suuramik-unnii nunuurautiginaitkaa naliġaani. Tiġitquuram pisuaŋagaa atqunaq nunakput qunnḷiliqikami. Tainna pisuaqamiuŋ nunakput iḷitchuġiruq qanutun suġaliqaqtilaaŋanik atuġnaġumiñaqtuanik ataramik uqaqatiqaqḷuni utuqqanaanik. Tavra sut iḷitchuġirani kukiḷullaġmi atuġaġigai qanutun aġviqsiullatuvluni naniġiaqtuqhuni nunamiñ iñuuvluni. Naniġiaqtuġviŋi tasamma Nuvugmiñ qavuŋa iqaluksiuġviŋanun ittuq Ikpikpagmun Chipp River-munlu. Ikpikpak una saqquvigisuuŋagaat aŋayuqaaġiit sut ayuġnaqsimmata tamaani tatqamna qanutun iñuuviginaġumiñaqḷuni. Tiġitquuraq iñuuruq sisamakipiat itchaksrat ukiunikhuni,

North Slope Borough-m ivaqḷiariŋisa paqitkaat timaa Sikkuvik tallimat malġuŋŋuġman, 2008-mi tatqavani kivalliani Chipp 4-m. Aqulliq tavra qitunġaŋisa Charles D. Brower-m, qimakkai akimiaq malġuk qitunġani, sisamakipiaq qulit atausiq tutaaluni suli piŋasukipiaq qulit itchaksrat amauḷuni. Aġviqsiuqtiniḷu qimagmigai Arnold Brower-m Aġviqsiuqtiŋi (ABC). ABC isagutiŋagaa miqḷiqtuni aġviqsiuqtigivlugit aasii pagmapak tutaaluŋit iḷaurut taimuŋa kiŋuniiŋisa iglaupkallaniaġaat kiŋuvaannaktaaqtik.

**Uvluaq** (Warren Matumeak) aniŋaruq Siqiñġiḷaq iñuiññaq itchaksraŋŋuġman 1927-mi Utqiaġvigñi. Aŋayukḷiŋak tallimat malġuuk qitunġaŋisa Matummiavlu Beulah-mlu miŋuaqtuŋaruq itchaksrat miŋuaqtuaksrat naaḷḷugi. Aniqatiipiaŋiññi kisiŋŋuqtuq Myrtle Akootchook. Allat aniqatiiŋit Matummiam nuliatqiutaaniñ Mamie-miñ ukua: Hattie Long, James Matumeak, Frank Matumeak, Perry Matumeak, Gordon Matumeak, suli Lucy Nukapigak. Uvluam qitunġaŋi tuvaaqatiqqaaniḷu Martha (Gordon) Matumeak ukua: Dan Gordon Matumeak, Warren Matumeak, Jr. (tuquŋaruq), suli Peter Matumeak. Qitunġaŋi aasii nuliatqiutiniḷu Martha (Elavgak) Matumeak ukua: Alice Akpik, Darlene Kagak, suli Annie Marie. Aġviqsiuqtiŋiññi aapami iḷaukami iḷitchiqpaŋaruq aġviqsiuġnikullu sikutigullu. Aŋuniallatuvluni qunnḷiaaguliqtuŋaruq taimani isagutisaqqaaġmata. Uvluaq qanutun nunamiñ iñuullaturuq. Suli atullatuŋaruq qiḷautitaqtauvluniḷu taimani ullautigami Clyde River-mun 2004-miḷu 2008-miḷu

*Qiñiġaat saumigmiñ taliqpigmun: Jacopie Panipak; Ole Petersen*

qiñiqtuaqtipiaġataŋagai aġġiñikun. Uvluaq tuquruq Siqiñġiḷaŋŋuġman 2010-mi. Qaisaŋi iḷisimarani uumuŋa makpiġaamun qanutun ikayuutaupiaġataŋarut.

**Jacopie Panipak** Kaŋiqḷugaapigmiu Nunavutni aniŋaruq 1935-mi. Mikiniġmiñiñ iḷisaŋaruq qanuq nunasiuġnaqtilaamik suli aŋuniaġnaqtilaamik, aŋuniaqhuni nukatpiaġruuŋŋaġmi tigmiaġrugnik ukalliñik suli aqarġiñik. Iñuuniqtutilaaŋatun aŋuniaqtiqpauvlugu iñuich qiñiġaat, natchiqsiuqhuni nannuksiuqhuni suli tuttuliaqhuni uniaġaqḷuni nutaġauŋŋaġmi aasii ski-doo-nigman kiikaa kukiḷukhuni aŋuniaqhuni iqalliqivḷuniḷu iḷaanni aullautivlugit qitunġaniḷu tutaaluniḷu, tuquḷġataġñiġmiñun 2012-mi. Jacopie iḷisimaruaġisuugaat iñuich uqaġamik sikukun siḷakullu siḷa qanuġiḷiñiaqtilaaŋanik iḷisimasuuvluni. Jacopie iḷisimmataa nunasiuġniḷhiñakun aŋuliaġniḷhiñakullu inŋitchuq aglaan iñuuniqtutilaamisun qavsiñik sunik savaaqaŋaruq miŋuaqtuġvigmi salummairauvluni, miŋuaqtuġvium suġaliŋiñik savaqḷaallavluni, niġrutinik qaunaksririt kamanauraġivlugu, uqsruġruatigun ikummatitigullu iḷisimarauvluni, savaktiġruat qamutiġruaŋiññik qamutitallavluni suli qamusiqillavluni. Immasuli ilaaguaqḶugu naŋŋaqtauŋammiuq malġuiñi piyaqquqsaġaluaqtuak annautivlugik: iġḷua ipisaġaluaqtuaq annautivlugu aasii iġḷua 1992-mi imiŋaraq ilimiñun tuqutchukkumaruaq payarivlugu annautimmauŋ. Jacopie-lu tuvaaqataalu Rebecca miqḷiqtuqaqtuk quliŋŋuġutaiḷanik suli iñuiññat sippiqḷugich amauḷuqaqḷutik. Aġnaata Rebecca-m uqausiġiŋagaa inna: "Iñullautauŋaruq ukpiqqutiqaqḷuni God-mun suli ikayuiḷḷatupiaġataŋaruq iñugnik. Kipiġniuġutigisuuŋagaich qaunagivlugich tuvaaqatiniḷu qitunġaniḷu suli nakuaqqutiqaqtilaamiñik uvamnik iḷisimapkaġaġigaaŋa. Savalluataġuuŋaruq suli qaunagilluataqḷuta uvagullu nunaaqqiqpullu.

**Ole Rasmus Martika Pele Petersen** aniŋaruq Nippivik iñuiññaŋŋuġutaiḷaq, 1923-mi Qamaarfik-mi qulaani Siorapalu-um Kalaaḷḷit Nunaanni. Ole-m aakaŋa Ane Petersen Avanersua-muŋaruq Upernavigmiñ akimiaq piŋasunik ukiuqaqhuni umiaqtuqasiqḷugu Knut Rasmussen. Ole-m aapaŋa Ittukusuk kiŋuniiqaŋaruq nuuttuanik Kalaaḷḷit Nunaannun Canada-miñ. Ole iñuguŋaruq Atikerlugmi qaniŋani Siorapaluum. Tallimanik ukiunikami aapayaġuqtuq malġigñun aŋutaiyaagnun. Ikayuġaġigaa aakani qaunagivlugik nukaaluugni, iġḷua amaaqḷugu, iġḷua aasii tigumiaqḷugu. Aġnaiyaamik nukaaluniŋarut aquvatigun. Miqḷiqtuuŋŋaisasuli Atikerlugmi aapaiqsut. Ole aŋuniaqtauruksrauniaġman qavsit aŋayuqaaġiit iñuguŋagaat iḷisautivlugu aŋuniaġniġmik. Ole-m iñuuviġiŋammigaa (Herbert Ø) Qikertarsuamiḷu Savissivigmiḷu. Iḷisaaŋa aŋuniaġniġmik naamasimman aakamiñullu aapaksramiñullu utiŋaruq. Akimiaq malġuktun ukiunikami qayaniktuq sivulliġmik aasii aquagun tallimat malġugnik qimmiñikhuni allat atulaisaŋiññik aasii uniaġautigivlugit nannugaqtuq. Ole-m kukiḷuŋagaa iluqaan Avanersuaq tainna aŋuniaqhuni. Ole iñuiññaq sisamatun ukiuniksaġman aŋayuqaaġiit nuuttut Uummannaġmun (Dundas) aasii 1948-mi Naujardlak-mik nuliaqtuq. Aŋuyaktaurat Pituffik-mi (Thule Air Base) katititqammiak quviasaaqsaqḷugik niqinaqiutimagaik aasii aitchuqḷugik supayaanik uniaq silipkauraqḷugu, iḷaŋit pagmapak iḷaŋisa pigigaisuli. Uummannami Ole-ḷu tuvaaqatiniḷu malġugnik miqḷiqtuqaŋaruk. Aasii 1953-mi Uummannamiñ iñuit aninnmatigik nuuttugli Natsilivigmun tavrani ukiivḷutik aasii upinġaaġman umiaqtuqhutik nuuttuk Qikertamun. Tavrani Qikertami itchaksravsaanik miqḷiqtuqavsaaqtuk. Ole taiñiqaqhuni Piniartorsua-mik iñuuruq, tavragguuq aŋuniaqtiqpak. Aŋusiŋaruq atausiḷhiñaŋiḷaami tuugaalignik malġugnik. Miqḷiqtuŋit, piŋasut aŋutit tallimat aġnat,

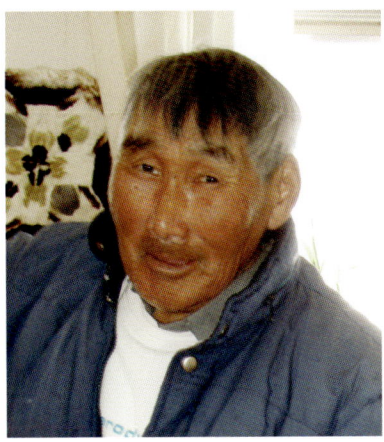 

qatqiññamik nuuttulli Qaanaamun 1972-mi. Aŋuniaŋaruq iñuuniqtutilaamisun aŋunialguiḷiḷġataqłuni. Aasii 2006-mi tuvaaqatigiik nalunaiġaak tuvaaqatigiigñiqtik piŋasukipiatun ukiutun aasii taaptumanisuli ukiumi aitchuusiaqaŋaruq Medal of Honour-mik Denmark-gum umialiŋaniñ aġnamiñ. Tuquruq 2009-mi sisamakipiaq itchaksratun ukiunigviksrani tikitkaluaġnagu unitkai tuvaaqatini, miqłiqtuni, iñuiññaq tallimat malġugnik tutaaluni suli iñuiññaq atausit amaułuuni.

**Qaaviganinguaq Qisuk** (aglaaŋa una tutaaluata Tobias Alata-um). Qaaviganinguaq aniŋaruq Kulahapa-mi Coral Harbour-miittuami Iñukkuksaivik piŋasuanni 1927-mi. Aapaŋa Qisuk Petersen aasii aakaŋa Pallunnguaq. Hauneq aatauraŋa aasii aapayaŋa Kaugunnaq. Miqłiqtuukami sumipayauraq iñuguŋaruq aŋayuqaaŋik kukiḷuktuaqhutik iñuusuuvlutik. Tainna maliġuaqługit niġrutillu aŋuniaġviḷḷuatallu. Ukiiraqtut sumipayaaq Savissivik-miñ tatpauŋanmun. Aapaaluŋa uqallallaasuuŋaruq aakaiġñaġiaŋanivḷuni. Tavra Qaaviganinguaq qimmiñikami tatpaaniqsiuqtuaġaqtuq. Ukiiraqtuq Iitami (Etah) tatpauŋanmun Anoritoo-munaglaan. Aasii aquvatigun ukiunipayaaqami utiqtaġaqtuq Inuarfissua-miñ Neqi-mun. Tavra miqłiqsiqiŋaruk taimani tainna iñuuŋŋaġmi. Miqłiqtuŋi agliuraġmata nuuttuk (itqaumalluatağuma) Siorapalugmun aasii aquvatigun Moriusa-mun tainna aŋuniaqhuni iñuuvluni. Siqiññaatchiaŋŋuġman tavra nannuksiuġiaġaqtuq tikiḷġataqługu Kullorsuaġlu Nuussuaġlu taunani Upernavigmi. Nannusugruŋaruq. Qaaviganinguam iñuguŋammigaik malġuk tutaaluni tainnaasii iḷisautivlugik aŋuniaġnigmik. Miqłiqtułhiñani tainna iḷisautiŋitkai, nutaġaalupayaaq iḷitchisuktuaq iñuuniġmik aŋuniaġluni uqautiraġigaa. Utuqqaligaluaqłuni aŋuniaġutiraġigai utuqqanaaqaġvigmi iñuuruat niqipiaqaqtinniaqługi nutaanik. Kukiḷuŋaruq tuqulġataqłuni. Qaaviganinguaq

aitchuusiaqaŋaruq Royal Rewards Medal-mik Denmark-gum umialiŋaniñ aġnamiñ Queen Margrethe II-miñ. Qaaviganinguaq tuquruq Nippivik iñuiññaq quliŋñuġutaiḷaŋŋuġman 2007-mi.

**Qulutannguaq Jerimiassen** aniŋaruq Amitsuarsugmi Tiŋŋivik piŋasuanni 1922-mi. Aappaŋa Imiina aasii aakaŋa Regine, paniŋa Enok Kristiansen-gum. Taapkuak itchakranik miqłiqtuqaŋaruk aasii aapaŋa tuvaaqasitqikami piŋasunik miqłiqtuqavsaaqłuni. Qulutannguaq iñuguŋaruq Illuluarsui-ñiḷu Nallortoq-miḷu. Aapaŋa apiġiraukami ikayuqtautquvlugu tauqsiġñiaġvium qaukłianun tavra nuuttuq Siorapalugmun. Aasii (Qulutannguaq)-m malikługu aŋaaluni lisaannguaq Savissivigmun aasii tavrani iñuguqtuq. Savissivigmi qimmiñiqqaaŋaruq lisaannguamiñ qulit malġugnik ukiunikami. Aasii utiŋaruq Siorapalugmun akimiaq piŋasutun ukiunikami. Qulutannguam aapaŋa Imiina Imiina aġġisuqłuni iñuit iḷisimalluatağaat aasii ilaa Qulutannguaq iñuuniqtulilaamisun tainna iḷisaġaġimmiuq. Iñuit iḷisimasugmata tavra tusaapkaġaġigai qiñiqtuaqtittaġigai. Qulutannguam tuvaaqataa Rebekka Aulatsivigmiuguruq aasii quliŋŋuġutaiḷanik miqłiqtuqaqtuk, piŋasut-aglaan tuquŋarut. Qulutannguaq nalunaiqsauŋaruq qavsiñisamma. 1964-mi aitchuusiaqaŋaruq nanġaunmik umialiŋaniñ Denmark-gum aġnaaniñḷu King Christian-gumlu Queen Alexandrine-gumlu Foundation-ŋagniñ annautimmagi ipiqqayaqtuat itchaksrat iñuit puttutivlutik quppakun sikumi, iḷaŋat iḷiḷgauraq ipigaluaqtuaq aniqsaatqiksinmivḷugu. Aitchuusiaqaŋammiuq-suli Medal of Honour-mik umialiŋanniñ Denmark-gum aġnaq Queen Margrethe II-miñ nanġaqługu qiñiqtinŋamman tuvraaksramik iñullautauvluni. Qulutannguaq tuquŋaruq Siqiññaasugruŋŋuġman 2013-mi.

*Qiñiġaat saumigmiñ taliqpigmun: Ugiaqtaq (Wesley Aiken); Ilkoo Angutikjuak (tuvaaqatiniḷu Kalluk); Uusaqqak Henson; Ben Itta*

\* \* \*

**Wesley Aiken** (Ugiaqtaq) aniŋaruq Siqiññaatchiaq iñuiññaq tallimaŋŋuġman 1926-mi Utqiaġvigñi. Sisamagigaat qitunġaŋisa Aviugangumlu Pamiiḷamlu (Johnny and Lucy Aiken). Nukaalugiit-uvva: tuquŋaruaq sivulliq Lewis Aiken; Mary Lou Leavitt (Qaġġun); Rebecca Adams (Naataq); tuquŋaruaq Robert Aiken, Sr. (Sakkaaluk); Jonathan Aiken (Kunuk); Jimmy Aiken (Sakiq); Lewis Aiken (Pualu); suli Loretta Kenton (Akuġluk). Ugiaqtaq iñuguŋaruq qavani Isugmi (Cape Halkett) suli Qalluvigmi (Lonely). Ugiaqtaġlu tuvaaqataalu Anna (Kayutak) Aiken qitunġaŋi uvva: Martha Jane Stackhouse, Larry Aiken (iḷaŋat qiñiġaaliuqtipta), Ruth Aiken, John Michael Aiken (tuquŋaruq). Ugiaqtaq umialguŋaruaq aġviqsiuqtiqaqhuni aġviqsiuŋainaruq; qanutun atquŋaq qaitchiŋaruq iḷisimaraksraptinnik uumuŋa makpiġaanun ilaata iḷisimaramiñik aġviqsiuġnikullu aŋuniaġnikullu tamaani nunaptinni atuġuuraŋiññik.

**Ilkoo Angutikjuak** aniŋaruq Sikkuviŋŋuġman 1942-mi aasii iñuguqhuni tatpaani Sam Ford Fjord nunaanni tatpaanitchiani Kaŋiqḷugaapium Nunavunmi. Kaŋiqḷugaapigmun nuunŋaruq 1962-mi aasii inillakḷutik tavruŋa aŋayuqaaġiit. Ilkoo una nuimaruaġigaat utuqqanaani tainna aŋuniaqtuiññaqhuni iñuusuuvluni. Canada-m Qaunaksriŋisa iḷagigaat, sanaturuq tuugaanik, taġiuġruami iqaluksiulgummiuq, aullarri aŋuniaġiaġuktuani, iḷisaurri iñupiat suraġausiŋisigun, qimilġuuri, siḷa qanuġiḷiñiaqtilaaŋanik iḷisimari, miŋuaqtuġvigmi iḷisaurri Iñupiuraallasiñiaġnikun, suli qiñiġaqtauvluni siḷakkuaksranik Inuit Broadcasting Corporation-mi. Ilkoolu tuvaaqatiniḷu qitunġaŋilu tutaaluuŋiḷḷu iñuurut Kaŋiqḷugaapigmi

**Uusaqqak Henson** aniŋaruq Siqiññaasugruk piŋayuanni, 1937-mi Savissivigmi Kalaaḷḷit Nunaanni. Aapaŋa Anaukaq aasii aakaŋata atqa Aviaq Henson. Uusaqqaġlu tuvaaqataalu Simigaq tallimat malġuugnik qitunġaqaqtuk. Miqḷiqtuuŋŋaġmik iñuuŋaruk Savissivigmi aasii tuvaaqatigiiksitqammiak nuuḷḷutik qanittuamun Qaanaamun; tavranigguuq utuqqanaaguuraaqtuk.

**Ben Itta** (Alivrun) aniŋaruq Iġñivik akimiaŋŋuġman 1936-mi Isugmi (Cape Halkett-mi) aasii tavrani iñuurut aŋayuqaakkisa Kakianaavlu Taquliuvlu nuurrutilġataqtillugit iluqaisa aŋayuqaaġiit Utqiaġvigmun 1942-mi. Alivrun-gum aniqatiiŋit Suŋaqsan, Puukak, Tuuŋŋasuk, Kunak, Rhoda Itta, Helen Tukle, Jeanette Chingman nukaḷiŋallu James Itta (iluqatik tuquŋarut kisiŋŋuḷugik Alivrullu Tuuŋŋasuglu). Pagmapak Alivrun aġviqsiuqtini umialguruq-suli qaaŋiqsitchiraqtuq aŋuniaqtimiñun iḷisaamiñik aapamiñiñ sikukullu aŋuniaġnikullu.

**Qaerngaaq P. M. V. Nielsen** aniŋaruq Amiġaiqsivik iñuiññaq quliŋŋuġman 1942-mi Sivissavigmi Kalaaḷḷit Nunaanni. Tiŋŋutit helicop-tat tatpauŋaġaqtaŋaiññaisa Qaerngaaq iñugnik utiqtaurrisuuruaq tuyuutiniglu agliqivluni uniaġaqḷuni. Nutaġauŋŋaġmiimmaqaŋa iḷausuuŋaruq Savissivigmi aŋuniaqtiŋisa sivunniuqtiŋiññun (Board of the Savissivik Organization of Hunters) aasii nuŋuniuraaqsaġniŋiññi 1980-t malġuiqsuaqḷugu sisamani ukiuni iñuksraqtaaġiŋagaat iḷautquvlugu Kalaaḷḷiit Nunaanni Aŋuniaqtillu Iqalliqirillu Katirviat (National Greenland Organization of Hunters and Fishermen). 1975-mi iñuksraqtaaġiŋagaat Qaerngaaq nunaaqqiuraqatiŋisa iḷautquvlugu atanauraŋiññi nunaaqqiġmi, pagmami iḷauruqsuli. 2003-miñqaŋa Qaerngaaq natchiġñik katiqsriutisuugai Great Greenland-kut suli iḷauŋammiuq qiñituaġaaliuqtuani Kalaaḷḷiit Nunaanniḷlu allaniñḷu qairuat iḷagivlugu Ivars Silis-gum qiñiqtualiaŋa

"Andap Pernarnera" (The First Catch of Anda). 2004-mi naṅġausiaqaṇaruq Denmark-gum umialiṇanniñ aġnamiñ. Qavsiiqsuaqhuni Qaerngaaq akimaṇaruq uniaġaqqauraġmata, iḷagivlugu ukiutuaq uniaġaqqauraġmata Thule Airbase-mi. Qaerngaaq iḷḷatiṇagaat piiġumiñaiqługu naṅġausiaqaqtuani Savissivium uniaġaqtiṇiñ̃i (Savissivik Qimussimik Sukkaniuttartut Peqatigiffiat).

**Joelie Sanguya** aṇuniaqti suli uniaġaqti Kangiqtugaapigmi Nunavurmi. Iñuguṇaruq nunami iḷisaqłuni aapamiñiḷḷu aṇaaluumiñiḷḷu. Joeli iḷisaurrauṇagaluaqtuaq miṇuaqtuġvigmi sanatusipiaṇaruq qayaliuġniġmik unialiuġniġmik anuliuġniġmik uniaġaqtuat atuaksraṇiññik supayaanik suli qanusipayaanik savalġutinik aṇuniaġutinik. Qiñiqtuagaksriuqtaummiuq qiñiqtuagaksriuġviqaqłutik allalu iñuk Piksuk Media Inc.-mik atiligaamik. Qiñiqtualiaqqammiaṇisa iḷaṇit "The Mystery of Arqioq", "Qimmiit: The Clash of Two Truths", suli "Nunavut Quest: Race Across Baffin". Joeli aullarrauvluni isagutisaaqtitchiraqtuq sunik iḷaṇat Nunavurgum kavamaṇisa savaaṇat siḷam allaṇṅuġniṇagun Inuit Qaujimajatuqangit of Climate Change Study (North and South Baffin) suli iñiqsiruani iḷauvluni Ninginganiġmik, Iñupiat ilaisa isagutiṇaraṇat aġviġit tugvaqsimaaġviksraqaquvlugit sivulliq suli Canada-mi tugvaqsimaaqviksraṇat taġium niġrutiṇisa (Canada's first National Marine Wildlife Area). Joeli iñuuruq Kangiqtugaapigmi tuvaaqataalu Igah, tallimanik qitunġaqaqtuq, quliñik tutaaluqaqtuq, suli iñuiññaq sisamanik qimmiqaqhutik.

**Uusaqqak Qujaukitsoq** aniṇaruq Uummannaġmi, Kalaałłiit Nunaanni 1948-mi aṇayuqaamiñun Qujaukitsomullu aṇuniaqtimun suli aakaṇanun Eqilanamun. Iḷisaṇaruq tauqsiġñiaqtini ikayuqtaullasivḷuni suli makpiġaannaṇaruq umiaqpagni qaunaksraullasivḷuni, siḷakkuaġumiñaqsivḷuni,

suli qamusiqillasivḷuni. Tuuriḷiiñiksuli aullarriiḷḷammiuq. 1971-miñ 1975-munaglaan Uusaqqak aullarrauṇaruq aṇaiyyuvigmi aṇalatchiriṇiñ̃i (Lutheran Church) suli iñuksraqtaaguṇavluni nunaaqqimi atanauraṇiñ̃un (1971-1975, suli 1988-1991). 1983-miñ 1995-mun suli iñuksraqtaaġiṇagaat Landsting-miut Kalaałłit Nunaanni uqaqtigisukługuli iliṇisa kavamaqpagni. 1984-miñaglaan suli iñuksraqtaaġiṇammigaat Inuit Circumpolar Conference-mun, aullarrauṇammiuqsuli Hingitaq '54-mi, aasii qaṇaqqammiq aullarrauvluni qimilġuuruani kataktaṇaruamik Thule Airbase-gum qaninani 1968-mi tiṇṇumik B-52-mik kattaqsrisuuruamik qaaġautinik. 2004-mi naṅġausiaqaṇaruq Royal Rewards Medal-mik suli tavrani ukiumisuli Inuit Circumpolar Conference-gum nanġaṇammigaa savaaṇagun atunim aṇalatchiñikun iñugnik. 1998-misuli quyanaaṇagaat Municipal Council-gum savaaṇagun tavrani aasii 2002-mi naṅġausiaqaṇammiuq anayanniuġaluaqani savaaṇagun Municipal Council-kunni. Atanniqsimautikun savaaqaġuugaluaqtuq aṇuniaqtaummiuq, aṇuniaqtuaqłuni 1971-miñqaṇa. Qayaqaqtuq qimmiqaqtuġlu, ittuksraupiaqtuagnik aṇuniaġluni iñuuniaqtuamun. Uusaqqak iñuuruq Qaanaami tuvaaqataalu Inger, tallimanik miqłiqtuqaqtuk.

**Taliilannguaq Peary** aniṇaruq Qikertarsuami 1941-mi aasii iñuguqhuni Uummannami nuurviṇannun aṇayuqaami. Sikumman aṇayuqaaġiit Issuisoomugaqtut aṇuniaġiaqhuni aapaṇa aiviġniglu pisukkaaniglu. Taliilannguam aapaṇa piṇasunik nuliaqaṇaruq, tuvaaqatiqqaaṇalu sisamanik miqłiqtuqaqłutik (piṇasut aġnat, malġuuk aṇutik), tuglianiñ piṇasunik miqłiqtuqaqtuq aasii piṇayuanniñ iġñiqaqhuni (Taliilannguaq) suli paniqaqhuni. 1953-mi Taliilannguaq ukiunigman qulit atausiñik aṇayuqaaġiit anitaummata Uummannamiñ Thule Airbase-liuqsaqhutik nuuttut aṇayuqaaġiit Qiketarsuamun, tavra tavrani iḷisarraqsitqiṇaruq

*Saumigmiñ taliqpigmun:*
*Igah Haiunnulu Mary*
*Tassugallu; Larry Aiken*

aŋuniaġniġmik Taliilannguaq iḷisaqhuni aapamiñiñ. Upiŋaksrami qaksraummata natchiit aapagiik aŋuniaġaġigai. Aapaŋa tavra supputitaġaqtuq asitqunnamiasii Taliilannguaq uuktuaqtiłlugu, asitqunmalli Taliilannguaq aapaŋali piñaqsiraqtuq. Tainna tavra iḷisaqtinŋagaa aŋuniaqtauniġmik. Taliilannguaq aŋuniaqłuni iñuuruqsuli pagmanunaglaan utuqqaliḷġataqłuni. Taliilannguaq tuvaaqatiqqaaŋalu sisamanik miqłiqtuqaqtuk, piŋasut aġnat, atausiq aŋun. Pagmapakaasii tuvaaqataalu, Savfak Peary, malġuugnik iġñiqaŋaruk iluqatik tuquŋaruk. Taliilannguam aapaaluŋa Robert E. Peary, taimña America-ġmiu ivaqłiari nunanik aullaurriŋaruaq ivaqłiaruanik North Pole-mik.

**Igah Hainnu** aniŋaruq Kangiqtugaapik Nunavurmi aasii tavrani iñuuniqtutilaamisun iñuuruq. Sisamanik miqłiqtuqaqtuq iluqatiqquuq qatqiñŋarut. Igah-m uiŋa Joavee Etuangat Pangnirtung-miu aglaan iñuuruġli Kangiqtugaapik iñuiññaq qulit ukiut qaaŋiqsuani. Igah-una iñusalait iḷisimagaat qiñiġaaliulgutilaaŋanik aasii tautugnaġuurut qiñiġaaliaŋit sumipayaaq qiñiġaaliat qiñiqsitaaġvianni. Miqłiqtuuŋŋaġmi qiñiġaaliurraqsiŋaruaq iḷisaqhuni aapamiñiḷḷu aakaalumiñiḷḷu. Igah-suli qaŋatun annuġarriñiġmik iḷitchiŋammiuq aakamiñiñ qanusiḷimaanik ammiñik savalguruamiñ. Pagmapak Igah qiñiġarriruq-suli qanusipayaani savagviksraqaqami suli qanusipayaanik qiñiġarriutinik atuqłuni. Iḷisaurriuruq Qiñiġarriñiġmiglu Suliñiġmiglu miŋuaqtuqtuanun miqłiqtut aqulliqsaaġvianni Qluuamik atiligaami Kaŋiqługaapigmi aqulliġñi iñuiññani ukiuni tavrani savaktuq.

**Mary Tassugat** naluruq nallianni ukiut aniŋatilaamiñik aglaan ilaalu iḷaŋisalu qaaŋisugruuraŋanasugigaat sisamakipiat qulit ukiut. Iḷisimaruq-aglaan upiŋaami

aniŋatilaamiñik Qivituq, Nunavurmi, nunaaqqiuraq kiluliñġani Kaŋiqługaapium qanittuaq Qikiqtarjuamun. Aapaiŋaruq aniŋaiñŋaġmi aasiisuli aakaiġmivḷuni nutauŋuluŋŋaġmi. Aakaaluŋata iñuguŋagaa aasii aapaaluŋa aullarrauŋaruq nullaġviuraŋanni. Aġnaiyaaguŋŋaan aapaaluŋata aullautiŋagait Home Bay-mun ukiivigillaavlugu aasii upiŋaami nunamun tuttuliaqhutik niqiksramigniglu amiksramigniglu uquqtualiaksranik. Mary-m uiŋa Nauya Tassugat iñuusugruuraŋammiruaq sisamakipiaq qulit ukiut qaaŋiḷḷuataqługit. Pisuaqługu tainna nuna iñuuŋaruk aŋuniaġutivlugit iḷatik. Iñuit uqallallaguurut pisuaŋavaiłłutik tainnamik iñuuniqtuŋanivḷugik iḷisimaqpagnivḷugiglu init atiŋiññik nunamiglu. Mary piŋasunik miqłiqtuqaŋaruq, iñugiaktuanik tutaaluqaqłuni amaułuuqaqłuniḷu. Iḷisimaqpaktuq miquġniġmik qaŋatullu iñuit iñuusiŋannik. Pagmanun-aglaan Mary ikayuiruq-suli iñugnik nunaaqqimiñi iḷisautivlugit nutaġaaluit iñupiat iḷisimaraŋiññik, qaŋatun iñuusiŋiññiglu nuimaruaġiraŋiññiglu.

**Larry Aiken** (Igñaviña) aniŋaruq iñuguŋaruġlu Utqiaġvigñi. Larry aġviqsiuġuuŋaruani iñuguŋaruq. Aapaŋa Ugiaqtaq (Wesley Aiken) utuqqanaaq iḷauŋaruaq sikumik uqaqtuani Utqiaġvigñi aġviqsiuŋaiŋagaluaqtuq umialguŋaruq aġviqsiuqtiqaqłuni. Pagmapak aġviqsiuqtiŋiññi George Adams, Sr.-m iḷauruq aġvaguuruami upiŋaksramiḷu ukiaġmallu. Larry-ḷi aŋuniaġuuruq iñuuvluni nunamiñ aġviqsiuġaluaqami tuttunniaġaluaqami iqalliqigaluaqami tigmianik aŋuniaġaluaqami. Aŋuniallatuvluni iqalliqillatuvluniḷu Iñupiatun iñuusiq nuimaruaġipiaġataġaa. Larry-iuna qiñiġaaliuqtaummiuq. Miŋulġutinik qiñiġaaliuġuuruq kalikuġruamun qiñiqtitchaqługu Iñupiat iñuusiŋat aŋuniaġnikun tamaani irrituruami. Qiñiġaaliullatupiaġataqtuq niġrutiŋiññik irrituruam nunami naaggaqaa taġiumi. Aglaan nuimaruaġiłhaaġaa Iñupiaguniñi.

**Nukappiannguaq Hendriksen** aniŋaruq Nippivik akimiaq malġuuŋŋuġman 1961-mi Qaanaami. Aakaŋata atqa Tabethe Simigaq aasii aapaŋata atqa Aajaku Miteq. Nukappiannguaq iñuguŋagaa aakaaluata Berthe Hendricksen-gum aapaaluatalu Sakæus Hendriksen-gum. Aakaŋata aŋayukłiġigaa aasii aniqatiiŋit aakamiñiñ Patdlúnguaq, Cecilie, Anike, Naduk, Rasmus suli Tobias. Aniqatiiŋiasii aapamiñiñ Jensine, Masauna, Paulus suli Dina. Nukappiannguaq aŋuniaqhuni iñuusuuruq iñuuvluni Siorapalugmi iñuguġvigmiñi, tavrani umiaqaqhuni qimmiqaqhuniļu. Tuvaaqataalu Patdloq tallimat malġuugnik miġłiqtuqaqtuk, Niviargiaq, Mayaq, Ilannguaq, Sakæus, Abraham, Asiajuk suli Aqattaq. Nukappiannguaq aŋuniaġiallaturuq sikumi qayaġulignik, ugrugnik, aiviġnik, suli nannunik. Amiġaiqsiviŋŋuġman umiŋmaniglu tuttuniglu aŋuniaġiaġuuruq lita qanikłivļugu aasii Siorapalugmi aŋuniaġuuruq Little Auk-nik.

**Lene Kielsen Holm** iļausuuŋaruq qavsiñi ukiuni savaaqaqtuani nunami tugvairuani taimuŋaaglaan naggutigiyumiñaqtaŋiññilu nunamiñi Kalaałłit Nunaanni taġiumiļu. Pagmapak qimilġuurauruq aullarrauvluni savaktuani Kalaałłit Nunaanni Siļamik Qimilġuuriñi (Greenland Climate Research Centre) Siļamik Naipiqtuqtini Pinngortitaleriffigmi. Sivuani Lene iļauŋaruaq Inuit Circumpolar Council-Greenland-mi qulit ukiut inuŋapqauraqługit qaukłiuvluni qimilġuuriñi taimuŋaaglaan naggutigiyumiñaqtaŋiññiglu qimilġuuruani. Qavsiñi savaani iļauŋaruq tainnasiñik qimilġuuruani Arctic Council's Working Group-mi savaaqaqtuani taimuŋaaglaan naggutigiyumiñaqtaŋiññik qiñiqhutik, suvaluk aġnaunisiññaqługit iñugluaqtuatigun naaggaqaa iñuktigun nunatigun naggutiksratigun. Aullarriŋammiuq Siku-Inuk savaaġimmarruŋ apiqsruqtaqługit Kalaałłit Nunaanni aŋuniaqtit, iqalliqirit, imnaiļiqirit, allallu iļisimaqpaktuat siļam allaŋŋuġniŋagun. Lene Qaqortoġmiukkaluaq uŋallianiittuami Kalaałłit Nunaanni, aakauruq malġugnun miġłiqtugnun suli aakaaluuvluni atausimun, pagmami iñuuruq Nuuk-mi Kalaałłit Nunaata kavamaŋata inaat.

**Shari Fox Gearheard** aniŋaruq Ontario-mi Canada-miittuami. Nutim nakuaġisuuŋamarai ukiuġlu apullu. Mikiŋŋaġmi nivallatuŋaruq qaiyuġamik apunmi tasamaniasii siquvluni, tainnaġuuvluni uŋiaritchairaġigaa aakani. Nunavurmuqqaaqami tavra aimmaviksramiñik paqittuq irrituruami nunami. Taimaŋŋaqaŋa savaqatigigai Inuit nunaaqqiŋit qavsit savaqatigiiqsiłłutik savagmata iļisimaruaŋisigun iñuit, nunaŋallu taġiuŋallu siļaŋallu qimilġuuġmarrun, nunaaqqit iliŋit qimilġuuquraŋiññik qimilġuurut, suli naipiqtuqtuaqtuaqługit savaaġiraŋit. Ilaa nunniqiri qimilġuuriļu katiqsriruani aputikullu sikukullu iļisimaraksranik University of Colorado Boulder-mi 2004-miñaglaan savagvigitualukkaa Kaŋiqługaapik. Uiŋalu Jake ilaalu uniaġaġniq suviiqługu qanutun nakuaġipiallakkaak. Paqitchuktuni tavra paqinnaġuuruk qimmimignik uniaġautigisuuramignik.

**Henry Huntington** Qapiutiginŋkaaglaan, tavra miŋuaqtuamiñik naatchipqauraġami savaannaŋaruq salummairauvluni McMurdock Station-mi uŋalliqpiami nunani Antarctica-mi. Miŋuaqtuġiaġvivsaani naannamiuŋ Utqiaġviŋaruq qavsiutilaaqsaġmatigi aġviġit aasii nakuaġimavlugit qilamik isummiqsuq iļitchuġilluataġukługit iñuŋi nunaŋallu. Qutchisuatigun miŋuaqtuġiavsaaqaaqłuni utiŋaruq Utqiaġvigñun qavsiłaurani ukiuni, aasii nuułłuni 1994-mi Eagle River, Alaska-mun (qanittuaq Anchorage-mun) savagiaqłuni Inuit Circumpolar Council-kunni. 1997-mi ilimisun savarraqsiruq qimilġuurauvluni. Aasii 2004-mi iļļatiŋaruq Pew Charitable Trust-kunnun qaukłiġuqłuni

Qiñiġaat saumigmiñ taliqpigmun: Nukappiannguaq Hendriksen; Lene Kielsen Holm-lu Shari Fox Gearheard-lu; Henry Huntington

xxv

*Qiñiġaat saumigmiñ taliqpigmun: David Iqaqrialu; Mamarut Kristiansen; George Tuukkaq Leavitt*

qimilġuuruanun irrituruatigun nunaptigun tugvaiñiḷuktuani. Iñuuruk Eagle River-mi tuvaaqatiniḷu Kathy, suli iġñiŋik Caleb-lu Thomas-lu, iġñik iluqatik Utqiaġvigman maliŋaruak aasii aquvatigun Kaŋiqługaapigmun-suli malikłutik 2010-mi.

**David Iqaqrialu** aniŋaruq 1954-mi iñuguqłuni nunami, aŋunialguruq taamna Kaŋiqługaapigmiu. Uniaġaqtauvluni iḷisimaqpaktuq qanuq iñuit pilluguutilaaŋannik supayaatigun aŋunialguniŋiññiglu. 1999-mi Nunavut iñiqqaaġmarruŋ iḷauŋaruq kamanauraŋiññun (MLA) sivulliuvluni iñuksraqtaaġimmanni Akunnirmiut, iḷagivlugu Kaŋiqługaapik (1999-miñ 2004-mun). Nunaaqimiñi iḷausuuruq-suli suraġaqtuani, kasimavlutik sivunniuqtuani, suli sivuani iḷauŋammiuq nunatigun sivunniuqtini, suli Nunavut Impact Review Board-mi. David iḷisaurriuruq Piqqusilirivvigmi, Nunavurmiut Iñupiat surġausiatigun iḷisaġviat Kaŋiqługaapigmiittuaq. Tavra Kaŋiqługaapigmi iñuurut tuvaaqataalu Igah iḷatiglu.

**Mamarut Kristiansen** aniŋaruq iñuunniaġviŋani Qaanaam Kalaałłit Nunaŋanni Iġñivik tallimat piŋasuŋŋuġman 1959-mi. Aakaŋa Pallunnguaq aasii aapaŋa aŋuniaqti Masauna. Miqłiqtuukami iñuuruq Qeqertarsua-mi (Herbert Island-mi) aglaan mikiŋŋaan-suli aŋayuqaaġiit nuuttut Moriusa-mun. Tallimat piŋasuuŋarut miqłiqtut, piŋasut aġnat, sisamat aŋutit, Mamarut aŋayukłiuvluni aŋutini. Aakaŋata aŋayuqaaŋik Tautsiannguarsuaġlu tuvaaqataalu Mikivssuk Miunge,Qeqertarsuaġmiuk iñuuruak aŋuniaqtuaqłutik. Aapaŋataasii aŋayuqaaŋik kukiḷullaturuaq Qaavigarsuaġlu tuvaaqataalu Bibiane Kristiansen. Qaavigarsuaq taamna kukiḷuqatigiŋagaa Knut Rasmussen. Ilaa Mamarut uqaġami ilimigun miqłiqtuukamigguuq uqaqsiġiiññaruq. Aŋuniaqtiġuŋaruq aŋuniallatupiaġataqłuni. Qatqiññiġmiñi aularriŋaruq nannugiaqtuanun Savissivigmun tatpauŋasugruksuli niġġum tuŋaanun. Ilimiñik uqallausiŋa

"Aŋuniaġniq uvaŋa iḷisimalluataqługu iḷisimagiga, tainnami pagmapaksuli aŋuniaqtauruŋa." Mamarut piqataalu, Tukummeq Peary, iñuuqatigiiksuk, paniŋaglu Hansigne, sisamatun ukiuqaqtuaq.

**George Tuukkaq Leavitt** aniŋaruq Utqiaġvigñi Siqiñġilaq iñuiññaq tallimat malġuŋŋuġman 1956-mi. Tuukkaq sanatuvluni uqallaguuruq isummiqsuġuunivlugu iḷami iñuuniaġniŋanniñ nunamiḷḷu taġiumiḷḷu qiñiġaaliuġumaatchiqami qiñiyunaqtigiruanik nunaptigun qiñiġaanik. Nukatpiaġruurauŋŋaġmi sanallasiŋaruq qiruuranik sanavluni tivranik taġiuptinniñ. Qiñiġaaliani qiŋalignik tuugaanullu suqqanullu qaamagipiaġataġai-aglaan sanaapayaamiñiñ. Tukkam aniqatiiñisa iḷaŋik Margaret Maaku Opie-ḷu Joe Mello-lu, iḷaummiruak uumani savaami.

**Joe Mello Leavitt** aniŋaruq Siqiññaatchiaq iñuiññaq itchaksraŋŋuġman 1959-mi Utqiaġvigñi aŋayuqaamiñun Luther-mullu Cora-mullu. Joe-m aniqatiiñisa iḷaŋit George Tuukkaq Leavitt-lu Margaret Maaku Opie-ḷu iḷauŋammiruak uumani savaami. Joe-m iḷisimmatiŋit aġviqsiuġnikun iḷisaaġiŋagai aapamiñiñ, qiksiksrauruat umialgit iḷaŋat. Aapaŋata aullaaġutiraġigai aŋuniaġiaġutivlugit aullaaġnaqsiraġimman aasii qaaŋiqsiłługit miqłiqtullaamiñullu allanullu iḷamiñun iḷisimarani nunannaraaġniñiḷu iñuuniaqami nunamiñ. Joe umialgummiuq aġviqsiuqtini, aŋuniaġnaqsimman aŋuniaġumalaaġuuruq, suli ikayuisuuruq qimilġuuriñik qimilġuusaġmata sikukun Utqiaġvigñi. Iḷisimmataalu savayuġniŋiḷḷu ikayuutaupiaġataġniaqtut kiŋuvaaksraptinnun.

**Nancy Neakok Leavitt** aniŋaruq Paniqsiqsiivik qulit piŋasuŋŋuġman 1947-mi Kalimi Alaska-mi iñuguġvigigaa. Aŋayuqaaŋik Warren-lu Dorcas Neakok-lu. Aniqatiiŋit Lily Anniskett, Alma Bodfish, Marie Tracey, Gordon Upicksoun,

   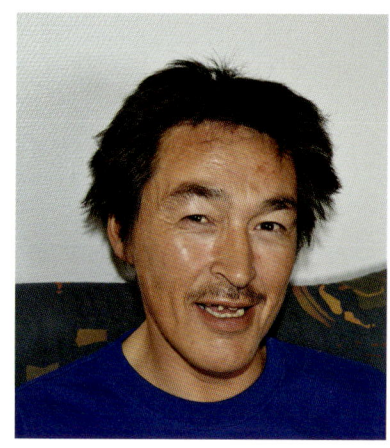

Allen Upiksoun, Joe Upiksoun (tuquŋaruq), Warren Neakok, Jr. (tuquŋaruq), Juanita Neakok (tuquŋaruq), Arthur Upicksoun (tuquŋaruq), Jack Upicksoun (tuquŋaruq), Alma Upicksoun (tuquŋaruq), Eleanor Upicksoun (tuquŋaruq), suli May Joule (tuquŋammiuq). Nancy-una amiqsiñiġmik iḷisimalluataqtuq (umiapianik), suli ivaluliuġuummiuq isagutisaaġniŋaniñ piḷġaġniŋanun. Atigiliullatummigai-suli ammiñiñ iḷani.

**Andy Mahoney** iñuguŋaruq Devon, England-mi apunmik tautuviurasuiłłutik itqaumanaġuuruq aputinigman. Uuktuqqaqłuni apunmik ukiumi iġġiñik mayuqami Scotland-mi nuunŋaruq Fairbanks, Alaska-mun (aputiqaġuugaluaqhuni naamagilaisimaraa) iḷisaġiaqłuni naumaruaguġumiñaqsivlugu iḷisaani sikukun University of Alaska Fairbanks-mi. Naatchikami iḷisaamiñik kiikaasuli Andy iḷisavsaaqtuq sikukun qanuġlu aksiasuutilaaŋa siḷalu iñuŋiḷḷu irrituruam. 2009-mi asugupta piviksriġviuralaisaŋannik ukiiḷḷasiva Antarctica-mi iḷisaġiaġlugu sikuŋa uŋalliqpiat taunani. Alaska uniñŋaliqtuuraqqaaqługu qavsiñi ukiuni Andy tuvaaqataalu Ellie utiŋaruk Fairbanks-mun UAF-mi iḷisaurriñun iḷḷativluni qimilġuusuuruanun nunam sulliñipayaaŋatigun.

**Neils Miunge** aniŋaruq Qanaami Kalaałłit Nunaanni 1969-mi. Aŋuniaqtauruq suli sanatuvluni suliulguvluni. Iñuguŋaruq Qikertarraami qanittuaq Qaanaamun aglaan iñuiġutiŋavluni pagmapak. Niels iñuguŋagaak aapaaluŋata Mikissussuam aakaaluŋatalu Taatsiannguam. Piŋasunik miqłiqtuqaqtuq, malġuk aŋutik atausiq aġnaq. Niels aŋuniaqtauruq aglaan iñuuvigisuugai sanaani qanuq pitqurriqsuŋavaiłługit niġrutit aŋuniaġniaqtuni. Niels sanasuuruq tuugaanik allakataanik suli nagruŋiññiñ tuttut, qiñiġnaqutiliuqquuqłuni.

**Margaret Opie** aniŋaruġlu iñuguŋaruġlu Utqiaġvigñi Alaska-mi. Panigigaak piiŋaruak Luther-lu Cora Leavitt-lu aasii aniqatiiŋisa iḷaŋik Joe Mello Leavitt-lu George Tuukkaq Leavitt-lu. Maakum piqpagipiaġataġai Iñupiaguniptinni piḷġusivut, suraġallasiŋanivut, suli Iñupiagunipta suraġautchiŋit aŋayuqaakkisa iḷisaurraŋit aasii pagmami iḷausuuruqsuli aŋuniaqhuni ataaqtuqhuniḷu. North Slope Borough-mi 2005-mi aġiuŋaraa savaani Qaukłiannun borough-m savaktauŋaruaq savaaġitqupayaaqtaŋiññik iñiqsirauvluni. 2006-mi aasii savagiatqiŋaruq apiġiraugami Inuit Circumpolar Conference (ICC) kasimaniksraŋanun itqanaiyaaksrat savaaġitquvlugit. Maakulu tavaaqataalu Tom aullaallaturuk Opie Camp-mun iḷatiglu. Maakum uqallausiġiŋagaa inna: "Savaaġinnaraaġipiaġataŋagiga una savaaq uqautivlugit qiksiksrautiqaqtavut utuqqanaavut, Ugiaqtaġlu piiqqammiŋaruaġlu Uvluaq. Quyanaaqpakkika aqqaluga Joe-lu tuvaaqataalu Nancy qaaŋiqsitchiyumammagnik iñuusiptinnik qanutun uummatiġmiutaġiraptinnik".

**Maassannguaq Oshima** aniŋaruq Iġñivik akimiaq malġuuŋŋuġman 1977-mi iñuuniaġviŋani Qaanaam Kalaałłit Nunaanni. Aapaŋa Ikou Oshima Tokyo, Japan-miu aakaŋaasii Anna Oshima atqa Manuminamik aqulliqsaaqaŋagaluaqtuaq. Iñuguqtuq Maassannguaq Siorapalugmi iñuuvluni tainna allatitun iñuktitun aŋuniaqłutik iñuuruatitun tamaani. Sisamauŋarut nukaġiit ilaa aŋayukłium tugliġivlugu aŋutitualuuvluni. Aatauraŋa Toku aasii piŋayunik nayaaqaqłuni, Mikalu, Mamiḷu, Ayalu. Mikikami Maassannguaq savalġutiliullaturuaq qanusipayaaq savalġun tuvraġniatakługu. Qaanaamun miŋuaqtuġiaŋaruq naalġataqługi miqłiqtut miŋuaqtuġviksraŋit. Aasii taima aquvatigun kaamniġuġnigmun iḷisaġiaŋaruq. Taima utiġami qavsiñi ukiuni savakkaluaġami kaamniuvluni utiŋaruq Siorapalugmun aŋuniaġniq nakuaġirani atuġiaqługu.

xxviii    *Qiñiġaat saumigmiñ taliqpigmun: Margaret Opie; Maassannguaq Oshima; Toku Oshima; Laimikie Palluq*

Pagmamiasii niġrutit ayuġnaġmata iñuullaruq kaamniġuvluni. Maassannguam iñuuqatigigaa piqatini Susanne Peterson piŋasunik miqłiqtutiglu, Isamu iġñiŋak aniŋaruaq 2001-mi, Hana paniŋak aniŋaruaq 2005-mi, suli Kanti iġñiŋak aniŋaruaq 2007-mi. Maassannguam savarruġikkai iluġaaktun aŋutillu aġnallu savaaŋi. Qaunagiqqaaqługit aŋurami ammiŋit annuġarriḷḷammiuqsuli. Tainna tavra tunulliliqsuġaa piqatini maniññaktuqłuni savaktuaq iḷisaurrauvluni.

**Toku Oshima** aniŋaruq Qaanaami Kalaałłit Nunaanni ukiuġruam qitqani Siqiññaatchiaq iñuiññaq quliŋŋuġutaiḷaŋŋuġman 1975-mi. Aapaŋa Ikou Oshima Tokyo, Japan-miu aasii aakaŋa Anna Siorapalugmiu Kalaałłit Nunaanni. Iñuguqamik aŋayukłiuvluni sisamani miqłiqtuni aŋutaiyaat piuraaqatigillatułhaaŋagai suli niġrutit nakuaġivlugit. Qatqiññami Taku savallasiŋaruq quaqsaaġautinik, iḷisaqłuni aŋayuqaaŋiksa kiiqsruutaatun suli qaŋatun iñuuniġum suraġausiŋit aŋuniaġniq iqalliqiniq suli miquġniq. Quaqsaaġautinik savaamiñi kasuŋagaa tuvaaqatiksrautini Kim Petersen, ilaan Tokum iḷumiutaŋa uummatimiñi piqataata iḷitchuġimagaa aasii nunamiñ iñuuyumaatchiġman tunulliliqsuqługu. 2005-mi Toku aŋuniaqłuniḷu iqalliqivluniḷu iñuuniarraqsiŋaruq. Tokulu Kim-lu qimmiŋiḷḷu iñuurut Qaanaami.

**Laimikie Palluq** aniŋaruq Ailaqtaligmi uŋasiksigiruaq Kaŋiqługaapik Nunavurmiñ 25 kilometers-tun Tiŋŋivik iñuiññaŋŋuġman 1954-mi. Qauġriñiuraqami itqaumaruq umiaqpakun taunuŋanmun iglaumaruaq naŋirvigmugiaqhuni Hamilton, Ontario-miittuamun. Malġugni ukiiqqaaqłuni taunani utiŋaruq Naqsaalukulugmun aasii iñuguqłuni tavrani. Iḷisaaŋata iḷaŋat-suli malikługit aŋuniaqtuat. Tavra iḷisaqtuq qanuq kaivalukługu pisuaġnaqtilaaŋanik natchiqsiuqtuni

alluata tuŋaanuktinniaqługu utaqqiruamun aŋuniaqtimun. Tainnasuli iḷisaqłuni qimmiñik atuqłuni, aasii aquvatigun nikpaġnigmik alluŋani natchium, aasii aquvatigun natchiqsiullasiŋaruq. Iḷitchiŋammiuq qanuq qimmit qimullasipkaġnaqtilaaŋit suli ilaata qimmimiñik uniaġallasimmivluni. Sivisuruatun ukiutun samma Laimikie-m iñuuniaġniŋa maliġivlugit suraġausit ukium sulliñġakun. Iñuuraqtuq iḷami igluanni ukiumi nuułłutik upinġaami natchiqsiuġnaqsimman nutaanik natchiġñik. Iḷaniḷu 1970-mi nuuttut qanittuamun Kaŋiqługaapigmun iñuusiŋat allaŋŋuaqsimman atuliqługit ski-doo-t. Laimikie-tkut iḷagiit nuunmata Kaŋiqługaapigmun 1985-mi iñuusiŋa alaŋŋuqtuq iḷaurraqsivḷuniḷu iñugiaktuani nunaaqqimi ikayuqtiŋiññi kasimavlutik sivunniuqtuani. Pagmapak Laimikie iḷauruq atanauraŋiññi Ilisaqsivik Society-m, aullarriġuqłuni aŋaiyyuvigmiñi kasimaraġaqtuani, suli aullarrauvluni qitiktitchirini. Kaŋiqługaapigmi iñuuruq piqatiniḷu Annie sisamallu miqłiqtuŋi. Pagmapak uniaġaġuuruq-suli.

**Ilannguaq Qaerngaaq** aniŋaruq Iġñivik qulit malġuŋŋuġman 1960-mi Qanaami Kalaałłit Nunaanni. Aŋayuqaaŋik Avataq aapaŋa suli Maalia aakaŋa. Iñuguŋaruq Qeqertarsuami (Herbert Island). Ilannguam aapaŋagun amauŋa Qaerngaarsuaq aŋatkuġruat iḷagiŋagaat. Mikiŋŋaġmi Ilannguaq uniaġaqtuatigun Kullorsuamuŋaruq aakaŋakii tamaaniġmiuguŋaruq Upernavigmiuni. Nutaġaaluuŋŋaġmiqaŋa Ilannguaq iñuusuuŋaruq aŋuniaqłuni pagmanun-aglaan. Qavsiiqsuaqłuni nannugiaqtuanun iḷauŋaruq Ikeq-mun suli uallianun Savissivium (Savissivik saava, in front [offshore] of Savissivik). Iḷaanniimmasuli uniaġaqtuanik aullarrivḷuni tikiñŋagaa Grise Fiord (Nunavut Canada-miittuaq). Ilannguam aapamigun aappaaluŋa atiġusiqaŋagaat Qaanaaġmiut Taitsiannguaraatsiaq, aasi tuvaaqataa

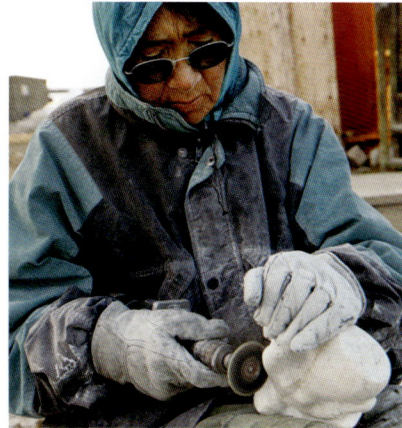

Suakannguaq. Taitsianguaraatsiaq aġġisinik atulgupiaġataqtuat iḷagiṇagaat Avanersuami.

**Lydia Qayaq** aniŋaruq Nattiqsujuum siñaani Siqiññaasugruk iñuiññaq malġuŋŋuġman 1954-mi iñuguqhuni qanittuami Kaŋiqługaapigmullu Pond Inlet, Nunavurmullu. Itqaumaruq mikiŋŋaġmi iñuŋŋuuraliuġuuruq annuġarrivḷugiḷḷu, tainna miqłiqtut iḷitchiqqaaġuuruat annuġarriñigmik. Itqaġuuruq sisuuqhaaġnimignik, ayuktaġniġmignik atuqłutik ayuktaliamik aivġit saunġanik (piglarut araa!) suli igluuraaŋŋuaqłutik. Mikiŋŋaġmi qiñiqtuaġaġigaa aapani qiñiġaaliuġman, tainnaqhuni iḷitchiŋaruq qiñiġaaliuġnigmik, aasii taima iñuk iḷisaurri allaniñ qaivḷuni iḷisaurriyyaġman qiñiġaaliuġnigmik iḷauruq iḷisaqtuani. Lydia sanarraqsiŋaruq akimianik ukiunikami aasii sanallaturuġlu qiñiġaaliullaturuġlu nannunik, iñuksugnik, suli Sedna-mik (taġium atanġa). Sanaŋiññami Lydia aŋuniallaturuq iqalliqillaturuġlu. Sisamanik miqłiqtuqaqtuq qulit piŋasunik tutaaluqaqłuni, Kaŋiqługaapigmi iñuuruq sanauraaqtuaqłuni.

**Teema Qillaq** aniŋaruq Iġñivik qulit malġuuŋŋuġman 1980-mi. Miqłiqtuuŋŋaġmi itchaksrani ukiuni iñuuliqtuuraŋaruq nullaġviurami uŋasiksigiruami 40 miles-tun Kaŋiqługaapik, Nunavurmiñ. Nukaqłigigaak itchaksrat miqłiqtuŋisa Toopiŋavlu Miariah Qillavlu. Qaurimatilaamisun mikiŋŋaġmiqaŋa tavra aŋuniaqłuni iñuuŋaruq. Qulit ukiut qaaŋianiktut Teemam kasuġmauŋ tuvaaqatini Nina, aasii malġugnik iġñiqaqtuk atausimikaasii paniqaqłutik, aŋayukłiq Ken Joseph Qillaq, tuglia Lina Martha Qillaq, aasii nukaqłiq Ashevak Benjamin Qillaq. Teema aqulliġñi quliŋŋuġutaiḷani ukiuni savaktuq igluliuqtini. 2006-mi iḷḷatiruq sikumik naipiqtuqtiŋiññun nunaaqqiurani isagutisaaŋaruaq Siku-Inuit-Hila savaaq isagutimman. Tainna naipiqtuġnimiñi iḷitchuġiruq alaŋŋuġniŋiññik siḷam, taġium sikuata, suli anium, suli

siḷamiittuaġumiñaqhuni aŋuniaqłuniḷu naipiqtullaġmi. Nunamiqsiuŋiññami ayyutaallatupiaġataqtuq sikumi!

**Nina Qillaq** aniŋaruq Suvluġvik iñuiññaġutaiḷaŋŋuġman 1983-mi kamasuuttaqsriruagnun aŋayuqaamiñun Lizzie-mullu Elijah Palituġmullu. Tallimat miqłiqtuŋiñni anayukłium tugliġigaa, iñuguŋaruq Kaŋiqługaapik, Nunavurmi. Miqullatupiaġataqtuq. Miqullasikamiqaŋa sivulliiñi miŋuaqtuġvigmiñi miquqtuq-suli. Naatchikami Quluami miŋuaqtuġnimiñik Kaŋiqługaapigmi 2003-mi savarraqsiŋaruq Ilisaqsivik Society-mi qaunaksrivḷuni igliġniŋagun aasii tavrani savakłuni qavsiñisamma ukiuni. Savaŋammiuqsuli nunaaqiuraŋani Hamlet-gum qaukłiuvluni qitiktuaġnikullu nunaaqqiñi ikayuqtuaniḷu. Pagmapak aakauguraaqtuq aimaaġvigmiñi miquaksrani savaaġivlugit. Qulit ukiut qaaŋianiktut Nina-m kasuġmauŋ Teema Qillaq aasii piŋasunik piññaġnaqtuanik miqłiqtuqaqtuk: Ken Joseph Qillaq, Lina Martha Qilla, suli Ashevak Benjamin Qillaq.

**Igah Sanguya** iñuguŋaruq nunami Pangnirtung-mi uŋalliani Baffin Island-gum nuunŋaiñŋaġmik Kaŋiqługaapigmun nutaġaaluguqami. Igah savaŋaruq ukiut iñuiññaq qulit sippiqługit timim iluaġniksraŋagun savaktuani Kaŋiqługaapigmi (Clyde River) aasii iñuksrataaguvluni uqaqtigivlugu nunaaqqiŋata qulit malġuugni ukiuni qaaŋiqqammiqsuani. Kipiġniuġutiqaqłuni timikun iluaġniksraŋisigun iñumi Kaŋiqługaapigmiuni Igah iḷausuuruq kasimmatigivlugu savaaqaqtuani timim iluaġniŋagun nunaaqqimiñi, iḷauŋammiuqsuli atanauraŋiññun Ilisaqsivium. Igah nunasiullaturuq uniaġaġuuruk nullaqłutik tuvaaqataalu Joelie miqłiqtuŋiḷḷu. Mumiksirausuuŋammiuqsuli qavsisalagni ukiuni, aŋalatchivḷuniḷu surġaqtuanik, suli aullarrivḷuni savaanik. Igah tuvaaqatiniḷu, Joelie, tallimat miqłiqtutik, qulit tutaaluutik, iñuiññaq sisamallu uniaġautitik qimmisik iñuurut Kaŋiqługaapigmi.

*Qiñiġaat saumigmiñ taliqpigmun: Ilannguaq Qaerngaaq; Lydia Qayaq; Nina Qillaġlu Teema Qillaġlu*   xxix

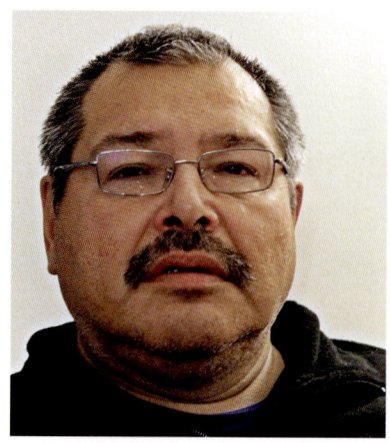

**Geela Tigullaraq** aniŋaruq Iqaluit, Nunavurmi taimani
taiguusiqaŋŋaan-suli Frobisher Bay-mik.Iñuguŋaruq
Nanisivigmiḷu Kaŋiqługaapigmiḷu iñuguqługu aappaaluŋatalu
aakaaluŋatalu. Qatqitqammiqami naatchiŋaruq Mumiksirit
Iḷisaaŋannik Nunavut Arctic College-mi Iqalugni aasii
nuutqikłuni Kaŋiqługaapigmun savarraqsiaqsivḷuni
mumiksirauvluni iñugiaktuani mumiksiriqaqtuksrauruani
iḷagivlugu qavisiñi ukiuni mumiksirauvluni iñuuniaġviŋanni
nunaaqqimi. Geela iñuguurriŋaruq piŋasunik miqłiqtunik,
Todd-lu, Kimberley-ḷu, Tasha-lu, malġugnik miqłiqtumiñik
tiguaqtitchivḷuni. Miqullaturuq niksigaurallaturuġlu suli
aimmiuraaqatigillatugai iḷani, savaaqaqtuq mumiksirauvluni
uqaqsitaaġviŋanni Nunavut Court of Justice-kut.

**Otto Simigaq** aniŋaruq iglumi Siorapalugmi Kuraisimaqtuat
uvlaakusiññaġmata 1961-mi. Aakaŋa Benigne (Binenna)
Sadorana aasii aapaŋa Knud Kristiansen. Iñuguŋagaak
aakaŋata aŋayuqaaŋiksa Aakaaluŋata Nivikkannguam
aappaaluŋatalu Kaugunnam iñuguŋagaak iġñiġipiaġmatun.
Otto aniqatiimiñi aakamiñiñ aŋayukłiġmun tugliuruq aasii
piŋasunik nayaaqaqłuni aasii piŋasunik-suli nukaaluqaqłuni
aŋutinik. Aŋayukłiŋat nukaaluuŋisa aŋutit tuquŋaruq
nukakłiqpiaġlu ipiŋammiuq piyaqquqłuni qayaqtullaġmi.
Aapamiñiñ-suli nukaaluqaġmiuq suli nayaaluqavsaaqłuni.
Otto miŋuaqtuġiaŋaitchuq iñuguġviñi aŋuniaqtuaġuuvlutik
maliġivlugu niġrutit miŋuaqtuġiaġniaġnigmik piŋaiḷutaiḷaat
tauqsiġñiaġvigñiglu. Aŋaiyyuvigmi (Lutheran Church-mi
akimiaŋŋuġutaiḷatun ukiunikami) iḷḷatiŋaiññaġmiunnii ilimisun
qimmiqaŋaruq aŋusukłuni nannumik iḷḷatiŋaiññaġmi
qaġlialuuliuqtitchukhuni atuaksramiñik iḷḷatigumi.
Atausimiimma ukiumi ikayuqtiŋŋuŋaruq tauqsiġñiaġvigñi
piŋasuni tatqiñi aŋuniaġiaġuliqami aŋuniaġiallavluni.
Sivikisuuramik savałauraqsiññaŋaruq qanuq "*Piniartuuneq
hilarraaqarnaqihaumat (silarsuaqarnarnerummat)
nuannernerumallu*" – Naamaruatun iñuktun iḷisuurugguuq

aŋuniaġami, nakuuqsrisuuvluni iñuuniaqami aŋuniaqłuni.
Otto pagmami aŋuniaqtuaqłuni iñuuruq-suli qanuq
iñuulguisimavluni niqipiagiḷaqłuni suli qimmiŋit
niqiqaqtuksrauvlutik. Otto sisamanik miqłiqtuqaqtuq
aŋayukłiit nunaaqqiqpagni iñuurut.

**Jens Karl Thomas Danielsen** aniŋaruq Suvluġvik iñuiññaq
atausiŋŋuġman 1959-mi Nuuk-mi, Kalaałłit Nunaanni.
Aakaŋata atqa Marie Danielsen, Kristiansen-
ŋuŋaruaq katitkanikami Jakob Kristiansen-mun, Jens-gum
aapaksraŋanun. Jens-gum kiŋuniiŋit Nuussuaġmiut,
Upernavigmiittuami. Jens mikiŋŋaan-suli nuuttut
Moriusaġmun umiaqtuqhutik, aasii tavraŋŋa-suli
nuuvsaaqhutik Qaanaamun 1990-mi. Tuvaaqataalu
atautchimiittuk 1980-miŋqaŋa, katitiłłutik 1986-mi.
Tuvaaqataa paniqaqtuq iluqatik iñuguqtaagnik aasii
itchaksranik tutaaluuqaqtuk, piŋasut aŋutit, piŋasut aġnat.
Iliŋiksa iñuguŋagaik aŋayukłiik aŋutik. Jens
miŋuaqtuŋaitchuq aglaan iñuguŋagaat aŋuniaqtautquvlugu.
Aŋuniaqtauruq, suli iglauqatigisuugait qimilġuurit
uniaġautivlugit naagga umiaqtuutivlugit iñuuruat timiŋisigun
iḷisimarit ikayuqługit pittuqimmatigik nalunaiññutchiqsuqługit
naaggaqaa siḷakkuallaruanik pittuqivlugit kukiḷugniŋat
maliġuaġumiñaqsivḷugu tigmiagugaluaġli natchiugaluaġli
aivġugaluaġli tugaaliugaluaġli qiḷalukkaugaluaġli. Tuuriliinik
aullarrisuummiuq uniaġautivlugit naagga umiaqtuutivlugit.
1992-mi iḷauŋaruq małġuuvlutik aullaaqtuak iñuit nunaannik
qiñiqtuaġaaġiaqtuanik taggisiqaqłuni *Inuit Nunaannik
Kaajallaanialunneq*, "Inuit Nunaannik Qiñiqtuaġaaġiaġniq.
Qaanaamiñ Utqiaġvigñunaglaan uniaġaŋaruak. Qavsiñi
ukiuni Jens nunaaqqimiñi uqaqsitaaġvigñi qaunaksrauŋaruq.
Sisamanisuli iñuksraqtaaġiŋagaat iḷautquvlugu
aŋaiyyuvigmik umialignaŋiññi (1979-1983) aasiisuli

1997-miñqaŋa iñuksrataaguŋammiuq KNAPK-m atanauraŋiññun aŋuniatillu iqalliqirillu sivunniuqtiŋi Kalaałłit Nunaanni. 1979-miñ-qaŋasuli iñuksraqtaaguŋammiuq, akimaŋitkaluaqtuq atausimi, iḷautquvlugu Qaanaam atanauraŋiññun, iḷaŋgun Mayor-auvluni.

### Inukitsorsuaq Sadorana

Inukitsorsuaq Sadorana aniŋaruq Kangerluarsugmi Kalaałłit Nunaanni Amiġaiqsivik akimiaŋŋuġman 1952-mi. Aŋayuqaaŋik Navssaġlu Sinaruyuaġlu. Aapaŋa aniŋaruq Canada-ġmiuni samma 1907-mi tamaanisugnaq, taimani Peary tikiññialamman North Pole-mun. Inukitsorsuaq iñuguŋaruq nunaaqqiŋuluurami Kangerluarsugmi (sisamat aŋayuqaaġiit, iḷaanni kisimik) iḷaanniaglaan ukiiḷḷaavlutik Qikertani. Ukiunikami qulitun miŋuaqtuġiaŋaruq Qaanaamun. Aquvatigun aasii aivluni Kangerluarsugmun, aŋuniaqtauniaqhunikii aŋayuqaani niqipiagiḷaquŋiłługik. Allatitun aŋayuqaani suqaqtinniḷugaġigaik. Puiguġumiñaisaŋa itqaġuugaa nauliksiqqaaqami qiḷalugamik akimiatun ukiunikami, natchianiŋagaluaqtuq qayaqtuqłuni. Aŋuniaġniġmik iḷisautiŋagaa aapaŋata, aapaŋata naanŋaraanit aŋuniaġunnanik aitchulaitkaa, aglaan ikayuqługu aŋuniaġunnanik savalġusiuġman. Aŋuniaġniq-aglaan siġġaġnaqsiŋaruq Inukitsorsuaq paqitchimmarruŋ naŋirrunmik qiġġaqtualiqhutik navyaaŋit, suvaluk argaŋiḷḷu isigaŋiḷḷu, irraglu qiñilluatallaiqłutik, qanuq-unnii aŋuniaġumiñaiqługu. Taamna Naŋirrutini pillupayukkaluaġaa 1990-mi aglaan aŋuniaqtuaġłuni iñuuyumiñaiŋaruq. Inukisorsuaq iñuuruq Qaanaami tuvaaqatinilu miqłiqtuniḷu tutaaluuniḷu.

### Darlene Matumeak-Kagak

Darlene Matumeak-Kagak aimmavigmiñi Utqiaġvigñi aakauguraaqtuaqtuq ataramik. Iḷagiit ski-doo-ġaqłutiglu umiaqtuqłutiglu aŋuniaġiaġuurut iqalliqiyyaġuurut. Darlene iḷaupiaġuuruq aġviqsiuġniġmun itqanaiyaqtuani ukiuqtutilaatun Utqiaġvigñi. Aapaŋalu Uvluaq (Warren Matumeak) iḷauŋaruk simmiqsuutimmagnik Utqiaġviglu Kaŋiqługaapiglu isagutisaaġiŋaraŋa Siku-Inuit-Hila savaaq, aasii paġlammivḷugit Kaŋiqługaapigmiut Qaanaamiullu Utqiaġvigmata 2007-mi. Darlene-lu aapaniḷu Warren uvva tautugnaqtuk qiñiġaami.

### Kisautaq Mayak Niaksaaġruk Ukaqquk

Kisautaq aniŋaruq Nutaqsivigmi akimiaq atausiŋŋuġman 1944-mi Utqiaġviġñi aapamiñun Saalaaġrugmullu aakamiñullu Apayaumun (Aŋupqanatkuk paniŋak). Aŋayukłiuruq itchaksrat miqłiqtuŋiġñi. Itchaksratun ukiunigman aakaŋa tuquŋaruq kataktaqtuami tiŋunmi iḷauvluni. Aapaŋa nuliatqiŋaruq aasii tallimat malġuvsaanik miqłiqtuqaqłuni. Nutaġauŋŋaan Kisautaq aapaŋa aullaŋaruq iḷisaġiaqłuni aŋaiyyuliqsiuniġmik. Aŋayuqaagni tuyuqtautimmagnik Kisauttam mumigaġigai tuyuutiŋik aakaksraŋa tannuraalaiłłuni, tainnami uqautchiġlu uqaqatigiigñiġlu nakuaġiliŋagaik. Sheldon Jackson High School-miñ Sitka, Alaska-miittuami naatchiŋaruq miŋuaqtuġiaġviġiŋaramiñi aasii iiguvlugu miŋuaqtuġnini atausitun college-łuni taunani. Aquvatigun miŋuaqtuġiavsaaŋaruq University of Alaska-mun Fairbanks-miittuamun iḷisaaġisaqługu iñugugniḷukami uqautchiñi, Iñupiatun. Kisautaġlu Aŋutuqsanalu katitinŋaruk 1963-mi aasii iñuguqsivlutik tallimat piŋasunik miqłiqtunik, tallimat iḷiŋiksa miqłiqtutik, malġuk tiguatik, suli atausiq allam pania iñuguqługu. Kisautam savaani aġiuŋagait 2006-mi aasii savaaġisuktamiñik kisian akuqtullaavluni, taaptumatun *Sivuniŋa Sikum*-tun.

xxxii   Ugiaqtaq (Wesley Aiken)
aġviqsiuġman Utqiaġvigñi 1970-mi
samma tamaani (Aiken-kuayaat una
qiñiġaaŋat). "Aakaa Anna-m
savaaŋit iluqaisa annuġaat uumani
qiñiġaami atuqtaŋit.
Quliksaliuqsaqamiuŋ qulit
malġugnik amaqqut amiŋiññik
atuŋaruq. Salummaqqaaqługit
ammit tutqullaaŋagait niuŋi
quliksaliuġumaatchiġamiuŋ.
Salummaqsaisaŋaruq 1954-mi aasii
quliksak naanŋagaik 1956-mi.
Isagutisaaġni-ŋaniñ naaniksraŋanun
savaaġiŋagaik malġugni ukiuni.
(Ikayuaq, Ugiaqtam paniŋa)

# Aullaqisaaġun

*Taisuugiga taġiuqput qiñiyunaqtuamik nautchiivigmik. Iñuunipta pigiruksraġiraŋit qanuq qairaqtut nautchiiviptinniñ. Iñuguŋaruŋa aŋuniaqłuŋa taġium niġrutiŋiññik ukiuq innaŋŋuġman (Siqiñġiḷaq) suvaluk natchiqsiullatupiaġataqtuŋa atiġutituqłuŋa. Taimani taunuŋaġaqtuŋa uniaġaqłuŋa uvlaatchaurami aasii aŋuraġma niġipkaġaġigai iḷatkalu qimmitkalu…*
*(Ugiaqtaq, 2008-mi).*

Aniŋaguvit taġium sikuata siñaani, piuraaġuuŋaguvit taġium sikuani, iñuguqtitchiŋaguvit miqłiqtuġnik taġium siñaani, atuġuuŋagupku piqaqtitchiruaq, savagvigiŋagupku, isummatigiŋagupku siññaktuġivluguunnii, uvlutuaq – qanuq uqausiġiŋayaqpiuŋ iḷaupiaġataqtuaq iñuusiġñi, allayuaġnaqtigiruaq allat nunat iñuŋiññun, aglaan ilignun allayuaġnaġviksraitchuaq? Uqaluŋisigun qiñiġaaŋisigun qiñiġaaliaŋisigun, sanaaŋisigun, quliaqtuaŋisigun isummiqsuaŋisigullu Inuit, Inughuit, Iñupiallu uumani makpiġaami iliŋiññiñ tautuktitchiñiḷugniaqtugut qanuq isummatiqaqtilaaŋiññik ukunaŋŋa salliqpianiñ nunaaqqiuruaniñ. Taġium sikua uqausiġikamirruŋ iḷisimmataat itiruq, aglaan nuimałhaaqtuq siamitchiniksraŋa qanuq iḷisimatilaaqtik tamatkuniŋa, suli qanuq taġium sikuanik iḷisimaniq sivuniqaqtilaaŋa iliŋiññun iñuuruanun taġium sikuani iñuuvigivlugulu aŋuniaġvigivlugulu.

Una makpiġaaq sisamanik avgutiqaqtuq. Sivulliġmi uqausiġigaat taġium sikua aimaaġvigivlugu, tavrani uqausiġiniaġikput summan taġium sikua aimaaġvigipiaġmatun isumaqaqtilaaŋit taġium pimaaqtuġmatun iñuni tamatkua Inuit Inughuit Iñupiallu tamatkunuŋalu niġrutinun taġiumiktauq atuqtuat iliŋiktun. Tuglianiasii, "Niqit", qiñiqtinniḷugniaġikput nuimaniqsraŋa sivuniŋisa, aŋuniaġvik. Iḷitchuġiniaqtugut sunik niġisuummagaisa taġium sikuaniñ, suli qanuqłuni aŋuniaġniġlu niġipkaisuutilaaŋanik timiptinniglu iḷitqusiptinniglu. Piŋayuani qiñiqługu taġium sikua "Atanġiññikun", iḷitchipkaqtitchiñiaqtuq qanuq igliġuutilaaŋiññik taġium sikuagun, iḷagivlugu qanuqłuni taġium sikua atasipkaġuutilaaŋiññik nunaaqqiurat iñuiḷḷu. Tavrani uqausiġiniaġmigaat qanuq allaŋŋuqqammiŋatilaaŋanik taġium sikua qanuġlu tamatkua allaŋŋuutit aksiatilaaŋat sumugviksraŋallu suraġaġviksraŋallu, suli qanuqłutik allatigun paqitchiŋatilaaŋannik iglauviksranik, aŋuniaġviksranik, suli iqalliqiviksranik. Sisamaŋanniasii qimilġuuniaġai "Savalġutillu Annuġaallu" qanuġlu tamatkua ikayuutausuutilaaŋiññik savagniptinniḷu iñuuniptinniḷu taġium sikuani. Savalġutauniŋisa avataagun taġium sikuani savalġutipta iigugigaat iḷitchuqqun qanuġlutik iḷisimmatiqaqtilaaŋit aġnavut, aŋuniaqtivut suli Utuqqanaavut.

Avgutillaani atuġait sanaatik, aglaatik, nunauraliatik, qiñiġaatik, qiñiġaaliatik, suli itqaaqtatik savaaptigun uumani savaami suli apqusaaŋaraptigun iñuuniaġniptinni. Niġiukkutiqaqtugut ilivit taiguaqtuaq suagguuq qiñillasigiksi nunakput iriptigun tautuktuatun, kaŋiqsiḷḷasiḷusiḷu sumik uvaptinnun sivuniqaqtilaaŋa taġium sikua.

*Igah-lu Joelie Sanguya-lu nutqallaktuk
uniaġaqtuak Qaanaam qaniŋani, Kalaałłit
Nunaanni. Uniaġaqtiqpaak Kaŋiqługaapigmiuk
Nunavut-miittuamiñ Igah-lu Joelie-ḷu qimmiŋiññik
atanaurauruam Qaanaami Jens Danielson-
gum atuqtuk. Aŋalataġisaqtuni qimmit taggisiŋit
allaugaluaġniqsut aglaan ataġiññikun iglauniq
taġium sikuani atiruq.*

# Makpiġaaliaptigun

## Uqaluurat savaŋaruaniñ makpiġaamik

*Sivuniŋa Sikum* nuimaruaġiġaat salliqpiani taġium sikuani iñuuniq qiñiŋaraŋallu apqusaaŋaraŋallu Inuit Inughuit suli Iñupiat, iñuuruat atuqługu taġium sikua uvlutuaġman qavsiiñi kiŋuġaaġiiñi. Manigaa savaaŋat Inuit Inughuit Iñupiallu Utuqqanaaŋisa, aŋuniaqtiŋisa, allallu nunaaqqiqatiiŋisa savaaġikaptigu *Siku-Inuit-Hila* savaaq (tautuglugu *Siku-Inuit-Hila*-kun) qaaŋiqsitchivlutik iḷisimmatimignik qanuġlu iḷisimatilaaqtik quliaqtuatigun aglaamiksigun qiñiqtualiamisigun uukłiñiġmiksigun sanaamisigun iḷagiit qiñiġaqsiġñimisigun suli nunauratigun. Maniŋammigai quliaqtuat sanaat suli qiñiġaat nunaaqqit nutaġaaluŋiññiñ, nunaaqqiqatiimigniñ allaniñḷu iñugniñ tunulliḷiqsuqtuaniñ uumiŋa savaamik.

Una makpiġaaq savaaġikaptigu kamagigivut qaitchiruat uqautimmatigut siamitquvlugi uqausiġiratik kiŋuvaaksramignun allanullu iñugnun nunapayaani. Savaaġikaptigu una makpiġaaq taiguaġniaqtuat taapkunani piŋasuni nunaaqqiurani qiñaaġivlugit savakkikput, qanuqtuq iḷitchuġilit savaqatigiikkamik atautchimunmun savaktilaaqtik savaaġikamirruŋ *Siku-Inuit-Hila*, allanullu salliqpiaŋanni nunam iñuuruat, allanullu iñugnun iḷisaqtuanun, iḷisaurriruanun, suli qimilġuuruanun. Nakuuqsriḷittuq qiñiġaalianik qaitchiruaniglu iḷisimmatimignik taniktun taiguaġumirruŋ naaggaqaa Kalaałłisullu Iñuktitullu aquvatigun iñiqtauyumaaqtuanik.

Una makpiġaaq savaaguruq inillakługit siamitqupiaqtaŋit qaitchiruat. Taġium sikua kaŋiqsimmataani Inuit Inughuit Iñupiallu kaŋiqsisiññaŋitkaat taġium sikua qiññałhiñagun, suraġallatilaaŋagun, naaggaqaa qanuq atuġnaqtilaaŋagun. Aglaan Inugnun Inughuiñun Iñupianullu aŋiłhaaqtuq taapkunaŋŋa, suli kaŋiqsiḷḷuataġuktuni taġium sikua kaŋiqsiruksraurut qanuq taġium sikua atatilaaŋa qanuq qiññaqaqtilaaŋa aimaaqviksun, aitchuiḷḷatilaaŋa timiptinnun iḷitqutchiptinnun suli aksiallatilaaptinnik aŋuniaqtit aŋummata, sigñataiḷaakun aitchuqtuimmata, suli niġimmata aippaaniñqaŋa niqigikkaptinnik, suli atanġitchuakun

igliġnikun, isumattutikun savaaguŋaruat savalġutillu annuġaavullu atuqtavut uvlutuaq taunani taġium sikuani. Taapkua kaŋiqsiruni kaŋiqsiñaġniaqtuq qanuq isummatigitilaaŋa taġium sikua iñugnun ataramik iñuuvigivlugu iḷisimalluataqtuat qanuq inniksraŋanik ukium sulliñipayaaŋani sunaqsiraġimman uvlutuaq.

*Mamarut Kristiansen (saumigmi) Qaerngaaq Nielsen-lu Kalaałłit Nunaanniġmiuk naipiqtuqtuk aġviġñik tautukkasugalutik taunani uiñiġmi Utqiaġvium saaŋani.*

# Iñupiatun mumiksaq uumiŋa makpiġaamik

Una makpiġaaq savaaguqqaaŋaruq taniktun. Qaitchiruat uqalumignik tainna savaaġitqummarruŋ kamagivlugit savaŋagikput uqalutik siamitqulugit ayuġnaqtutilaaŋatun iñugnun. Taniktun savaaġiqqaaqługu savaqativullu iñupiapta uqausiŋiksun mumirraqsiŋagikput – Kalaallisut, Iñuktigun, suli Iñupiatun. Una makpiġaaq nallipayaakun taapkua sisamat uqautchitigun taiguaġnaġumiñaqtuq.

Iñupiatun mumikkaptigu Iñupiatun aglausimaaniŋaruat allaŋŋuŋitkivut, aasii iluqaisa taniktun aglausimaruat, Kalaałłisun aglausimaruat, Inuktitun aglausimaruat mumikługi Iñupiatun. Iḷaŋisigun aglaan mumiŋitkuptigit nakuułhaaġniaqsimamman mumiŋitkasakkivut (Taniktun, Inuktitut, naagga Kalaallisut).

Utqiaġvigmiut uqautchiŋisigun mumiŋagivut.

Mumiksiñiq sanaturuatun ittuq. Pisuqtilaaptiktun aglakługu, mumikługu, suli kaŋiqsiñiaqtiłługu savakkikput una makpiġaaq tammaitchaiḷivḷugit sivuniŋit qaitchiruat quliaqtuaqamik, qiñiqtuagaksriuqamik, qiñiġaanik qaitchikamik, nunauraliuqamik, naagga qiñiġaaksriuqamik. Iñupiatun mumiksikapta qavsiiqsuaqługu iłuaġaluaġmagaaŋagikput, uqaluktigun iḷisimarualugniñ kaŋiqsiuqłuta, qaitchiŋaruat makpiġaaliaptinnun suli utuqqanaavut apiqsruqtatqigaaqługit pisuqtilaaptigun iluaqtuamik qaitchiñiḷupiaġataŋarugut.

xxxvi    *Shari Gearheard-gum qaunagigai qimmiñi taġium sikuani qaniŋani Kaŋiqługaapium, Nunavut-mi.*

# Nalunaiqługit Ikayuŋaruat

Una makpiġaaq iñiqtauŋanayaitchuq tunulliḷiqsuqtaitkupta kiiqsruiruanik piitkupta iñusalagnik suli kanŋuuruanik. Uqallausiġiqqaaġlugit iḷavut. Quyanaaġivsigiñ tunulliḷiqsuqavsigut iḷauruagut uumuŋa savaamun, aullaaqataqapta, kasimaraġikapta, aglakkapta, qiñiqtuaksranik iñiqsikapta, nunauraliuqapta, allasalagniglu savakkapta naatchiñialakapta uumiŋa makpiġaamik. Iñugiaktut iḷavut ikayuqtuat kasimaraġikapta, iglauqasiłutalu taġium sikuanukapta; quyanaq ikayuqavsi. Quyanaaġivullu nunaaqqiurat tunulliḷiqsuiruat qimilġuuniptinni suli paġlallaavluta : Utqiaġvik Alaska-mi, Kaŋiqługaapik, Nunavut-mi, suli Qaanaamiḷu Siorapalugmiḷu Savissivigmiḷu Kalaałłit Nunaanni.

Qaitchiruat avataagun, allat Utuqqanaat, aŋuniaqtit, nunaaqqiniḷu iḷauruat qaitchiŋammiut iḷisimmatimignik, suli ikayuutauyumiñaġñiaqtuanik qaitchimmivlutik. Quyannamiik, Quyanaqpak, Qujanaq Billy Adams, Whitlam Adams, Tobias Alataq, Kalluk Angutikyuak, Joanasie Apak, Jayko Ashevak, Jayko Enuaraq, Martha Enuaraq, Jakob Gearheard, Richard Glenn, Craig George, Tukummeq Henson, Taqulik Hepa, William Hopson, Arna Illauq, Jennifer Jaypoody, Bobby Jonas, Alooloo Kautuq, Peter Kunilusie, David Leavitt, Sr., Elijah Palituq, Attakaalik Palluq, Johnathan Palluq, Peter Paneak, Rebecca Panikpak, Kim Petersen, Aisa Piungituq, Apak Qaqqasiq, Jamesie Qillaq, Akitiq Sanguya, suli Joash Tukle. Quyanaq ikayuutivsigun suli qaitchiñivsigun uumuŋa savaamun.

Ikayuqtaiḷiqivivullu manniqsiruat quyanaaġivut tunulliḷiqsuiruat qimilġuigapta, aglakkapta, suli makpiġaaq una siamillasiyumaalliqaptigu.Iluqaaqquuq makpiġaamun iḷiraqput taŋŋiqaqtuq qimilġuuniptinnun savaaġikaptigu Siku-Inuit-Hila, qimilġuuniq manniŋaraŋa U.S. National Science Foundation-gum (NSF) taiñiqaqłuni "The Dynamics of Human-Sea Ice Relationships: Comparing Changing Environments in Alaska, Nunavut and Greenland". Aitchuvsaaŋagait savaaŋagun

iglauyumiñaqsisaqługit Qaanaamun Kalaałłit Nunaanni taŋŋiqsaqługit iḷitchuġiratik savaamiktigun suli naalluataqsaqługit nunauraliatik allallu savaat. Quyanaapiallakkikput Anna Kerttula NSF-mi savakti tunulliḷiqsuqti savaaptigun tusaapkallasivlugit uqaluŋit salliqpiani iñuqqaaŋisa qimilġuuruani nunami salliqpiami. Taamnasuli "Climate Change and Health Adaptation in the North"-suli Health Canada-m iḷaŋata manniŋammigai nunauraliuġmata allaniglu qiñiqtuagaksranik iḷauniaqtuanik uumani makpiġaami. North Slope Borough-m 'Education through Cultural and Historical Organizations' (ECHO) , Ukpeagvik Iñupiat Corporation-kut Arctic Slope Regional Corporation-kullu ikayulluataŋammiut una makpiġaaq naatitchagniuraaqsaqaptigu iñiqtauniksraŋa. Quyanaapiaqługi Patuk Glenn-lu Katherine Ahgeak-lu Karla Kolash-lu ECHO-kun ikayuqtuat.

Iñugiaktuat kanŋut ikayullaaŋagaatigut suna tikiḷḷaagaptigu. Savaqativut tunulliḷiqsuġaġigai kiiqsruqługiḷḷu savaaptigun ICC-tkut qaukłiata Aqqaluk Lynge-m suli atanauraŋisa qaukłiat ICC-Greenland-mi Carl Chr. Olsen (Puyu), ICC savagviata qaunaksriat Rena Skifte, iluqaisalu ICC-mi savaktit Nuuk-mi. Qaanaaq Kommunia, Qaanaam nunaaqqiuraŋata savagviata savaqatigiyumalaaŋagaatigut ikayuqłuta susapayaaqapta, iñuksraqsiuqaptalu uqaqatigiyumiñaqtaptinnik qimilġuukapta savaaptigun tamatkua iñuit savaqatigiŋagivut savaaptigun, nunaaqqiuram suli ikayuġmivḷuta igliqtuksraukapta sumun nunamigni naagga allanun nunanun. Susan Zager allallu savaktiŋit CH2M Hill Polar Services-kut. Quyanaqsuli U.S. Air Force usiaqsiqtinmatigut tiŋŋutimigni Qaanaamun utiqtaqapta. Nunaaqqiq suli Siorapaluk paglaruat tikiññapta uniaġaqłuta nunaaqqiŋannun quyanaaġmigivut, kasimaqatigivlutalu miŋuaqtuġvigmigni iḷisimmatiktik qaiłługu. Quyanaaqpagmigivut Igou-lu Anna Oshima-lu aimaaġvigmigni tuyuġmiaġimmatigut niġipkalluataqłutalu Siorapaluk-mi.

Akiani: Miqḷiqtuuraq Ole Petersen (tautuglugu Qaitchiruat) 1924-mi aŋayuqaaġiit. Aakaŋata Ane-m saġliaġaa, aapaŋa tavra Ittukusuk, aniqatiiŋiġlu Avia(q)-ġlu Qiajungua(q)-ġlu. Taaptuma qiñiġaam iḷitchuġipkaġaa qanutun qiksiksrautiqaqtilaaptinnik kiŋuniiptinnun. Tavra iḷisimmataisa, savayuġniŋisa, kipiqqutaisa, nakuaqqutaisalu tamaaniitchumiñaqtitkaatigut pagmanun-aglaan.

1 Taamna savaaq manniŋagaa National Science Foundation-gum, Grant No. BCS 0624344. Uqausiġipayaaqtaŋit tavrani iliŋisa savaktuat savaaġigait, National Science Foundation ilaata tainna isummatigivlugu manniŋaitkaa.

2 Una makpiġaaq iñiqtauniŋa manniŋammigaat iḷaŋun ECHO-m, Education through Cultural and Historical Organizations, CFDA 84.215Y. ECHO-kun savaat sivuniqaqtut ikayuutaupayaaqtitchaqługit iḷisaaŋit miŋuaqtuġviñi, apqusaaŋaraŋit nunaaqqiurat naagga nunat iḷitchuġipkaqtitchaqługit, suli nunaaqqit ikayuqsaqługit atullasiñiksraŋisigun nutaanik iñiqtaqqammianik.

xxxix

Iḷitchipiaġataŋarugut Oshima-tkugniñ quyyatigipiaġataġivut quliaqtuaŋit iḷisimmatiŋaglu. Beverly Shontz Eliason-lu Kelly Eningowuk-lu Inuit Circumpolar Conference-Alaska-m savagvianni savaktik ikayuutaupiaġataŋaruk kasuutipkaqłuta sivunniuqtiŋiḷḷu kaŋŋuuni nunaaqqiñiḷu nunaniḷu ikayuqłutiglu igliġutiksriusiavut maniit qaunagivlugit. Allat suli iñugiaktuat kaŋŋut tunulliḷiqsuiŋammiut savaaptinnik, uqausiusiaksrisimaaqłuta naaggaqaa qanuġlimaa ikayuqłuta maniuŋitchuatigun. Quyanaaqpagmigivut *National Snow and Ice Data Center*-lu *Cooperative Institute for Research in Environmental Sciences*-lu *University of Colorado, Boulder*-miittuat, *North Slope Borough*-lu, *North Slope Borough*-misuli savaktuat *GIS*-kuayaat, *Nunavut Research Institute, Air Greenland, First Air, U.S. Air Force Air Mobile Command, Ilisaqsivik Society, Ittaq Heritage and Research Centre, Inuit Heritage Trust, Barrow Whaling Captain's Association, Alaska Eskimo Whaling Commission*, suli *Hotel Qaanaaq*. Quyanaaġutikput aŋiruq *Arctic Science Consortium* (BASC)-kunnun qaunagivlugi iluqaisa pigiruksraġiravut savakkapta kasimaraġikaptalu Utqiaġvigñi. Quyanaaqługiḷḷu *Nunavut Arctic College*-kut kasimaviksraptinnik iniksraġmatigut Kaŋiqługaapigmi savaqatigiit taġium sikuagun kasimaraġaġikapta suli kasimaviksriqługi *Siku-Inuit-Hila*-mik savaktuat isagutisaġniġmiñ-qaŋa.

Iñugiaktuat iñuit ikayuŋammigaatigut savaŋŋapta uumiŋa. Quyanaq *University of Colorado*-mi savaktit Ted DeMaria, Joni Reeves, Cindy Brekke, Doug Young, suli Nan Regnier ikayuŋaruat maqpiġarriñikun savaapta igliġutiksrirrutaiññik atqunaq savinnaqsigaluallaan iḷaanni, kukiḷuktuksraukapta, manniqinikun, naagga qaqasaŋŋuatigun ikayuqtisiuqapta. Joel Sprunger, savayupiaġataqtuq kukiḷugniksrakun ikkusiksraptinnik savakkami, tavra itqanaiġaġigai kukiḷugniksravut sumuktuksraukapta iñugiakpaiłłutik isuksraiḷatun iḷiraġigaluaġaqtut iḷaanni, qanupayaaq igliġniaġaluaqapta, siḷakun, qamutikun, *bus*-kun, *helicopter*-kun, uniaġaqtuksraugaluaqapta,

sikiituuġaqtuksraugaluaqapta, aŋuyaqtit igliġutiŋiñññik atuqtuksraugaluaqapta, tamatkua akunġanni qanupayaaq igliqtuksraugaluaqapta. Edith Suvlu, BASC-mi savakti ikayuŋaruq qaqasaŋŋuatiguaqługi arriḷiuqłuni tuyuġiraġigai makpiġaat kasimmammata Utqiaġvigñi savaqatiivut uqausiġiraŋigun aglaat. Dr. Roger Barry, Dr. Jim Maslanik, Dr. George Wenzel, Dr. Igor Krupnik, suli Dr. Hajo Eicken uqausiaksriñŋagaatigut qimilġuunikullu aglagnikullu. Quyanaq savaavsigun suli iḷannaaġutivsigun sikumi. Kelly Berthelsen, quyanaqpak mumiksiñikkun Kalaałłisun isagutisaaġniptinni. Hans-lu Berthe Jensen-lu *Hotel Qaanaaq*-mi tukkuġiksillapiaŋagaatigut (Berthe suli qanuq kukiusupiaġataġmivḷuni!), qanutun tunulliḷiqsuqtivut savaaptinni, qiñiġaanik atuqtiłłuta suli tusaayugaaqtitchiḷḷaavluta Kalaałłit Nunaata salliqpiaŋaniñ suraġatilaaŋiññik. Darlene Matumeak-Kagak Jacob Kagak-lu tukkuġikpaŋammiuk Utqiaġvigmiinnapta suraġaaqasiqłutalu, tainnaptauq Tukummeq Peary, Hansigne Qujaukitsoq, suli Kim Persen Qaanaami.

Quyyatigipiallakkivut isumattutiqaqtigiruat kipiġniuqtigiruat nunauraliuqtit *Zia Design Group/Zia Maps, LLC*-tkut *Boulder, Colorado*-mi. James Robb, Wesley Huntington, Farid Tabaian, Jesse Kasynski-ḷu savaaġiŋagait iluqaisa nunaurat taputauruat uumani *Sivuniŋa Sikum*-mi. Qimmaksautaiḷaakun savaaġiŋagai qiñiġaaliapałłuvut iḷaanni tuksruktaŋaraniñ makpiġaaniñ nunauraġuqługit qanutun qiñiyunaqtuaġuqługit. Savauraġnaqtigiruat atqunaq savagaġigai qavsiiqsuaqtitaġaluaqtiłłutik sunik inuqtitchitchaiḷivlutik iḷisimarit qaisaŋatun naamapiaqtuanik nunauraqaġuum. Quyanaapiallakkikput Jim Robb, nunauraliuqtini qaukłiŋat anaktiksraiḷaaq. Qaaŋiłuakługuunnii savaakkiusiani savaŋaruq qavsiñi savatqiktuksraugaluaġamigi ikayuġukpaiłłuta savaaptigun, qanutun akisutigiruamik ikayuivḷuni, uqausiakkiłłuta isummiqsuqłutalu. Quyanaq Jim, quvianaqsivḷugu savaaqput naumaruaġuqługu.

*Sivuniŋa Sikum* iñiqtaugayaiñmiuq piiḷḷugit qanutun savayuruat nunaaqqiurani qiñiġaaliuqtit (Tautuglugu Qaitchiruat). Qanutun paaqłiġñaġumiñaisaptignik qaitchiŋagaatigut Dorothea Rohner-m (*Painted Wings Studio*), qiñiġaaliuqti savaŋaruaq "Taġium sikua qiñiyunaqtuaq nautchiivik"-mik tautugnaqtuaq isagutisaaġniŋani uuma makpiġaam (taimñalu nannunik qiñiġaaq quliaqtuaŋani Joelie Sanguyam "Niqit" uqausiġigaptigi). Tusaaqqaaqaptigu Ugiaqtaq quliaqtuaqtuaq nautchiivigmiñik tavraluqqaaq isummiqsugut qiñiġaaliuqtitchukługu. Uqautitaqłuni aimmivigmiñiñ Ohio-mi Dorothea-m uqautigai Ugiaqtaġlu allallu qaitchiŋaruat qiñiġaaliuġumaatchiqami. Ugiaqtam uqaluŋit atuqługit qiñiġaaŋiḷḷu aġviqsiuqtit Utqiaġvigñi tavra sagviqsinŋuraaġaa nautchiaqaġvik, aasii uqautiqqaaqługu Utqiaġvigmiut savatqikługu qavsiñi naalġataġaa. Ilaata savayuġniñi atuqługu sagviqsitkai isummatiŋit qanuqiḷiuġniŋit suli uqaluŋit Utuqqanaat nunamik sikuqquumi allat uqausiġiviuraŋaisaŋannik nautchiaqaġviulugu. Quyanaaġmigivut iñugiaktuat miqłiqtut, nunaaqqiġmiullu qaitchiŋaruat qiñiġaaliamignik tautugnaqtuanik qiñiqtuaqtuni una makpiġaaq.

*Sivuniŋa Sikum* savaaġiksinŋammiuq iñugiaktuanik qiñiġaaqaqłuni. Quyanaaġivut iḷagiit, nunaaqqiġmiut, suli allat siġñataiqłutik qiñiġaanik aitchuiruat. Christian Morel-gum atuqtinŋammigait qiñiġaani suli aullaaqatigivluta sikumun Kaŋiqługaapigmi iḷagivlugiasii qiñiġaani savaamiñun *International Polar Year*-mi atiqaqtuami "*Our Polar Heritage*". Quyyatigimmigivut Patuk Glenn, Martha Hopson, Muriel Hopson, Diane Martin, Ronald Brower, Sr., Stephanie Stotts-lu savaktit *Iñupiat Heritage Center*-mi suli Genevieve Lemoine savakti *The Peary-MacMillan Arctic Museum, Bowdoin College*-mi ikayuŋaruat qaitchivḷutik aippaaniñ qiñiġaanik katiqsriaŋiññiñ Joseph Sonnenfeld-gumlu Donald B. MacMillan-gumlu. Aqulliq aasii, *Carnegie Museum of Natural History* ikayuutaupiaŋaruq atiqsivḷugiḷḷu kiitaaġutiksriłutalu atuġumiñaqsivḷugit qiñiġaat.

Edna Ahgeak MacLean-gumlu Emma Bodfish-gumlu iluakkuaŋagaluaqtilaaŋagai Iñupiatun uqaluit suli sivuniŋit savaaġivlugit Utqiaġvigmiuniñ taġium sikuagun uqaluŋit – quyanaqpak iluqasik!

*IPI Press*, makpiġaaliuqtivut, quyanaaġmigivut iliŋisa savaaŋat qiññaksraŋagun, isummiqsiuqtuaġniŋigullu, suli kaŋiqsimaniŋannik salliqpiani nunamik iñuŋiññiglu. Quyyatikput aŋiruq Peter Mittenthal-mun savaktiŋiññullu qimmaksautaiłłutik, savayuqłutik, suli manimmisiqaqłutik. Quyanaq.

Aqulliqsaaġilugu, quyagipiallakkikput Poul Alex Jensen, niġiunaiḷakun tamauŋaaglaaqqammiqsuaq 2010-mi. Poul Alex-gum savaaqput Kalaałłit Nunaannuktinŋagaa savaqatiptinnullu Qaanaami. Ilaa tuvaaqataalu Sansue ikaguŋammiuk kasimaqqaaġniptinni savaqatigiiksiłłuta Qaanaami. Poul Alex piqpakkutiqaqpaŋaruq nunaaqqiuramiñun uumuŋalu savaaptinnun, quyanaaġikput ikayuutiŋagullu avilaitqatauniŋagullu.

*Uumiŋa makpiġaamik savaŋaruanun tunŋarut iluqaisa savaat imaŋiḷḷu. Isummativut kisiisa atuŋagivut, suli killukuaŋaniġit uvaptinnun tunŋammiut.*

*Poul Alex-lu tuvaaqataalu*    xli
*Sansue, Qaanaami,*
*Kalaałłit Nunaanni.*

*Sunik uvva uqaqpisa uqausiġikaptigu taġium sikua? Ukua "uqaluurat nuvuyami" ukugnani paaġiiksuagni tautuktitkaak qanuq allagiiksilaaŋagnik uqausiġikamitku taġium sikua iḷisimariqpaiḷḷu Inuit Inughuit Iñupiallu – kaŋiqsiñaqsivḷugu qanuq qiñiġuutilaagnik. "Uqaluurat nuvuyami" atuġuugait iḷitchuġisukkamik sunik uqalugnik atułhaaġuutilaaŋiññik uqausiġikamirruŋ taġium sikua. Uqaluk aŋimman tavra atusuŋaiññaġaġigaat uqaqamik. Una uqaluurat nuvuyaŋat savaaguruq atuqługit uqaluŋit maniŋaraŋiññiñ International Glaciological Society International Symposium on Sea Ice in the Physical and Biogeochemical System kasimammata 2010-mi, iñuukkaġniqsraq kasimaniq tamaġniaqsaqługu uqausiġisaqamirruŋ taġium sikua. Makpiġaat savaaŋit kasimaruani maniraŋit paqinnaqtut makpiġaaqpagmi Annals of Glaciology (volume 52, issue 57).*

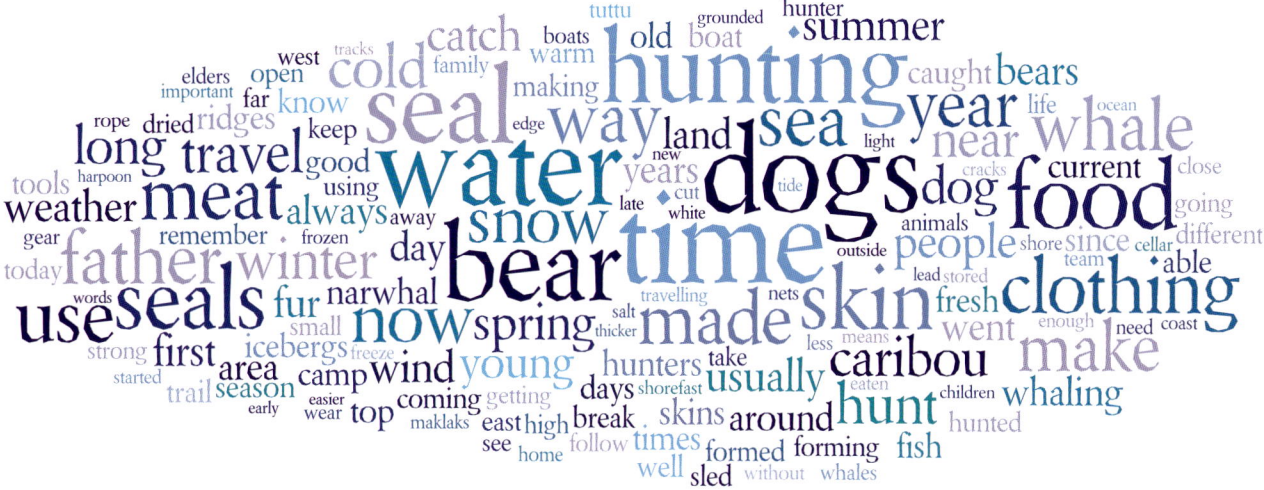

*Uqaluurat nuvuyami katiqsriaŋat katiłługiḷḷi uqausiġimmarruŋ taġium sikua savaami Siku-Inuit-Hila-mik piŋasuniñ nunaaqqiuraniñ (qimilġuaq savaaq taŋŋiŋaruaq uumiŋa makpiġaamik, tautuglugu Siku-Inuit-Hila-kun). Uqaluurat nuvuyami atuġuugai qiñiqtitchaġamirruŋ sut uqaluit atułhaaġuutilaaŋiññik uqausiġigamirruŋ suna. Uqausiġiłhaaqtaŋit tautugnaqtut aŋiłhaat tamarra uqaluit. Atiruanik uqalugnik paqitchiviuraġnaitchuq qanuq allaułługu uqausiġisuugaak iḷisimariqpaiḷḷu nunaaqqiurallu iñuŋit, kaŋiqsiutisukkupta taapkuak atisipayaaqtuksraugivut. Una makpiġaaq savaaguruq taapkua nunaaqqiurat iḷisimmatiŋat iḷitchuġitquvlugu iñupayaanun.*

# Piŋasut Irrituruami Nunaaqqit

## Utqiaġvik · Kaŋiqługaapik · Qaanaaq

*Qiñiġaaq: Qaumaniġiksuat igluŋit
Qaanaam Kalaałłit Nunaanni*

*Qiñiġaaq makpiġaaq utinmun
makpillaglugu: Qulaaniñ
qiñiġaaqługu Qaanaaq, Kalaałłit
Nunaanni*

# Makpiġaamun Agmaun

Nunapayaat iñuqqaaŋiññiñ Iñupiat inillagviksramignik nunaksraqtuaŋit aŋiniqsraurut allapayaaniñ inillagviksramignik nunaksraqtuŋaruaniñ kisiŋŋuġuŋnaqługi *Polynesia*-ġmiut. Knud Rasmussen, taimña Kalaałłiq/Denmark-miu ivaqłiari iñugniglu allanik qimilġuuri iglauŋaruq 1920s-ni Kalaałit Nunaanniñ-aglaan taunuŋasugruk Bering Sea-munaglaan tainna nutqautaiļat piļġusiqaqtuat uqausiqaqtuat kaŋiqsimmatiqaqtuallu suraġautchimigniq paqittuq. Yuppiit Sugpiallu (Aluutinik taisuummiraŋit) Alaska-mi suli Yuppiit Chukotka-miut Ruusiñi uqausiŋit atikavsaktut tainna nutqautaiļaq sumusugruk nunaŋat aglivsaaqługu atiruanik piļġusiqaqtuat uqausiqaqtuat. Alapirrutausuŋiłługit uqausiġikaptigik atchiqsiññallakkivut *Inuit*-nik iluqaisa Iñuit piļġusiqatigiiksuat uqausiġisaġaptigik ataułługit, aasii iliŋiļļaa uqausigikaptigit atiŋiññik ilaisa atuqłuta.

Piŋasut nunaaqqiurat uumani makpiġaami – Utqiaġvik Alaska-mi; Kaŋiqługaapik (Clyde River) Nunavut-mi; suli Qaanaaq Kalaałit Nunaanni – siamġugaluaqtuat iñuit nunaŋit atirut piļġusiŋit suli avatiŋit (nuna, siļa, taġiuq) allagiikpaŋitchut. Uŋasigiikkaluaqtut suli iļaanni kaŋiqsiutiniq uqaqatigiiksuni siġġaġnaġuugaluaqtuq aglaan Inuit savaamun iļłatiŋaruat savaaq makpiġaaġuġniaqsimaruaq savaaġigaptigu allanun nunanut iglauŋarut iļitchuġivlutik-aasii qanutun iļisaqsriļłatilaamignik atiruaŋiññik (tautuglugu *Siku-Inuit-Hila*"-kun savaaq). Nuimaruat uqaluurat, suvaluk niġrutit atiŋit suli qanuqitilaaŋakun sikum uqaqsaqamik uqaluit tamarra atiraqtut, naaggaqaa atiqqayauraqhutik. Aŋuniaġniq nuimaruaġiraŋisa nunaaqqiuram iļagigaat suli ilimignun uqausiqaġamik tavra aŋuniaġuuniqtuq sunik iļagisuummigaat. Iñuit paġlatumarut aasii iglaaguruat akkupak iļagiiksinmatun piraġigai, tainnaptauq avanmun. Iļagiiksut qanuq.

Allagiiksuat-suli iñugiagmiut. Uqausiŋit allagiiksut, iñupiuraaġniłhiñaŋat-ŋiļaaq. Aksianiŋit Denmark-miuniñ, Canada-ġmiuniñ, America-ġmiuniļļu piļġusiŋit, aŋalataġiniŋit, tusaayugaaġutiŋit naagga qiñiqsitaaġutiŋit, suli apqusaaŋaraŋit iluqatik ayuġnaġniqsranun-unnii nunaaqqiñun tikitchukpiuraqtut pagmapak. Aŋalataġiniŋisigun naagga maniññautiksratigun nunaaqqit nunaqpaŋiļļu allagiipiaġataqtut, manniqsuruaniñ uqsriqiriniñ North Slope-mi (Alaska-mi) qanuġlimaa Sivitchuqtaaqtitchiñiaqtuat maniññaktuġvigmignik, Nunavut-mun naagga Kalaałit Nunaannun qiñaaruanusuli maniññagvigiyumiñaqtamignik suli atuaksranik amusiļļasiñiaġniksramignik inuqtuŋaiġutigisukługi naagga, Kalaałit Nunaanni atuqtaŋatun, suagguuq ilimignik aŋalataġillasiļutik, atanġiġutik allanik nunanik.

Allagiigñiġit tunŋaruat iliŋiñññun Iñupianun iñugiagmiut. Kaŋiqsiñałhaaġugnaqtuq una, ilimignun uqausiġikamik allaullaarut atqit atuqtaŋit. Utqiaġvigñi "Iñuit" una sivuniqaqtuq iñupayaanik qanusiugaluaqpata. Ilimignun uqausiġikamik atuġuugaat "Iñupiat" (atausiq Iñupiaq") sivuniqaqtuaq Iñupiat" naagga "uvagut".Kaŋiqługaapigmiļi (atqat nunaaqqiuraŋata savaqatipta tatqavaniġmiut atullatułhaaqtaŋat taniksiñiŋaniñ 'Clyde River'), iliŋiļļi ilimignun Iñugnik taisuurut (Inuit). Iñupiatun uqaqtuni malġuugnik uqausiqaġnaġmiuq, tainna uqaqtuatun atausimik naagga iñugiaktuanik. Tainnamik Iñuuk" sivuniqaqtuq malġuugnik iññugnik. Qaanaaġmiulli ilimignik uqausiġikamik "Inughuit"-ñik allauguraqługu Inuit, aglaan allautilaaqtik allaniñ Kalaałit Nunaanni iļisimapkaqługu taggisiqaqtuaniñ Kalaałłiñik.

4

*Utqiaġvik 2011-mi*

*Qiñiġaaq akiani: Nunauraq qiñiqtitchiruq irrituruamik nalunaiqługit nunaaqqit Utqiaġviglu, Kaŋiqługaapigłu (Clyde River) Qaanaaġlu. Suŋauraaqtaamik avatiqaqtuat nalunaiġai nunauraliaguruat tamatkunani nunani uumani avgunmi savaaguruat.*

Iñupiatun uqaġuuruani uqaluuramun pituktuni "-miut" sivuniqaqtuq "*Iñuit sumiut*" (Kaŋiqługaapigmiut savaqatipta itqaqtinmigaatigut "-miut" una atuġnaqtilaaŋanik uqaqtuni uyaġagnik, niġrutinik, naagga supayaanik, taaptuma "-miut"-gum nalunaiqługu sumiññaqtaagutilaaŋit). Tainnamik Qaanaami iñuurat Qaanaaġmiugurut, iḷaanni ilimignik uqaqamik taisuurut Avanersuarmiunik, uqausiġivlugu nunaqpaktik Qaanaaġlu allallu nunaaqqit salliit Kalaałłit Nunaaniittuat irvigiraŋit. Kaŋiqługaapigmiḷi iñuurat Kaŋiqługaapigmiugurut. Utqiaġvigmiḷi uqaluuraq "Eskimo" taggisaupałłuuluni inŋitchuq, Canada-mi kivalliiñi ittuatun. Tavrakii allamik uqaluitchuq iluqaiññik ataułługit taisaqtuni Iñupiat sumipayaaq ittuat Iñupiallu Yuppiiḷłu taapkua Iñupiat ualliani Alaska-mi nunaurat uqausiŋat allagiikpaŋitchuaq Iñupiat uqausiŋanniñ. Tainnamik kannut Alaska Whaling Commission-tun atusuŋaiññaġuugaat. Aglaan allagiiksuk taisuġnaġniġlu kamasuutiqaġniġlu ilimun, suli atiq "Iñupiat", atuġuuraŋat ilimignun, iggiakłiñaqtuq-unnii tusaaruni tusaaniġmiñ allat uŋasiksuat taggisiŋannik ilimun. Kivalliiḷłi Canada-mi Kalaałłiiḷłu Nunaanniḷi uqaluk una "Eskimo" anmuqsruutigisaqługu atuġuuŋagaat tanŋit kilulliiŋisa aquvatigun aturraqsiŋaraat ullautiraġaaqtuat Europe-miñ (iḷaanni pisaġaluaġnatik naluvlutik anmuqsruutautilaaŋa).

Tupautiginiaŋitchugnaġiksi, allagiiksut uqaluŋit, aglagniŋit, aglaunnaŋit-unnii. Qikiqtaalugmi Nunavut-miittuami taisaġniŋiñiñun uqaluit ittuanik aglaunnaqaqtut Inuktitun tautugnallaarut samma sulliñipayaaŋani uumani makpiġaami. Uqalugmik aglagniŋa Qaanaamiḷu Utqiaġviġñiḷu atchaganik atullaagaluaqtuk aglaan allaŋŋullaaŋaruk aglausiġmigniñ qaŋaniñ suli allaŋŋuqtuksraugamik allaŋŋullaaruksuli, taamna tautugnaqtuq qiñiqtuni aglagniŋit uqaluurat uumani

makpiġaami. Atausiq nuimaruaq allauruaq nalunaiḷḷuataġuuvluni "s" una aullaqisaaŋiñ̃i uqaluurat, taapkugnanikii uvva Utqiaġvigñiḷu Kaŋiqługaapigmiḷu. Qaanaami "h"-mik isagutisaaġniqaqtuq uqaluuragni atigaluaqtuagni . Tainnamik *siku*, taġium sikua *hiku-ŋŋuġuuruq*, *siḷa*-aasii hila-ŋŋuqhuni. Taamna tautugnaqtuq samma allaniḷu Iñupiaguruat iniŋiñ̃i. Taaptuma isummiqsinŋagaatigut atuġukługu qimilġuugapta savaapta atqani, taapkuak "s"-lu "h"-lu atuqługik "*Siku-Inuit-Hila*"-mi.

Nunaaqqiñuqattaalaakapta qilamik iḷitchuġirugut qanutun allaugaluaqtilaaŋiñ̃ik uqaluŋit savaqativut qiksiksrautiqaqtut avanmun. Qanuq aimaaġvigmiktun itkaluaġmata sikut qanuqinniŋit, tavra qaiqattaaqtuat nunaaqqiġmiut ilisimaruaġisuugait aasii qanuqtuksraugamik tukkumik apiġimmatik kisian uqallakhutik. Qanuq aŋuniaġuutilaamignik qiñiqtitchimmata kamasugaqtut tautukpaalluktuat tamatkuniŋa. Kaŋiqługaapigmiullu Utqiaġvigmiullu qaallaŋarut-unnii kamasukpaiłłutik qiñiqtuaqamik qiñiqtualianik Mamarut Kristiansen aŋumman tuugaligmik qayamiñ̃. Mamarut-li ilaa suallaktuq tautuksiñ̃aŋitchuq aġviġmik aglaan kaputitkaat aġviq kaputimik taununŋautiŋaraġmignik taġium siñaanun aġviuġniaqtuanun. Tavra iñuŋit irrituruam qanutun uŋasiksigiruamun aullaasugrukhutik inimun aimaaġvigiraġmignuttauq tikitchut.

Tavrani avgutimi nalunaiġñiaġivut nunaaqqit piŋasut quliaqtuaġilugit ukiuqtutilaaŋatun suraġausiŋit, qanuq atuġuutilaaŋat taġium sikua sullu allat avatimigniittuat, suli apqusaaŋaraŋiñ̃ik nunaaqqim quliaqtuaqtuurallaaniaqtugut. Tavra uvagut qiñiqtaptigun uvagullu uqaluptigun nunaaqqiġmiuguvluta aglaktugut, aglaasuli ikayuqsaqługit ullautiŋaitchuat kaŋiqsiḷḷasipayaaġasugalugit allayuaġiramigni iñuurat qanutun sapiġñaqtigiruami irrituruami. iḷagillaammigivut iḷaŋani sumuqattaaqtuam uqaluŋit qanuq tusaavigruaŋisaptigun Iñupiaqatiiŋisa quliaqtuaġaat tautuktatik allamun nunamun iliŋisaptauq inigiramigni.

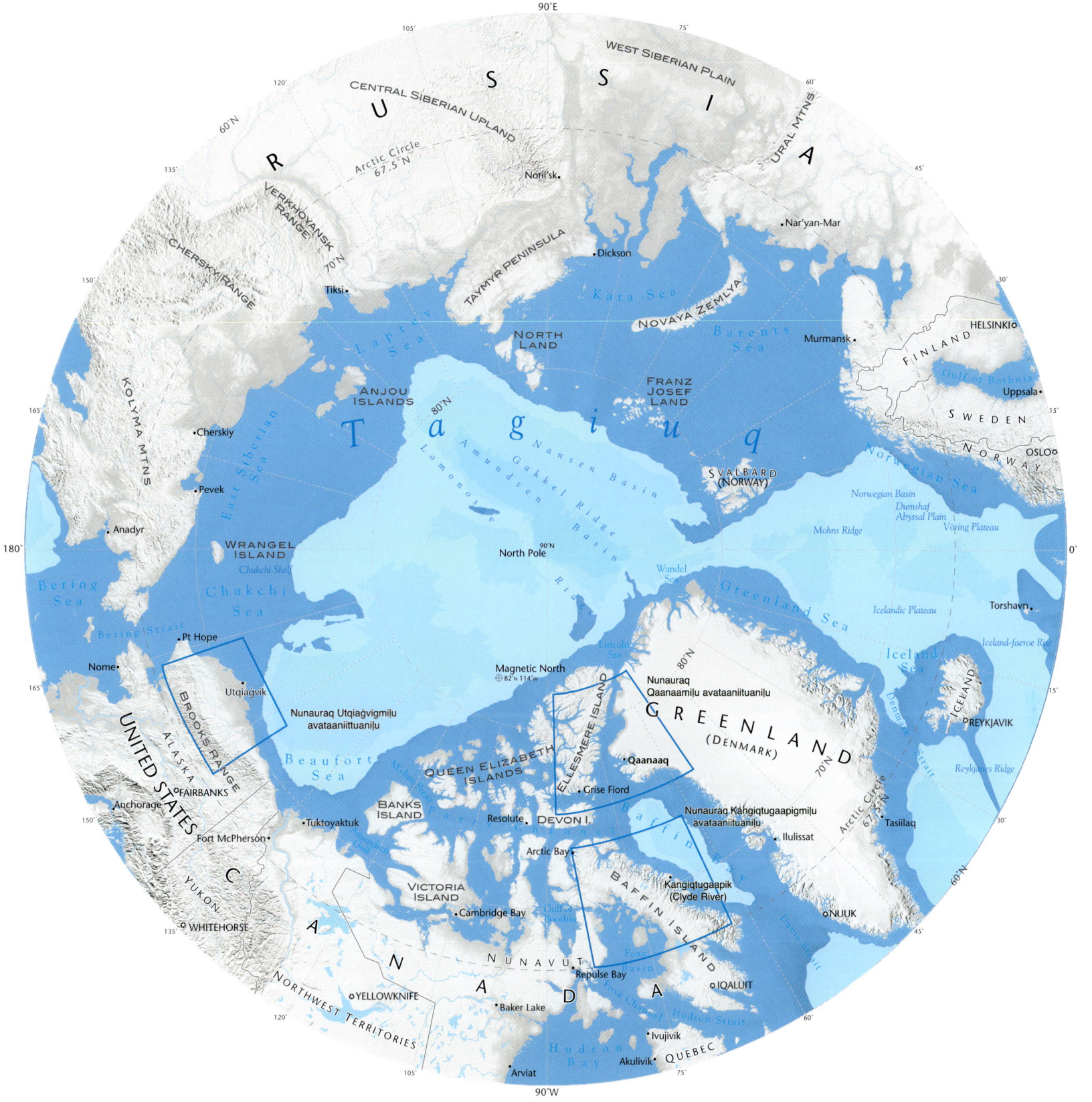

# Utqiaġvik

Utqiaġvigñi ukiuŋat isagutisuuruq upiṅaami. Aġviqsiuŋaiŋarut, nalukataqtitchianiŋarut aġviġñiq qaitchiruat nunaaqqimun upiṅaksrami. Aasii itqanaiyaġniq aġviqsiuġniġmun isagutisatqigñaqsiḷgitchuq.

Sikuqaŋŋaansuli upiṅaami umiat taġium siñaaniñ kiaminnaŋŋaisa ugruksiuġiaġaqtut aŋuniaqtit. Ugruit amminit atuġuugai umiatik amiqsaġamisigik, umiapiat tamatkua aippaaniñqaŋa aġviqsiuġutigisuuraŋit. Ugruit aminit atuġuummigait atuŋagivlugit ukiuqsiutinun kamimignun. Tasammakii tanŋit taiguusiqamirrun kamipiaq atuŋagaat Yuppigit taiguutaat ugrugmun: makłak. Ugruksiuġanikamik tavra nunamun tuttuliaġnaqsiḷgitchuq niqiksramignik, annuġaaliuġutiksramignik naaggaqaa

*Qiñiġaaq: Aġviqsiuġniq umiapianik atuqłutik nuimaruqsuli iñuusiŋanniḷu iñuggutaiññiḷu Utqiaġvigmiut. Igñaviñ-gum qiñiġaaliaŋa*

qarraaksramignik tupiġmigni naagga uqqirvigmigni. Taimmaasii iqalliqinaqsiraqtuq, qaukkiqivlutiglu niġliaqhutiglu, aasii ukialliqsiuqqaaqhutik tuttuliavsaaqhutik iqalliqivsaaqhutik, aasii sikumman qayaġuliksiuqhutik taunuŋa sikumun ayaksaallasikamik. Kiisaimmaa itqanaiyaġnaqsivuq ataaqtuġniġmun isagutisaaqhutin Siqiññaatchiaguġman naagga Siqiññaasugruġuġman umiatiglu satkutiglu itqanaiyaqługit, aasii aquvatigun apqusiuġiaqhutik taunuŋa uiñiġmun, Umiaqqavigmiñ Iġñivigmun igliġviŋat aġviġit.

Utqiaġvik una iñuuvigisuuŋagaat Iñupiat aippaaniñ-qaŋa. Nuvuk (Point Barrow) nuvuuvluni apqusaavigisuugaat aġviġit tigmiallu, ukium sulliñipayaaŋani aŋuniaġviḷḷuataullavlugu siḷa qanuġitkaluaġman. Qavsit samma nunaaqqiurat tamaani inŋarut Nuvuk iḷagivlugu. Piġniq aasii Nuvugmiñ nunapiamun ataviŋa tikitchuni tavra Piġniġum inaa, pagmani qaukkiaġvigisuugaat upiṅaksramiḷu ukiaġmallu qaugait nalautchuuvlugu taunuŋa taġiumun siñiqsraaqamik. Piġniq una nuimaruq aippaaniqsani, qimilġuurit taiññiŋaraŋat "Birnirk"-mik nalunaiññutaġvigisuuraat uqausiġigamisigik aippaani iñuuŋaruaq tamaani irrituruami.

Ukpiaġvik, "ukpiit inaat", tavra atqa aippaani nunaaqqim pagmani irvigiraata Utqiaġvium. Qavsit samma igluġruat akunnaġait taġium siñaaniittuat ikpiiḷḷu Stevenson Street-miittuat iglutchiallu. Nuna uukkaaġaġimman sut sagviġaqtut taipkua tamaani iñuuŋaruat taniñiŋaiññaan suraġautchiŋit iḷitchuġiyumiñaqsivlugit, iḷaŋit aliuġnaqtutunnii sagviqsuat. Pagmami Iñupiatun taisuugaat Barrow Utqiaġvigmik, atiq sumik sivunġiḷaq atchiutisugnaŋat umiaqpait aġviqsiuqtit qairaġaġuusimmata. Samma suli igluġruat paqinnaġuummiut taġium siñaani tatqavuŋanmullu uanmullu, inini iqalliqivigiksuani aŋuniaġvigiksuani taimaniḷu pagmaniḷu.

Tanŋit Europe-miut, naaggaunnii Asia-miñkiaq qaisugnaŋaruat qanuq simmiqsuutai tikiñŋagai salliqłiġmiut Alaska-mi iñuŋit tikiñŋaisugruŋŋaisa. Robert McGhee iñuit kaŋiŋiññik qimilġuiriḷi isumaŋaruq saviłhat Scandinavia-ġmiut savaaŋisa tatqavuŋanmuktinŋanasugilugit Iñupiat Canada-kun Thule-munaglaan. Taggisiqaqtaŋat Thule-muayaaruat, atchiqsauŋaruaq tainna aŋuniuġunnaŋiḷḷu suraġausiŋiḷḷu uqausiġivlugit taapkua nuuyaaruat. Taugaaqiq aglaan Alaska-mun tikiñŋanasugisuugaat ualliġmiñ.

Semyon Dezhnev, Ruusiq savaktiŋa umialgum Aleksei Romaniv-gum, tiŋilġautitaqłuni Bering Strait-kuaŋagaluaqtuq 1648-mi aglaan tautuŋitkaa Alaska, taktukpaiłłuni qanuq. James Cook-gum, England-mium taġiuqsiuqtim tikiñŋagaluaġaa North Slope Qayaiqsiġviġñun-aglaan samnaavluni utiŋammiuq sikuqaqpaiłłuni. Allat iḷitchuqqutiksranik ivaqłiarit qaigaluaġmiut ivaqłiqhutik apqutiksramik taġiukun qavaŋŋamiñ uanmuktuġnaqtilaaŋanik, aquvatigun-suli qaiŋagaluaġmiuq Sir John Franklin-gum umiaqpaŋa ivaġiaġamirruŋ tammaŋaruaq aqulliġmi uliġnaŋaruaq uanmuktuqsaqłuni Canada-m salliagun qikiqtasalait akunnaqsaqługit Baffin Bay-miñ tatqavaniqpiaŋaniñ apqutiksraŋata uanmun.

Aglaan uvva qigḷugnaqtuaq, 1848-mi Thomas Roys-gum umiaqpani atiqaqtuaq *Superior*-mik tiŋilġautitaqłuni salliñmun umiaqtuqtuq Bering Strait-kun ivaqłiqłuni aġviġnik. Sunnaktaaġvigiyumavlugu iñusalait irrituruamuktut piŋasukipiatun ukiutun aġviqsiuqtut uqsrunnaguum suqqannaguum aġviġmiñ, allallu taputivlugit sunnaktaaksrat tuugaaŋit aivġit. Tainna igliqtillugit Utqiaġvigmiullu allallu nunaaqqiurat sunnagmiut saviłhanik,

tauqsiġñiaġniġmik iḷitchuġivlutik, taaŋŋaq, naŋirrutit allayuġat, supputit, iglut qirugniñ nappaat, alġaqsruirit, allallu sut nutaat tamaani nunami aturraqsivaalluktuat. Nunami aġviqsiuqtit simmiqsuutiyyaġviŋit, taaptumatun Cape Smythe Whaling and Trading Company-tun, aŋalattaŋak Charles Brower-mlu George Leavitt-gumlu, sivulliit Iñupiaguŋitchuat nullaqtut tamauŋa Utqiaġvigñun. Iḷaŋit tamarra nuimarut iñugiaksiŋarullu pagmapak.

Aġviqsiuqtit umiaqpait aġviqsiuŋaiŋagaluaqtut aŋuyakpaqqaaġmata aglaan tiġiganniat ammiŋiññik tauqsiġuktuat iñugiaksivaiłutik maniññaktullasipkalluataŋagai taġium siñaaniittuat. Aquvatigun aŋuyakpatqiġñiġum tanipta aŋuyaktiŋit isagutiyumaatchiġaat irrituruam sulliñipayaaŋiññik qimilġuuvik Naval Arctic Research Laboratory kivanitchiani Utqiaġvium. Taamna qimilġuuvik igliqtuq iñuiññaq qulit ukiut qaaŋiqługit, savaaqaqtitchivḷutik nunaaqqim iñuŋiññik, suli nuimaruaŋa uvva: savaqatigiillasiŋagait qimilġuurit. Avanmun ikayuutiŋarut iliŋitchauq tanŋit iḷitchiḷḷuataŋarut Iñupiat iḷisimmatiŋiññik nunamisigun qanuġlu avanmun iñuŋiḷḷu nunalu aktuutausuutilaaŋiññik.

*Tiġitquuraq, kiŋuvaaŋa Charles Brower-m, nakuaġiraq utuqqanaaq avilaitqallu, suli qaitchiŋaruat iḷagiŋagaat makpiġaamun Sivuniŋa Sikum.*

160°    150°

*Tagiuq*

Nuvuk
Utqiaġvik • — •Tasiq

Tulimaniq    Qalluvik
*Tatchimisua*    Aŋŋutik
Saattuq    Isuk    Uuliktuq    Napagsralik
Ulġuniq •    *Teshekpuk Lake*
Qayiagsigvik    Atqasuk •    Kaŋiqłuk •
Qasigialuk    Nuiqsat •    Deadhorse •
70°    70°
Kali •

*Qilppisaqquq*
*Kuukpagruk*    *Kuuk*    *Kulugruak*    *Ikpikpak*    *Kuukpik*    *Kuukpaagruk*    *Itqiliq*    *Sagavanġiqtuaq*
*Qaqulik*    *Utuqqaq*
A    L    A    S    K    A
*Kuukpagruk*    *Kuukpik*    *Killiq*    *Anaqtuġvik*
*Nautaaq*    I ŋ ŋ i t    Anaqtuġvik •
(Naqsraq)
75 KM
75 MILES

160°    150°

*Uuma nunauram qiñiqtitkaa nunalu taġiuġlu Iñupiat savaqatipta iliŋiññun tunŋaruaġisuurai. Uumani nunaurami*
*qiñiġnaqtut init nuimaruaġiraŋit iliŋisa savaktuat, Iñupiaqsiñiŋi saumigmi aasii taniksiñiŋi taliqpiani.*

**Arctic Ocean**

**Chukchi Sea**

**Beaufort Sea**

160°   150°

Point Barrow
Barrow • — *Elson Lagoon*
— *Dease Inlet*
Cape Simpson
Lonely (DEW Line Site)
*Peard Bay*
Smith Bay
Point Franklin
Wainwright •
Cape Halkett
Oliktok (DEW Line Site)
*Harrison Bay*
Cross Island
*Teshekpuk Lake*
Icy Cape
Atqasuk •
Prudhoe Bay
70°   Nuiqsut •   70°
*Kasegaluk Lagoon*   Deadhorse

*Kuk*
Point Lay •
*Epizetiuk*
*Meade*
*Ikpikpuk*
*Kuparuk*
*Colville*
*Itkillik*
*Utukok*
*Sagavanirktok*

**A   L   A   S   K   A**
*Colville*
*Kukpowruk*
*Kokolik*
*Killik*
*Anaktuvuk*

**B   R   O   O   K   S       R   A   N   G   E**
*Noatak*
Anaktuvuk Pass
(Naqsraq) •

N

75 KM
75 MILES
0

1950-ñi U.S. Air Force DEW Line-liuŋarut, Distant Early Warning Line, qavsit samma tusarratit Bering Strait-miñ Kalaałłit Nunaannunaglaan. Nipuŋaisaaqtuksrauruanun ikayuutausaqługit nappaŋagai iḷaanni Ruusit kattaqsrautiŋiññik naakka tiŋŋutiŋiññik kisuiġumiñaqhutik, inillaŋagait 100 kilometer-tun (60 miles-tun) akullaġiikługit allaniglu nipuŋairrutinik iḷaqaqhutik, akunġanni igḷuvlugit uqautitautiqaġvigñik. Nappaivaiłłutik savaaqaqtinŋagai nunaaqqit iñuŋi, suli iḷaŋit nipuŋaisaaġvigñi savaktit aullatqiŋiḷḷakhutik katitinŋarut tamaaniġmiunik aasii miqłiqtuniktuġmivḷutik.

Aasii taima 1968-mi anagnaġumiñaitchuaq savagviksraq tikitchuq. Iñupiat tikkuaġutiŋaraŋat North Slope-mi Ernest Leffingwell, nunamik qimilġuuri savaktiŋat kavamapta, aasii tuyuutigivlugu quliaġaa "ilaata" paqitaani Washington-mun 1917-mi. 1923-mi aasii National Petroleum Reserve 4 (pagmami taiguqtaat National Petroleum Reserve-Alaska-mik) iñiġaat, nunapta qitqa iluġaaqquuq atuqługu. Niuqtuġaluaqtut qavsiñik aglaan maqipkaqsapiaqługu piŋitkaat, immakiaq uŋasikpaiłłuni tauqsiġugniaqtuaniñ.

Aglaan paqitchimmata uqsruġruamik Kaŋiqługmi 1968-mi supayaaq allaŋŋuqtuq. Piŋasut ukiut qaaŋiŋaiñŋaisa Alaska-m Iñuqqaaŋisa Pimaaqtuqtaŋisigun Nunakun Pitquraq (Alaska Native Claims Settlement Act) (1971-mi) qaaŋiġaat, tuqłuaġruaq uqsruġruam igliġviksraŋa savaksaġumiñaqsaqługu Kaŋiqługmiñ Valdez-munaglaan, sivisutilaaŋa 1200 kilometers qaaŋiługu (800 miles) taunuŋanmun. Ukiutqigman Iñupiat iñiqtairut North Slope Borough-mik, kavamaq maniññagumiñaqtuaq atuqtitchiḷuni niuqtuġvigiyumiñaqtiłługu nuna. Aŋuyakkaluaġaat uqaqsitaaġvikuaġutivlugu Borough tainna suaŋŋatiqaqtilaaŋanik akutuġaat uqaqsitaaġviit, aasii tavraŋŋa qavsiit Iñupiat ikayuusiaqallasiŋarut niuqtuqtuaniñ nunamigni aimaaġvigmigni.

Pagmapak niuqtuġviŋit takłuuriŋarut 100 miles sippiqługu taġium siñaani Kaŋiqługmiñ, taununŋa taġiumullu ayaksaaġutigaat. Miksrautchaġamirruŋ iḷisimaruat taġium natqata ataani 28 billion-tun taigruatun uqsruġruaqaġasugigaat, ivaqłiayumaruat qanutun niuqtuġuumapkaqsipiksuaqługit. Iñupianun nunami niuqtuġmata sut allaŋŋuutauŋagaluaġmiut aglaan ikayuusiaq niuqtuqtuaniñ aŋillukłuni suuŋiñmatun iliŋagai allaŋŋuutit, manniqsuqtuaqługu kavamaqput, savaannaktiłługit iñuvut sivunmuktaaqługu iñuuniaġniqput, suli Iñupiagunipta atuġŋiŋa kiikaa atullasipkaġŋiaqługu, suli nutqaqtitchiñiaqtuat Iñupiat uvagut iñuusiptinnik atuġuuraptinnik aŋuyallasivḷugit, aġviqsiuġnikun suvaluk.

Taġiumi niuqtuqpataaglaan savaktuksrauniaqtut sikumi, apqutiŋit aġviġit nalaullugit. Savaaqaġŋiġlu manniññagniġlu niuqtuqtuaniñ iviġaumanaġaluaqtuk Borough una maniññaqtuaġumiñaitchuq taġiumi niuqtuqtuaniñ. Anayanniuġutinapiaqtut atqunaq aġviġit, ivaqłiqsuat nipaanniñ suli uvlutuaq savaluktuaqtuaq nipaanniñ naaggaqaa iḷaanni asiñun taġiumi maqiruamiñ uqsruġruaq. Nalautchiñiḷugniq nakuuniŋalu iłuiññiŋalu qiñiqługik suli tugvaġniaġlugu Iñupiaguniqput kiikaa sivunmun igliġumiñaqsiḷugu uqsruġruaqsiuġniq qaiqqaaġluni aġiugaluaġmikpan qanuġlugu nalaukkuaqtuksraġipiaġikput pagmami Utqiaġvigñi 21st Century-m isagutisaaġniŋani.

Suraġausivut nuimapiaġataqtuat Iñupiaguniptinnun tuniqsimmatiqaqtinŋagaatigut igliqtuallasipkaqtiłługit nunaaqqivut aippaaniñ pagmanunaglaan, suraġausivut tunŋarut taġiumun, sikuanun, suli niġrutiŋiññun taġium. Utqiaġvigñi aŋuniaqtillu aġviqsiuqtillu iḷisimmataata suraġalguniŋisalu iñuullasipkaŋagai allaŋŋuqtuaqtuami sikumi, niġrutit paqitchuġŋaqsivḷugit aasiisuli aggisimmivḷugit, ukium sulliñġapayaaŋisigun, ukiutuaġman, kiŋuniiġiiñi aquliġaġiiksittuani. Tamatkua sullaniġit iḷisimmatillu iḷaurut-suli suaŋavlutik Iñupiaguniptinni iñuuniptinniḷu pagmapak, aasii pautaġigai aitchuutiŋisa uumani makpiġaaniittuani.

## Utqiaġvik
*Igah Sanguyam uqaluŋi*

Qaanaamullu Siurapalug-mullu
iglauqatigiŋaqqaaługik avilaitqatitchiavuk Joe-lu
Nancy-łu Utqiaġvigmiuk kipiġniupiaġataliŋaruŋa
aimaaġviŋannugumalaapiaġataqłuŋa Alaska-mi.

Tikiññama Utqiaġvigñun quviġusuktuŋa tautugnama
U.S.-gum takuyaŋanik iḷisimauraġñiallaġma allami
nunaqpagmi itilaamnik. Isumaŋaisimaruŋa tainnasimik
takuyamik tautugniaġasugaluŋa uvaptun ittuanik
iñuligaami!

Iññiqirraqsikapta iḷitchuġilluataqtuŋa uvaptun ittuani
itilaamnik qanuq iñugniqsimarut paġlallatummivḷutik
Qaanaaġmiutitun. Utuqqanaaŋit aŋayuqaamik
uqautchiŋatun Iñupiuraaġuugaluaqtut aglaan
tanŋuraasuŋaiññaqquuqtut. Tainnamik uqaqatigiigñiq
avanmun siġġaġñaitchuq inŋitchuq uqaqatigiigñialaniġmiñ
Kalaałłit Nunaanni.

Naumaniŋa tavra (Utqiaġvigñiġma) qiñiqtuaqama
aġviqsiuqtuanik. Kamasupaluktuŋa iḷisimakkutaannik
qanuġlu aŋuniaqłutik niqiqaqtitchiñiaqłutik. Qiñiqtuaqapkit
aŋuniaġñiqtik iglaupkaqtiłługu-suli pagmanunaglaan
kamatchaktuŋa aasii isummiqsinŋagaaŋa aippaanisun
aŋuniaġñiq utiqtitchukługuli tammaqsiiññaqtaqput maani
Canada-mi.

Maani nunalu taġium sikuŋalu allauqpaktuk uvagut qavani
nunaptinniñ. Kamasuktuŋasuli qanuq iñuit atullasiḷḷatilaaŋat
inigiraqtik aasii suraġaġvigillasivḷugu qanuqiḷigaluaġman.
Qaqasamnun tulluatapiaqtuq qiñiqtaġa aasii tamauŋa
kamanaqtuamullasiñiġa quyyatigipiaġataġiga.

Niġiḷḷaktuksraunapiaġataqtuq niġiḷḷaktuni *iguna*-mik sikum
siñaani Alaska-mi. Kamasuutigipiaġataġatka nukatpialuit
kasuqtavut. Iluqatik uqallallaaŋarut aġviqsiullasisukhutik
aasii kiiqsruqtiŋi Alaska-mi taaptumuuna nanŋaġitka.

*Qiñiġaat saumigmiñ
taliqpiñmun:
Nancy Leavitt Igah
Sanguyalu ikayuqtuk
nuqiiġutiksramik
pituksiruanun
aġvaktaaŋannun
sikum siñaani
aġvaktaaġiraŋannik.*

*Utqiaġviksuni niqiŋit
kayumiksut. Iluqaisa
uuktuġivut, iglaullaptalu.*

Nunaaqqit

*Alliq qiñiġaaq: Joe Leavitt (saumigmiittuaq) Iñupiat suraġautchiŋiññik, iḷisimmatiŋiññik taġium sikuagun, aġviqsiuġnikun, naagga allatigun supayaatigun iḷisimasuktuni Joe Leavitt qanutun iḷitchuġivigiksuq. (Joelie Sanguya uvva taliqpigmi.)*

*Taliqpik qiñiġaaq: Joe Leavitt-gum (taliqpiuruaq) iḷisimmatini atuqługu ikayuġai kuyapigaurriqsisaqtuat aġviġmik qakitchisaqamik atuġuuraat.*

# Utqiaġvigñi, Alaska-mi
*Joelie Sanguyam uqaluŋi*

Ukiutuaġman ukium allaŋŋuġaaġviŋi iñugiaktut aasii sunaqsiraġimman kipiġniuqsaaniŋaraqtuŋa iḷitchuġiyumalaaqłuŋa qanuq inniaqtilaaŋanik suraġaġviksraqput. Ukiupta allaŋŋuġniŋa qiñiġaġigikput siḷakun qanuqitilaaqługu, qanutun apiŋammagaaqługu, taġium sikua qanuq inmagaaqługulu. Qaanaamuŋaqqaaqłuŋa kisirraqsiŋagitka uvlut Utqiaġvigmugniksramnun Alaska-mi qanuq ittuamun nunamun tikisaaġniaqtilaamnik. Kiisaimma tavraniitiqpuŋa. Ini tikisaniktiġiġa.

Kaivaluisaaġaluaqtuŋa Utqiaġvigmun tikiññama aglaan iġġiñik tautuŋitchuŋa. Tavra tiŋŋiviata igluanun isiqapta sua makua Iñupiat Iñupiaqtanik annuġarriamignik atuqtuat, tavra iḷitchuġiruŋa Utqiaġvigñun Alaska-miittuamun tikiññatilaamnik. Tamarra iñuit tannuraaqtut tiŋŋivium igluani, isumamni kaŋiqsiutillasuŋaiññaqtuatun uqaqtut, mumiksiraksraitchut, tavra avanmun uqaqtut atausimik uqautchimik atuqłutik.

Iluqaan asu nunaaqqiq tautugukkaluaġiga aglaan tautuaksrat-suli iñugiagniqsut nullaġviksraptinnuutimmatigut. Tavra tavrani iglaullapta sunik tautuktuŋa, araa iñugiaktut tautuaksrat, Canada-miittuatun ilaa.

Kiisaimmaa skidoo-ġaġnaqsivisa allanun ininun. Aapaa iḷisaurrutaa atuqługu iḷisimaruŋa sunik niġiugnaġniaqtilaamik suli qanuq ipiaqtilaaŋa inim iḷitchuġiyumiñaqsivḷuŋa. Qiñiaksrat kamanapaluktut qaallagnaqtut-unnii.

Ivuniġruat taununŋatchianugluŋa isumagaluaqtuŋaasu sut siġġaġnaqtuat qimilġuusuklugit aglaan piŋipayugmiuŋa atautchikuaqłuta iglauvluta sivulliuqtikput maliġiruksrauvlugu anayaitchuakuaġurriruaq.

Nutqallaagapta tamarra iñuit America-ġmiut, Canada-ġmiut, Greenla(nd)-ġmiut tamattumani inimi atautchimiiłutik kasuutiruat. Tavra tavraniinniġa sivuniġipiaqtilaamnik puttuqsriruŋa.

Qimuagrugnik tautuŋitchuŋa atuġumiñaqtamnik tikkuaġutiksramnik sugnamuktuksrautilaamnik, suli iġġiiñmiuq nalulaiñŋutaġiyumiñaqtaptinnik aiñmuksaġupta. Maniiḷaġruat tamarra atqunaq qaiġiitchut, suli siḷa qaaŋani nunaaqqim taaqtuq qirġiaqtaaq. Tamarra sikulu maniiḷaġlu maniiḷaġruallu Iñupiaguruat tamaani isumattutikun iglauvigiruksraġisuumagai. Iḷaḷauraŋa uuktuġiġa sikuat, suli summan Iñupiat suraġausiŋat qanuq itilaaŋa summallu paġnautaat iglausaqamik taunuŋa tainnaitilaaŋanik. Kamanaġipiaġiġa iḷauliqtuuraqamaunnii inimi tainnasimi suli iḷisimmataannik siḷamignik.

Tautukkapta umianik, kasuġapta umialignik, aŋuaqtinik, aqutinik, kapuqtinik, supputitaqtinik aġviqsiuġutinik allaniglu ataaqtuqtuat iḷagisuuraŋiññik araaqhaa kamanapaluktuq. Marra nutaġaaluit iḷḷatiruat ataaqtuqtuanun taunani sikumi. Marra suli iñuit qaunaksriruat satkunik sunik. Tamatkua iñuit isumapkaġaanna qanuġlutalituq Kaŋiqługaapigmi tainna aŋunialgusisuktuat piviksraqaqtitchumiñaqpisigik.

Iluqata piŋasuniñ nunaqpagniñ Joe Leavitt-gum ammuaŋaniinŋapta uqaqłuta iḷisaqłuta ammualiuġniġmik, sua una Joe uqallakłuni, "Satkurut imma". Tavra tusaarugut malġuusugnanik supputitchaqtuagnik, taima aġiuliġmivḷutiglu. Ullautirugut aġvaktuat ammuaŋannun. Malġuk aŋutik inillaksimaraŋak akłunaaġruaq aġviġlu qakirviksraŋanun.

Iñuk takuyyiqsuq ivuniġruam qaaŋanun, allasuli aqpaaqtuq takuyyiġiaqłuni aġvaktuam umialgum igluanun, aġvaŋatilaaŋata nalunainñutaa. Araa qiñiqtuannaraaġnapaluktuq.

Aġvaanigmata qakinŋaiñŋaan iñuk aŋaiyyuruq, kisiptinnułhiñaŋiḷaaq sikumiittuanun aglaan iñupayaanun naalaġniruanun siḷakkuaġutitigun. Uummatigaasu aksiapalukkaat.

Iñuit tamarra nunaaqqimiñ qaiyaarut ikayuġiaqłutik qakitchisaqtuanun aġviġmik tamatkua kuyapigaurat atuqługi. Nuqiiqtilluta aullarriruq aġvaktuat iḷaŋat suli umialiŋata uqautivluta qanuq qakinniaqtilaaŋanik. Tavraasi Joe Leavitt, Siku-mi savaami iḷakput akłunaaġruaq pitukkaa payaŋaiqługu kuyapigauramun aġviġlu iñuiḷḷu nuqiiqtuat nakkaġumiñaiqługi taġiumun. Qamasulivsaapiaġataŋaruŋa uummatimni isumamniḷu Joe una iḷisimmatiqpaqaqtuaq sunik Iñupiaguniġmigni savaqatigitilaaŋanik uvagut savaaptinni.

Tavra aġvaktuat umiaqtik takuyyiqługu ainmuutigaat aasii iñupayaanik niġipkaivḷutik.

Quliaqtuaksraukkaġaluaqtuŋa Utqiaġvigmugniptigun – nunakun, aippaaniqsaqaġvikun, aippaaniqsani katiqsrisuuruakun, suli avilaitqatitchauraptigun. Utqiaġvik kiŋuvaaġma kaŋiġiŋagaat iglauvigivlugulu aasii anigama tamaani irrituruami qanutun nakuutigiruami iñuullasivḷuŋa.

Taġium sikua iḷaupiaġataqtuq iñuusimñi isummatigipiaġataġlugu piḷaisaġa. Aglaan tavra taġiuq qiqinmagu atuġaġigikput, tainnaġman iñuusiġa sivuniksriġaġigaa. Taiġum sikua allauruq uvaptinnun iñuuruanun tamaani atuqtuanun taġium sikuanik. "Siku" uqaluuraq iluqapta atuġuugikput – tavra aitchuusiaqput atuaksraġivlugu qanuq allagiikkaluaqtuanik.

Uqaluŋi Igah-m tuvaqatigma nakuaġigitka, "Tavruŋaŋaruna." Uqallakkami qamasuutaala quviasuutaalu nalunaitchuq allat quliaqtuaġimagit. Uvaŋali uqallallaguktuŋa Utqiaġviksigun, "Tavruŋaŋammiuŋa." Quyanaq.

Iiggun:
Iglaŋallaguuruŋa isummatigikapkik Nancy-ḷu Joe-lu nunaaqqiptinnugmagnik. Itqaġuuruŋa iqalliaqqaaqłuta nunamun qavsiñi samma uvluni, Igah-lu uvaŋalu aquliġaġivuk Nancy-ḷu Joe Leavitt-lu utiqsaqapta skidoo-ġaqłuta Kangiqtugaapigmun. Nunaaqqim igluŋit qiñiġnaqsiḷġataurağmata sua una Nancy aquppiruaq Joe-m tunuani talligñi isaaqtalaaqsivḷugik quviasukpaiłłuni. Iglaŋapkaġaaŋa, uummatiga uqikłivlugu.

*Qiñiġaaq: Igah-lu Joelie Sanguya-lu qimilġuugai aġviqsiuġutit savalġutit taunani sikum siñaani.*

## Iḷaanni Utqiaġvigñukkapta, Alaska-mi
*Toku Oshima-m uqaluŋi*

Iḷaanniimma upinġaksrami aullaqtugut tautugiaqługi iñupiaqatiivut Utqiaġvigñi, Alaska-m salliani.

Sivulliuvlugu, Qaanaamiñ Pituffig-muktugut (Thule Air Base) aasii qavsiqiurani uvliqqaaqłuta Baltimore-mukłuta. Tavraŋŋa aullaqtugut allayuġanun nunanun igliġvigiŋaisaptinni sivuani. Isagutisaaġñiptinni killukuaġaluamiiqsugut kalaałłisun suniatakasakłuta. Mitchaaġvikpakuaġaqtugut sumiunik iñugnik tautukłuta allasugrugniñ nunaqpagniñ allauqpaktuaniñ qaiviptinniñ. Kiisaimmaa tikitpisigu Alaska, iglaullapta irrituruamun aimmiviptitun iḷisiiññaqtuq salliñmutullapta. Allayuatualuktugut tikitqaaġñiptinni (Anchorage-mun) Kraisimaqtuat napaaqtuŋit sumipayaaq makua, tuttuvaktun ittuallu nullaġvium siḷataani. Irrituruaq tikiññaptigu nuna taunna qaiġruaqtun, iġġiiḷaaq, irviksrautikput qanutun taima.

Uvliqqaaġñiqput nakuugaluaqtuq aglaan uvlitqigñiptinni qavsiñi uvluni ilauvaŋa puugaqsiraani siḷam taunani taġium sikuani tautugnaiłłuni sumusugruk. Taunuŋanmun qiviaqtuni ivuniġrualhiñaq tautugniqtutilaatun, aasii nunamun tatpagmuŋanmun qiviaqtuni nuna manna qaiġruaqtun iġġiiḷaaq. Nalunapiallaktuq sikumun tuttuni qanuq taġium siñaa naqitpaiłłuni. Aglaan Iñuŋit iñugniqpaktut itqatigisuġnaqtut.

Skidoo-ġaqłuta taġiumuktugut Utqiaġvigmiullu aġviġunaaġasugaluta. Taunuŋa sivunmuuliqtuġluta iglauyumiñaiñmiugut ivuniqaqpaiłłuni, tainna saquupiḷukłuta apqutigiksuaksriuġaqtugut. Tainna saquuġaqłuta kiisaimmaa taġium siñaa tikitpisigu. Tavra taġiuq tautullasikapku tutqiksiruŋa taunuŋasugruk tautullasikama. Apiġigaatigut nipaisaaquvluta tamaaniinnapta taġium siñaani, uvva nipaqpagmiut skidoo-t tatpikaqisuuraq.

Tavra nipaiqummatigut isumallaktuŋa taimani tuugaaliksiuqtillu qiḷalugaqsiuqtillu tainna pisuummiruat, aglaan pagmami ilitchuġiŋarugut saqłautiguptigiunnii aġviġit suqpatchasuitchut.

Asuguptauvagut aġvaktuanik tautuktuaqpisa qanituuranik aasii ikayuġluta qakirmarruŋ sikumun – kamasugnapaluktuq, suallaktugut. Tupaktugut-unnii saqłarraqsimmata aġviullaġmik, usiuvva iglaqhaqtaġniaqtut naagga qanuq allatigun quviasuutiktik anillugu. Tasamma suraġausiqaġuuniqsut aġviuqtuat.

Utqiaġvik allauqpaktuq Qaanaamiñ. Skidoo-ġaġuuniqsut aŋuniaġamik uniaġaġaluaġnatik maanisun. Nunaŋat qaiqpaiłłuni ila uniaġaġviksralluatapiaġataq.

Niġiukkutigali sivuniptinni utuqqanaat iḷaksruutigilisigisuli nutaqqat supayaaġumik. Piiguġumiñaitkiga iḷisaaġa apqusaaqtatkalu taavani. Naumasiŋaqqaatillugu. Niġiukkutiqaqtuŋasuli nutaqqat kiikaa Iñupiuraaġlit qanuq uqaluŋi atiqqayaqtut uqaluptinnun, suagguuq kaŋiqsiḷḷasigivut sukaisuuraaġlutik uqaqpata.

Quyanaqpak tuyuġmiukapta aŋalalluataqaptigut.

---

14

*Taliqpigmi: Iñuit ikayuqtigiiksiłłutik aġviuqtut taġium siñaani.*

*Ataani: Toku Oshima taġium siñaani Utqiaġvium qaniŋani. "Tavra taġiuq tautullasikapku tutqiksiruŋa iḷumni, taunuŋasaaġruk tautullasivḷuŋa."*

## Apqusaaqtavut Utqiaġvigñi

*Mamarut Kristiansen-gum uqaluŋi*

2007-mi Utqiaġvigñuktugut *Siku-Inuit-Hila*-mik savakkapta, sunik iḷitchuġivsaaġasugaluta.

Ataaqtuqtuani iḷaurugut qanuq aġviqsiuġuutilaaŋiññik iḷitchisukłuta. Naipiqtuġama iḷitchuġiqqaaqtuŋa qimmiñik aŋuniaqamik atulaisilaaŋiññik, qimmiqaġaluallaġmik igniqtituqtuanik atuġuumarut, uvagut suraġausiptiktun inŋitchut. Tavra malikkivut taġium siñaanun aġviqsiuġviŋannun, tainna iñugnik allanik aiyugaaqłilaitkaluaqsimaruat pitqusitik maliġuaqługit. Tautukkivut tavra aġvagmata aglaan tusuŋitkitka tainnatun aktigiruamik niġrutimik aŋuruat. Aglaan maliġuaġai pitqusitik qaaŋiqsinŋaraŋit sivulliiŋisa, qiñiqtuaġnapiaġataġniqsut.

Tukkupta aiyugaaġaatigut aippaaniqsaqaġvigmignun atuġnaqsimammiruaq suyumaatchiqamik, tavra aġġiruanuktugut. Qaerngaaġlu Tokulu uamittuk uaminŋisilluŋa qanuq aġġiruani iñuguŋaitchuŋa, aġġiñiŋat allauqpagniqsuq aġġiñiptinniñ. Tautuktuannaraaġnaġniqsuq, isumaruŋa aŋayuqaaġiiḷḷaat ilimiksun aġġisiqallaanasugalugi.

Kasimakapta Utqiaġvigñi utuqqanaat qaitchiyumalaapaluktut iḷisimasuktaptinnik, uqaqtuaqłutik iḷisimmatimignik. Taamna ikayuġumalaaġutaat nuimapiaġataqtuq.

Niqit, suvaluk aġviġum niqipiaŋa, uunaaliglu nakuaġivut. Siġḷuat qiqiruaqaġvigisuuraŋit quaqsaaġutituaksraiḷaat, uvamniḷi qiñiġaptigi suallaŋaruŋa atqunaq.

15

Nunaaqqit

# Kaŋiqługaapik (Clyde River)

Kaŋiqługaapigmi aŋuniaǧuurut iglausuurut ukiuqtutilaaŋatun. Iñuktitun taisuuraŋat *Akullirut*-mik Sikuaqtuǧvik utaqqivigmik taisuugaat. Tainnaŋŋuǧman nuna apiŋaruq, naagga apiyasiruq, aasii iñuit sikuliaǧniksraŋa taǧium utaqqiraǧigaat. Aŋuniaqtit marra natchiǧaqtut umiaqtuqłutik, aasii nunamiļi marra pukunnaraaqtuat pukugnauraŋŋaan-suli – kavlanik, asiavigñik kukuutiksraniglu (igniqauqamik atuǧuuraŋit kukiusaqamik). Sikkuviŋŋuǧman aasii iñuit aqargiqsiuǧaqtut tuugaaliksiuqłutiglu. Aquvaqiuraŋagun utuqqaviñiq tikitchaqtuq, saǧvam tiŋisaŋa sallimiñ, tainnaǧman aŋunialguruat iļisimarut payaŋaiyasitilaaŋanik taǧium sikua. Kiisaimmaa taǧiuq sikuvuq, taǧium sikua tikitchuq. Nippivium atqata, "*Tusaqtuuť*" quliaqtualluatapiaǧataǧaa suraǧaǧviutilaaŋanik siku tainnaŋŋuǧman. "*Tusaqtuuť*" una sivuniqaqtuq "tusaayugaaǧvigmik". Aippaani siku tainnaŋŋuǧman iñuit uŋasiktuaniñ nullaǧvigmigniñ iglaullasiraqtut sikukun aasii kasuutillasivļutik. Qavsiñi tatqiñi immam taǧium agmaruam ullautiyumiñaisitqaaqługi,

tusaallasiraqtut iļamignik iļauraamignik suqqammiŋatilaaŋit iļitchuǧillasipkaqługit sumun iglauŋatilaaŋiññik, sunik aŋuniaŋatilaaŋiññik, kitkut miqłituqaqqammiŋatilaaŋiññik, kitkut tuquqqammiŋatilaaŋiññik. *Tusaqtuuŋŋuǧman* tavra isagutisaaǧuugaa sikumi suraǧaǧniǧum, allaupiasugruktuaq isagutisaaǧaqtuq iñuuniaǧniq, iglauniq, aŋuniaǧniq.

Sikumman tavra siqiñǧiǧaqtugut, Siqiñǧiļaŋŋuŋaiññaan uvluqtutilaatun taaǧaǧtuq Siqiññaatchiam nuŋusaaǧniŋanunaglaan. Naaggatavra suraǧaǧniŋit Iñuit nutqalaitchut, tatqimi tavrani tuttunniaǧaqtut, natchiqsiuǧaqtullu nikpaqhutik alluŋiññi. Irraasugruk irritupiaǧataqtuq agniǧruaǧlu tikitchaqtuq, aglaan sikumi iqalliqinaqtuq atqunaq suli natchiaǧruksiuǧnaqtuq aniguyyauraŋiññi. Uniaǧaqłutik iglauraqtut iñuit aasii Siqiññaasugruŋŋuǧman naagga Paniqsiqsiiviŋŋuǧman sikukun iglauyuǧnaqsipiaǧataǧuuruq. Siqiñiq utiqami nuimalgusisiiññaǧniŋa sukattuq aasii Suvluǧviŋŋuǧman nipillaiŋasuuruq uvluqtutilaaŋatun siqiñiqaqłuta. Qannigman Paniqsiqsiivigmi aqiglipayaaǧuugaa apun siqquqtaq aasii uiñman quppanigmallu qaksrit qakiraqtut. Anuǧim

*Taliqpik: Apqun nauniuraaqtuami nunaaqqimi Kaŋiqługaapigmi 1970-mi.*

*Alliq: Tatpigña apqun Kaŋiqługaapigmi iñuiññaq qulit ukiut qaaŋianigmata, 2008-mi.*

allaŋŋuqtuam aŋalataġigaa tuvaq aasii aŋuniaqtuat
naipiqtupiaġuugait sikut maptukiñŋaruat ukiumi
anayanaqsiñiaqtuat. Iñukkuksaiviŋŋuġman taktuk
tikitchuuruq aasii siku siqummaalarraqsivḷuni , imaq
maqivḷuniḷu nunam aputaaniḷḷu sikuaniḷḷu. Iñuiḷḷu nannullu
aŋuniaqtuaġaqtut aŋuniaġnalgulilaaŋatun
upinġaaġataqtillugu. Amiġaiqsiviŋŋuġman iñuit
umiaqturraqsitqiguurut aasii nannulli nunamukłutik
aŋuniarraqsiraqtut kummaalarraqsivḷutik niqiksramignik.

Nunaaqqiq una Kaŋiqługaapik, atqa sivuniqaqtuaq
tasiqtun qiñ̃aqaqtuamik, irviġiŋagaluaqtaŋa
tauqsiġñiaġvium 1940s-ni aasii 1960s-ni ukiuqtutilaaŋatun
Iñupianik iñuqarraqsiŋaruq. Qavsisamma utuqqanaat
nalunaiŋagaat irvia, iḷagivlugu Joelie Sanguya-m
aappaaluŋa Apitak. Tavruŋa inillaŋaiñ̃aisa,
1980s-nunaglaanlu Kaŋiqługaapigmiut tamaani
iñuusuuŋarut tatchit avataani iḷagiiḷḷaavlutik tamaani taġium
siñaani tatpauŋanmun unuŋanmullu taaptumaŋŋa
nunaaqqim pagmapak inaaniñ̃. Utuqqanaat Davidee
Piungituq, Levi Iqalukjuaġlu Aipellee Qillaġlu (iluqaġmik
tuquŋarut) iḷaqiuraŋit nuimavlutik aullarrauŋaruat taimani
nullaġviurani iñuusuuŋŋaisa nunaaqqiq inillaŋaiñ̃aan.
Aŋuniaġniq iqalliqiniġlu taimaniḷu pagmapaglu ukiutuaġman
sunaqsivikaaqtik maliġisuugaat aglaan qiñ̃aaġilugi
allaŋŋuutaullaruat siḷalu nunalu suli qiñ̃aaġilugi sumiitilaaŋit
iqaluit, natchiit, aġviġit, nannut, tuttut, tigmiat, allallu niġrutit.
Iḷaŋit niġrutit sumiinniaqtilaaŋit iḷitchuġisuġnaġaluaqtut
aglaan inillalluataġniaqtuni aŋŋutiksranun
iglauruksraunaqtuq, paġnaruksraunaqtuq, suli
iḷisimmatiqaqtuksraunaqtuq.

Kaŋiqługaapigmiut iḷagiit isummatigisuugaat iluqaan
Qikiqtaaluk inigimmatun aippaaniñ̃-qaŋa. Igliqtuaqtuanik
allanun nunaaqqiñun tautugnaġuuruq ataramik
siñiqsraqłutik naagga nuna ikaaqługu.

Uniaġaqłutik naagga sikiituuqhutik iglauraqtut ukiumiḷu
upinġaksramiḷu, aasii umiaqtuqamik upinġaami
sumusugruaksraitchut. Aŋuniaġviit, igluurat aullaaġviit, suli
nullaġviurat paqinnaqtut sugnamutuaqtuni, suli iniġruallu
*iñuksuiḷḷu* (qavsiit; *inuksuk* atausiq) tamatkua uyaġagnik
iñuŋŋualiat naagga nalunaiñ̃utchiat, iglauruanun
naaggaqaa aŋuniaqtuanun naaggaunnii
iḷitchuġitqusiñ̃aqługit iñuqaŋatilaaŋanik nuna, allat Iñuit
tamaunnaaŋatilaaŋiñ̃ik.

*Kaŋiqługaapium qulaani
ukiuġruami.*

ᖃ

ᖅ

Qᴉᴋ

ᖅ

ᖃᑦ

ᖃ

ᑌ

ᖅ

QᴉᴋᴉQᴛᴀᴀʟᵁᴋ

Δᵇᐱᐨ Ikpiit

ᑲᓂ·ᒃᕈᔭᐊ Kangaarjuk nuvua

ᑕᖅᐳᐊᒎᒃ Taaqtualuk

ᐸᖕᓂᖅᑑᖅ Pangniqtuuq

ᑕᓗᕈᑏᐨ Talurutiit

ᓇᑎᖅᓱᔪᖅ Nattiqsujuq

ᖃᒍᓪᓗᐃᑦ ᓄᕗᐊ Qaqulluit nuvua

ᐊᑯᓕᐊᖃᑦᑕᒃ Akuliaqattak

ᓂᐊᖁᕐᓈᓗᒃ Niaqurnaaluk

ᑲᖏᖅᑐᒑᒃ Kangiqtugaak

ᓄᕗᒃᑎᐊᐱᒃ ᑐᒡᓕᖅ Nuvuktiapik tugliq

ᓄᕗᒃᑎᐊᐱᒃ ᐅᖓᓪᓕᖅ Nuvuktiapik ungalliq

ᓂᖏᒐᓂᖅ Ningiganiq

ᐊᕐᕙᖅᑑᑉ ᓄᕗᐊ Arvaaqtuup nuvua

ᐃᕕᓵᑦ Ivisaat

ᐊᕐᕙᖅᑑᖅ Arvaaqtuuq

ᖅᑲᑖᓗᒐᔮᖅ/ ᖅᑲᑖᓗᖑᔮᖅ Qikiqtaalugajaaq/ Qikiqtaalungujaak

Auᴊuᴉᴛᴛuq

Kangiqtualuk

Kangaarjuk

Sikuuiaq

ᐊᐅᒃᑲᕐᓈᕐᔪᒃ Aukkarnaarjuk

ᐃᒡᓗᖅᔪᐊᖅ Igluqjuaq

ᑲᐳᐃᕕᒃ Kapuivik

Iqi

Δᵇᐱᐨ Ikpiit

ᑮᖕᖓᕐᔪᐊᖅ Kinngarjuaq

75 KM

75 Mɪʟᴇs

0

N

Uuma nunauram qiñiqtitkaa nunalu tağiuğlu Iñuit Kaŋiqługaapigmiut savaaptigun ikayuqtuat
pimaaqtuqtaŋat aippaaniñ-qaŋa. Nunauramiittut atiŋit nunaaqqit iliŋisa nuimaruağiraŋit, Iñuktitun taiñiŋit
saumigmi nunaurami, aasii taniktun taiñiŋit taliqpigmi nunaurami.

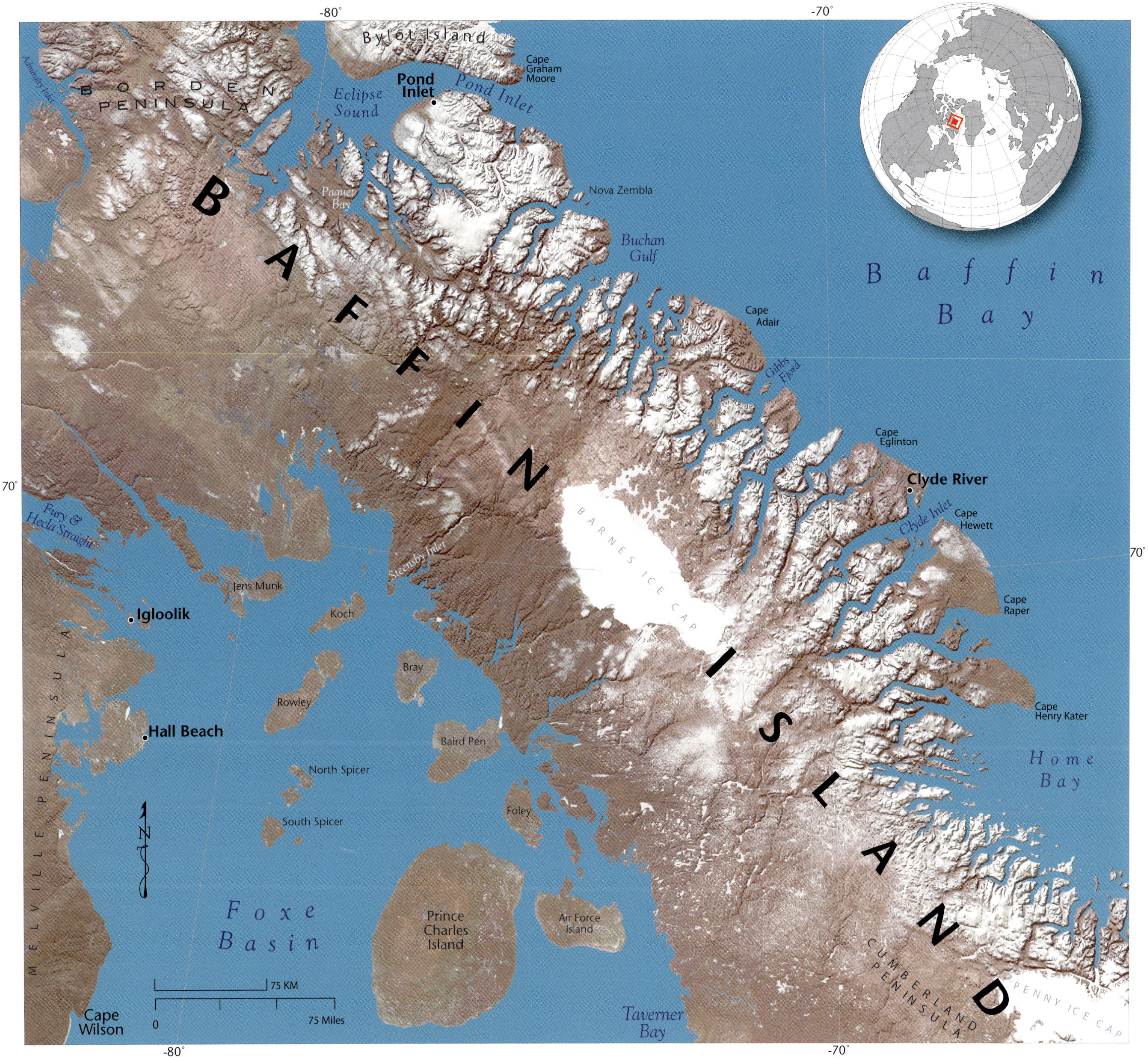

# Nunait Atiŋit

20

*Paġlagait iñuit uyaġagmun miŋuliam apqutitualugmi mitchaaġvigmiñ Kaŋiqługaapigmun (Clyde River). Ilaa nunaaqqiq inillaŋaruq siatqiksuamun nunamun aglaan kamanaqtuat iġġiḷḷu tatchiḷḷu uŋasiŋitchut.*

Iñupianun nunat atiŋit nuimapiaġataqtut qanuq quliaqtuġuugaat iḷisimaraksraq nunakun, avataagun, siḷakun, anayanaqtuatigun, anayanaitchuatigun tulagvigigñiaqtuatigun suli allatigun iḷisimaraksratigun taaptumuuna inikun, taputivlugu taġium sikua. Iñupiat taimani nalurut nunaurakun paqirrutaiññik, GPS-nik , nunauranik qanutun nuna qutchisiḷaaŋanik kiliktuiḷḷaruanik, naagga nutaanik paqitchiḷḷaruanik iñugnik naagga ininik. Iñupialli tavra nunamignun qanitpaiḷḷutik iḷisimmatiktik avatimiktigun kisian atuqługu sumugaqtut, tainnamik init atiŋit nuimapiaġataqtut. Init atchiġaġigai sivuniqaqtuanik, iñuit iḷisimapkaqtitchaqługit iḷisimaraksranik taaptumuuna inikun qanuq nalunaiññutaqaqtilaaŋanik, suqaqtilaaŋaniglu, qanuq qiññaqaqtilaaŋanik, sunik paqinnaqtilaaŋanik, naagga sut apqusaaŋatilaaŋiññik tavrani naaggaqaa sunik niġiugnaġniaqtilaaŋiññik tavrani. Atiŋigun iḷitchuġinaqtuq qanusit niġrutit tavrani paqinnaqtilaaŋit, sukun igluliuġvigigñaġniaqtilaaŋa, sukun aputiqaqpaisilaaŋa naagga aputikitpaisilaaŋa, naagga apun siqquqpaisilaaŋa naaggaqaa aqitpaisilaaŋa apuyyaliuġniaġuvit, sumi saġvaq suaŋavaisilaaŋa naagga sumi siku saatpaisilaaŋa. Tamarra iḷaḷauraŋit. Uuktuutigilugu una, '*Kangiqtugaapik*' una tusaaruni isumanaqtuq tatchimik immam siñaa qiñiqtuni. '*Ukiallivik*' una ini ukiallivik. '*Ailaqtalik*' una taggisiqaġaat iḷuviqaqtuaq iñugmik atiqaqtuamik Ailamik (naagga Ailaġmik). '*Akuliaqattak*' aasii nuvuk tavraniittuksrauŋiḷaq, '*avrialutauruaq*'. Anuġi, qaiḷḷit, suli qaiġiiḷaq siku tavrani paqinnaqtut. Tavrani '*Tallurutiini…* tautugnaqtuq taamna takanani uyaġagmi iġġim maniñaaŋani. Atchiqsisaqamik ininik qaunakłaapiaqhutik atchiqsisuurut iñuit igliqtuat naagga aŋuniaqtuat iḷisimapkaqługit iḷisimaraksraŋiññik atuġumiñaqtaŋiññik. (Kaŋiqługaapium avataaniittuanik ininik iḷisimavsaaġukkuvit avgun atiqaqtuaq *Iglaunikun*-mik tautuglugu.)

Kaŋiqługaapik una inillallautaŋaruq pagmani igliġutinik tikiññiaqtuni. Siatqiksuamik nunaqaqtuq mitchaaġviḷiuġviqaġumiñaqłuni, allamik nunami taġium siñaaniinŋitchuami paqinnaġviksraitchuq innatun imnaqaqtigiruanik tatchiqaqtuami. Iḷuliaġuraq (Taggisiqaqtuaq taniktun 'Patricia Bay'-mik) irvigiraa Kaŋiqługaapium tulagvigiksuq umiaqpagnun usiaġuuruanik supayaanik ikummatiksraniglu upiŋġaatuaġman. Allat init nakuułhaaġugnaġaluaqtut aŋuniaġuktuanun iqalliqisuktuanullu aglaan tainnasiñik ivaqłiŋitchut simmiqsuutisuktuat, aquvaisigullu kavamat inillagviksramignik ivaqłiqsuat, aglaan uŋasiŋitchut iqalliqiviksralluatat aŋuniaġviksralluatat.

Tanŋit Europe-miñ tikitqaaŋasugnaqtuat Qikiqtaalugmun Norse-guŋanasugisuugai, igliqłutik uanmun inillagviuramigniñ Kalaałłit Nunaanni. Newfoundland-muaglaaŋatilaaŋiññik iḷitchuġiŋarut taapkua Norse-git quliaqtuamigni sunik tautuŋatilaamignik quliaqtuaqamik Qikiqtaaluunasugipiaġaat iḷaŋat. Aquvasugruaŋigun 1596-mi Martin Frobisher tiŋilġautituqhuni tikitkaa kaŋiqłuk atchiutauŋaruaq ilaanun, ivaqłiqami ikaaqsaaġviksramik ualliġmun taġiuqpagmun paqisiññaġaa Qikiqtaalugmik taggisiqaqtaŋat Iñupiaŋisa aŋiniqsraŋata qikiqtat nunapayaani tallimaŋat. Allat ivaqłiarit allallu suraksramignik ivaqłiasuuruat aquvatigun maliġuaŋagaat Qikiqtaalugmun aglaan aullatqiksiññaġaqtut paqinnaġniaŋisimamman ikaaġviksraq taġiuqpaum akianun naaggaunnii paqitchiŋisanikami manigmik kaviqsuamik naagga allanik umiallaŋŋuutiksranik.

1800s-ni ivaqłiarit ivaqłiapkaqługi taimaniḷu Franklin-gum aullarraŋi ivaqłiarit tammaġmata Canada-m saaŋani taġiumi 1800 qitiqqaqtuami tuniuqqaisuuruat aġviqsiuqtit paqitchiñiqsut ivayaqtuġumiñaqtamignik: aġvipiat. Umiaqpagmigniḷḷu nunamiḷḷu aġvagaqtut uqsruqsiuqhutik aquvatigun suqqaqsiuqhutiglu, nuŋutitqayaŋagai aġviġit aivvallaġmik nannullaġmik atqunaq. Tanŋit aġviqsiuqtit

simmiiñiġmik taniktanik iḷisautiŋagai Iñupiat, allaniglu suraġausiñik suraqtut iñuŋiḷḷu umiaqpaum. Taniktun kanaakkiuniq isagutisaaŋagaat tanŋit aġviqsiuqtit aasii Iñupiaŋisa tuvraqługit suraġautchiḷiutivlugi. Tanŋit aġviqsiuqtit aġiummata 1900-git isagutisaaġniŋanni aŋaiyyuliqsillu simmiiriḷḷu ayuulgusirut nunami, inillagviŋi katirvigisuusivḷugi Iñupiat, aasii aquvatigun nunaaqqiñun pagmanunaglaan naparuanun inillagvigivlugi.

Canada-mun pimaaqtuqtilaaŋiññik iñupayaat iḷisimagaluaqtut nalupqisuktuaqaŋaruaq pigipiaqtilaaŋit, suli qanuġlutik aŋalataġillaniaqtilaaŋit innatun aŋitigiruaq ayuġnaqtuamiitigiruaq. Taimani 1920s-ni isagutivlutik Canada-m kavamaŋata nuunŋagait Iñupiatik allanun aŋuniaġvigipayaanun nuutchaġnivḷugit iñugiaksisiiññaqtuat Iñupiat. Aasii 1953-mi Iñupiat Inukjuak, Nunavurmiut (Quebec-gum salliani) suli Pond Inlet-miut Qikiqtaalugmi nuunmigaisuli Grise Fjord-mun Akilineq/Umimmattooq-miittuamun aŋalataġillanisukługit qikiqtasalaurat sallianiittuat Canada-m. Inillaiŋarut nuktaġasuŋaiññaŋitchuanik nunaaqqiñik Kaŋiqługaapiktun tainna aŋalataġillasisukługit Ottowa-miñ.

Iñupiaŋit kukiḷuktuaqtuaqłutik iñuuruat, atiŋit aqulliqsaaqalaiñmiut suli atipiaŋit taisuġnaiñmivḷutik Iñupiaguŋitchuanun, tainnami kisirrutinik kisuutilaaġniksraŋiññik aitchuġaġigai aŋalatchiñiq savayuġnaqsiñiaqsaqługu. Kivalliit atiŋit kisirrutit

*Tautugnapqauraqtuat sikiituut taġium sikuani iḷitchuġipkaġaatigut qanutun qutchiksilaaŋit iḷauruat qutchigñiqsranun nunapayaani imnani, Kaŋiqtualugmiittuat (Sam Ford Fjord), qavsiñi ikarrani iglauvluni tikiññaqtuat saaŋani Kaŋiqługaapium. Tamatkunuŋa imnanun ullautiyumaruat iñugiaksisiiññaqtut 'atqunaqłutik' taŋmiġaqtuat, iġġiñik akpagnitchuat, allallu sunun iglauvlutik qiñiġiaġuuruat.*

*Natchiit amiŋit
Kaŋiqługaapigmi atuġaisuli
pagmanunaglaan.
Annuġarriutigisuugait suli
suliuġutigivlugi sanaturuat.*

isagutisaaġniqaġaqtut 'E'-mik aasii ualliit 'W'-mik. Iñupiat aitchullaaŋagait kisirrutiŋiññik titiŋaraanik quŋusiġutinik atuqtuksriqługit nalunaiññutatik. Taimaniptauq uvluni suammakłutik maliġuaġaluaġmagaaqtit Canada-m pitquraŋiññik, aŋuniaġnikullu pitquranik, tikitchut Qikiqtaalugmun. 1950s-ŋuanigman kisian isivġiqsiñigataŋarut Northwest Territories. Kamanaqsiļiŋaruaq Isivġiqsi John 'Jack' Sissons katchuŋaiġataqhuni nalaunŋaruamun tikitquvlugi iñupayaaŋi nunaaqqiñi iļauruani uqaqsitaaġvigmun tikirrutiruksraġuġaġigai, suli kipiqsrapiaġataŋaruq tunŋalluataqtuanik iñuŋiññun ayuġnaqtuami iñuuruanun tiguriqavigrualaitchuani naaggaunnii pitquraliqiriqavigrualaitchuani naaggaunnii piipiaqtuat nunaaqqit tamatkuniŋa ukiuqtutilaaŋatun.

1939-mi uqaqsitaaġvigmi qutchigñiqsraŋanni uqaqsitaaġviit Canada-mi inillailġataqtut pitquraŋiññun Canada-m Inuit nalliummatinivļugit Itqiļiñun (Sivulliit Nunat), allagiigñillaisa.

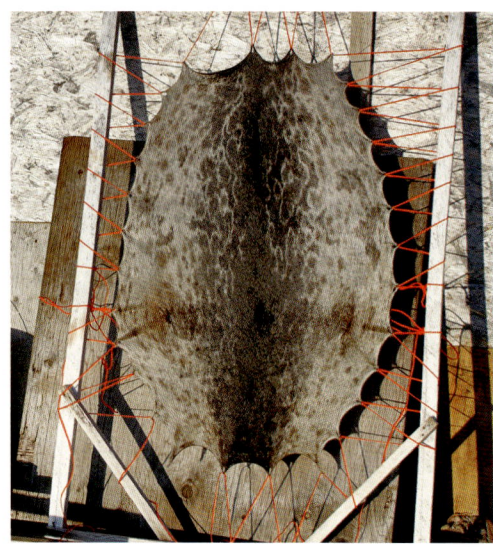

Uuktuutigilugu Iñupiat naliġaktuani kavamaqpait naliġaimmata 1950-mi, aasii Itqiļit naliġaktuani iļauŋaitchut 1960-ŋŋuġataqtillugu. Pagmani Itqiļiiļu Canada-m kavamaŋalu pitqurakuaqłutik kisian avanmun savaqatigiiļļaruk, aasii tainnaittuamik pitquraitchuk Iñupiallu Canada-m kavamaŋalu. Kavamam iñuŋi nuimaruaŋalu aglisiiññaŋaruq irrituruami, tiguriŋit (RCMP) tatpaaniittuat irrituruami tallimakipiat ukiut qaaŋiqługi, suli miŋuaqtuġviit allallu kavamauruam ikayuutiŋit. Miŋuaqtuġviit isagutisaqqaaqamik nuutiłługit miqłiqtut nunaaqqiñun aŋipayaaun iļisaqtinŋagai. Tainna pikamik irrituruamiut miqłiqtut sumipayaat kasuutipkaŋagai aglaan aimaaġviŋiññiñ piiqługit pikamisigik tavra aŋayuqaaġiit avinŋarut suli iļisaaksraŋiññiñ iñupiuraaġnikullu piļġusimigniļļu piiŋammigai. Iļisaġiaqtuat tukkumaviŋiññisuli miqłiqtut piyuaqtitchuuŋammiut. Naatchiruat iñukiłłutik suli tamatkuniŋa apqusaaŋavlutik iļisaġniq suqpagiŋiñmatun iļiŋasugnaġaat, tainna isumaqaġniq pagmami ittutsuli taimani ukiuni suraġaŋavaiłługi.

Kaŋiqługaapium qaniŋani U.S. Coast Guard inillaiŋarut siļakkuaġutinik atuqłutik ivaqłiutinik (LORAN) Cape Christian-mi 1954-mi. Tavrani atuġaat 1975-munaglaan aasii Canada-m kavamaŋannun qaiłługu (qaiñmarruŋ tavra salummaqtuksraġiliŋagai tuqunallu allallu sut salummaaksrat) Sivulliit RCMP-t tavrani Cape Christian-mi inillaŋammiut iļaanni tautugiallaavlugit Kaŋiqługaapikmiut.

1972-mi U.S. pitquramik akuqtuiŋarut tuyuġillaiyaqługi natchiiļļu allallu taġium niġrutiŋisa amiŋit allallu sulliñġaŋit. 1980s-ni aasii Europe-miļi pitqurriuġmiut tuyuġiļļaiyaqługi natchiit amiŋiññiñ suliat. Akitchaġviksraiġruiññaqamik ilaa anauniqłaktuatun piŋagai aŋuniaqhutik maniññaktuġuuruat salliiŋiññi ittuat Canada-m, Kaŋiqługaapik taputivlugu. Taamna apqusaaġmarruŋ Northwest Territories kavamaŋata kiiqsruaqsigait aŋuniaqtit

nannuŋanisiññaġukhutik nannugniaqtuat ikayuquvlugit. Tainna aŋuniaġviuraŋitchut 1990s-ŋuġataqtillugu isagutisaaġniŋanullu 2000s, aglaan maniññagvigirraqsipiaŋagaat aŋuniaġiallaaraġimmata 30,000-tun iḷaanni manniqsiłlugit nunaaqqiurat. Isagutisaaġniŋanni 2000-git ukiut Kaŋiqługaapigli qulitusugnaq aŋuniaġiaqtuanik tainna ikayuiraqtut America-ġmiullu Europe-miullu ikayuqługit. Aglaan-aasi tavra 2010-mi nutqallagruaŋalgitchut tainna aŋuniaqtuat Europe-miḷu U.S.-miḷu tavraalgiñmatigit-aasi nannut amiŋit Qikiqtaalugmiññaqtat tuyuġillaiyaqługit. Tavrani ukiumi-suli Environment Canada-tkut tuyuġillaiyaġmigait nannut amiŋit kukiŋit suli niaquŋisa sauniġruaŋit Baffin Bay-mi aŋuraniñ. Tainna nannunik aŋuniaġiaġuktuanik aullarrisuuŋaruat pagmani maniññagniḷuliqsut aullarrivḷutik tuuriḷiiñik, tamatkuniŋakiuvva mayuyuġnaiḷanik imnanik mayuġiaqtuat naaggaqaa taŋmigaġiaqtut tamatkunani kamanaqtuani imnaŋiññi kivalliŋaniittuaniñ Qikiqtaaluum. Aglaan tuuriḷiit iñukitchut, tavruŋaġviksraŋat upiŋaksraq sivikiñmiuq suli maniññagniq tamatkunaŋŋa mikiłhaapiaqtuq aullarriñiġmiñ nannuksiuġiaqtuaniñ.

1999-mi Qikiqtaaluk iluqaisalu Canada-m irrituruaŋata salliiŋit kivanmullu qitqaniḷḷu taputaurut atchitqigmarruŋ killiḷitqikługulu Nunavut, taimani katchuqsaqługit Iñupiat pimaaqtuġmarruŋ nuna. Nunavut iñiqtaumman tavra Iñupiaŋit ilimiktun aŋalataġillasipayaaŋarut suvaluk tamatkunuuna inupayaaŋiññun tunŋaruksrauruanun, Nunavut Wildlife Management Board-tigunkiuvva. Iñutik iḷagivlugit sivunniuġamik aksianiaqtaŋisigun tainnamik

tuvraġait savagviit ualliŋaniittuat Canada-m Alaska-miḷu. Allatitun irrituruamiittuatitun Nunavut qiñiġmigaat atuaksranik amusisukłutik nunam umialgutiŋiññik naaggaqaa uqsruġruamik savaannakkumiñaqsaġlugit maniññakkumiñaqsaġlugiḷḷu iñutik. Sunik qanittuanik Kaŋiqługaapigmun paqitchiŋaitchut-suli aglaan allat Qikiqtaalugmi savaannagvigiraġigaluaġai aksianiaġaluallaan avataa (siḷa, nuna, taġiuq) suli iñuuqatigiigñiŋat.

Kavamaŋa Nunavut-gum sivunmuktaaġukługi piḷġusitik suraġausitiglu manniġumaatchiŋagai. 2011-mi agmaġaat ilisaġvik iḷisaurrivigisukługu piḷġusimiktigun atchiqługu Piqqusilirivvik-mik Kaŋiqługaapigmi. Nunaaqqipayaat Nunavut-mi akitchaquuŋagai aŋalanniaġniksraŋanik iḷisaġvik taamna aasii Kaŋiqługaapium miraŋa akimaŋaruq qanuq suaŋavlutik-suli piḷġusiŋit suli Iñupiuraalguvlutik-suli.

Uvlupak Kaŋiqługaapik aimaaġvigigaat miksraułługu 900 Iñuit, iluqatiqquuq (over 95%) Iñupiaguvlutik. Iñuktitun uqaqqaaġuurut-suli nutaġaurat iḷitchisuugaluaqtut taniktun miŋuaqtuġvigñi suli taġġirrautiniñ, atuutiniñ, suli qaqisaŋŋuatigun siḷakkuaġutiniñ. Nuimarut-suli qaŋapak niqiŋit niqigiraŋi-suli pagmanunaglaan, suli aŋuniaġniġlu iqalliqiniġlu iñuuniaġniŋanni nuimavaiłłutik piitchuipiallaktuk iñuuniaġniŋanni. Nuna qaiġiitpaiłłuni suli tatchit sivisuvlutik taġiukun iglauraqtut ukiumiḷu upiŋaksramiḷu, atapkallisivḷugit nunamignun iḷamignullu.

*Iḷagiit kanŋuuruallu Kaŋiqługaapigmi ataramik qaaŋiqsitchiñiḷuguurut nutaġaalugmignun aippaaniñ suraġausimignik suli nunasiuġnikullu. Uumani Joelie Sanguya-m iḷisautigait miŋuaqtuqtuat qanuq atiġutituġniġmik iḷisaġmata taġium sikuagun 2010-mi.*

## Kaŋiqługaapigmuqattaaġniġa (My Visit to Clyde River)
*Nancy Leavitt-gum uqaluŋit*

Kaŋiqługaapigmuqattaaqama tavra taŋŋiġataġiga qiñaaġisuuraġa iḷaanni sumun allamun United States-guŋitchuamun aullaġukłuŋa. Qaallaiŋagaaŋa apiġimmanŋa iḷausugmagaaġma *Siku-Inuit-Hila*-mun savaamun aasii upisalaŋaruŋa iḷautqummanŋa. Inuit uqausiġimmatigik taiguaġuuŋavlugit tusaayugaaniñ, makpiġaaniñ taiguagaksraniñ, taġġirautiniñḷu tavra iñuuniqtutilaaptun pitqikkumiñaitpalliqsuami tautupiaġlugit uvamnik tautullasisaġitka.

Tikiññapta kasuqtitkai iḷaummiruat savaamun aasii aptanagutirugut kasimaniksraptinnik. Iñugigniqsut tainnaptauq Iñupiaptitun irrusiqaqłutik. Uqausiġiaksravut qailḷaakaptigik iḷitchivigipiaġataŋagitka.

Kaŋiqługaapik aarigaa qiñiyunapiallagniqsuq qimiqqaŋit tainna iigugiiksittuatun taavuŋa suli aŋirualuit uyaġait iġġit uvamnun qiñÑaqapiaqtut tikiññaruatun tatpauŋa qilaptinnun. Qiñiyunaġmiut suli piqaluyait iġġit natiġnaŋiññi. Allaupaluktuq qaiqsuaniñ nunaptinniñ North Slope-mi.

Sunik aŋuniaġuutilaaŋiññik iḷitchuġiruŋa, naaggaqaa aŋuniaġniḷuguuraŋit piviksraqapayukkamikkii. Malġuugni uvlugni iglauvluni paqinnaġataġuurut tuttut. Asuguptauvagut aiyugaaqpatigut tautugiaquvlugit iqalliqiviuraŋit Kalaałłit Nunaanniġmiullu iḷagivlugit. Tavra

tallimat piŋasut ikarrat sippiqługit iglauvluta sikiituunik tikilġataġikput iqalliqiviŋat. Iḷisaavut tavrani masaġniñaqpaiłłutik puiguitkaaġisaġataġniaġuŋŋaġitka. Qaqasamnun tupiallaŋarut. Qiñiqtuuraallagitkasuli qiñiyunaqtigiruat qanutun qatiġruaqtun apiŋaruat iqalliqiviŋit. Saġimasuktuŋaasu aullaaqatimnik quyyatiqaqłuŋalu surruutailaakun iglaupkaġmatigut Savaurrikput.

Kaŋiqługaapigmiut piqpagipiaġataġai piḷġusitik aasii uvaptiktuttauq ikayuqtiqaqtuksraurut nunapayaami uunnaaksisiiñÑaqtuamik allaniglu paagaksranik igliqtinniaqpatigik piḷġusitik taimuŋasugruk.

Quyanaapiallakkitka Kaŋiqługaapigmiut tukkuġiksilluataġmatigut suli iḷannaaġiiksinmata uvaptinnun. Quyanaaqpauraġivsi tautuktinnavsiuŋ qanutun qiñiyunaqtigiruaq aimaaġviksi.

# Kaŋiqługaapigmukkama
*Joe Leavitt-gum uqaluŋi*

Iñuuniaġnimni apqusaatqigñiaŋitchugnaqtamnik apqusaaŋaruŋa Kaŋiqługaapigmukkama. Nakuuqsripiaġataŋaruŋa tatqavuŋaqattaaġama piiguġumiñaitkitka iñuit kasuqtatka naaggaunnii supayaat tatqavuŋaġniptinni.

Uvva nakuuqsripkapiaġataŋagaanna qiñiqtaġma uvamnik, iliŋiḷḷi iḷisaurrikamik Iñupiuraaġutiktik Inuktitun ittuksraġivlugu miŋuaqtuqtitchisuumarut. Makpiġaaqaġviŋat silivinŋamaruq Inuktitun aglaanik suli aliuġusutchaipiaŋagaanna qaqasaŋŋuaŋit-unnii aglaguumarut aglausimiktun. Miqłiqtut Inuktitun-kisian uqaġuummiut. Tainnaptauqtuq isimalit nunaaqqiptinni.

Aiyugaaġmatigut *potlatch*-tuanun niġirugut uiḷanik iqalukpignik, tuttunik, suli natchiġñik. Nakuapalukkigali uiḷaq natchium tiŋua. Qiñiġapki iñuit uiḷanik niġiruat iḷitchuġiruŋa qanutun suamaruksrautilaaŋiññik. Miqłiqtut-unnii ikayuġaqtut natchiġñik piḷagmata.

Potlatch-ŋaiġmata qiñiqtuaqtitchirugut aġġivluta atuqłutik Uvluaġlu Atqasuglu. Utuqqanaam nunaaqqimi qilautiqaġñiqsuam atuqtiḷḷugu. Kiisaimmaa iluqatik iñuit aŋayuaqsivut. Uvlaakumman mitchaaġvigmuutigaatunnii qiḷaun aġġiḷiaŋitchuat tautugukłutik aŋayuruanik. Yaqhii, Uvluaq naaggaaqtuq aglaan suagguuq iḷaanni qiñiqtuaqtitchivsaaqtugut.

Tavruŋaġapta kasimaqatigigivut Kaŋiqługaapigmiut uqausiġivlugu siḷa uunnaaksisiiññaqtuaḷu allaŋŋuqsiiññaqtuaḷu. Kasimaniptinni uqausiġiravullu aŋuniaġnigmigtigullu quliaqtuaŋit naalaktuaġnapaluktut.

Taġium sikua ullakkaptigu kisisat puktaaġruaniqłuit avatkaatigut.

Uqallautigaatigut tainna kisitchausuunivḷugit malġuugni naagga piŋasuni ukiuni aasii auniuraaqłuni sukaiḷaamik taima tiŋiłlugu aullaġaqtuq. Allamisuli sumulgiññapta sikiituuġaqłuta aullaqtugut. Itchaksratutkiaqsamma ikarratun iglaunaġñiqsuq taikuŋanmullu aiñmullu. Malġuugni uvlugni nullaqsimarugut iqalliqivluta iqalukpignik. Nancy iqaluŋŋulgitchuq piŋasunik iqalukpignik. Siku maptutigimaruaq itchaksratusugnaq isigagñiqtun aasii aputaa-suli malġuuktullu avvavsaaŋatullu isigagñiqtun.

Qiñiqsitaaqtitchirapta iḷaŋat Kivgiq, *Messenger Feast* [qiñiqsitaaliaq Alaska-mi Iñupiat aġġiqpagmata]. Kamasupaluktut aġġiruanik qiñiqtuaġumalaapiaġataŋarut aġġiruanik pagmanunaglaan igliqtittaptinnik Utqiaġvigñi allaniḷu nunaaqqiuraŋiññi nunapta.

Quyanaaġukkitka iluqaisa Kaŋiqługaapigmiut tukkugiksilluataqtitchiruat aasii puiguġumiñaitkitka availaitqatinnaktaatka Kaŋiqługaapigmi.

*Kaŋiqługaapigmukkapta 2008-mi Utqiaġvigmiuq utuqqanaaq Warren Matumeak qilautitaqłuni atuŋaruq Joe Leavitt-gum aullatiŋagai aŋutit uaminniġmik uuktuaqtitaqługit niqinaqiŋaqqaaqłutik quaqqaaqłutik tuttuniglu iqalukpigniglu Kaŋiqługaapium katirvianni.*

## Kaŋiqługaapigmugniqput – Our trip to Kangiqtugaapik
*Uqaluŋit Toku Oshima-m*

*Qiñiġaaq: Igliqtugut sikiituuġaqłuta tatchiŋiññi Kaŋiqługaapium salliani.*

Kiisaimma sivunniuġaqsivisa aullaġukłuta inimun taggisiqaqtaptinnun Canada-mik. Sivuani salliiŋiññun-kisian Canada-m aullaġuuŋagaluaqtuŋa, aglaan tikiḷġataŋaitkiga kiluliñaaŋa.

Alaska-muksaġapta Pituffik-kuaqqaaqłuta (Thule Air Base) Baltimore-kuaŋarugut. Maanna iḷisimapayaaqtugut qanuq iglauniaqtilaaptinnik sivuani iglauganiŋavlugu. Siñiktaqtugut qavsiñi Ottawa-mi igluqpaqaqtuami qiñiyunaqtuanik tautuaksraptinnik. Tavraŋŋa Iqaluiñuktugut aasii Kaŋiqługaapigmukłuta tavraŋŋa. Tiŋŋunmiñ nunamik tautuŋaisaptinnik sivuani tautuktugut, iġġiit piqalugaligaat, itqaqtitkaanŋa iġġiŋiññik kivalliiŋani Kalaałłit Nunaata.

Tikiññapta tuŋaaġiraptinnun iḷisimaaniktapta savaqatiipta paġlagaatigut. Mitchaaġvigmiñ sikiituuġautivluta tukkuksraptinnuutigaatigut. Nunaaqqiq inillaŋamagaat siatkiksuatun ittuamun iḷuliakuluuram saniġaani. Puttuqsriqqaaġiga tamarra qanutun aputiqaqtilaaŋanik, qanutun allautilaaŋanik nunaptinniñ Utqiaġvigñiḷḷu. Apqutiŋit maŋaġruaqtun paulamiñ, imma qanuq sikiituuŋiññiñ qamutigisuŋaiññaġuuraŋi tamaani Kaŋiqługaapigmi. Naimanaqtut-unnii tamatkua uvagut atuqqigutiŋaiłługit. Iñuit iñugigñiqsut, iluqatik paġlagaatigut, quvianġuruatun uvaptinnun tamarra.

Kaŋiqługaapigmi iglaaguŋŋapta iqalliaqtugut sikiituuġaqłuta. Iglaullapta qiñiyunaqpaktuamik qiñiqtugut nunamik, qavsiiqsuaqłutasuli nunakuaqtuġaqtugut iglaullapta taġium sikuagun. Ikaaqtugut qavsiñik samma… tatchiñiqługnik, tautukłutalu piqaluyagruanik igliqtuanik sigraġiqsuaniñ iġġiñiñ. Iglaunnaraaqtuŋa allauvluni iglaunikaaptiniḷḷu tupiqtuġnikaaptiniḷḷu. Tupivut nappasuitkivut sikum qaaġruiññaŋanun, nappaġuugivut uniapta qaaŋanun. Iqalugniaqtugut tavra iqalukpigñik, qanutun nakuumaruanik iqaluktugut qavsiñik samma. Sikukuaġapta apusiñiqtumaruq (*apuhineq*) aasii sikiituuġaqtuni ulġunialanaqsimaruq qanuq qimuagruit (*agiuppernit*) qutchikpaiłłutik. Aasii anuġaisiqtuġman apun mauyaqisaaġnaqsivḷuni.

Kasimakapta kasimaqatigigivut iñuit atuqtuat avatiptinnik (siḷa, nuna, taġiuq), qanutun tusugivut qanuq savaqatigiiḷḷuataġuuniqsut qimilġuuriḷḷu nunauraliuqamik nunamigniglu igliġviŋiññiglu niġrutit. Tautuktitkaatigut GPS-mik taututuaġamik niġrutinik nalunaiġaġigai taaptumuŋa. Uqallautimmigaatigut Kaŋiqługaapigmiut uniaġarraqsitqiksuat iñugiaksisiiññaġnivḷugit qavsiqiurani ukiuni qaaŋiqqammiqsuani. Tavraniitilluta uniaġautiŋagaatigut, aarigaakkaluaq aglaan anayanaqtuatun imña qanuq uniaŋit kaivḷuutaiłḷutik (napariaq). Kiikaatuq iḷisautiligit nutaġaaluktik uniaġġaġniġmik, suraġaġamiglu iḷaupkaġlugit — kasimaniġmigni, uqavaaqamik, amiḷiqigumik suli savalġusiuqamik. Piñaqpan tautugukkaluaġniqsuŋali taimuŋasugruk iglaugutiginaġumiñaqtuamik tavrakii uniaġaqtuanik uniaġaġnaġumiñaqtuamikii.

Uvvalu, aŋuniaġiaqtuani iḷauŋammiuŋa Ikiġmi [Ikeq/Smith Sound](akunniŋanni killiŋiksa Canada-mlu Kalaałłit Nunaatalu) tavrani irrituruaŋani Canada-m inŋaruŋa anuqqautiqpagmagitut. Taimani tamanna aŋuniaġvigisuuŋaraŋat Avenersuarmiut pitqurriqsuŋaiññaisa. Tavrani sugnamupayaaq qiñiqtuni tamarra aularut qanuq niġrutaukkaqpaiłḷuni. Iḷaanni kaŋiqsiuġuguugaluaġitka summan aŋuniaġuktuat tamaani kiitaaġutiksritchuiñmagaisa uvva tamauŋalaiñmiut.

Tamanna kiŋuniipta nunaŋat, aŋuniaġiaġviŋat. Niġiukkutiqaqtuŋa iḷaanni Iñuit savaqatigiiksitchuuruat taamna savaaġillaniaġaat. Uqallautiyumiñaġivsiaglaan uumiŋa — Akilineq tautugnaqtuq Qaanaamiñ siḷagiksuami qaitquuqłiqsuatun.

Quyanaaġivsi nakuuqsripkaġavsigut iglaagugapta, suli uqautivluta sunik nuimaruksranik iñuuniġmi. Puiguġumiñaitkivsi.

*Qaerngaaq Nielsen iqaluŋaruq qanutun aktilaaqapayauraqtuanik iqalliqigapta.*

27

Nunaaqqit

# Quliaqtuallagniq Canada-mugniptigun

*Uqaluŋi Mamarut Kristiansen-gum*

Iglauniqput Qaanaamiñ Kaŋiqługaapium sivisupiaġataŋaruq. Qavsikaaġivut uvlut tikiññaġiaŋanayaqtaqput nalimuuluta iglauŋagupta [Baffin Bay ikaaġlugu]. Qaanaamiñ Pituffigmuktugut, Pituffigmiñ Baltimore-mun, Baltimore-miñ Ottawa-mun, Ottawa-miñ Iqaluiññun, aasii Iqaluiññiñ Kaŋiqługaapigmun.

Niġummaaktuamik paġlammatigut tikiññapta Kaŋiqługaapigmun puiguitkarriŋagaatigut. Nunaaqqiġmiut katiłłutik niqinik atqunaq aitchuqtuirut, qanutun niġirugut Iñupiat niqikaaŋiññik.

Tautuktugut qanutun qiñiyunaqtigiruanik qimmiñik qaunagilluataŋaraŋiññik, tavra isagutirraqsitqikkumapiaġniġaat uniaġaġniq.

Sikiituuqłuta iqalliaqapta aarigaa, aglaan tupqit napparraqsimmatigit qanuqsausiitchuŋa.

Naluvluŋa qanuq nappaġuutilaaŋit tavra qikaqtuaqsiññaqtuŋa sugaluaġnaŋa. Quyapaluktuŋaasu aiyugaaġmaŋa Davidee-m tupiġmiñun. Qavsiñi samma uvlirugut tavrani narvam sikuani iqalliqivluta, piŋasunigli iqalupayuktuŋa. Niġigivut quaqługiḷḷu uuruliuqługiḷḷu.

Utinmukkapta tautuŋitkitka *sassaqarfik* (tuugaalgit sikutirviŋat) uvagulli allakun utiqhuta.

Quliaqtuaksraqaġaluaqtuŋa qanutun aglaan iluqaan uqaġiyumiñaiññapku tavruŋa nutqallagniaqtuŋa.

*Qiñiġaaq taliqpik:
Iglaurugut iqalliqivigmun salliani Kaŋiqługaapium.*

*Qiñiġaaq alliq:
Usiaqsiġaaqtuŋa uniaŋani Shari Gearheard-gum.*

*Qiñiġaat saumigmiñ kaivaluglugi:*
*Nakuupaluktuq uniaġaqtuanik*
*tautuktuni suli usiaqsiqsuni,*
*allauvluni uniaġakaaġniptinniñ.*

*Katittaqtugut Davidee-m tupqani*
*anaqaŋŋuġman uqaqłutalu*
*piannaqłutalu.*

*Igah-mlu Joelie-mḻu tupqak*
*iqalliqivigmi.*

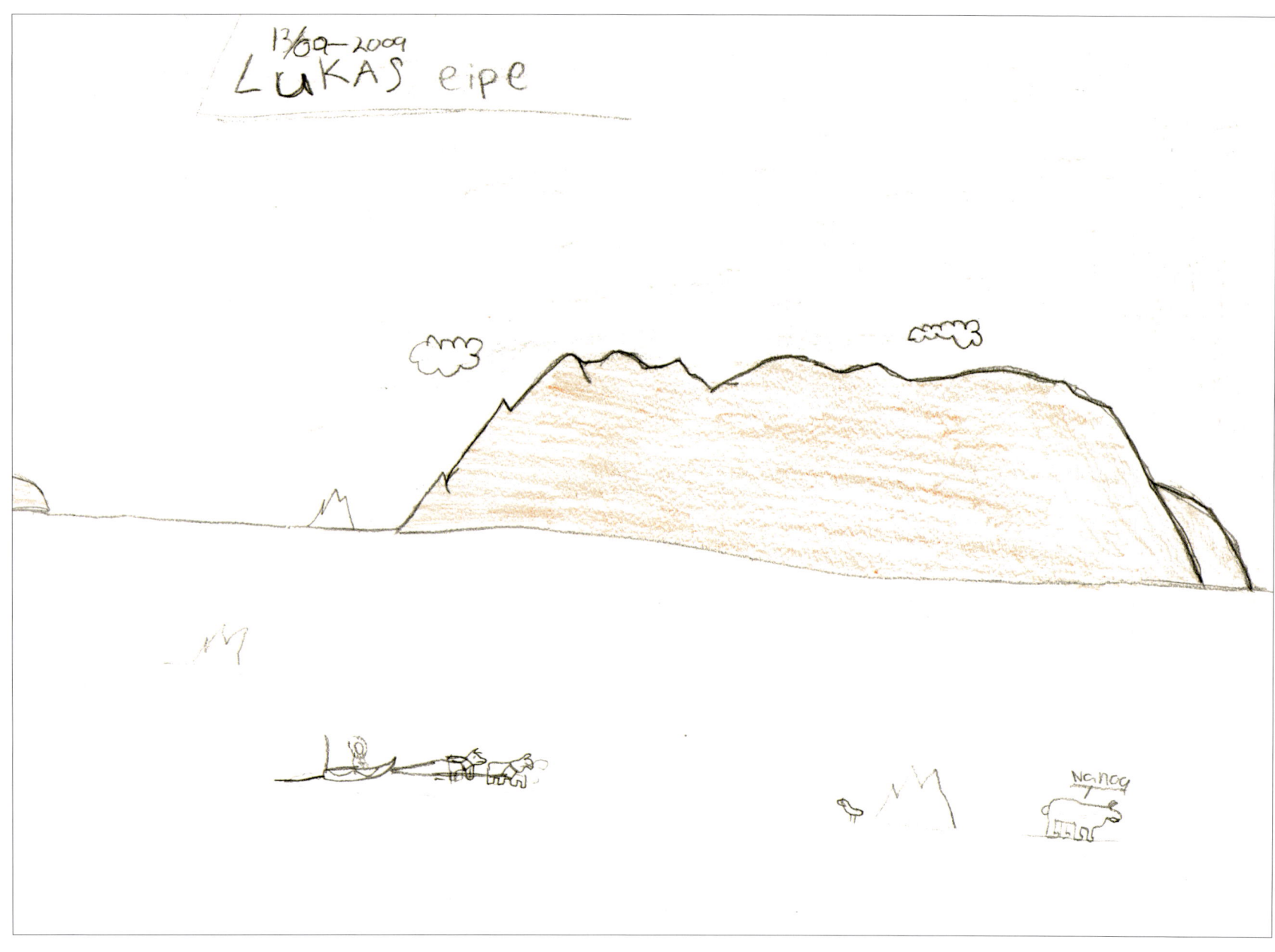

Qiñiġaaq: Lukas Eipe, nutaġaaluk
Qaanaaġmiu, qiñiġaaliuŋagai
nalunaiññutaŋit nunam siñaani
Qaanaam – uvva qiñiġaaliaŋa
Qikirtarraaq, taġiumi sikut, puktaat,
suli uniaġaqtuaq, nanuġlu.

# Qaanaaq

Iñughuit iñuurut salliqpiami nunapayauraniñ nunaaqqiñi, Kalaałłit Nunaanniñ kisiŋŋuqtaaġuŋavlugu piqaluyaġruaŋata [Greenland ice cap] suli iḷuliam *Qimusseriarsu(q)-m* qaiġiitchuamlu taġiuŋatalu qaiḷḷiuqtuaqtuam niġġum kiluliñaaŋaniñ. Iñupiuraaġniŋat *Inuktun* qaniłhaaqtuq Iñupiuraaġniŋannun *Inuktitun* Canada-ġmiut uqaluŋiññiñ ualliġñiñ Kalaałłit Nunaanniittuaniñ *Kalaałłisut* Kalaałłit Nunaanni uqausikaaŋat atuqtaŋat miŋuaqtuġvigñiḷu kavamauruallu. *Inuktun* uqausiq atuġuugaat tallimakipiasugnat Inughuit Qaanaami, Siorapalugmi, Savissivigmi, allaniḷu nunaaqqiñi Avenersuam aŋalataġiraŋit. Iluqatik Qaanaaġmiut uqallamiut-suli Kalaałłisun. Allaniittuat nunaqpagni iḷisimaŋagait Inughuit 1800-git nuŋusaaġniŋaniñ-qaŋavalliq ivaqłiirit ivaqłiqsuat North Pole-mik aullarriksramignik Inuqhuiñik iñuksraqhutik ukiirut Inughuiñi sayyiqsuqhutik upaluŋaiyaqłutik aullaqiniksraġmignun ukiutqikpan salliñmun. Pagmami Inughuiñi iñuqaqtuq atiŋit aqulliqsaaqaqtuat Peary-mik Henson-miglu, kiŋuniiŋit taipkua America-ġmiut tikitqaaŋanasugisuuraŋit North Pole-mun taputivlugit Inughuit aullarritik Uutaaġlu, Egingwah-lu, Sigloo-lu suli Ooqueah.

Sivuani taaptuma Inughuit tainna ilimiktun iñuuguraaŋasugnaġniqsuat. Qavsiqiurat samma tanŋit ivaqłiarit Europe-miut tikiñŋagaluaqsimagait, aglaamignun pituŋamagaat tautuŋaiññivḷutik qayanik naagga pisiksiñik (aquvatigun aturraqsitqiŋagai utqurrimman iñusalait iḷisimaraŋat aŋatkuq Qillarssuaq maliġuaqtiŋiḷḷu taimani iglausugrugmata avanmun iñuit Canada-miñḷu Kalaałłit Nunaanniḷḷu), aglaan aglautiŋamammigaat atuġuunivḷugit saviłhanik siḷamiñ kataŋaruaniñ Savissivium qaniŋani, taputivlugit atuqtaŋit ammit, saunġit, tuugaat, uyaġaiḷḷu savalġutiŋit. Aŋuniaġvikaaŋat tatpaga salliŋa Kalaałłit Nunaata, suli iluqaan Akilineq/Umimmattooq (pagmami Canada-m iḷagigaa) nunaaqqiuraitchuaq taimani Grise Fjord inillagataqtillugu 1953-mi.

*Qanaaq, Kalaałłit Nunaanni*

*Qiñiġaaq saumigmi: Qiñiġaaliaŋa Aqattannguaq Eipe-m Qaanaamik.*

KALAALLIT
NUNAAT

Nuugguaq
Qihuup Nunaa
Appauhat
Qaqqaitsut
Inuarfissuaq
Qid"dlaqarv"vik
Aunnartoq
Anoritooq
Etah
Ud"dlerriaq
(Ullersuaq)
Aapalukihaaq
Ingiuerrarv"vik
Pitoraarfik
Neqi
Siorapaluk
Iterd"dlaggaaq
Qaanaaq
Qikertat
Hermitajaaq
Appaarruit
Qikertarraaq
Kiatak
Kangaarrugguaq
Inneq
Moriusaq
Appat
Uummannaq
Narsaarsuk
Qikertarraaq
Apparriit
Appat
Savissivik
Innaanganeq

Akiliineqlooq
Umimmatooq
Umimmatooq
Herm"merriaq
Perd"dlerarv"viggiaq
Naulaat
Ilkeeq
Ilkeeq
Kangerd"dlua
Kangerd"dluarruk
Qaanaap
Kangerd"dluarrunujuk

N

0          75 KM
          75 Miles

*Uuma nunauram qiñiqtitkai nunalu taġiuġlu Inughuit savaqatigirapta pimaaqtuġuuraŋit qaŋaniñ atuġuuŋavlugit. Nunaurami tautugnaqtut iliŋisa nuimaruaġipiaqtaŋisa nunat atiŋit, Kalaałłisun atiŋit saumigmi aasii taniktun atiŋit (akiłłiani) taliqpigmi.*

Nansen Sound

Eureka

80°

ELLESMERE ISLAND
CANADA

AGASSIZ ICEFIELD

Nares Strait

80°

Kane Basin

HUMBOLT GLETSCHER

GREENLAND
(KALAALLIT NUNAAT)
DENMARK

PRINCE OF WALES ICEFIELD

Smith Sound

Smith Bay

Siorapaluk

Qaanaaq

Qikertat

Qikirtarraaq

MANSON ICEFIELD

Grise Ford

Moriusaq

Pituffik/Thule

N

75 KM

0                    75 MILES

Coburg Island

Savissivik

Qimusseriarsuqq
(Melville Bugt)

Devon Island

75°

STEENSTRUP GLETSCHER

75°

B a f f i n   B a y

80°

70°

60°

33

Nunaaqqit

*Qulliq qiñiġaaq: Pituffik,
Siqiñġiḷaq 2009*

*Alliq qiñiġaaq:
Ukiutchiaqtuani
quviasuusiqiruat
Qaanaami.*

Allanik qairaġaqtuanik kasurraqsiŋarut 1900-s
isagutisaaġniŋanni taimani Lutheran-git aŋaiyyuviḷiuġmata
suli Knud Rasmussen-lu Peter Freuchen-lu
tauqsiġñiaġviḷiuġmagnik Pittufigmi (Thule-mik
taisuummiraŋat), tainnaasii nunaaqqiuraġuġumiñaqtuamik
isagutivlutik. Aġviqsiuġutiniglu ivaqłiariñiglu tautuguusivḷutik
Inughuit iḷaanni taniktanik nutaanik piqallasirut
savalġutiŋiññiglu. Tauqsiġñiaġviñikkamik tamarra
qanusisalagnik piqaŋitkaluaqtut paqinnaqsirut ikutit,
supputit, saviłhaniñ piḷiat utkusiit, suniglu allanik tainnasiñik.
Aglaan allaŋŋuuraaġniŋat sukaitchuq, uvvakii qirugnik
iglumignun aturraqsiŋaitchut 1900s qitiqqaġataqtillugu.

1950-mi U.S.-gum aŋuyaktiŋit tiŋŋutitaqtit ivaqłiarut
inillagviksramignik B-52-tik kattaqsruisuuruat qaaġautinik

savaaġillavigilugit inauyumiñaqtuamik qanuq
tiŋiugaqtuaqsiññaqquuqtut qulaagun irrituruam
nipuŋaisaaqtuaqhutik iḷaanni
aŋuyarraqsiruksrauniaġasugalutik Ruusiñik.
Atausiŋŋuġutimik atuqłutik akisallasisaqługit
aŋuyagumaruat U.S.-lu Denmark-lu (Kalaałłit Nunaat
aŋalataġillavlugu Denmark-gum) iñiqsirut Thule Air Base-
mik nappaqługu 1951-miñ 1955-munaglaan. Nappaigamik
sunik iḷagiŋagaat 378-meter-tun qutchiksigiruaq Globecom-
gum napaqutaa 1954-mi nappaġaat aŋuyaktit
uqautitautiyumiñaqsisaqługit, tavra iñuit sumipayaaq
suliaŋiññiñ piŋayuġigaat qutchigñiqsrat, pagmamiunnii
qutchigñiqsraġigaat Kalaałłit Nunaanni.

Taaptumiŋa iñiqsisaqamik nuutitaġai Inughuit tamaani
iñuuruat tatpikuŋa Qaanaamun pagmami inigiraŋannun.
Iḷuvviviŋit taputigait nappaikamik mitchaaġviḷiuqsaqamisigik
aŋuyaktit, ayuġnaqsipiaqługit iḷaŋiññun. Nunasugruk
qanutun taima aktigiruaq-suli aŋuniaġvikaaqtik
tammaiŋammmigaat. Qavsikipiani ukiuni taima Inughuit
nunuuraunmik nuutitchiruaniñ paaqłiaġutiksramigniglu
niġiukkaluaqtut, aullarriqaqłutik iñumik iḷaŋiññik Uusaqqak
Qujaukitsoq-tun, kasimaqatigiŋaraatigut savaktuagut
taġium sikuagun Qaanaamukkapta 2007-mi aasii
nuimaruaġuqłuni iḷḷativluni qaitchiruanun iḷisimaramignik
uumuŋa makpiġaanun (tautuglugu "*Siku-Inuit-Hila*" savaaq
suli qaitchiruat iḷisimaramignik). Uusaqqak ilimisullu
savvauruat iñiqsiŋarut kanŋuuramik atiqaqtuamik *Hingitaq
53*-mik Denmark-gum uqaqsitaaġviŋisiguaqłutik. 1990s
isagutisaaġviŋiññi Iñuit nuutitaqtaŋiññun iḷauŋaruat
paaqłiaġutinnaktut inuŋagaluaqtuq apiqsriaŋiññiñ. Aglaan

patchisauniqtik nalunaitchuamik nuutitaqamisigik ataŋutiqaqtuat akuqtuimmata suli sullaniŋit Inughuit suuŋiḷaġiŋatilaaqtik akuqtuġmarruŋ tavra nuimaruaġigaat savaamigni.

Siġġaqutaa usiaqtuaqtuanik qaaġautinik siḷalliqaqtuni nalunaiġaat Siqiññaatchiaq iñuiññaq atausiŋŋuġman 1968-mi B-52 qaaġautitautinik usiaqtuaq kataktaġman taġium sikuanun qaniŋani Pittufium, tammaivḷutik sisamanik tuqunalignik qaaġautitautinik aullaivḷutik-aasii *plutonium*-mik maqutchivḷuni avatimigniipayaaqtuanik. Aŋuyaktit qaukḷiŋit U.S.-miḷu Denmark-miḷu uqallakkaluaqtut iluqaisa qaaġautitautit paqinŋanivḷugit aglaan iḷaŋit quliaqtuqtut atausiqsuligguuq qaaġautitaun paqinŋaitkaat. Qanupiaq anniutauniaqtilaaŋa tuqunam nalunaiḷḷuataŋaitkaluaġaat aglaan isumagisiññaqḷuguunnii tainnasim maquttaŋa aimaaġviktik Inughuit qanuqsausiirrutigisuugaat qinnautigivḷugulu. Allat aŋuyaktit iniŋit Kalaałłit Nunaanni qaiññaġaluaġait Denmark-mun aŋalataġitquvlugit tatpika Pittufik iglauruq-suli iglausiġmisun qaŋapak.

Qaŋaqqammiq, Inughuit aksiatqilgitkai nunam allaŋŋuqtuam. Umimmattooq qaŋapak aŋuniaġvigisuuraŋat nutqaqtuq nunatchiaq Nunavut iñiqtaumman Canada-mi 1999-mi, saputaurraqsikamik avgutaak Canada-mlu Kalaałłit Nunaatalu ikaaġnaiḷiraġarraqsimmarruŋ qaunagiuraqḷugu. Qanuġimña killunmuŋaruatun, Nunavut-miut aŋalataġirraqsimmata ilimignun Inughuiḷḷi saputaurraqsirut qaŋapak nunagisuuŋaraġmigniñ aimaaġvigivlugu. Inughuit atullaraŋat nuna (Umimmattoo-mi) mikłipiaġataŋaruq 1999-mi aasii 2000-ŋŋuġman tavra ikaallaiyaġait, taikani kisian Kalaałłit Nunaanni aŋuniallavlugit (tautuglugu nunauraq uuma aquaniittuaq). Allaŋŋuqtuam taġium sikuani aksiaŋammigait Inughuit Umimmattoo-mugukkaluaqtuat, siku amiqłivḷuni taġiumlu agmasuŋaiññaliqsuam ikaaġnaġumiñaiḷigaa Umimmattoo-mun 2000s isagutisaaġniŋanni. Tainnaunnii upisalaktut iḷaŋit Inughuit savaqatiivut Nunavut-mugugmagaisa

apiġiraukamik sua iḷaanni uqayunnapayaaġasugalugit Umimmattoo-mullayumiñaqtik aŋuniaġvikaamignun utiqtitqulugu atullaniq ilimignun Nunavut-miułhiñanun Canada-miunun kisian atuġnaqsiŋaruaq.

Aŋalataġiniŋi Kalaałłit Nunaanniittuat allaŋŋupiasugruŋaruq qavsikipiani ukiuni qaaŋiqsuani. 1950s isagutisaaġniŋani allat iñuit ullautillaniŋat Demark-gum nunagiliutiŋaraŋannun Kalaałłit Nunaannun savinnaiḷiŋaruq aglaan tikiḷḷaniŋat Qaanaamun qaunagipiaġaluaġaat-suli. 1970s-ni Iñupiapayaat sumiliqaa sullanitik savautiginiaqḷugu, Iñupiat avanmun ullautirraqsivlutik uqaqatigiirraqsivlutik. 1979-mi Denmark-gum qaitkaa aŋalataġillaniq ilimignun Kalaałłit Nunaanniittuanun, iliŋit Iñupiat atanauraŋit nunamigni iñugiaktuatigun aŋalatchiñiq kavamaŋannik qaiłługu. 1984-mi *Avenersuaq* nuna iñiġaat aŋalataġillaniġit allaŋuqtuġamisigik. iḷitchuġikamik iqalliqivigisuuratik atuaġiliqtuġlugit nuŋuuġutiniaqtilaaqtik Kaŋŋuuruanun Europe-miunun Kalaałłit Nunaat sivulliuŋaruq (pagmanunaglaan kisimitualuk tainnaŋaruq) Europe-mi Kaŋŋuuniñ ataŋaiqsuaniñ. Pagmapak iqalliqiniġmigniñ

*Qiñiġaaq: Helicopter-kun kisian tikiññaqtuq Qaanaaq uniaġaŋisuaqtuni, naaggaqaa Savaiññiġum akunġani atausiaqtuakun tiŋŋutikkun qairuakun kiluliñaaŋanniñ Kalaałłit Nunaata, naaggaqaa umiaqpakun malġuiqsuaqsiññaġuuruakun ukiuqtutilaaŋatun.*

Qaanaami Qaŋaniñ Atuqtaŋata
Nunam Aktilaaŋa

Tagiuq

80°

ELLESMERE ISLAND, CANADA

U m i m m a t t o o q

90°

75°

60°

KALAALLIT
NUNAAT
(Greenland)

Siorapaluk
Qikertarsuaq
**Qaanaaq**
• Qikertat

Moriusaq

**Savissivik**

**Siligniqsraq titiġniq**
(Aktilaakaaŋa nunam
atuġuukkaŋat qaŋaniñ
Nuna taimmaŋŋaqaŋa
Qaanaaġmiut atuġuukkaŋat)

**1999 Miñ aktilaaŋa**
(Nunavut iñiqtaumman-qaŋa)

**2000 Miñ aktilaaŋa**
(Aŋuniaġvigiyumiñaqtaŋat Canada-m
pitġuraliqiriŋisa qaunagiuraliġmarruŋ
tatavsarraqsivlugi asivaqtaqtuat killiksramigniñ,
suli aŋuniaġviksralluataq taġium sikum
nuŋusiiññaqtuam killiļiqsuġmivlugu.)

aŋuratik tuyuaġivlugit-aasii allanun nunanun
maniññagvigiłhaaġuugaat allaniñ maniññagvigmigniñ.
2009-mi Kalaałłit Nunaat ilimignik aŋalataġillasiŋarut
aŋalataġiyumiñaqtaŋit iñugiaksivḷutik ilimiktigullu allatigullu
nunamigniinŋitchuatigun. Pagmapakaasii Kalaałłit
Nunaanni aŋalatchirit sivunmuurut amusisukłutik
nunamigniñ uyaġagniglu akisuruanik uqsruġruamiglu
iḷaanni sua ilimiktun maniksuqtuaŋaiġukłutik Denmark-miñ,
iḷaanni sua ilimisun aŋalataġilutik nunaullasiḷutik.

Qaanaami nuimapiaġataqtuq-suli aŋuniaġniq. Avataagun
kavamauruani savagniġmiñ, iḷałauraqługit tuuriḷiiliqiniġmiñ
maniññaktaamignik, suliamigniñ, allatigullu
suqpauŋitchuatigun suraġaġniġmisigun maniññagniaġviit
tamatkunaŋŋa kisiaqquuq maniññaktuqtuq. Nunamiñ
amuriyumaruat uqsriqiyumaruallu kiluliñaasugruanni iłłutik,
qanittuani nunaaqqimik savaaksritchumiñaitkai,
nuutchumiñaġaluaġmiut savagviksraqaqtuanun. Iḷaŋit Iñuit
nuuttuat uliġnaqtut Avanersuanun Upernavigmiñ allanullu
ualliŋanun Kalaałłit Nunaanni, aasii ualliġmiut piḷġusiŋata
inaŋiqsiiññaġaa Qaanaaġmiut piḷġusiŋiḷḷu Iñupiuraaġniŋallu.

Ukiuqtutilaatun aŋuniaqtuaġuurut Qaanaaġmiut
tainnaptauq Kaŋiqługaapiktullu Utqiaġviksullu.
Qaanaaġmiut-aglaan apqusaaqqammiŋagaat aŋuniaġnikun
pitquraqaġniq suli kaŋŋiqsuiñiq aŋuyumiñaqtaŋiññik, aasii
inugiaktuat aŋuniaqtit isumaaluutigigaat qanuq
aksianiaqtilaaŋit iñuggutaiññun (killiqsuiñiq aŋuraksratigun
atuġaat iḷaŋisigun niġrutitigun Kaŋiqługaapigmiḷu
Utqiaġviñiḷu, aglaan qavsiñi ukiuni atuaniŋavlugu).
Uuktuutigilugu una, sivuani sisuat, tugaalgit, nannullu
aivġiḷḷu ukiuqtutilaatun aŋuniaġnaŋagaluaqtuat atuqługit
ilisimmatiktik, nuimaruaġiratik, suli piḷġusiŋit aŋuniaġnikun.
Aasii pagmami tamatkua atuaksrat killiqsruŋagai aŋullaniŋit
naaggaqaa aŋuniaqtitchuugai nalliġñi tatqiñi. Makpiġaurat
kiitaaġutit-suli atuġnaqsiŋammiut sunik aŋuniaġumaruni.
Allauniŋata-suli Qaanaami iḷaŋatigun Utqiaġvigmiuniñḷu

Kaŋiqługaapigmiuniñḷu Qaanaami uniaġaqtuaġuurut-suli
ataramik aŋuniaġamik – tugaalgit aŋuniaġnaqtut qayyaniñ
kisian (igniqutiligaat umiat atuġumiñaġai
nauliqqaaganikkumisiuŋ kisian aġviq), aasii taġium sikuani
aŋuniaġumaruat uniaġaqłutik-kisian aŋuniallarut. Sikiituut
atuġuugai iñugnik ivaqłiagamik iḷaanniḷu iglaugamik sumun
aglaan uniaġaqtuaqquuqtut sikuqaqtilaaŋatun ukium.
Aŋuniaqtilaitkai sikiituuqługit. Qayaqtuġuurut sikuqaŋŋaan
uiñiġni naaggaunnii upiŋaami taġiumi. Iñugiaktuat
aŋuniaqtit Qaanaami qayaqtuqtiqpait. Iqalliqiniq
nuimapiaġataqtuq niqinnagvigisuuvlugu suli
maniññaktuġvigisuuvlugu aasii Qaanaaġmiut qulit
piŋasunik nalunaiqsiŋarut iqalugnik iqaluguuramignik
iluqaisaqquuq ukiuqtutilaaŋatun iqalliqivlugit. Tigmiat-suli
niqimigni nuimaruaġimmigai, upiŋaami aŋuniaqługit.
Igliġat, imaniqtun ittuat, suli imanipiat ukiuqtutilaatuttauq

*Qulliq: Uniaġaqtuaqtusuli
Qaanaaġmiut.*

*Alliq: Tauqsiġñiaġviŋiññiñ
nunaaqqiuram
puttuqsriñaqtuq qanutun iñuŋi
iñuusuutilaaŋannik
aŋuniaqłutik taġium sikuani.*

*Qiñiġaaq akiani:
Nunauraliamigni Inughuit
savaqativut qiñiqtitchirut
aktilaaŋanik qaŋaniñ
aŋuniaġvigisuuŋaramik
nunamiḷu taġiumiḷu. Iluqaan
Umimmattooq Ellesmere
Island-mik taisuuraŋat
Canada-ġmiut qaŋaniñ-qaŋa
atuġuuŋaraat Inughuit
Kalaałłit Nunaanniġmiut.
Atullaniŋat tamattumiŋa
aŋuniaġvikaamignik
nuŋusiiññaŋaruq, suvaluk
Canada-m
aŋalataġirraqsimmarruŋ
avgutiktik salliiñi. Nunavut
iñiqtaumman Inughuiñun
ayuġnaqsisiiññaŋaruq
qaŋaniñ aŋuniaġviŋat,
kiisaimma ukiumi 2000-mi
Inughuit
taikuŋallayumiñaiqput
qaunaksriḷiqpaiłłuni avgutimi.
Taimani-suli taġium sikua
iglauviginaiqsiiññaŋaruq sikua
amiqłivluniḷu siku
anayanaqsivḷuniḷu,
ikaaġnaiḷivḷuni.*

*Puktaat siñaani Qaanaam
katiqsrivigisuugait imiksramignik
nunaaqqimigni. Taġiuq sikuŋamman
savaktiġruat trac[tor]-tat (tractors)
taununŋaqhutik qauqsiutiyaqtuġuugai
nutqautaiḷaqhutik agraivḷutik-aasii
iglullaanullu immiuġvigmullu.
Upinġaami katiqsrianiñ imiqaġaqtut
qanittuamiḷḷu kuuġuuramiñ.*

## Qaanaamuqattaaġniġa
*Uqaluŋit Nancy Leavitt-gum*

Isumaŋaiññiqsuŋa tamauŋa uŋasiksuamun salliñipiamun aullaġniaqtilaamnik iñuusimni. Aarigaa iñugipaluktut Qaanaaġmiut tamaani Kalaałłit Nunaanni. Tamauŋa inimi sikułhiñami qiñipaluktuŋa takpagmuŋa qutchiñiqsrauruanik piqaluyagruanik. Aarigaa qiñiyunaġmivļutik mayuaksrakkaluat akkupauraq mayuaġaunmik.

Taamaniitiqtuuraqsiññaġaluaqtuŋa kaŋiqsipayugmigiga siġļiġniutaat aŋalatchiriŋisa iluakkun piŋisaŋit.

Taamna savaaġitquyumagaluaġiga iliŋiññun. Aglaan uvaŋa suuŋiļaaġiniaŋitkitka uvaŋa iñuusimñi apqusaaqtatka.

Tamanna siku taġiumi nuimanapiaqtuq iñuusiptinni. Pagmapak sikukput auksiiññaqtuaq tamaaniptauq apqusaaġmigaat. Uvaptiktuntauq ikayuqtiqaqtuksraurut siġġaġniuġmiut iñuusimigni. Kiiñauraŋi piiguġumiñaitkitka.

Aŋuniaġnimigni siġġaġniuġmiut, niġrutit tikiļaiñmiut uŋasiksiŋavlutiŋ. Tamarra allaŋŋuqtuam siļam siġļiġniuġutaa.

Piqaluyagmik avilaitqatiŋma aitchuġmigaaŋa. Aarigaa! Tiituuraaġniaqtuŋa piqaluyaksriusiaġa tikitpan mauŋa Utqiaġvigñun. Itqaumauraaġlugi iñulluatat kasuqtatka taamani Qanaami.

Quyyatigigiga tainna avilaitqatigiikkumiñaġapta sumiitkaluaġapta.

*"Aarigaa tiituuraaġniaqtuŋa piqaluyaksriusiaġa tikitpan."*

# Qaanaamuqattaaġniġa

*Uqaluŋi Joe Leavitt-gum*

Nakuuqsripaluktuŋa Qaanaamun tikitkapta Greenland-gum salliñipiaŋanun. Isumaŋaisimaruŋa takpauŋaqpaaġruk uniaġautiniaqtilaaptinnik aullarripta kukiḷuutiniaġnimmatigut. Tainna tamauŋasaatqigñiaŋitchugnaqtuŋa allami nunami uniaġaġluŋa. Tavranikii uniaġaqłutiglu, qayaqtuqłutiglu kisianik kukiḷukkumiñaqtut, tamakua qamugaurat skiituut atuŋaiŋagai nunaaqqimigni. Aasii piqpagikkaqtik tamanna iñuusiqtik tigummigaatsuli pagmapak. Uvagut tammaiŋagiqput maani nunaaqqiptinni qayaqtuġniġlu uniaġaġniġlu.

Uniaġaqapta Qaanaamun iñuiññat qulit tallimatun miles-nik iglaurugut quliŋŋuġutaiḷatun qiavallagniġmi. Uniaġaqtikput Mikili aŋuniaqtiqpak, uqapiaqsiñña ġuumaruaq kalaaḷḷisun. Kaŋiqsiutillaiqsuuraġaluaqtuguk aullaqiqqaaġapta, sua imña iluqanuk niġrutitigun uqaaqsigamnuk maannakiaq. Tairaġigai uqaluich qavsiiqsuaqługi suakua atimavlutik sikulu, piqaluyaglu uqalullaaptigni. Ilaatali qaŋiqsipayukasagmigaaŋa, aarigaa iglallaammiuguq qaŋiqsimmatigamnuk avanmun.

Miŋuaqtuġvigmun uqaġiaġapta Iñupiuraaġaqtugut. Iñuich qairaqtut naalaktuaġiaqłutin. Qaŋiqsimman avanmun nakuupiallaktuq qanusiugaluaġapta iḷagiiksuatun ipiaqtugut. Tupaktuami uqaluŋat allaupiaŋisimamman uvaptiŋniñ.

Qaanaaq qaaniġmi ini ittuq. Tavra atiŋa Qaanaaq iluaqtuq. Igluŋisa aŋŋiich igalauraŋisigun qiñiqtuaġnaqpaktut taġiumik. Sunapayaaq qiñiyunaqtuq Qaanaami. Siku Kaŋiqługaapigmiḷu Qaanaamiḷu allauruk Utqiaġvium sikuaniñ. Ilaaptauq manna tasiqput. Ulinman tasiq aiyuġaniguuruq. Saġvatualuk atausik tamaani Greenland-mi taavuŋa Canada-kun aniñmuktuqtuaq. Taġiuŋat sikuliaqviiññaq, aglaan aiyuqqat tamarra saġvamiñḷu anuġimiñḷu.

Iñuich aŋuniaqtiqpaich. Iqalugniaġuummiut tamatkuniŋa halibut-nik kuvriqłutik taakkiiġruanik atiġutituġuurut-suli. Suli tuugaalignik aġvagniaġuurut, qiḷalukkanik uuktuaŋammiuŋa qanutun mamaqtigimaruaq suli, aarigaa ilaamanna iŋutuq. Qiḷaluganik quaguksiusuuruŋa suli. Maaŋŋa Utqiaġvigmun utiqqaaġama natchimik uiḷaġuliġaqtuŋa, tiŋuktuġuumarut qialiuġutivlugu uqsruanun natchium. Niqivut nakuupiallaktut sumiitkaluaġapta suaŋapkaġaatigut iluqata Alaska-mi, Greenland-mi, suli Canada-mi.

Quyanaaġitka Iñulluatapiaġatat Greenland-mi tukkuġiksiḷḷuta. Avilaitqatitka itqaumasuugitka nakuaqqutikkun. Quyanaqpak!

*Nancy-ḷu uvaŋalu Mikili-ḷu uniaġaqtugut.*

## Qaanaami
*Uqaluŋit Joelie Sanguya-m*

Inughuiñik tautuqqaaqapta isumagiqqaapasuuġniġiga tusaaŋaraġa immagguuq Inughuk aŋuŋamaruaq "malġuugnik tugaaligmik aġviq kigutilik". Tusaalġagaŋaitchuŋa tugaaligmik aġviġmik kigutiligaamik. Iḷaŋit iñuit apqusaaġuurut isumaruni piuruksrauŋitkaluaqtuanik.

Kasuqqaaqtuni Inughuit kasuqqaaqtuatun Europe-miunik. Inuit-kaluaq aglaan pilġusiŋit aksiaŋagait Canada-ġmiuguŋitchuat (Europe-miut [Danish-git] aksiaŋagait pilġusiŋit Canada-ġmiuŋiḷaat, allaurut uvaptinniñ iñugniñ Canada-ġmiuniñ). Tavra taapkua kasuqqaaġniŋata Inughuiñik kipiġniuliqsitkai. Iñupiuraallaagapta uqausiḷḷaaptiktun iḷaŋit kaŋiqsiḷḷagitka uqaluŋit, aglaan iḷasugruŋa qanuq kaŋiqsiḷaitkitka qanuq atautchimugniŋat uqaluksriuġamik allauruatigun. Kasuŋaqqaaqłuŋa Inughuiñik isumamni kaivalugaqtut uqaluŋit tainna tainna kaivalukłutik. Utaqqiñŋuliġaqtuŋa Qaanaaġmiunik tusaasuum uqaqtuanik uqaġniŋat nakuuvaiłłuni tusaasulikasakkiga.

Qaanaamuqattaaġapta Siorapalugmuktugut uniaġaqhuta aasii uniaġaqtitkaanŋa qimmiŋiññik Qaanaamium atuqtiłłuŋa. Iḷitchiruksraġuqtuŋa tavra uniaġaqtitun Qaanaaġmiutun.

Qaerngaaq Nielsen (savaqatikput) Savissivigmiuguruam iḷisautigaaŋa qanuq uqautinaqtilaaŋiññik qimmit sutquruni. Tamatkua uqaluurat allaupaluktut uvagut atuġuuraptinniñ uniaġaġapta.

Uuktuaġaġitka atuqqigutinialavlugit, "*haru-haru*" ("Haw"-ġmatun), "*aut-aut autuk-autuk*" ("Gee-ġmatun"). "*hackfui-hackfui*" ("Kii"-ġmatun), "*ahi*" (Nutqaquruni), "*aquittit-aquittit*" (aquvittin-aquvittin?) tainna avilaitqatimnun nullaġviptinni uuktuġaqługit. Taamna apqusaaġapku iñuusiġa iñuggusiqsutqiksuatun – Araqhaapaluk.

Uniaġaqtugut Siorapalugmun atuqłuta tallimat-malġuuktun unianik Iḷisavsaalgitchuŋa qanuq kimmisik aŋalatchuutilaaŋiññik iglaullaġmik taġium sikuagun. Igah uqallautigiga, "Qimmitka marra aksiagitin mapkuktitaqapku kutchun". Kiugaaŋa, "Kutchuqtuŋitchuŋa." Sua imña tunuptinni uniaġaqtuam mapkuqtitaqtaŋa qimmiḷiqutini.

Iglaullapta iluqata nutqallakhuta niġiraġaaqtugut. Iluqatik uniaġaqtuat imaiyaqługi kiguunnitik aquliġaġiiksiłlugit apunmun nappaġait, aasii ittugluktuatik iḷuanun iḷivḷugit uunaqtualiunagutirut kiguuniġit uqquutaġivlugit. Tainnapiallak pisuuŋammiruagut taimani ittugluktuanik atuġuugapta.

Mamarut anitchiruq natchium qavsiraŋanik, qalliqługu iŋaluaniglu tiŋuaniglu. Tavra taaptuma qalliḷaavsaaġai iñuggutivut qanuq aŋuniaqtaurugut iluqata taġium sikuani.

Siorapalugmi Inughuit iñugnipalugniqsut. Tusaasuktut uqausiptinniglu quliaqtuaptinniglu Tainna uvaptiktuttauq tusaasuktut allaniñ nunaptinniñ. Uvamnun isumallagmiuŋa, "Siorapalugmuŋaruŋa."

Igah-m iḷagigaa Aqiggirjuk Arctic Bay-ġmiu. Iñugiaktut Inughuit taapkunuŋa iḷauruat, aasii iḷagimmivḷugu Igah. Kamasuuttaġigiga uqallallakama; "Igah-m uigigaaŋa."

Utinmuŋŋapta Qaanaamun taġium sikuagun, iḷitchuġiruŋa qimmim niuŋa puttutiŋamaruaq imma sikumun, tavra siku amikłiñiuraaqsimaruq saġvaqtuamiñ.

Qutchiksuat uyaġait, nunam matua piqaluyagruaq, puktaat sullu taġium sikuata avatiŋit iḷaupiallaktut iñuullaniksraŋiñ̃i nakuusriḷḷaniksraŋiñ̃i tamaani, aasii tavrapiaq iñuurugut "nunam qutchigñiqsrapiallaŋani".

Niqinaqinaqsiḷgitchuq Qaanaami. Qaallaigaaŋa-asu Joe Leavitt-gum Utqiaġvigmium Alaska-mi, tainna irrituruami iñupiapiaq, avguirraqsiruq niqinik uvaptiktuntauq, tavra sugiŋiñmatun tainna piuq ilimik suraġausiġipiaqḷugu. Savaqatigigiga, taamna savaktuaq ilimisun suna sunaqsimman, aasii tainnaġman uvaŋali iñuusiġa iñuŋŋupiaqtuatulli iḷiruq. Iḷisimaruŋa iñugiaktuanik tainna savaguuruanik Joe-tun; ilaisa savaqatiini iqiġusiqsuatun iḷisuugai.

Uvaŋa, uvagut, avilaitqatitchiaqtugut puiguġnaġumiñaitchuami nunami, inimi iñuqaqtuami savayuqpaiłutik piraġausimiktun iḷisaġviullasiŋarut uvaptinnun.

*Joelie-ḷu Igah Sanguya-lu uniaġaqtuk Siorapalugmun utiqhutiglu Qaanaam nunaaqqim qaukłiata Jen Danielsen-gum qimmiŋiññik atuqłutik.*

## Qaanaami
*Uqaluŋi Igah Sanguyam*

Aniqsauvaŋa iḷaupayuŋalgitpik savvauruani *Siku-Inuit-Hila-mik* savaami aasii Qaanaamuqattaallasivḷuŋa.

Qaanaaq samma akilluataqqayaŋani Baffin Bay-kuaqḷuni Kaŋiqḷugaapigmiñ. Isummatigikapku malġuukłiñak ikarraktitun tigmigayaqtugut nalimuuluta tiŋiŋagupta, aglaan United States-kuaqtugut apqusaaġataŋaitchapkun sivuani. Nunaqpaptinniñ Canada-miñ aullaġataŋaitchuami allak malġuuk nunaqpaak tautukkumiñaitchugnaqtakkak iñuuniqtutilaaptun tautukkikka.

Qaanaamun tikiññapta allauqpaŋiññiqsuq nunam qiññaŋa Canada-m irrituruaŋaniñ. Iñuit paġlatupiaġniqsut tainnaptauq pilġusiatitun Iñupiapayaat sumi itkaluaqamik. Siġġaqiliqtuuraġaluaqapta isagutisaaġniptinnin aglaan uqaqatigiiḷḷasipasuuqtugut avanmun siġġaqiqpakkaluaġata.

Uniaġaqḷuta Siorapalugmuutimmatigut puiguitkarripiaŋagaanŋa tainna pitqigugnaqtuq-unnii. Qimmisik anugamisigik uniamignun suli qimmisik qanunnamuqugamisigik uqaluŋit uuktuaqpaallukłunuk uuktunnaraapiaġataġikpuk. Niġiruni-suli tainnaptauq uvaptiktuqqayaq aglaan niġrutit sulliñiŋit uvagut niġisuitchavut niġisuumagait, taamna piviuttaġigiga. Tusummigitkasuli iñuŋit qanuq pilġusitik iñuupkaġaisuli tamaani Canada-mi piŋitchavut. Uuktuutigilugu uniaġałhaaġuurut-suli sikiituuġaġniġmiñ, qayaqtuġuummiut-suli, tamarra-suli annuġaaŋit araqhaa!

Nakuapiaġataġaluaġiga iglauniqput taunuŋa aglaan quvianaġniqsraŋa Qaanaamugnipta una: tamarra iḷasalamnik paqittuŋa Qaanaamiḷu Siorapalugmiḷu. Puttuqsripkaġaaŋa kamasuuttaġivlugiḷḷu sivulliivut qanutun sivisuruamik iglauraġaġniqsut igliġutitualugmiksigun uniaġaqḷutik, qayaqtuqḷutik, umiaqtuqḷutik suli pisuaqḷutik.

Iñuŋit, pilġusiŋit, supayaallu apqusaaqtavut piviuttaqsripkapalukkaanŋa suvaluk avilaitqativut Alaska-miñ iglauqatigivlugit qanutun qiñiyunaqtigiruamun Qaanaamun.

44    *Igah Sanguya nakuaqtuq qaleraligmik (Greenland halibut) nutqallakłuta uniaġaqapta Siorapalugmiñ Qaanaamun.*

# Allaŋŋuqtuat

*Qiñiġaaq: Otto Simigam*
*qimilġuugaa siku.*

Qavsikun una makpiġaaq aglaaguruq allaŋŋuqtuatigun. Taiguaqqammiqsavsiññi uqausiġigait nunaaqqiḷḷaat qanutun allaŋŋuqtuanik iñuuqatigiigñikun, aŋalataġinikun, suli maniññaktuaġvigisuuraŋisigun qaaŋiqsuani ukiuni tallimakipiatun naagga taapkua inuqługit-unnii, allaŋŋuqtiłługik uvluŋit iñuuniaġniġmik. Allaŋŋuqtuaq taġium sikuani sumipayaaq ittuq, taaptuma uvva isagutisaaqtinŋagaatigut savaamik taŋŋiqsuamik uumiŋa makpiġaamik, suli allat allaŋŋuqtuat nunaaqqiḷḷaaŋiñ̄i nunamigni avatiŋisigun (siḷa, nuna, taġiuq) suli uumaruaŋisigun nunallaapta. Iñugiaktut-samma makpiġaakun maniravut katiqsriaguŋarut qimilġuugapta allaŋŋuġniŋagun avatipta, suli nalunaitpaitchuat tautugnaqtuaq suli uqausiġiraksraŋit tamattumuuna allaŋŋuqtuatigun. Tuyuun aglaaŋa Qaanaami aŋuniaqtim iḷaŋat aglaktuat uumiŋa makpiġaamik *Sivuniŋa Sikum* Toku Oshima (tautugnaġñiaqtuq aquvatigun) atchiiviginaraŋat akimiakipiat sippiqługit aŋuniaqtillu allallu Avanersuaġmiut, iḷunŋunaqtuatigun tautuktitkaat qanutun tamatkunuŋa aksiaŋatilaaqtik allaŋŋuqtuaniñ Inughuipiksuat.

Tainnaitkaluaqtuq tasammaptauq makpiġaaq uqaġmiuq sunik allaŋŋulaitchuanik. Aŋuniaġnikun, iḷisimaniq taġium sikuagun, qanuq taggisiqaġuutilaaŋisigun, uqausikun, niqikun, sigñataiḷaakun aitchuqtuiñikun – tamatkua nunaaqqiŋisa irrituruam allaŋŋuqtinŋaisaŋit qanutunkaluaq sulliñipayaaŋiñ̄i irrituruam. Makpiġaam maniraŋit uqaluit, suvaluk uqaluŋisigun iliŋisa Inuit, Inughuit, Iñupiallu, iñuuruqsuli iḷisimman, atuġaat pagmapak suli sivuniksraptinni taimuŋasugruk. Allaŋŋuġaluaqpan nuna avatiptinni, tainnakii tavra allaŋŋuqtuaqtuq ataramik qanusipayaakun, iḷisimmatiŋat allaŋuġaqtuq maliġivlugu allaŋŋuqtuaq suna, aasii iḷisaaksrat, pisuġniŋit, suli nuimaraġiŋaraŋit taimaŋŋaqaŋa suqpaurut-suli, isumattutikun urriqutaurut iñuupayaaqtuamun irrituruami iñuusikaaŋannik.

Qiñuiññiġum, qiksriksrautiqaġniġum, suli quvianġuniġum tainna qaŋapak innikaamisun ikayuġaġigaatigut suaŋapkaqługu iñuuqatigiigñiqput. Sigñataiłłuni aitchuqtuiñiq paammaaġiksivḷuni savaqatigiigñiq ikayuutaummiuqsuli suna siġġaġnaqtuaq akpaktuksrauruni. Nipuŋaiññiq avatiptinnik ittuksrauruq surruutaiḷaakun iñuuniaqtuni, suli aggirriñiaqtuni aŋuraġnik. Siku nuimaruqsuli Iñugnun Inughuiñun Iñupianun, tamaiññullu iñupayaaŋiññun nunam.

*Sivuniŋa Sikum* manigai nalunaiḷḷuatapiaqługi iḷisimmatai qanuq taġium sikua allaŋŋuŋatilaaŋiñ̄ik allallaani irrituruam nunaŋiñ̄i. Qiñiqtitkaa-suli qanuq Inuit Inughuit Iñupiat iḷisimmataata, pisuġniŋisa, suli piḷġusiŋisa taġium sikua atuqługu iñuuruani tasamma iñuupkaġaat-suli, iḷaŋisigun iñuguqtitqikkaat. Tainna allaŋŋuqtuaqtillugu irrituruaq, una makpiġaaq, uqaluisun Toku-m, sunaqsirugut, kaŋiqsiruksraurut iñupayaat qanutun "surruisaaġluta iñuusuktugut". Qanutun akisutigiruaq qaitchaŋat savaaŋata tautuktitkaik iluqaaktun suammatiqaqłuni iñ̄ñuaġiksuaq iñuusiq taġium sikuani irrituruami, suli sut tammaiñiġmun anayanaqsiruat.

## Joe Leavitt Allaŋŋuqtuatigun

Ugiaqtaq itqaumaruq qiiyanaqsivaiñman maani Utqiaġvigñi qimmit isigaŋit qiqitchuuruat. Uqsruqłuk unnii kuviḷḷaiġuuruaq. Taġiuqput Sikkuviŋŋuġman naaka Nippiviŋŋuġman qiqitchuuraa. Aasii siku aullakayuitchuaq upinġaami. Paŋmapak siku aullaġami Iñukkuksaivigmi qiñiġnatqiyuitchuq. Tavra tainnaiḷiŋaruq quliñi ukiuni. Uvva 2100-ŋŋuqpan taġiuqput sikullaiġñiaġugnaqtuq.

Uvlupak Siqiññaatchiaq 2008-gurugut aasii siḷakput qiiyanaqsisiiññaqtuq, sikutchaqpaalluŋammiuq Siqiñġiḷaŋŋuġman. Siku iiguvsaaŋagaluaġaa aglaan kisisatchiŋaitchuqsuli. Ivuniġit suli qutchiksiŋaitchut. Taunna ivunġich qiñiġnagaluaqtut aglaan uŋasiuraqtutsuli. Qisu qiñiġnaġaluaqtuaq unnugman piiqsimammiuq. Qiñiġnaiġuummiut qisut sikumman. Iḷaanni nuviya iluqani qatiqsimman sikuliaq sikutchuugaa nigayuq aasii qisu tautugnagsivḷuni.

Sikutchiaq naipiqtuġnaġmiuq Nuvuum qaniŋani. Tamanna siku pauganigman maptusisuugaa payaŋaiyaqługu titiġaq Siqiññaasugruŋŋuġmanlu Paniqsiqsiiviŋŋuġmallu. Uŋalaġuġman siku ivusuugaa aasii payaŋaiyaqługi ivuniġruat. Aglaan uŋalaŋiñman saġvam sikutchiaq siqumitchuugaa.

Nunavaam saaŋani ivuniġruaqaġuuruq. Panmapak tamatkua ivunġit aqiyyiññasuurut aqiyamiñlu, qaviamiñlu. Tainna marra pisuusiqqammiŋagaa.

Siqiññaatchiaŋŋuġman qiiyanaqsisugruguugaa nuviyaiġman maanna. 1970-mi sialutaktuaŋammiruagut Siqiññaatchiami. Sikut payaŋaruat qiñiġnaiŋammiut, tamarra ivuniġaurat kisimik tuvaum siñaani.

Taamma qilaluganik aŋuniaqtuat quliaġmigai agviġich Iġñivigmiḷu Iñukkuksaivigmiḷu. Taġiuqput uunnaaksisiiññaqpan suagguuq Sivuuqqaġmiut mauŋa aġvisiuġiaqtaġmiut. Aġvipiat nigliñaaqtuami pisuurut. Savaktit maani quliaġmiut aġviġit ukiupak maaniitchuunivḷugi. Unipkaaqtauq tusaaŋammigikput apqutiksraiġutipkaqtuaq sikumi aasiiñ niguyami aniqsaaġviqaqtuamik. Apunŋaruaq taamna nigayuq aġviġum sikupkaŋaisimagaa. Tavra taamna aniu piŋuliŋamagaa aasiiñ aġviq taamna aniqsaaġviqaqłuni ukiupak. Taavraasii aġvaktaaġiŋamagaat ukiumi.

Allakat aġviġitch tikiññarut mauŋa. Aġviqsiuqtit
qiñiqsimammigaat allakaq aŋiniqtauruaq agviġniñ. Suli
tatqavani Smith Bay-mi quliaġmigai tallimat malġuk
tainnasit allakatat aġviġich. Tautugmivḷutik allakavsaanik
aġviġnik pilot aġviq, tugaalik aġviq, suli aġvisuanik
upinġaami. Aġvisuat tavra atiqaġmiut taimma qiñiġuumagai
maani iŋiḷġaan. Aŋayuqaksrak Utuana aŋuŋamammiuq
aġvisuamik aasii takuyyiġman iñuich niġisaqtuaqḷutik.
Ukiaġmi tautuguummiñiġai aġvisuat ukialliksiuqamik.
*Niagsat (isuŋŋaq)* marra qiñiġnakasagmiut upinġaami.

Ataaqtuqtilluta upinġaksrami sikuliaġman akpat
nigayuurami sapuġauŋammiut. Iñuum imma
tiguyumaatchiġñiġaa aglaan tautuŋiłługu imman iḷuani tavra
qunmun tiŋimman aullaimagaa.

Nannut marra tikiññammiut, tatpaaniqpaaġruk suli
aullaaġviñi qiñiġnaġmiut.

## Ugiaqtaq uqaqtuq allaŋŋuqtuatigun

Iñuuniqtutilaaġmaqquuq aġvisiuqtauruŋa.
Nuimapiaġataqtuq taiguallaniq qanuqinniaqtilaaŋanik
sikum, kiŋuvaaġiit qaaŋiqsillaaŋaraat tamanna iḷisimman.

Allaŋŋuŋaruq atqunaq sikukput aksiavlugu
uunnaaksisiiññaqtuam nunapta. Ikagnaaqtuaġuusiŋaruq
uunnaaksipkaqḷugu siḷakput ataaqtuġnaqsimmiuġlu. Siku
saakłiñmuktuqsiiññaqtuq, anayanaqsivaiłłuni
qaunakłaalluatapiaqtuksraliŋarugut. Saġvam
aŋalapiaġuugaa siku qupipkaqḷugu aasii ataaqtuqtuat
uisaupkaqḷugi. Kisitchanik sikuiġruiññaŋammiugut

kisaqsimaaġuuŋaruanik tuvaptinni. Taimani
kisitchaniguuŋagaluaqtuagut aulayaipiaġuuŋaruat
Siqiññaasugrugupqaġman, aglaan pagmami supayauraq
allaŋŋuŋaruq. Qaunatqiḷḷuataqtuksraliŋarugut ataramik
qaunakłaaġluta aŋuniatuaġapta taunani sikumi.

Taimasuli tuvaq qaunagiruksraliŋammigikput
aullaġnaġiaġuusiŋaruaq. Utaqqisuuŋagaluaqtuaguut
ugruksiuġnaqsiviksramik nuŋusaaġniŋani Iñukkuksaivium
aglaan pagmapak umiaqturraqsianiŋasuurugut qitiqqaġman
Iġñivik. Qanututkiaq taima aġviqsiullaniaqpisasuli atuġluta
umiapiaptinnik.

*Ataaqtuqtuat
utaqqiuraaqtut uiñiġmi
Utqiaġvigmi.*

49

# Allaŋŋuqtuat taġium sikuani aimaaġviptinni: Qaanaaq

Aŋuniaqtuat aippaani qaaŋiŋaruami 20th Century-mi, aŋuruat aiviġmik siku aŋulluataġnaġniaqtuatun inman. Aŋuŋatilaaŋiññik tautugnaqtuq suli siḷa nakuummivḷuni aŋullaaŋatilaaŋiññiglu uvlutuaq nalunaitchuq. Tainnainŋaruq qavsisalagni aippaapak, aŋuniaqtuat qaŋatun aŋuniaġniqtik atuqḷugu, piiḷḷugu tainna aŋuniallaniq qanuġlutik iñuuniaġŋaġumiñaitchuat. Niqiksraiḷḷiuqtuaġayaqtut Avanersuaġmiut, miqḷiqtuŋi kaaksiulutik, suli qimmiŋit iiḷutik. Taapkua aŋuniaqtit quviasuktut qanuq qavsiñi uvluni niqiksraniktut, iḷauraatiglu, nunaaqqiqatiitiglu, suli, ii, qimmiŋit.

Inukitsoq Sadorana
Qaanaaq, Kalaaḷḷit Nunaanni

1900-kunni Inuluitsoq Sadorana.

I5/09

2000-kunni   Inukitsoq Sadorana.                                                    15/89

Uuma qiñiġaam qiñiqtitkaa pagmami 21st Century-mi
qanuq-iḷiŋatilaaŋanik. Ukua aŋuniaqtit sikuiḷḷiuqtut
aŋuniaġvigillatusuuraŋannik. Tikitkaluaġaat
sikuqaġuuŋagaluaqtuaq, aglaan nauŋ-imña siku.
Tainnainnivḷugu uqallarrauŋavlutik umialigaaŋarut
igniqutiligaamik, iliŋiḷḷu iḷisimavlutik sikuisilaaŋanik.
Saavillaiqsut taġiumun qaiḷḷiuġuŋiḷḷutik anuġim
aŋalataŋanik. Tainnamik qimmit kaaksiuqtuatun
qiññaqaqtut, suli aŋutit qikaqsimaaqsiññaqtut, qanuq
aŋuniaġviḷḷuatakkaluaŋat qapiqpaŋanaqpaiḷḷuni.
Uuruliaksraiḷḷutik taġiumiñ atuqqiutigiŋakkaŋanniñ qaŋapak
tasamma kukiuruksrauniaqtut tanŋit pamiqsaaŋiññik
chicken-nik naaggaqaa tuttuġlugnik. Tavra
allaŋŋuqpaitchuam siḷam savaaŋa, siku uŋasiksipkaqḷugu
aasii aŋuniaqtit aŋuniagaksraiqḷugit
aŋuniaqtuaġuuŋaraŋiññik qaŋapak, aasii qaŋatun 20th
Century-mi aŋuniaġusimiksun aŋuyumiñaiqḷutik, ilimik
niqiksramignik, qimmimik niqiksraŋannik, suli nunaaqqiŋisa
niqiksraŋannik.

Inukitsoq Sadorana
Qaanaaq, Kalaaḷḷit Nunaanni

# Issittumi najugaqaraanni nunap immallu pissarititai uumasut pinngitsoorneqarsinnaanngillat.

Uagut maani avanersuarmi inuiaqatigiiusugut, piniakkat pinngitsoorsinnaanngilagut. Ukioq kaajallallugu uumasunik inuuniuteqarnerput pingaaruteqartorujussuuvoq. Ukiup qanoq ilinera malillugu, piniakkat nalliusimaarnerinnaanni piniartarpugut. Taa-maalillutalu nerisassanik nutaartugassaqartarluta.

Avanersuami piniartutut allagartallit 80-sit missaannaanniipput, piniakkanillu killi-lersukkanik taakkua kisimik piniarsinnaatiaapput. Taamaammat avanersuarmi killilersuineq nalilersorneqaqqittariaqalerpoq. Silap nam-mineq piniakkat killilersuiffigereerpai silarluttarnermigut. Ingammik ukiuni kingul-lerni silarluttarnerput annertuseriarnikuuvoq, sikuniapiloortalerlutalu. Suli imaagalu-artoq Silarput taartuinnanngortarmat aallaaniarsinnaajunnaartarpugut.

Kalaallit nunaanni inoqarfinni avannarlerpaajuvugut, avanersuarmiunillu taaneqartar-luta. Avanersuarmi inuit 800-missaani najugaqarpugut, immikkuullarissunillu oqaa-seqarluta, inooriaaseqarlutalu.

Siulitsinniik ilikkakkavut malillugit, nunap immallu tunniussinnaasai, uumasut pinia-garisarpavut, ukiussamullu neqai peqqumaasiarisarlugit. Pisat amii atisassatut sulia-rineqartarput. Sila issileraangat, uumasut amiinik atisaliat pinngitsoorneqarsinnaan-ngimmata. Assersuutigalugu nannup amia nanorisarparput (qarligisarparput). Sikumi issittumi angalaartuulluni inuuniaraanni, atisat pingaaruteqarluinnartut pinngitsoor-neqarsinnaanngitsullu ilagaat. Piniartut arlariiullutik nannukkaangamik, aalajangersi-malluinnartumik amia neqaalu agguartarpaat. Siuliminnik kingornussartik pissuseq malillugu.

Sapaatip akunneranut ataasiarluta sila ajunngikkaangat, kitaaniit timmisartumik tikin-neqartarpugut. Ukiumullu marloriaannarluta aasaanerinnaani, umiarsuarnik pajuttunik

tikinneqar-tarluta. Ukiukkut sikusaratta, immakkut tikinneqarsinnaajunnaarluta. Takorluulaariaruk avanersuarmi inuuniaruit taamaallaat nunap immallu tunniussinn-naasainik nutaanik nerisaqarsinnaavutit. Naatitanik silami naatitsisinnaanngilatit, ner-sutaateqarsinnaanallu kiattunisuut, silaannaq nillerpallaarmat. Allatullu ajornartumik pisiassanik akisoqisunik, allaat ullussaminnik qaangiinikunik nerisariaqarlutit. Taamaammat avataaniit paasineqartariaqarpoq, allatuulli peqqissuulluta inoorusuk-katta, nunatta immallu pissarititai uumasut pinngitsoorsinnaanngilavut.

Ass. marlunnik oqaluttuutilaarlatsigit:

1. Qaanaap kangerluani qilalukkat qernertat er-niorfeqarput, erniorfitsik uteqqiaffigijuartarpaat mianersuullugit piniarneqartaramik. Kangerluk aasaanerani asuliinnaq angalaarfigeqqusaanngilaq, aallaaniarfigaluguluun-niit. Qilalukkanik piniarniaraanni qaannamiik naaleqqaarneqartaput asuli ikilerneqan-nginniassammata. Kiisalu umiatsiamik angalagaangatta, qanitatsinni qajartortoqarsi-magaangat, qajartortoq akornusersornaveersaarlugu unittarpugut. Siulitsinniit kingor-nussarput piniariaaseq atorlugu piniartoq ataqqisariaqaratsigu. Tassalu piniakkanik nungusaataanngitsumik piniarneq, piniakkanillu mianerinninneq.

2. Timmiaqarpugut piniaqqusaanngitsumik tassalu Kangoq ukiakkut kujammukaale-raangamik aqqutigisarpaatigut amerlasoorsuanngorlutik, kisiannili piniaqqusaanngil-lat. Tassalu avataaniit naalakkersorneqarneq, piniakkanillu atorluaannginneq. Aali nunani allani uagutsituulli issittormiuni piniarneqartartut. Uagummi isiginnaaginnas-sanerpavut?

Maani avanersuarmi kaperlattartumi sikusartumilu qimmeq pinngitsoorsinnaanngi-satta ilagaat. Sila taarsigaangat isiginiarfiujunnaarluni, angallatit pingaarnersariler-sarpaat qimussimik angalaneq. Taarsuup ataani ungasissumut isiginiarsinnaajunnaaq-qasugut qimmitta piniarfissatsinnut ingerlattarpaatigut. Maani motoorinik ingerlatil-lit (snescooterit) piniarnermut atorneqaqqusaanngilluinnarput. Taamaallaat inoqarfiit akornanni, qimussit aqqutaasigut atorneqarsinnaapput. Kiisalu aalisarfinniit assartuu-titut immikkut akuerineqarnikuullutik, piffissaq aalajangersimasoq atorlugu.

Eqqaamallugulu qimmeq aamma uagutsituulli nerisariaqarmat. Nerisarpailu pinakkat uagut pisarisinnaasavut. Ukiakkut sila neqinut qerinnarsigaangat, ukiussamut peqqu-maasisarpugut inuit, qimmillu neqissaannik. Sinerissami tikinneq ajornanngitsumi qinnilluta. Kisiannili ukiuni kingullerni, nannut sinerissatta qanitaani uumasuusut amerleriaru-jussuarnerisa kingunerisaannik. (Tassalu 1980-kut ingerlatilernerani nannut piaqqisar-tut piniaqqusaajunnaanerisa kingornatigut). Peqqumaatinik kingoraasarneq annertoo-rujussuanngornikuuvoq. Ukiumullu isumalluutituanik kingoraaneq, piniartumut oqit-suinnaaneq ajorpoq nikalluallannartarlunilu.

Piniakkatta pingaarnerit ilagaat aaveq, neqaa nerisarivarput qimmitsinnullumi pingaa-rutilerujussuuvoq. Piniakkaniik allaniit neqaa sivisunermik kimeqarnerusarpoq. Avannaarsua sikujartuleraangat, aarrit aqqutigisarpaatigut amerlasoorsuanngorlutik. Aarrit pisassavut killilersorneqalermatali, pissaaleqisarneq annerusorujussuanngor-poq. Allaammi piniartut qimmiminnut nerukkaatissaaruttarput. Allatullu ajornartu-mik aningaasaatituannguatik allaat atorlugit, niuvertarfimmi avataaniit tikisitanik qimmit nerisassaannik pisiniartariaqartarlutik. Ukiukkummi piniartup qimmeq

pin-ngitsoorsinnaanginnamiuk. Sikoqqammeraangat aarrit takkusimaartillugit puisaaru-tiivittarpugut nutaartugassaarulluta (aaveqartillugu puisit qimaasaramik). Ikinnermut Aaffattassiissutit suli sikunngitsoq nunguttarmata. Aalisakkallu isumalluutaasinnaa-natik, aalisarfiusartut sikuat sivisuumik univinneq ajormat. Piniakkanik killilersuineq eqqunnialeramikku, piniartoq piniagaannarnik inuuniutilik, allamik aningaasarsiorfissaanik periarfissinneqarsimanngilaq. Taamaammat avatitsin-niit piniakkanik killilersuiffigineqarnerput nalilersoqqinneqartariaqalerpoq. Paasineqartariaqalerlunilu Kalaallit Nunaanni nunaqaqataagaluarluta, qanoq inoori-aaserput, nunallu issittup atugassaritaanik atugassaqartitaanerput allaanerutiginer-soq. Taamaamat piniakkanik killilersuiffigineqarnerput, Kalaaleqatitsinnut assingu-sunik malittarisassaqarnissaq nallersuunneqarsinnaanngilluinnarpoq.

Neriuppugut uuminnga atuartussaq qisuariaqataajumaartutit, inuuniarnitsinni siunis-sarput oqinnerusoq anguniarlugu.

Avanersuarmiut atsiortut sinnerlugit
Allattoq Toku Oshima

# Iñuuruni Irrituruami, Iñuuruat Atuaksrat Naggutiksravut Nuimapiaġataqtut

Uvaptinnun Avanersuaġmiunun iñuuruat naggutiksravut nuimapiaġataqtut. Iñuuvigiyumiñaġniŋat ukiuqtutilaatun piitchumiñaitchuq uvaptinniñ. Ukium sulliñġapaaŋagun atuġuugivut tamauŋa tikiññiŋat nalaułługu. Tainnami nutaaqtuaksraptinnik niqipiaqaġuurugut.

Avenersuaq aŋuniaqtiqaqtuq samma miksraulługu sisamakipianik makpiġaurannaŋaruanik aŋuniallasiŋavlutik qavsiñik aŋuraksraqaġman. Sivunniuġutigitqiksuksraugaluaġaat taamna qavsiłauranik aŋuraksriġñiq. Siḷam qaunagiruatun itkai, siḷaqłukłuni iḷaanni. Suvaluk qaaŋiqqammiqsuani ukiuni qavsiñi siḷaqłuktuiññaqtualiqsiiññaŋaruq sikuliaġnaġiallaiqłuta. Ukium isagutisaġniŋa tikitchaqtuq sikuiñŋaan iglauyumiñaiġataqłuta.

Niġġum tuŋaannuktuni Kalaałłit Nunaanni isukłiqpiagurugut nunaaqqiñi. Taiñiqaqtugut Avanersuaġmiunik. Avanersuaq iñuqaqtuq miksraulługu malġuaġliatun; uvaptiktun uqausiqaqłuta suli iñuuniaġniqput allaniñ allauruq.

Atuġuugivut atuaksrirrutivut nunapta qaisaŋi kiŋuvaannaktaaġiravut kiŋuniiptinniñ. Aŋuniaġaqtugut ukiupak niqiksraptinnik aŋurapta ammiŋit annuġaaġivlugit. Siḷa qiiyanaqsisiiññaġman uquqtuanik annuġaaqaqtuksraunaqtuq. Nannunik qaġliiqaqtugut. Iglauruni sikumi nuimapiaġataqtuq nalaunŋaruanik siḷamun annuġaaqtuġniq. Qavsiuvlutik aŋuniaġamik iñuit autaaġniksraŋa aŋuraġmik niqiŋalu amiŋalu pitquraqturuq. Aŋuniaqtit maliġuaġaġigai pitqurriat qaaŋiqsirrutai kiŋuvaamik.

Siḷa iłuaġman tiŋŋusiġuurugut qairuamik ualliġmiuŋiññiñ Kalaałłit Nunaanni atausiaqługu Savaiññiġum akunġanni. Aasii malġuiłhiñagni ukiumi umiaqpak suġaliksraptinnik ukiupak qaġġisuurrisuuruq. Qanukkii taġiuqput sikuŋasuuruq ukiumi. Iḷitchuġiyumiñaqsirusi nutaaqtuġukkupta uvaptinnik aŋuruksraġigivut. Qiiyanaqtuami iñuuvluta qanuġluta nauriyumiñaitchugut niqiksraptinnik, suli pamiqsaanik nauriyumiñaiñmiugut uunnaapayaaqtuani piḷġusiatitun. Tainnamik akitchuunik tauqsiqtuksraurugut tauqsiġñiaġvigmiñ, iḷaanni atuġnaġviksraŋa qaaŋiŋagaluaŋŋaan. Tavra allaniñ iñuit kaŋiqsiḷḷuataqtuksraurut timivut surruiḷaaġlugi iñuusuktugut, atuġnatualugniaqtuq iñuuruat naggutiksrat atuġuptigi aitchuusiavut nunamiḷḷu taġiumiḷḷu.

Uuktuutiksrak ukuak qaiḷḷaglagik:

1. Tuugaalgit iġñivigisuugaat Qaanaam iḷuliaŋa, tainna qaŋapak igliqtut qanuq pitqurriqsuŋagaat aŋuniaġniksraŋat suamanaaqługu. Upinġaami aŋŋuuŋ iglauviginaitchuq iḷuliaq qanuqsausiitchuniaglaan. Aŋuniaġnaipiallaktuq atuqłuni igniqutiligaanik umianik. Nauliktuksraġigikput tugaalik qayamiñ kivitquŋiłługu. Iglauruni igniqutiligaami umiami igniqutaa nutqaqtittuksraunaqtuq qayaqtuqtuaq qaninaaqsaqtuni iḷaksiasuŋiłługu aŋuniaqti. Qanuq aŋuniaqtuam surġaqtuksraŋiññik qiksiksrautiqaqtugut aŋalalluataqtuksraŋiññiglu naggutiksraŋisigun niġrutit atuġuuravut. Taamna iḷiŋŋagikput kiŋuniiptinniñ.

2. Utinmuksaqamik ukiaġmi kaŋut iñugiakpakłutik atqunaq sarġutchuugaluaġaatigut aglaan aŋŋuuŋ aŋuniaġnaiḷiŋagai Taaptumiŋa pitqurriqsiruat allaniñ iñuit atulluataġnaiḷiŋagaat atuġniksraŋat niġrutipta. Allat nunat tugvaqsaqługi aŋuniaġnaiqługiḷḷu piŋaitkai kaŋut aasii tamaani Avanersuami qiñiqtuaqsiññaquvatigut kaŋunik?

Qimmit qimuktivut nuimagipiaġataġivut tamaani qanuq ukiumi taaqtuq suli sikusuuruq. Taaqsimman qiñiġnaiḷiḷġataqłuni tavra iglauvitualuk qimmiġñik atuqłuni uniaġaġniq. Qimmit tavra iglaugutiraġigaatigut uvagut tautuyuisiłłuta sunik. Ski-doo-t atuġnaiḷipiaġataŋagait aŋuniaqtuanun. Tavra atutualugnaqtut iñugnik sumuurrisaqtuni atuqługit qimmit tumiŋi. Atuġumiñaqviksramik apiqsriñaġman kisianik iḷaanni iqalliqivigñuutigillanaġaluaqtut sivikisuuramik tainna atuġviksriġuummigaatigun.

Suliqutigiŋiññuraaġumiñaiñmigikput niġiruksrautilaaŋat uvaptiktun qimmit, tainnaptauq niqiptinnik niġiruat. Qiiyanaqsiuraaġman ukiami niqipiat qiqitchumiñaqsimmata tutquqsiirraqsisuurugut niqipianik qaiġusugnun taiñiqaqtaptinnun *qinni(t)*-ñik. Tikisiġumiñaqtaptinnun taġium siñaanun tutquisuurugut tainna. Aglaan qavsiñiuvva ukiuni qaaŋiqsuani nannut iḷaksiaraġigaatigut tainna tutquqtaavut ullaaġaliqługit. 1980-ñi aŋuniallaiyaŋaraŋit nannut atiqtalgit aasii tainnamik iñugiaksipiaġataŋarut nunaaqqipta qaniŋani. Qanuġiḷiuġnaqtuq aŋuniaqtauruni tainna iḷitchuġiruni aŋurat ukiupak niqiksrautiksratik sum pimammagit.

Nuimapiaġataqtuat niqipta iḷagigaat aiviq. Niqiŋa niġisuugikput, suli nuimarrutigigaasuli niqausuuvluni qimmiptinnun. Niqi timimun naggutaupiallaktuq. Sikulianiaqsimman iñugiapiaġataqłutik aivġit sarġutchuugaatigut. Aŋuraksravut aivġit qavsiqiuraġuġmatigit-qaŋa tautugaqtugut niqailḷiuqtuanik iñugnik, tautuguumiugut-suli aŋuniaqtinik niqiksraitchuanik qimmimik niqiksraŋiññik. Tavra tainnamik manikitkaluaqtillutik tauqsiqsuksrauraqtut qimmimik niqiksraŋiññik aaŋŋaqtanik aŋuniaqtim qimmiŋit ittuksraupiallakłutik ukiumi. Aivġit tikiñmata iñugiakłutik atqunaq sikuliaqsaġman natchiit tammaġuurut aiviġñiñ

qimaqhutik aasii nutaanik niqipiaqaġuksiuqtiłłuta. Aŋuraksrat iñugiakitpaiłutik aŋuniaqtit aivvaguum aivvagaqtut sikulluataŋaisilluguunnii. iqalliviqivigmignugumiñaiñmiut siku payaŋaiŋaiłłunisuli sikulialiġnaqsimman. Inillaigamik aivvagviksriqługit aŋuniaqtit qavsiqiuranik isumagiŋaitkai iñuuruat aŋuniaqhutik qanuq iñuuniaqtilaaŋiññik aŋuniaqtit, qanuqsausiisipiallaŋagai qanuq allatigun iñuuyumiñaġviksriġaluaġnagu. Taamnauvva sivunniuġutigitqiksuksraugaluaġikput. Kavamavut kaŋiqsiḷḷuataqtuksraurut Kalaałłit Nunaanni iñuugaluaġmiuguttauq aglaan iñuuniqpullu iñuuvikpullu allauruq iñuuniŋanniñ iñuuviŋanniḷḷu allani Kalaałłit Nunaanni iñuuruaniñ. Tainnami allaŋŋuqtuqsrauruq aŋalanniŋa nunapta qiñiġlugi qanullaa iñuuniaqtilaaŋat nunagiiḷḷaat, allaupiaqtuat allaniñ Kalaałłiqatiimigniñ.

Niġiukkutiqatugut taiguapayaaqtuaq uumiŋa aksiapiaqtitquvlugu suyumaatchiqtitchumiñaġlugu iñuulluataġniġmigli qiñaaġiyumiñaqsisaġluta sivunilluataksraptinnik.

Aglaaŋa
Toku Oshima-m
Pisigivlugi atchiiŋaruat makpiġaamun

[Mumiksaŋa Lene Kielsen Holm-gum]

Toku Oshima
Saufak Kivioq
Jens Danieben
MAMARUT Kristiansen
Majaq Alalaq
Magnus. Qaerngaaq
ANDA. P. KARLSEN
Qulutaq Petersen

Atangana. Petersen

Moses PETERSEN
Rasmus Nielsen.
Mahhah P Nielsen
Nauyardlah Petersen.
Navarana Duneq
Tukummuq Qujaukitsoq
Aya Oshima
Avatanmguaq Qujaukitsoq

Pauline J. Nei...
...Jormann
Birthe Jensen
Suusaat
Niels Ip
Preben Petersen
Naja. Qujaukitsoq
Isak'i...jaukitsoq
JENS HENSEN
Hans Niels Kristiansen
Najaunnguaq Kaerngaq

Anna Mitek
Ajako. Mitek
Tiseraq Henson
Nuka Kristiansen
Ingor Qujaukitsoq
Anesoli Inuua
Mmargak Qujaukitsoq
Susan del Poone Jensen
Frederik. Duneq

Emilia Duneu
Juditte Duneq
Aimangnaq Peary
BOLETHE SUERSAQ.
EQO QUJAUKITSOQ
Manumina Petersen
Sauninguaq, Sadorana,

Asarpatinguaq Kivioq
Argioq Daorana
Ella Jeremiassen
Kirik Petersen
Arnakitsoq G Duneq
David Qujaukitsoq
BODIL PETERSEN
Lars Jeremiassen
Mali...
M Petersen
Pele Pele

L Poork
Magssarguaq Qujaukitsoq
Welloran Qujaukit
Magssarguaq Qujaukitsoq

Ilannguaa Qaerngaaq
David Manumina. Qajuutaq. inuuteq
Mikivssuk Manumina
Tobias Danielsen
Pauline Kristiansen
Inuutersuaq Kristiansen
Arnarulunnguaq KVIST
LAILA. KRISTIANSEN
QUUTANA KRISTIANSEN.
Amgo Duvale
Atangana Duneq
Peter Qujaukitsoq
Brian Ivik
Isigaitsoq Qujaukitsoq
Naja WILLE
Sara Qujaukitsoq
Magssannguaq Qujaukitsoq
Birthe J Qujaukitsoq
Kiotikkaq Kivioq
Dortha Wille
Pelitaq Qujaukitsoq
Inuuteq Qujaukitsoq
Ane Ivik
Valentine J. Qujaukitsoq
Gustav Simigaq
Pullaq Odaq
Magssannguaq Jensen
Pelim Kivioq...
Masauna Sversaq
Filemon Sversaq
Bengne Sversaq
Dorthe Sversaq
Panigpak. Mitek
Helene Odaq

Gideon Jeremiassen
Birthe Eipe
Peter A Sadorana
Johanne Eipe
Arnarulunnguaq EIPE
Daina Qaavigaq
Preto Angnra
Tukumu Peary
Alegatsivaq Sadorana
Simigaq Codaaq
KAALEERUA Q
Hansigne Qujaukitsoq
NICOLINE O E

Vittu
Kaujuk
NONA Eipe
Saalat J
Urbanussek Qujaukitsoq
Funny...
ENOQ Kivioq
Aeno Kivioq
Inulitsoq Sadorana
Genoveta Sadorana
Rasmus Sadorana
Avagaq Sadorana
Aru Kaernaau
Kuuleraaq Kristiansen
Jakob Kaernaakkun
Simeo.
Hedvig Kaerngak

Inukitsupaluk Qujaukitsoq
MARIE QUJAUKIBa
Putdlaq Duneq
Qujaukitsoq Qujaukitsoq
HEDVIG QuJ.
Manumitt
Nadnik Hansen
Nive Peter
Bertheline Danielsen
Rebekka Mathiesen
Ole Mathiesen
Valerius Mathiesen
ILANNGUAQ JENSEN
MARTIN. UUNAAQ
Inge Qaasiqaq
SU. E. Poorik

Aqgatinguak Inuua
Alegatsiaq Peary
Mette Peterson
Jensigne Miteq
PUTO DUNEQ
GOAK DUNEK

Kista Skenson
Ajako Hanson,
Sofie Hanson
David Sadorana
Martin Brandt

Inukitsoq Kvist
Solia J
Odaaq Timaaq
Dorethe T
Patdlou Inuua
Magssannguaq Odaq

ELSE. NIELSEN
PETER
NAJANNGUAQ M.L
+ N.
Emma Aronsen
Arqiunnguaq Aronsen
Thomas HENSON
Issaruik Henson
Simigak Henson

Thomas. Qujaulitsoq
Dorthe Eipe
Tove Odak
THOMAS. Hendriksen
MOSES DUNEQ
Rasmus Daorana
Naduk. P. Kristiansen
Marie Petersen
Dorthe Petersen
Mikkel Petersen
Pauline Qaerngaaq
Kristian Kujaulitsoq
Angut Jørgensen
Angut Ferdinandsen
Qaavigaq Duneq
Johanne Duneq
Louise Qaerngaaq
Malik Wilk
Navarana K. Sørensen
Juliane S
Tautsiarsua Simigaq

Inge USimigaq
THE R I C / A
Milissok Petersen
Katrine Qujaulitsoq IFR
Helene Petersen
Amaruniak Kristiansen
Paulus Simigaq
JAKE BOASSEN
Gedion Miki Simigaq
Valentine Simigaq

MIKIUUNNGUAQ

SOFIE DANIELSEN SIMIGAQ
RASMINE. SIMIGAQ
ARNAVALUAQ SIMIGAQ
Avatánguaq Imina
Qaavigarsuaq Danielsen
MARIE Danielsen
JØRGEN Lilleøy
Karl Petersen
John Petersen
Karl Petersen 89
kavsaaluk. D
Kathrine Andersen
Ane-Susanne Andersen
Ingapaluk Nesse

Siorapalumiut
Mike Gedion Simigaq
Agattannguaq Duneq
Frederik Duneq
Nukaqpianguak Hendriksen
Patdlok Hendriksen
Niviarsiak. H
Abraham. H.
Asiajuk. H.
Agattak. H
EKO UVDLORIAK
Sauninguaq. Uvdloriaq
Frederik. Uvdloriaq
IKUO OSHIMA
Anna Oshima

## Qikertarmiut

Qitdlugtok. Dunuk
Miteq Kissuk
BERTHE. Duneq
Kaaleeraq Simigaq
Sequssuna Duneq
Louise Simigaq Duneq
Quhtannguaq Simigaq

Siorapalummiut
Maassannguaq Oshima
Susanne Petersen
Isamu Oshima
Hana. P. Oshima
Kandgi. P. Oshima
Arnaruniak Kristiansen
Lars-Karl Kristiansen
Ilánguak Kristiansen.
Karl Nielsen
Sara Simigaq
Malik. Simigaq Bech
Qiajunguaq. Simigaq. Bech
Peter. Alike
Mego. Manumina
Jørg Hanumina
Nukaaka. Simigaq.
Aleqatsiak Duneq
QIPISOQ Uvdloriaq
Ingapaluk Simigaq
Qitdlugtoq. miunge
Cecilie. miunge
Qaaguk. miunge
Arannguaq. miunge
Agpalersuarsuk. miunge
Thomas. miunge
Rasmus. miunge
Peter. Duneq 1.
Valentine Simigaq

| | |
|---|---|
| Arnannguak Schmidt. | Avataq Petersen |
| MICHAEL JENSEN | Jesper R. |
| Jakob | Juditlu Mathiassen |
| Tony M. | Johnas R. P. |
| Stephen Leonard | NUKAPPIANNGUAQ PETERSEN |
| Arnannguaq Anginna | Aipilánguaq Simigaq |
| Ole Qujaulitsoq | Haalannaaq P. Qujaulitsoq |
| Heluri Q | Anu Qujaulitsoq |
| Egilana Jennert | Peter Petersen |
| AK | Odaq Qujaulitsoq |
| Magdarau Kristiansen | Naduk Simigaq |
| Inaluk Miunge | Niels Sadorana |
| Gedion Eipe | Aaggiorsuaq Simigaq H. 73 |
| Mette Eipe | Eko Petersen |
| Navaranaq Eipe | Orla Kleist |
| Agattannguaq Eipe | Pauline Kleist |
| MASAUNA. MITEQ | Navarana. U. Hendriksen |
| Enok Uvrnaaq | AEROT KRISTIANSEN |
| Regina Sadorana | DAVID JONSEN |
| Maqsoannguak Imina | NAIMANNGUISOQ KRISTIANSEN. |

| | |
|---|---|
| Abraham Fisker | Eva Krist. |
| Ingrid Kanuthsen | Tuhas |
| Aima Kristiansen | Tabitha Kristiansen |
| Mads Ole Kristiansen | Qaqqatsiaq Kristin |
| Avataq Qaerngaaq | Karl Olsen |
| ANINNGUAQ Imina | Rasik Laag |
| JESS EIPE Jmina | Aminnaaq Kivioq |
| Aaqqiunnguaq Qaerngaaq | Jotun Odaq |
| Tukummeq Qaerngaaq | Anina S Odaq |
| RITA OLSEN | Inalunnguaq. Odaq |
| Niviaaluk | Pullaq Qujaulitsoq |
| Charlotte J. Norsona | Marie Peary |
| Thomas Kristiansen | Jens Qujaulitsoq |
| Bertline Aadaaq | Pauline Peary |
| ISIGAITSOK Odaq | Vivi Petersen |
| Ellen Olsen | PANIGPAK |
| Adam Olsen | PIPALUK. Petersen |

Aimaaġvik

Natchiit alluqaqtut.
Agmaruaniglu taluqaqtuaniglu alluaġaqtut taġium niġrutiŋit.
Nannut yugirvigimmigaat.

Taġium sikua maptusiñmugman, tavra atiġutinik
niŋitchillasiḷgitchugut. Qanniksuq, apuyyaliuġutigiksiruq.
Upinġaksraġuġaa, natchiit iniliuqtut taġium sikuani.
Upinġaksram aquagun tamarra natchiayaat anirut.

Tainnami taġium sikua aimaaġviuruq.

—Laimikie Palluq

62

Allatitun nunaaqqiuratitun Qaanaaq
taġium siñaaniittuq. Tumitchiat
nalunaiġai iglauniŋat nunaaqqiġmiut
nunamigniñ taġium sikuanun,
iḷapiaŋa nunaaqqim aimaaġviuruam.

Qiñiġaaq utinmun makpiġḷugu
makpiġaaq [page 60-61]: Ilkoo
Angutikjuak nasiqsruġvigmi
nasiqsruqtuq uiñiġmi Utqiaġvigñi.

Aimaaġvik una ini. Suugaluaġli, igluugaluaġli, iḷagiit naamavlutik, iglu iññiŋaruaq aŋayuqaaġiigñik naagga qanupayaaqḷutik iḷagiiksittuanik. Aglaan iluqaiññi tukkuuruq tagialanaiłłuni suli quvianaqḷuni. Nuimaruaġigaat, annaksaġviuvluni naagga iñuuniqtutilaaqtun inigivlugu. Aimaaġvik una *qanuġinniq*. Tavra tavrani tutqiksuaqtugut, suiḷḷivigivlugu, tutqiksuaġvigivlugu. Tavra "aimmirugut" tainna iḷiuqapta sullapayaaqtuatun suli iḷisimmaaġiktaptiniittuatun. Tainnamik taġium sikua aimaaġviurut Inuiññun, Inughuiññun Iñupianunlu – tavra inauruq, suli qanuqigisuugikput.

Taġium sikua aimaaġviuruq, nutim ittuagullu suli nullaġviusiññaqtuagullu. Nutim ittuq, naamasiruatun iḷisuugaatigut iḷaupiaqḷuni uvaptinnun – isummatigisuugikput, uqausiġisuugikput, siññaktuġisuugikput, Jacopie Panipaum uqaluatun, aisunŋusuurugut uniñŋavaitkaptigu. Iḷaanni tukkuġiliqtuuraqsiññaqlugu irvigisuugikput, aŋuniaġvigivlugu, ataaqtuġvigivlugu, iqqalliqivigivlugu suviksraq ukium sulliñġagun tikiḷḷaagaġimman. Qaaŋiŋaruani ukiuni nunaaqqit inillaŋaiñŋaisa taġium sikua iñuuvigisuuŋagikput ukium sulliñġagun. Tavra tamanna taġium sikua taimanisaaq uunnaagvigisuuŋaraqput – utuqqanaat uqaluk taamna atuġuupiksuaġaat itqaaqamik iñuguġniḷugniġmignik iñuuvlutik sikumi. Itqaġuurut apuyyani iñuukamik sikumi qanutun uunnaałhaaġnivḷugu nunamiinniġmiñ, itqaqlugu naniuraġmik qaumaniŋa – uqsruq atuqtaŋat qullimigni qaiŋammiuq taġium sikuaniñ

aŋuraŋiññiñ. Taġium sikua sivuniqapiallaktuq uunnaagniġmiglu aimaaġvium naniŋaniglu. Pagmapak taġium sikuata qanuq ititigiruatun qanuġinniuqtitchuugaatigut-suli quvianġupkaqḷutalu. Niqiksraġvigisuugaluaġikput aglaan suli piuraaġviummiuq Kuraisimaqtuani anaktaqtuanun, ukiutchiaqtuani mapqaġaqtuanik qiñiqsitaaqtitchimmata, aqsraaġmata, nunaaqqiuraġmiut uniaġaqqaurraġmata, suli aŋayuqaaġiit siḷami niġiraġaaġiaġmata. Tavrani iñuuniq igliqtuq.

*Qiñiġaat qulliit: Taġium sikua ayyutaaġvigipiaġataqtuq Kaŋiqługaapigmi Nunavut-ni.*

*Qiñiġaaq alliq: Taġium sikua aqsraaġvigipiallaktuq Qaanaami Kalaałłit Nunaanni.*

64

*Kaṇiqługaapigmiu utuqqanaaq
Akitiq Sanguya-m qullipiaq
qaunagigaa naniġuunmik, natchiñiñ
uqsruqtuqtuaq iglumiñi. Iglum iḷua
iḷupaaqtuqtuq kusiquŋiłługu.*

## Jacopie Panipak

Uvaŋa taġium sikuviñġa. Naipiqtuŋagiga taġium sikua.
Ukiiŋaruŋa iluqaagni nunamiḷu taġiumiḷu. Nunami ukiumi
nanipiałhiñamik atuqłuni nanniḷḷuataŋagaluaqtillugu
uunnaaksiḷaitchuq. Uvluuŋŋaan uunnaapayaaġuugaluaqtuq
aglaan unnuaġuġman tainna atilugit
uunnaagutituġaluaqtuni allagiipiasugruktuk. Taġium sikuani
uunnaałhaaqtuq. Niqit manŋuksiaqtuni iglum qiḷaanun
niviŋŋallaktuni nanipiaqtuqsiññaqłuni manŋullaruq.
Aisuksuliġñaqtuq taġium sikuanun uniññaliqtuqpaitchuni.
Sikumisuli niġrutiukkałhaaqtuq. Upinġaksraq nakuuruq araa
tamatkua qayaġulgiayaat (silverjar -juvenile ringed seal)
inmata. Taġium sikua aimaavigiksuq supayaanun.
Tiġiġanniat, nannut, iñuit – nakuułhaaqtuq aimmaviqatuni
ivuniġni. Apuyyat iḷupaaligaat ukiuqtutilaaŋatun napallarut.
Imña piiŋaruaq aaparuaġa uqallaguuŋaruq nuna
qiqinŋanivḷugu, aglaan ataani taġium sikuata imaqaqtuq
qiqinŋaitchuamik. Taġium sikua aimaaġvigigikput.

## David Iqaqrialu

Taġiuq sikuqqaaġman nannut aŋuyaqtuġaqtut sikuliaguŋŋaan. Niġrutit tuvlisuurut tamattumani sikuliami. Tavra siku aimaaġvigipiaġaa nannum. Apianigman, aaŋ, nunamuguurut, aglaan nanuayaatik utqutisuugai sikumun. Taima imaq tautugnaqsipqaġman taġium sikuani tamarra tigmiat airaġmiut sikumun. Taġium sikuata qaiqsuġuupiallakkaatigut. Taġium sikua aimaaġvigigipput.

*Tiġiganniat tumiŋit iḷaanni tautugnaġuurut nannut tumiŋiññi taġium sikuani – tiġiganniaq maliqqutivluni nannum aŋuraŋiññiñ sunnakkasugaluni.*

65

# Nancy Neakok Leavitt

Taġiuqput aimaaġvigigiga iñuuniqtutilaaptun taimmaŋa Kalimi anigama Paniqsiqsiivik tallimat piŋasut 1947-mi.

Uvlutuaq aapaga Warren aŋuniaġaqtuq taġiumi natchiġñik. Tavra nutaaqtuġaqtugut aŋuraŋiññik. Natchiġiḷḷu, nannullu aŋurani taġiumiñ autaaġaġigai Kalimiunun. Uvlupaiññaq taunani aŋuniaġaqtuq, iḷaanni uvluni aŋusuiñmiuq. Kalimiunun aitchuutiksraqaġami quyyatigiraġigaa. Kalimi Iñuich tallimakipiat iñuurut taimani. Tamakkua Iñuich aullaġaqtut Kalimiñ aasii iñukikłivḷuni. Aullaġaqtut ivaqłiqłutik savaanik siġġaġnaipayaami iñuusukhutik. Suli kaaksiunaitchuami iñuusukhutik. Savaagiñmiut Kalimi aglaan tanŋich savaaqaŋŋuġaluaqtut Dew Line-mi. Iñupianik savaktiksrayuitchuat Kali iñukiłłuni.

Kukiḷugaqtugut miŋuaqtuġiaqłuta allanun nunaaqqiñun. Tavra taġiukkun aullaġaqtugut sivukikłiḷaaqługuasii iglauyaaqput. Aŋuniaġaqtugut naamasivḷugu niqiksraqput. Aapaga savaannagman Dew Line-mi iluqata sikukkun iglauraqtugut maptusimman. Tupiqtuġaqtugut DewLine-miñ uŋasipiaŋitchuami. Maptusimman siku tasikkun pisuallaavluta. Upiġaami umiamik iglauraqtugut tasikkun iniptinnun. Inikput qanittuq taġiumiñ. Aŋuniaġaqtugut natchiñik, iqalugnik, suli qiḷaluganik. Qaukkiqivlutalu aliasuŋitchuuruagut. Suġauttanik sunik piitchugut tamaani paŋmamisun. Sikuiġutippatigut qanuq iñuniaqpisa niqsallaiġupta taġiumiñ. Timivut naamaiḷigisirut aasii allaŋŋuġutik. Allanik iiraġanik suagguuq suaŋŋasiqsimaaġniaqtugut.

*Nippaqtuq Joe Leavitt tuvvami*

*Nancy Neakok Leavitt*

Aimaaġvik

## Joe Leavitt

Iñupiat aimaaviptinni taġiuqput iglauyaaġisuugaat ataramik aŋuniaġamik tuttunik, qaugaŋnik, ugrugnik, natchiñik, pukukkamik naurianik sulimaanik niqsaġamik. Tavra kukiḷugnaġmiuq sumupayaaq taġiukkun. Taġiuqput suli sikutaġvigisuugikput piqaluyaŋnik. Upinġaami siku tulaummiruaq taġiuġniiġuugaa. Qaaluiyaqḷugu aarigaa imilluatamik niuqqaġaqtugut. Tavruuna iglauraqtugut ivaqḷiqḷuta qirugnik tivranik atuaksraptinnik savalġutiŋiñ͂un umiapta suli uniaptinnun.

Iglauraqtugut qavsiñi tatqiñi Nippivigmiñ Iñukkuksaivigmun aglaan. Anayanaqtuaqaġman taġiuq qaunakḷaaġaqtugut. Tamakkua siñaaŋit anayanaġuurut. Iḷaanni naŋaqḷuta ikaaġaqtugut iglaullapta. Iġñiviŋŋuġman ittiit auŋaruat immat iqsiñapiaqtut. Taġiumiqsiuġnapta qaunakḷaapiaġuurugut.

Upinġaksratuaq aġviqsiuġniqput tikiñman tupiqtuġaqtugut sikumi. Ataaqtuqtit itqanaiyaġagigaat iniktik sunapayaaq naamasivḷugu sugauttatik, uunnaaqutit, puuksraat, kukiugunnallu. Aasii tupiqḷutik nippaġaqtut tuvvami. Ukiupak natchiġñiaġuurugut pisuġnaġman. Ukiumi aŋuniaqtit nippaġaqtut uiñiq qaninman. Siḷagiŋmauŋ saavitchuurut uiñiqaġman.

Upinġaami aarigaa taaqsiḷḷaiŋammiuq aŋuniaqtuni.

Taġiumi salummaisuurut ammiñik. Nannum amiŋa igliġat salummaġagigaat kiñitchuni. Allaiyaġuugaat savaqivlugulu umiapiaqtik.

Tavra saavillasilgitchugut.

# Uvluaq

Aŋuniaġniq taġium sikuani iñuuniaġutigisuuŋaniġikput qaurigamaqaŋa. Aŋuniallatuŋaruŋa uniaġaqłuŋa sikumun nukatpialuuŋŋaġma. Atausimiimma uunnaaktuami uvlumi ivuniġruat takugitka nunaaqqipta saaŋaniittuat. Mayuqłuŋa qutchiksuamun ivuniġmun nasiqsruqtuuraqsalġitchuŋa natchiġñik tautukkasugaluŋa akiani akunikitchuami nalumaruŋa quppaniktilaaŋanik tunumni. Sukatilaaptun quppaq tikiññapku sivulliuqtiga nalukkiga immamun aasii minŋilgutilaaptun tiguliġiga uniaġa. Quyanaŋaruq tavrani qimmitka suaŋavlutik isumattutiqaŋavlutiglu amuyumiñaqłuŋa immamiñ. Aniqsa pillukpigu.

Ataatagma Mumiġanamli pilluŋaitkaa apqusaaqtani. Uvlut iḷaŋanni atiġutini takuyaqtuġamigi utiŋiḷḷaŋaruq.

Itqaumammiuŋasuli ivuniqpait tikiñmarruŋ Ukkuqsi, taigña ikpik ualiñaaŋaniittuaq Utqiaġvium. Qanutun sukattuq uvva anuġaiñmiuq saġvaġunaaġnaiñmiuġlu. Imma malliġmun piŋanasugisuugiga qanuq sukattuq qakitchiruaq ikpignun sikumik.

Qaŋaqqammiq siquvsiruaq anuġiqłuk Sikkuviŋŋuġman 1963-mi. Qavsit-samma siḷalliipta igluŋit kivikługit turviŋiññiñ aullautiŋagai. Allat-suli igluit maqutauŋarut qaiḷḷiġñun ulittuamiñḷu. Aniqsaimña iñuaŋitpa.

Aġviqsiuġuuŋŋaġma apqusaaŋammiuŋa siku qupimman akunġanni ataaqtuġviptalu tuvaiḷḷu. Naipiqtuqpaiłuta sikumik saġvam siqumittaŋanik naŋiaqtuuruksrat utaqqivaiññiqsugut. Aasii ikaaġnialaaqsivḷuta piŋasukun quppakun umiapiavut atuqługit.

Aġviqsiuġniq tavra pilġusiġiġiŋamagikput qaurigama qaŋa. Taġium qaitchisuugaatigut niqiniglu uunnaagutiksraptinniglu. Atuġuuŋarugut aġviġum uqsruŋaniglu ivruniglu sitchiqsuutiŋaruanik uqsruġruamik uunnaagutigisaqługit igluptinnun. Tivraniglu qirugnik katiqsrisuummiruagut. Taimani uvluni Utqiaġvik qirugnik tipiruaqavigruaŋitchiq.

*Uvluaq 1960-ñi umialguŋaruq aġviqsiutiqaqłuni. Uumani qiñiġaami qiñiġaqsiŋaruq 1996-mi aġvaktaamiñi Tavviñkuayaaguvluni.*

## Joelie Sanguya

*"Paniik"* tusaasuŋaiññaġuuŋagaat aakauruamiñ naagga aapauruamiñ, Qikiqtaalugmisuli allaniḷu pagmapak tuqḷuutigisuugaat-suli. Piqpakkun niġummaaktuaġlu tautugnaqtuq nunapayaaŋiññi; uqaluuraq aanauruallu aŋayuqaaguruallu nalunaiñŋutaat panimignun qanutun piqpagitilaaŋiññik aŋayuqaagiiksuani. Aġnaiyaat siñiŋŋaisaunnii, siñiktuat piqpagnaurat suamaiḷaakun uqallautiraġigai, "Paniiŋ, piqpagigikpiñ". Iḷaanni iñuggun aglivaitkaqsimman naaggaqaa sut suvaiñmata quliaqtuaqpaguġumiñaqsivḷutik, taamna sukuluk suqpaunialagaluaġnani iḷumutuuqtuaġuġaqtuq.

Aġnaiyaat qanutun iḷautigivat nunaptinni aimaaġviqatigiiñi. Niqiksraŋanik aitchuqtuaġaat aġnaiyaaq, savvauniq qakugu tikitchuliġñiaqtuq, uqallausiaqaġaqtuq qanutun sullayumiñaqtilaaŋanik, aasii kamakkutaak aŋayuqaaguruak anisukpiuraqtuq. Piiñman iglu nipaisiññalaitchuq. Piiñman tusaġnaitchuq-unnii aulaniq qanuq allami imma ittuq. Iglu immiġaġigaa uqalugmiñik, suraġausimiñik – tavra iḷḷuni iglum qanuq inniŋa ilaanun tunŋaruq, naamasisuugai aŋayuqaaġiit.

Tamatkua aġnaiyaat aglikamik paannanigaqtut aasii qavsiiqsuaqhuta innaġaqtugut, "Oh!" quviqtauvluta avanmun quliaqtuaġutivluta sunik niġiugnaiḷanik apqusaaqtaptinnik iñuggutiptinni. Tamanna siku, tamanna nuna irrituruamiittuaq aimaaġvigigikput, aasii tamatkua niviaqsiavut tavra ilaagurut savaktuaguruat iḷisimman tamattumuuna sulliñipayaaŋit irrituruami nunaptinni ilivsiññun qaiḷḷasiyumaut. Tamatkunaŋŋa niviaqsianiñ sut isumalaaġutiksrat sullu allat qaiñiaqtut, qiñiyunaqtuaq taamna irrituruaq, suli taġium sikua savaurriḷḷaruaq iñugiaktuanun iñugnun. Paniiŋ, tavra taamna suaŋaniqsraq atapkaqtaatigut sikumun aimaaġviptinnun. "Qanutun nakuutigiva nunaqpakput".

*Sisamat aġnat aimaaġvigiuraaqtaŋat taġium sikua (taliqpiñmun saumianiñ) Toku Oshima, Lene Kielsen Holm, Igah Sanguya, Shari Fox Gearheard.*

Aimaaġvik

# Qaerngaaq Nielsen

Uvaŋa atiġa Qaerngaaq Nielsen. Aŋuniaqtauruŋ Savissivigmiu. Uvamnik uqausiġiyumiñaġuma, aniŋaruŋa Savissivigmi Amiiqsivigmi iñuiññaq quliŋŋuġman 1942-mi. Aŋayuqaaka aapaga aŋuniaqti ilaaniñ iḷitchiŋaruŋa aŋuniaġniġmik. Atqa Angutilluerssuk, aniŋaruaq 1918-mi. Aakaga Olina, aniŋaruaq 1920-mi. Iluqatik ayuaniŋaruk.

Aakaa uqallautiŋaraŋani anigamagguuq, isukḷitkaqsimman Amiiqsivik, aapagagguuq uniaġaġiaŋaruaq allalu uniaġaqti. Taġium sikua sikuaniŋamaruq aasii uniaġaġiaqhutik tatchimi. Aniŋaiññaġma taġium sikua sikuaniŋasuuraq sikuniŋaniñ pagmami. Innaŋŋuġman ukiuq tavra aŋuniaġiaġuuruagut uniaġaḷuta taġiuq sikumman. Taġiuq sikuŋamman aŋuniaġvigisuugikput maani Avanersuami. Aglaan pagmani, qaaŋaniŋarut samma sippaqaqtuat piŋasukipiat ukiut, taġium sikua allaŋŋunaruq. Sivitchuqtaaŋaruq sikuniŋa taġium ukiaġman. Sikusuusiŋaruq Nippiviguġataġman tamatkunani tatchiñi.

*Qaerngaaq Nielsen nukatpialuuŋŋaan aimaaġvigmiñi Savissivigmi.*

Inuguġniuraqama aŋuniallasisaqama natchiqsiuġiaġuuŋarugut uiñiġmi qayyavut kaluqḷugit. Qaummaqtuqsuli taimani sikumman. Taimani sikuqqaaġman taġiuq taisuuraqput quasamik qanuq aputaitchuq qaaŋani aasii quayaġnaqpaktuq. Atuġaqtugut *tutserialerluni* (kammit atuŋaqaqtuat nannut amiŋiññik pisuaqpaluktaġuŋiłłuta sikukun.) Tainna tavra natchisugrugaqtugut. Taimani supputiqaŋammiugut, ii. Pagmami isummatigikaptigu nunaaqqiuraqput, taġium sikua qiqinnaġiallaiŋaruq suli sikukalaitchuq Siqiñġiḷaq nuŋuniuraaġataqtillugu (winter solstice) siḷa allaŋŋuyasiŋavluni anayanaqsimman. Taġiumi sikumman pisuġnaqtuakun sikullaiŋagaa. Aŋuniaġniq uiñiġmiñ quasamiñḷu (sikuqqammiŋaruamiñ) itqaaqsiññaliġikput uqausiġisiññaqḷugulu.

Aŋuniallasiqqaaqama siḷa allaŋŋuġaqtuaŋitchuq ukiaġman qiiyanaqsipiasugrukhuni, tainnami taġiuq sikuaniktuġuuruq qilamik. Aasii qanniksaqqaaġman anuġaitchuuruq. Savissavigmi aputaukkaġuuŋagaluaqtuaq, qanniqqaaġman tamarra muġałłik (apun immam qaaŋani). Qaaŋani taġium sikuata tamarra naqitchiatun qiññaqaqtuaq taggisiqaqtaqput ingerlaqqarnaq-mik. Aasii tusaġnatualugaqtuq iglauvigigaptigu *"hak hak hak"*.

Aŋuniarraqsiqqaaqama atiġutit atulaitkait. Ukiumi apianigman taġium sikua aulayaiganigman tavra qayaġuliksiuġaqtugut alluŋiññi upinġaksraġuġataqḷugu natchiit qakimmata sikumun (*qaksrit*). Suvaluk qaummaġiksisaġman aliasuŋitchuuŋarugut aŋuniaqḷuta *sikulissat*-ni taisuuravut *aquilluni*. Kipiġniuliġnapiksuaqtuq malġuuruni qanuq aŋusugrugnaqtuq.

Aiŋaaġvik

Iġļua iñuk, taggisiqaqtuq *nipartoq*-mik utaqqiuraġaqtuq allumi. Iġļua aasii pisuaqpaluktaġaqtuq kaivalukhuni uŋasiuraqhuni allumiñ aasii natchiq allumuktiłługu. Aasii natchiq allumigun nuimman nikpaqtuam aŋuraġigaa. Tainna tavra qavsisalagnik natchiġaqtugut uvlumi. Uvluqtusirraqsimman *kaperlak*-ŋaiġman aasii uiñiq uŋasiurasugrukłuni aŋuniaġiaġaqtugut uiñiġmun qayaqtuqłuta. Tainnasuli natchisugruguummiugut uvlumi atausimi, ami supputigiksuni, suli asitqutaqpaitchuitchuni. Pagmami taġiuq sikumman uniaġaġnaqsimman atiġutchiġaqtugut nunam qaniŋanun puktaallu qaniŋiññun uvluqtusilġataqtillugu tainna. Tainna tavra *puisit*-salagnik aŋuraqtugut. Maani Avanersuani natchiit ammiŋit maniññaktuutigisuugivut. Niqaa qimmiñun niqigivlugu, amiamikii iñuit niqigipiksuaġuummigaat.

Taamna niqi allam inaŋiġumiñaitkaa; niqiŋiññi iñuit sivulliuruq. Pagmani ukiuni, qiñaaġiruni qaaŋianiŋaruallu ukiut, taġium sikua maptukiłhaaqtuq taimanimiñ aasii atiġutchisuġnapayaaqłuni.

Nutaġaupayaaŋŋaġman upiṅġaksraġuġniuraaġman (Irraasugrugmiñ Umiaqqaviġñunaglaan) taġium sikua taunuunasugruk sikuŋavluni kipiġniuliŋasuurugut isumagitualukługu nannuksiuġiaġukłuta. Tamaani uvluni piyumiñapayaaqtuaq iñuk nalimuuraqtuq uanmun nannuksiuġiaqłuni. Quviasulaatchaatun tatamaaniġmik naluruatun uŋasiksuamun uanmun iglauraqtugut, suvaluk qimmiġikkapta nanuqsiullaruanik. Tuŋaaġiraġigivut naqittuat nunat. Aullaqilaitchugut saġvakikłimman-kisian suaŋamman iłaanni quppaqaġuuvluni taġium sikua anuġaitkaluaŋŋaan. Anuqqagman siku agmaġaqtuq ivuniġni. Suamamman saġvaq kisaŋaruat aulayyagaqtut siku maptusugrukkaluaŋŋaan. Taġium sikua aulayyagman

74

*Qiñiġaak qulliġmiñ alliġmun: Nullaqtut puktaaqpaum saniġaani.*

*Uniaġaqtuat Qorfiit-ñun nannuksiuġiaqłutik. Taamna piiŋaruq allaŋŋuqpaiłłuni taġium sikua qaniŋani Savissivium.*

Tainna aŋuniaqtuni ualiñmusugrukłuta sunik savalġutinik nannuksiuġniłhiñamun atuġnaqtuanik saagasuitchugut, tasamma iḷisimman qaisauŋaruaq utuqqanaaptinniñ. Nannuksiuġiaġapta tavra qimmipta niqiksraŋiññik qavsiñi uvluni saagaġaqtugut. Iñugiakkaluaqapta uniaġaqtuat uniapayaat ilimiktullaa tupiqaqtut suli atuaksraŋit qavsiñi uvluni naamaraqtut. Kaŋiqsimaruksraġigiksi una, tainna anayanniuġniq tikitchuŋitkupku tamarra iluqaiññik pigiraksrat ittuksraurut. Uuktuutigillaglugu, qavsiñi uvluni saagaaġiruksraġiniaġiñ uqsruġruaksratin, ittugluktuaksratin qavsiit, suli unian navikpan sulliññiksraŋiññik suli savaqłaaġutiksraġnik saagaqtuksraummiutin, niuqtuutaugaluaġli suugaluaġli. Utuqqanaat uqautisuugaatigut uanmusugruktuksraugupta iḷisimaruksraurugut qavsiñugma siqiñiq nuisuutilaaŋanik suli qavsiñugman nipisuutilaaŋanik. Iḷitchuġiŋarugut tavra taaptumiŋa iḷitchiqqaaqtuksraurugut. Aasii siqiñġipiaqpan iḷisimaruksraurugut sugnamun quppait itilaaŋiññik utuqqaġni sikuni suli sugnamun qayuqłait tikkuaqtuqtilaaŋiññik. Tavra tikkuaqtuqtaisa tuŋaanun iglauraqtugut. Tamarra tamatkua atuġuugivut-suli

tamarra puktaaqpait aulayyaguummiut. Imaniguuruq qaniŋanni putkaaqpait aasii tavra tamaani nannut niqiksratik paqitchuugait. Suvaluk qaniŋiññi piqaluyait aputiqaqtuat qaaŋani suli maniiḷani tamarra natchiit iniksriamigni. Tainnaŋŋuġman ukiuq nannut aqiattuŋarut-suli. Kamanaqtuq-uvva qanutun aŋunialgutilaaŋit nannut.

Siḷalu taġium sikualu nakuummagnik nannullasuurugut. Iḷanni atausihiñamiŋiḷaaq. Aglaan Iḷaanni nannutchuiñmiugut. Iḷaanni taunaniittaqtugut malġuuk Savaiñġum akunniŋik sippiġaġigivut aŋugaluaġnata.

*Nunaurak makpiqsuni ittuak:
Ukuak nunaurak iñiqtauruk
atuqługit nunauraliaŋi
Qaerngaaq Nielsen-gum
nalunaiqsaqługu qanutun
taġium sikua
allaŋŋusugruŋatilaaŋanik
Savissivium qaniŋani.
Qaerngaam nalunaiŋagaa
Qorfiit nannuksiuġiaġvik
uqausiġiŋaraŋa
inauŋaiŋaruaq. Nunauram
nalunaiġaa qanuq taġiuq
sikusuuŋagaluaqtilaaŋanik
tamaani (taimani
piŋasukipiatun ukiutun
qaaŋianiŋaruani) suli qanutun
atqunaq sikuiġutiŋatilaaŋa
taġiuq, taimani sikuiġman
1990-ñi.*

siḷagiiḷimman sumipayaaq iglauruni. Tavra taamna maliġiruksraugiñ pagmani-unnii. Tammaġuŋitkuvit iḷisimaruat utuqqanaat apqusaaganiŋavlugu itqaumagiuraġniaġupki uqaluŋit maliġilugit qanuq iḷisaurrutai ikayuutaullapiaqtuq iḷaanni suna ikayuqtiqaqtuksrauniq apqusaaġupku.

Aasii tavra siḷa alaŋŋurraqsiruq 1990-t nuŋusaaġniŋanni. Uanmun nannuksiuġumiñaiŋarugut qanuq taġiuq sikuḷaitchuq. Aasii tamatkunani ukiuni sikuiłłuni taġiuq nannut qaisuusiŋarut qallivḷutik nunaaqqiptinnun tamaani Sikkuviŋŋuġman, Nippiviŋŋuġman Siqiñġiḷaŋŋuġmallu taġiuq sikuniuraaġman. Uumani qaaŋiqqammiqsuami ukiaġmi 2008-mi taġiuq sikuaqsimmiuġlu tallimat nannut qairut. Aasii qaaŋianiktuani quliñi ukiuni quliñik nannunŋarut tainnaġuġman qaniŋani nunaaqqim.

Itqaagapku taimani aŋuniaqtiġuġniuraaġniġa 1970s-niḷu 1980s-niḷu nannut qalliḷaiñŋarut nunaaqqiptinnun. Uqallaaniŋaruŋa uŋasiktuamun nannuksiuġiallaiŋanivḷuta qanuq tamatkua nannut iñugiaksiŋavaiłłutik uŋasiksuamun Savissivigmiñ iglaugaksraiŋarugut nannugukkupta qiqinniŋaniñ sikum upiŋaksraġuġataqtillugu. Killiksriusiaqput akimiaq piŋasunik nannutchumiñaqłuta Savissivigmiut atausimi ukiumi tikitchuugikput aasii upiŋaksrami killiksriusiaqput tikitkaniŋammipkaqługu iñugiaktuanik nannuvsaaġumiñaġaluaqtugut aglaan tavra qiñiqsiññaliŋagivut. Uvva una iḷisimatqupiaġiga, killiḷiqsuiŋaiñŋaisa nannuktaaksraptinnik qulit qaaŋiġaluaġnagi nannuguuŋarugut ukiumi atausimi. Tavra killiksraqaŋitkupta samma qanuq iñuiññaq qulit sippiġḷugit nannuguugayaġugnaqtugut.

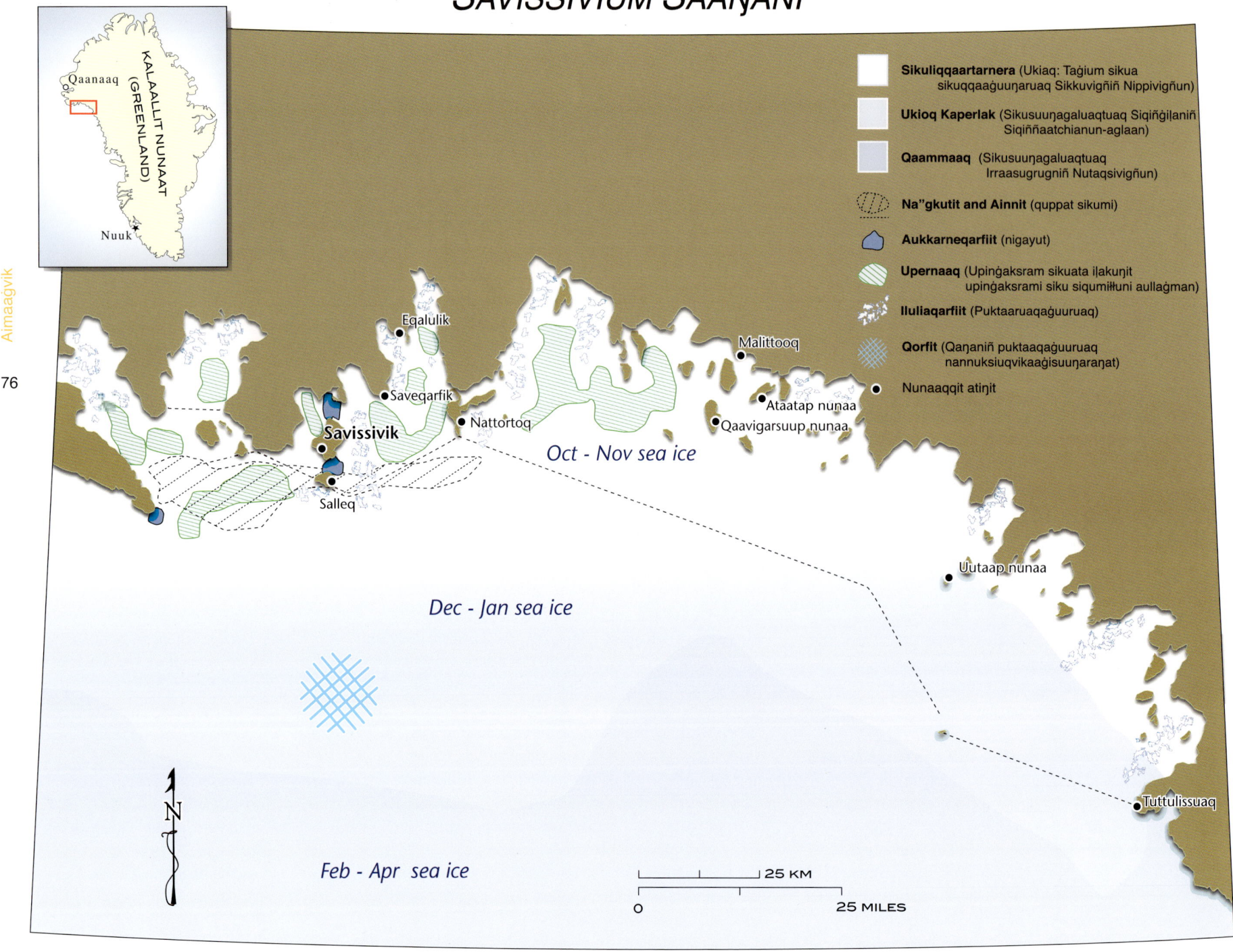

# Qaŋaniñ Taġium Sikuata Killikaaŋa Savissivium Saaŋani

**Sikuliqqaartarnera** (Ukiaq: Taġium sikua sikuqqaaġuuŋaruaq Sikkuvigñiñ Nippivigñun)

**Ukioq Kaperlak** (Sikusuuŋagaluaqtuaq Siqiñġiḷaniñ Siqiññaatchianun-aglaan)

**Qaammaaq** (Sikusuuŋagaluaqtuaq Irraasugrugniñ Nutaqsivigñun)

**Na"gkutit and Ainnit** (quppat sikumi)

**Aukkarneqarfiit** (nigayut)

**Upernaaq** (Upinġaksram sikuata iḷakuŋit upinġaksrami siku siqumiłłuni aullaġman)

**Iluliaqarfiit** (Puktaaruaqaġuuruaq)

**Qorfit** (Qaŋaniñ puktaaqaġuuruaq nannuksiuqvikaaġisuuŋaraŋat)

**Nunaaqqit atiŋit**

Eqalulik

Malittooq

Saveqarfik

Nattortoq

**Savissivik**

Ataatap nunaa

Qaavigarsuup nunaa

*Oct - Nov sea ice*

Salleq

Uutaap nunaa

*Dec - Jan sea ice*

*Feb - Apr sea ice*

Tuttulissuaq

N

25 KM

0        25 MILES

*Nunauraliaŋit Qaerngaaq Nielsen-gum tautuktitchaqługu allaŋŋuŋatilaaŋa taimaŋŋamiñ pagmanunaglaan Savissuvium qaniŋani (tautulugu Qaerngaam quliaqtuaŋa sivulliagullu aquagullu ukuak nunaurak). Allaŋŋuqsaġniŋa isagutisaaŋaruq 1990s aqulliqsaaŋaniñ 2000-git isagutisaaġniŋaniḷḷu. Puttuqsriñapiallaktuq qanutun taġium sikua allaŋŋuŋatilaaŋanik, aglimmivḷutik nigayut, suli nannuksiuġvikaaŋit quliatuaġikkaŋit Qaerngaam tikiññaġumiñaipiaŋarut.*

# PAGMAMI KILLIŊA TAĠIUM SIKUATA
# SAVISSIVIUM SAAŊANI

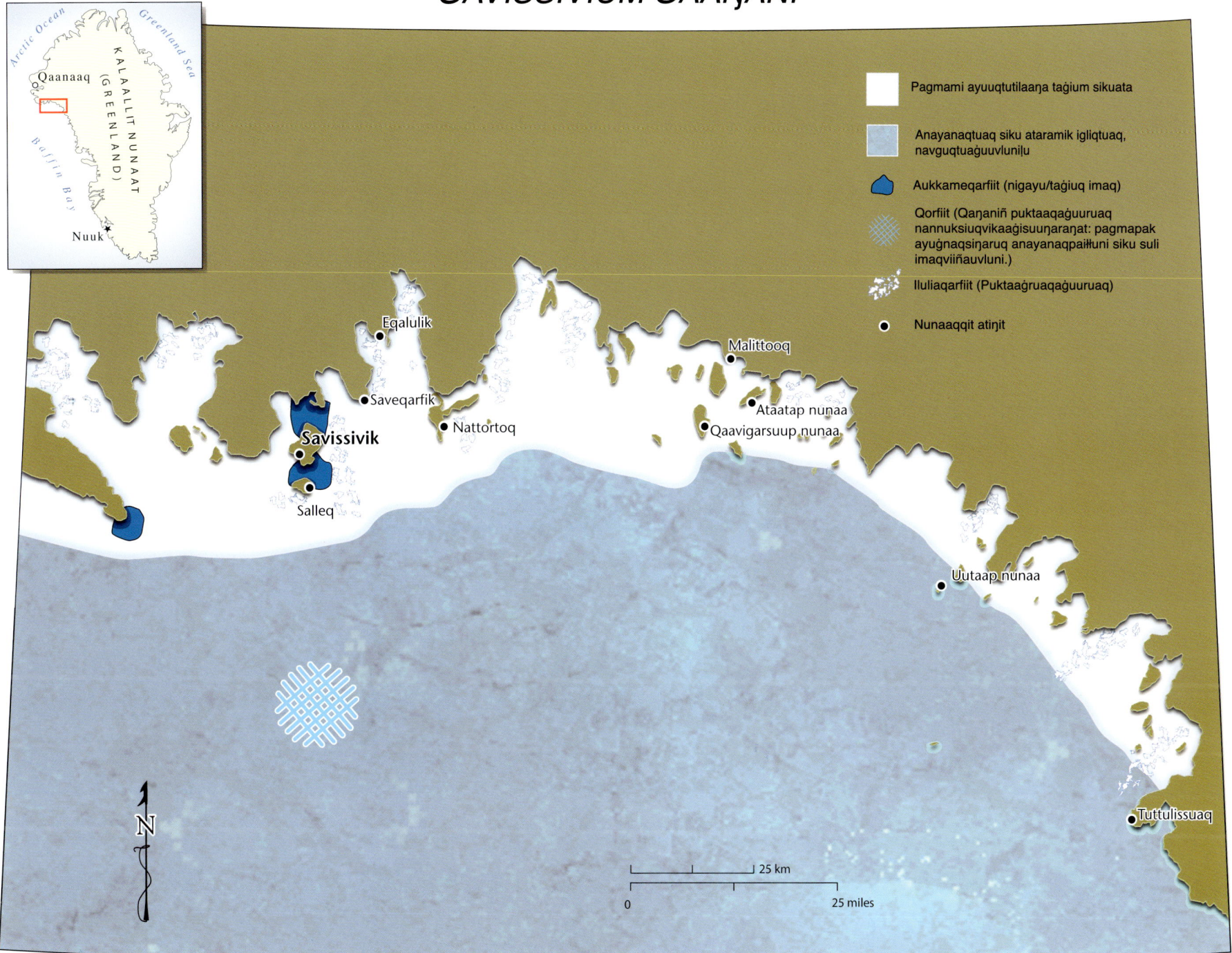

Aimaaġvik

78

*Qaanaaġmiu qiñiġaaliuqti Niels Miunge qiñillasipkaġaa nannuksiuqtuaq ukunani aquliġagiigñi qiñiġaani.*

Qaŋasaaq taġiuq sikuqaŋŋaan salliñmuktuqłuta Savissivigmun upiŋaksrami aŋuniaġiaġaqtugut tutquqsiiyyaqhuta ukiuppan airaksraptinnik. Qavsisalagnik tavra natchiġñik tutquqsiraqtugut niqinik tutquqsiviḷianun uyaġagnik (*qinillugit*), tavruŋa iḷimmiraġigivut akpat tippaksiaksrat Tainna tavra niqiksraqaġumiñaqsiraqtugut ukiumun. Taimani tavra 1970s, 1980s, 1990s-niḷu. Aasii nuŋusaaġmata 1990s niqiksraptinnik ukiuqpan tutquqsiḷḷaiqsugut qanuq nannut niġisuusivḷugit tutquqtaapayuvut, upiŋaami-unnii. Tavra tainna tutquiñiq quliaqtuaġisiññaġuusiŋagikput.

1980s-ni salliñmun Uummannamun, Morriussaġmun suli Qaanaamugaqtugut sikusapqauraġman taġiuq tuvvakuaqłuta uniaġaqłutakii, iglauraqtugut sumik sivuuġanamik piitchuq. Taġium sikua aulayaitchuq taimani aglaan tamarra nigayut, nunakuaqłuta qaaŋiqsaaġaġigivut. Tainna iglaullaniq itqaaqsiññaġuusiŋammigikput qanuq sikuqallaiŋaruq taġiuq, aasii qavsiñiuvva ukiuni tamattumuuna iglauŋaitchugut. Salliñiittuanugukkupta pagmami tatpaunaaqtuksraurugut piqaluyakkun ikaaġlugit nunalu piqaluyaiḷḷu. Tainnatualuk tavra uniaġaġluni salliñiittuanuguktuni piñaqsiŋaruq. Uqallausiġivsaaġukkigauvva una, taimani aŋuniaġiaġuuŋarugut Sanerassuamun taġium siñaaniittuamun, suvaluk upiŋaksrami. Aglaan pagmapak tainna iglauyumiñaiŋarugut.

Taġium sikua sikuaniŋamman ukiuġruami suli qaummaġiksisiiññaġman natchiqsiuġiaġuurugut uiñiġmun. Uqaluptinni taisuugikput inna *kiliaqartugut*, qayyavut kaluqługit. Natchiukkaġman natchisugrugaqtugut. Upiŋaksrami uiñiġmugaqtugut aŋuniaġiaqłuta salliñmuktuqtuanik aŋuraksranik, tugaalgit, aivġit, ugruit, suli natchiñiqługnik. Iḷaanni aŋupayuguurugut qavsiñik tamatkuniŋa upiŋaksrami siḷa qiiyanasugruŋaiġman siḷa nalaunŋavluni uniaġaġniksramun. *Tainnasiq iñuusiq simmausiġuŋitkiga allamik.* Pagmamiunnii taġiuq sikukikłiŋagaluaqtillugu iglaullarugut-suli upiŋaksrami. Taimani taġiuq sikuiġman upiŋaami aŋuniaġiaġaqtuŋa qayaqtuqłuŋa. Taimani taġiuq sikuiġman siḷa anuġaitchuuruaq. Uqaluptinni taisuugikput tainnasiq siḷa *qayartululluni* araa alianaitchuaq. Aglaan tavra taġiuq agmamman natchiit kiviḷiġuurut supputittuni qanuq sikum qaaŋani siqiñitchiaŋavaiłłutik. Uqallakkumiñaqtuŋa qayyaniñ natchiqsiullaiŋaniḷuta. Simmausiŋagivut qayavut igniqutituqtuanik umianik. Natchiit iñugiagmata qavsisalagnik natchiqsuulallarugut sivikisuurami.

Taġiuq agmaġman kilunmun aŋuniaġiaġuugivut tuugaalgit umiaqtuqłuta. Qayyavut kaluqługiḷḷukii qanuq tuugaalgit aŋuraksraugivut qayaqtuqłuta kisian, tainnaittuq qaŋaniñ. Nauliksuksraġigiñ qayyamiñ supputinŋaunnagu.

Naalaktuakasakkitka uqaluŋit Utuqqanaapta aasii samma iḷaŋit tainnaipiaqtilaaganiŋagitka. Uqaluit tusaġnaġiratka aŋuniaqtiŋŋuġniuraaqamaqaŋa aasii aŋuniallasikama tamatkua apqusaaqapkit quvianapaluktilaaŋiññik iḷitchuġiŋaruŋa. Sivulliulugu, tuvsiruni nanuq. Maliġiruni uniaġaqłuni nutaaġuqsiiññaġaqtut. Tainna tumiŋit nutaaġuqsiiññaġmata qimmit sukasisiiññaġaqtut.

Tainnaqtillugit iliviḷḷi nalupqisuŋaiqsiiññaġaqtutin aŋuniaqtilaaġnik aasii sumulliqaa qiñaavlutin tautugruiññaġaġiñ nanuq. Qimmit iḷisimaruat nannuksiuġniġmik puttuqsrikamik nannumik tautuktilaaġnik uniaq kalirraqsiraġigaat suamatilauramiktun. Sukatilauraptun nanuq tuŋaaqsruġapku iḷitchuġiraqtuq aŋupkaġniaqtilaamiñik aasii qimagnialaaqsivḷuni. Tavraniḷi tavra pituiġaġigivut qimmit aullaqtiłługit. Imaitpan tavra nanuq nutqaġaqtuq ivuniqpagnun naagga maniiḷanun qimmiñun aŋuaqsimmipkaqłuni. Taamna tavra apqusaaqtat nakuuniqsraŋat.

Tugliġñiaġiga taamna tugaalignik aŋuniaġniġmik qayyaniñ. Aŋuniaġapta tugaalignik qaunakłaaqtuksraupiallaktugut. Mikiŋŋaptaqaŋa ilitchiŋarugut utuqqanaaniñ qanuq aŋuniaġniġmik tuugaalignik. Pagmapak-unnii nauliktuksraugikput tuugaalik qayyamiñ. Aasii tavra Tugaalgit tikiñmata iñugiakpakłutin kipiqqun naurraqsiraqtuq. Aglaan qaunagipiaġataġaqtugut uliġnaqsaiḷivḷuta. Qayyami aquppivḷuta tugaaligunaaġniaqtilluta tamarra qaniłłutik qayaptinnun puiraqtut. Tainna samma puktauraallarut aulagaluaġnatik. Nalurut uvva tavraniitilaaptinnik, ivaŋitkaatigut. Aglaan qaŋaniñ tugaalgit nipuŋaisimaaġuusiłłaaŋarut suna anayanaġumiñaqtuaq nipuŋaisigivlugu. Tavra puktauraaqsaqamik kiŋiallaguusiŋarut. Aglaan taimanisun aulayaiġmata malirraqsiraġigivut tunuaniñ qaunagiurapiaġataqłuta. Tainnamik naluraqtut nauliktitkaqsitilaamignik. Naulianiktuni aulasaġaluaqtinnaguunnii tavraŋŋauvvaa avataqpiqsuksraġigiñ.

Avataqpak immamun tulluqqaaqtuġlu tasamuŋaqsiññaaġaqtuq siqiḷḷaġruaqtun aasii maliġillaniaġiñ suŋauraaqtuaq taunuŋanmugman. Alianaitchuq araa. Iḷaanni avataqpak miḷuksautilluataŋitchuni amusiññaġuuruq. Uqaluuraqaqtugut tainnaġman *pingoquisooq*. Aglaan tainna pipialaiñmiut iluqaisaqquuq aŋusaqtatik aŋusuuvlugit. Aglaan iluqaisa niġrutit aŋuyuġnaitchut. Tainnamik qanuq imña itchugnaqpa tainna nauliktuni tugaalik aasii aŋuaġivlugu.

Aqullisaaġilugu, qavsiñi uqallausiġianiŋagaluaġiga, qaŋasaaq taġium sikua qaiñaġiaġuuŋagaluaqtuaq tainna payaŋaiqsiiññaqłuni ukiuqtutilaaŋatun. Tainna inŋuraaġaqtuq Amiġaiqsiġviŋŋuġataqtillugu Savissivigmi. Pagmami tavra qitiqqaġman Iġñivik taġiukun igliġnaiganiŋaraqtuq qanuq sikuitchuq. Qiñiġaptigik niġrutivut natchiit iñugiaksisugruŋarut qaŋaniñqaŋa, tainnaptauq nannut. Aŋuniarraqsikama iñugiagniqsraŋat aŋuraŋisa nannunit tavra qulit ukiumi atausimi, iḷaanni iñugiałhaaqhutik, iḷaanni qavsikiłłutik. Pagmami akimiaq piŋasunik nannugnaqtuq ukiumi atausimi. Ukiutqik 2008-mi killiksriaqput akimiaq piŋasut aŋuaniktuġikput aasii tautuaqsivḷuta sumiḷiqaa nannunik nanuayaalignik (*marloqqat*) suli malġuugnik nanuayaalignik (*pingajoq*). *Marloqqat*-lu *Pingajoq*-aillu aŋuniaġnaiḷiŋavlutik tavra tautugnapiksuaġaqtut ukiumiunnii. Killiksriŋaitpatigik allaniglu sapukutanik aŋuniaġniġmun qanutunkiaq aŋugayaqpisa ukiumi atausimi? Maliġuagaksraqtummiut-suli qiḷalukkallu tuugaalgiḷḷu. Qiksigigaluaġitka maliġuagaksriaŋit aglaan akuqtuŋaitkitkasuli patchisiŋit maliġuagaksriuqtuksrautilaaŋiññik qiḷalukkallugguuq tuugaalgiḷḷu nuŋusiiññaqtut, taamna iḷumun inŋitchuq.

# Joelie Sanguya

Iñuguŋaruŋa iḷaŋatigun *Akuliaqattaut kangiqtuani* (Eglinton Fiord) aliasuŋiññaqtuat sumipayaaq paqinnaġuuŋarut sumupayaaqama. Uvaptinni miqłiqtuni, sulgułhaaqtilauraġniq kipiġitualuguuŋaġikput. Aapaga suaŋałhaaquŋagiga qimmiŋiḷḷu suamalhaaquvlugit sukałhaaquvlugit. Sumupayaaġman tavra aapaga maliqataġaġigiga aqpałuŋa uniaġaqtuaq tainna mallitchaiḷivḷuŋa. Aapaa aglaan sugiŋiñmatun tamarra makua sut kipiġiraġigitka qimiłuusukługi naaggaunnii nutqallaksiññaqluŋaunnii tautuguktatka. Taimani iñuit iñuusuuŋarut aŋayuqaaġiit iḷagiit kisimik aasii maliġuagaksaqaŋarugut iḷiḷgaaguvluta.

Uvaptinni Moses umialikput, iḷaŋiḷḷu, paniŋa aŋayukłiq Kanangnaq miqłiqtuŋiḷu.

Sarliaraaluk tugliġigaa Moses-gum aullarriñi nullaġviptinni. Tavranisuli Sanguya, aapaga, aŋayuqaaġiiḷḷu uvagut, aniqatiiŋiḷḷu. Nukaqłiqpiaŋat aapiyaġiiñi aŋaaluga Ikkarrialuk (aapaŋa David Iqaqrialu-um, iḷaummiruaq savaaptinni *Siku-Inuit-Hila*-mi). Iñugiaktilaaŋat nullaġvipta iñuiññaq tallimat malġusugnat.

Aŋutaiyaaguvluta aapavut naipiqtuġaġigivut. Aapavut atuqquuqtut naulignik allaniñ aŋuniaġutimigniñ. Allat aŋuniaġutai utuqqait supputit nalautillaiŋaruat aasii *nikpayuu*-liuġutigivlugit (supputialuk nuvuliqługu nauligmik nappaqługuasii napauttamun, aasii natchium alluaŋanun nappaqługu, supputitchallasivḷugu natchiġmik aniqsaaġiaġman allumiñun, (*iḷisimavsaaġukkuvit tautuglugu Savalġutitigullu Annuġaatigullu avgun*), naniġiallu allallu savalġutit aŋuniaġutigisuuraŋit. Qimmit tavra igliġitualuvut ukiumi, aasii umiat upiŋaami.

Miqłiqtuugapta maliġuagaksaqaġuurugut. Uŋasiksiruksrauŋitchugut qatqiñŋaruamik iñugmik iglauqataiḷḷuta. Naaggaunnii piuraaġniaġupta upiŋaksrami taunani sikumi quppanigman qatqiñŋaruaq iñuk qanittuksrauruq. *Anijaaq*-tuksraurugut itiġluqqaaqapta, suli niqipiaqtuqtuksraurugut maligniaġuptigu aapakput ukiumi.

Aŋayuqaapta uqautiŋaiñmigaatigut summan *anijaaq*-tuksrautilaaptinnik, apiġiŋaiñmigikkak. Miqłiqtuukama tavra suruksraġma iḷaŋat. Iñuuŋarugut taimani siḷapta aŋalarrutai maliġuaqługit, niġrutit iglauyugaaqtut suli siḷam iviġaktuaġniḷuŋitkaatigut. *Anijaam* tavra siḷakpullu niġrutillu qanuq itilaaŋit iḷitchuġipkaqtittaġigai. Anituaġama tamarra nuna, taġiuq, siku, suli siḷa. Siḷa allaŋŋułhaaġuuruq supayaaniñ. Pagmapak itituaqama tavra sivulliġisuugiga alatkaġniq igalaurakun. Iglaukama naipiqtuaġaallaguugitka avatitka, suli kiŋiaqłuŋa utiġviksraġa qiñiġaaqługu. Siḷalu naipiqtuqtuaqługu.

*Sut iḷaanni allaŋŋulaitchut, uumatun nukatpiaġruktun nauktaqtuatun quppani taġium sikuani upiŋaksrami Kaŋiqługaapigmi.*

Upiṅġaksrami nuŋuniuraaġman taġium sikua siqumirraqsimman aukłuni utiġaqtugut nullaġvikaaptinnun aŋuniaqqaaġłuta iḷagiit sumipayaaq. Tarvani tavra pilgutilauraġaqtugut uvagut miqłiqtut. Tavra mauraġauraġaqtugut misikługit taġium quppaŋit naaggaqaa misiktaqłuta uiñiġnik. Qanupayaaq pilgutilaaġaqtugut — nautkialgutilaaqłuta taġium sikuani, minŋiqługu qulaulgutilaaqługu uyaġak, kiña pigaałhaaġumiñaqtilaaqługu, kiña uyaġagnik miḷḷuułhaaġniaqtilaaŋa, kiña tikitqaaġniaqtilaaŋa aapami ququġmani ikayuquvluni. Uqumaiññiqsramik kalilgutilaaqłuta natchiġñik, uqumaiññiqsramik tigumiaqłuta, tainna tainna. Nalliqput aŋuqqaaġniaqtilaaqłuta niġrunmik upiṅaksraġuġman, suli nalliqput supputitchaqqaaġniaqtilaaqput aapapta supputaanik.

Mauraġauraqapta iḷaanni maliġuutiruatun piraqtugut aasii sikuviñġit turvigiravut mikłisiiññaġaqtut. Taġiuq qiiyanapiallaktuq imaaqqaaqtuni aglaan aiḷaqianiktuni sikukuluk-unnii uuktuaġugnaqtuq. Iḷavut imaapiaqłutik imaaġaqtut iḷavut piŋisillugit. Imaaqqaaqtuni imaq aqitchuatun itchuugaluaqtuq aglaan qiiyannam timi tikitchuugaa. Puuvrasuiłłuta tavra tavrani annautitquuġaqtugut iḷaptinnun.

Misiḷgutilauraġuugaluaqtuagut iraqturuatigun quppatigun taġium sikuani. Tavra kammavut qiḷiḷḷuataqqaaqługit uuktuaġaqtugut kamivut uqikłiruatun iḷivlugit suli imaq sitchiqsuġniaqtuaq sukaiḷiḷaaqsaqługu. Isagutiqqaaġaqtugut quppani irakitchuani aasii iraqtusisiiññaqłutik. Iraqturuanik uuktuaqsaqapta aqpatiqtuġaqtugut sukasivḷuta misilgutilaaqsaqłuta. Tavra misilgutilauraqsaqtuani aqpaliurralgutilaarraqsiruiññaġaqtugut. Iḷaanni aqpalgutilaallapta misigviksraqput tikirruiññaġaptigu nutqaġviksraiġmiuġlu iraqtuvaisilaaŋa iḷitchuġisuliġataġaġigikput. Immamun tavra qanuġviiłłuta taqhammuġaqtugut. Nipaiḷaq taqhammuġapta tavra iḷapta pisuqtilaamiksun qiiyannamiñ imaġmiñ annautiniagaqsiraġigaatigut ipipkatchaiḷiraġigaatigut. Sikumun qakianikama aġnaqatiima iglallaġmik uqallautiraġigaanŋa "Iraqtuvaiññitchuq!" aglaan misiksaġlugu iraqturuaq uuktualaiñmigaat.

Sunik alapisaaġutaitchugut tavrani nutaġauniġum

*Qiñiġaaliaŋit*
*Kaŋiqługaapigmi*
*miŋuaqtuqtuak*
*Tyson Palliuġlu*
*Reepa Tigullaraġlu*
*qiñiqtitchaqługu*
*taġiumi iñuuniaġniq.*

## Toku Oshima

Maani Avanersuami iñuuyumiñaipiallaktugut taġium sikuanik piiḷaaġluta. Sikuluqqaaqtuġlu taġiuq aŋuniaqtit igliġvigirraqsiraġigaat uniaġaqłutik, igliġutitualugivlugu. Ukiuġruami taġium sikua saaŋani Inersussat payaŋaiġman tupivut nappaġaġigivut (uniapta qaaŋanun uniaq siñigvigivlugu) aasii iqalliqiaqsivḷuta. Taġium sikua maptumman igluuravut qiruit iqalliqiviptinnun inillagaġigivut. Tavra aimaaġvigiraġigai iqalliqiruat taġium sikuani. Iñukitchut ilimiktun igluuraqaqtuat aglaan nunaaqqim aŋalatchiriŋit igluliuŋammiut atuġnaqsivḷugi kimupayaaq; tainna savaŋarut ikayuġuksiññaqḷugit iqalliqirit.

Kiñapayaaq atuqtuaq taġium sikuanik aksiasuugaa tuaksruitchuam, tutqigñam, aniġniksram siḷam salumaruam suli supayaam salumaniŋata. Nunaaqqiñi nipiqaqtuq atqunaq naiñaġmiut igniqutit. Taġium sikuanugniaġupta, uuktuutigilugu aiviqsiuġiaġupta, tavra tupiq nappaġaġigikput uniam qaaŋanun. Tainna nappaŋaruani siñiktuni akkupaiññaq naŋiaqtuunaqtuq. Aŋuniaqtit siñigaqtut uquqtuat annuġaatik atuqḷugit qanuq taġium sikua qupiyumiñaqtuq tavraŋŋatchiaq aasii uisaupkaġḷusi nipuŋapkallavsi. Qimmit pituŋasuitchut ilaaguallaavlugit aglaan atautchimiiłḷugit aullaqsiññaġuruksraurutkii, itqanaitchuksraurut. Aŋuniaqtuat nullallaturut ivuniġruat qaniŋanni qanuq tamatkua qiñiqḷugit sut siḷamiḷu taġium sikuanilu allaŋŋuqsaqtuat iḷisimapkaġuugai allaŋŋuġniŋata ivunġum.

*Qiñiġaaq akimi: Qanuġlimaa atuġnaqtuat savalġutit taġium sikuani. Aŋuniaġutit savalġutit nauliktun atuġnaġuurut tupqutagivlugi, suli ikayuutaullammiut paniqsiisaqtuni Qaanaaġmiut aŋuniaqtiŋisa kamiŋiññik.*

*Qiñiġaat qulliġmiñ taliqpiñmun: Tupqit nappaŋaruat uniani suli qimmiit quŋaluktuat pituiġaluaġnagi, iḷaanni naŋiaqtuuruksraugumik qilaminaaġumiñaqsivḷugit.*

*Iqalliqirit igluuraŋat taġium sikuani qaniŋani Qaanaam.*

*Iglauruat uniaġaqłutik saniġatqutchaaqługu puktaaqpak.*

Niqit

*Aŋuniaqtilluataq iqiasulaitchuq*
*Aŋuniaqti aptatqiksuaq*
*Niqiqaġniaqtuq ukiuqtutilaaŋatun.*

*Uqaluŋi Joe Leavitt-gum*

86 *Taliqpik: Qaerngaaq Nielsen Savissivigmiu (aquppiruaq) Joelie Sanguyalu Kaŋiqługaapigmiu nakuaġait niqikaaŋit Iñupiat aimaaġviŋani Luther Leavitt-gum Utqiaġviqattaaqamik.*

*Qiñiġaaq utinmun makpiġlugu: Ilannguaq Qaerngaaq tugaaliksiuqtuq qayaqtuqłuni.*

Isummatigikaptigu qanuq taġium sikua sivuniqaqtilaaŋa
uvaptinnun niqi tavra salliusukpiuraqtuq. Iglauvigiŋagikput
taġium sikua iñuuniqtutilaaptiktun, sivulliiptiktun ,
aŋuniaqłuta niqiksraptinnik. Niqit katiqsriavut timiptinnun
kisian niqigilaitkivut. Niqiksraŋiññik qaitchiḷḷagapta
iḷaptinnun, miqłiqtuptinnun, Utuqqanaaptinnun,
qimmiptinnun, nunaaqqiqatiiptinnullu niġipkaqtuatun
pisuugaa iḷuptinniittuaq qamanisaaq; iḷisimman
pigiruksraġiraŋiññik qaitchiḷḷatilaaptinnik,
qaunaksriḷḷatilaaptinnik, suli qiksigivlugu atuŋatilaaŋanik
piḷġusikaaqput. Aŋuniaġniq, katiqsriñiq, tutquiñiq,
siġñataiłłuni aitchuqtuiñiq, niġiraksriuġniq, suli nakuaġniq
sunik niqinik itqaaksraniktitchuugaatigut quliaqtuaksranik,
suli iḷisimmatiksraptinniglu sullasiñiġmiglu
piqaġumiñaqsisuugaatigut. Itqaaġapta niqinik iḷaanni
aksiapiaġataġuugaatigut; quvianġunmik immiqłuta tainna
niqiksraŋiññik aŋullamagapta, kipiġniuġutikun
iḷitchiyumalaaġapta aŋuniaġniġmik sapiġñaġaluaŋŋaan
paaġumalaaqługit, suli ipiqtunavlu sivuuqqatiqaġñiġuvlu
tikiñmatigut niqiksraiḷḷiuqapta. Pagmami niqikaavut tainasuli
aŋayuqaagiiksuani susapayaaġmata ittuksrauruq suli
pautaġigaa iñuusipta taġium sikuani.

*Uunaaliḷiuqtut,
(aġviġum maktaŋanik)
igniġvikun, aarigaa!*

*Tuttut niqiŋit amiŋiḷḷu
aŋuniaqtit aŋuanigmata.*

## David Iqaqrialu

Una apqusaaqtaqput 1965-mi. Qulit atausitun ukiuqaqłuŋa.
Iñuuŋŋapta Akuliaqattami aapagalu isuanun *Nattiqsuju-*
gum uniaġaqtuguk, aasii kiapqaqłunuk Naqsaalukulugmun
nalaułługu Tupirqvialuit, aasii nunakuaqłunuk igḷuanun
atiqaġmiruamun Naqsaalukulugmun. Uvva upinġaksrami.
Tikiññaptigu taġium sikua sua utkua tuttusalait taġium
sikuani. Maliqataġivuk sikumi aasii aapaa
supputitarraqsigaluaġai itigaurraqtaqsiññaġmiuq.

Supputiqaġaluaqtuŋa 22-mik aglaan
supputitchaġumiñaitchuŋa aapaga sivuqiuramniiłłuni. Tavra
mayuqtiqama unianun supputitarraqsiruŋa qanuq qanittut
tuttut. Piḷḷatilaamnik nalupqisuŋitchuŋa tavra
supputitarraqsikama. Sisamanik tuttuttuŋa tavrani uvlumi.
Aggisiaksranipayuktuŋa niqiksraŋiññik iḷama. Tavra
puiguqtiġumiñaitchamnik apqusaaqtuŋa tavrani.

# Uvluaq

Niqillu nakuaġuuraptalu itqanaiyaġniŋiññik iḷitchiŋarugut Utuqqanaaptinniñ. Uvaŋalikii nakuaqtaġma niqit iḷagigaat *auruq*, aupkaŋaruaq iqaluk tuvaaqatigalu niqiksriavut nullaġviptinni. Pivsiḷiuġaqtuguk aanaakḷiñik kuvraqtuŋaraptinnik. Tavra suli uuruqtuġaqtuguk iqalugnik misuktaaqḷugit misiġaamun (misiġaaliaq ugrugniñ naaggaqaa qayaġuligniñ.)

Iqaluksiullamnuk tuttuliaġaġmiuguk, paniqtaliuqḷunuglu tuttunik naagga uuruqtuqḷunuk nutaanik. Tuvaaqatiga iḷaanni akutuḷiuġaqtuq – takuutaŋaraaq tuttum qaunnaŋa niqipiamik iḷavlugu. Tavra patqit sauniŋiññiñ uuruliat akuttaġigai sullu iḷaksraŋit igruġataqtillugu. Tavraasii nigḷiñaqtuamun iḷivḷugu siqiñġitchuamun naaggaqaa siġḷuamun. Siqquqsipqauraġman nakuaġaġigikpuk akutuq.

Siġḷuaqaqtuguk nullaġviptinni aasii quallavlunuk iqalugnik, tuttumik, naaggaqaa aiviqtuqḷunuk aġviġñik quaqḷunuk saagaŋaraptinnik. Siġḷuaqpuk sivulliuvlugu ataramik maqupkatchaiḷiraġigikpuk. Iḷaanni nunatqikḷugu paaŋata avataa qanuq siksriit pakiktuaġuuvlutik tamaani.

Iñupiaqtat niqit (*niqipiaq*) iḷaupiaġataqtuq iñuusiptinnun. Piiḷḷugit iñuulguitchugut sivikitchuamiunni.

*Qiñiġaaq qulliġmiñ alliġmun: Ilkoo Angutikjuak Kaŋiqḷugaapigmium uqaqatigigaa Luther Leavitt, Utqiaġvigñi aġviqsiuqtuani umialik, tavrani Luther-m igluani Iñupiaqtanik nakuaqtilluta.*

*Maktat nutaat.*

 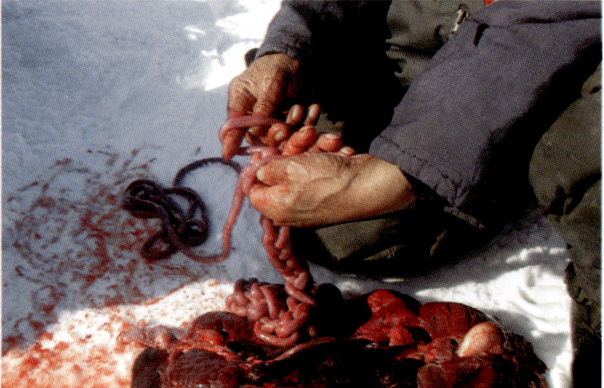 

*Qulliit: Jacopie Panipak qulivriruq iŋaluaŋiññik natchiqqamiam. Taimani Iñuit puukataitchut kigunniuraitchut tigumiaġutiksramignik niqinik sikumiñ naagga nunamiñ aasii tainnamik piḷġusitik atuqługi igliġutiraġigai niqitiglu ammisiglu. Nutaat iŋaluat niqigiksut aglaan kaluġniaġniŋit iglauruni siġġaġnaqtut qanuq piakłutik katayarut. Aŋuniaqtim katagasuŋaiññaġuŋitkumigi naaggaqaa kalikługuŋitkumigit aasii katallaiyaqtuaġlugit savakqiksuaġuŋitkumigit tavra salummaqqaaqługit qulivraliuġaqtut siamitquŋiłługit suli iglaugumik siavsigaluaġnatik iglausukkumik.*

*Alliq: Igah Sanguya natchiġñik igaruq igniqauqłuni taġium siñaani qaniŋani Kaŋiqługaapium.*

## Joelie Sanguya

Allanun nunaaqqiuranukkama salliani Canada-m kasuġaqtuŋa iñugnik quyyatiqaqtuanik iñuutilaaġmik irrituruami, suli uqallallaruanik "Nakuuniqsranik niqipiaqaqtugut". Niqipiat makua nunamiñ aŋuaksraniñ niqivut. Inuktitun taisuugivut *niqingit*.

Nakuapiksuaġuugivut niqipiavut niglaumavaiññiñman siḷami niġikapta allalu nunaaqqiqatiivut. Tainna niġisuurugut Suppivigmi, Iñukkuksaivigmi, Iġñivigmiḷu Amiġaiqsivigmiḷu iñuuniaġniq nakuuqsiviuraġman, siḷa uunnaagmiuq, niqitchiat iñugnun aitchuqtuutigigivut aasii Iñupayaaq nakuaqsriruq apqusaapayaaqtamignik iñuuniaġniġmigni.

Piḷġusipta iḷaŋat niqinik paġlasuugivut avilaitqativut naagga kasuqqammiqsavut. Niqim atautchimuktitchuugai iñuit tagialanaipiaqługu, niġummaaksivḷugu. Utuqqanaapayaaqquuvut iñuguŋarut niġivḷutik natchiġñik, tuttunik, iqalugnik, nannunik, allaniglu niqiŋiññik.

Malguuk ukiuk qaaŋianiktuk aŋutim quliaqtuaġutigaaŋa Utuqqanaaq nannuksiuqtuaqhuni iñuguŋaruaq payukkamiuŋ nannukkami nutaamik quiññiimik aŋuramiñin. Aŋun taamna isiqtuq Utuqqanaam igluanun tigumiaqłuni nannumik puuksramik, aasii uqallakłuni, "Uvva niqi uukłiaksran." Qaiñmauŋ Utuqqanaamun Utuqqanaam quyanaaġaa. Aasii Utuqqanaam agmaqługu tautukkaa niqi, qiviaqługuasii aŋun aatchiruaq, uqaluksraitchuq, aglaan qulviŋit kataaqsirut. Aŋutim tavra aitchuġniġaa niġisuktaŋanik sivisuruami. Utuqqanaavut niġisuksiusuurut inuqtuqługit qanusit niqit, niqipiat iñuguutiginaratik, aasii iḷaanni timai iłuiḷḷiuġaqtut tainnasiñ niġiŋaisugrukkamik. Aitchuġaptigik tamatkuniŋa niqinik, tavra iłuirrutaat tammaġaqtuq.

Aŋuniaqtauvluŋali aŋuraqtuŋa qanusiḷimaanik taġium niġrutiŋiññik ukiuqtutilaaŋatun. Aiḷġataqama aŋuniaġiaŋaqqaaqłuŋa upiŋġaksrami, taġium sikuata augniŋa qivliġruaqtun taġġaqtuutitun iḷimman iḷagma igluqatiima paġlaraġigaanŋa aŋuramnik aggisuurrigama. Kukiuraġigivut nutaat niqit igniqauqłuta ikkuqutinik. Uqaluksrat naamaitchuunasugisuugitka uqausiġiniaqsaqapku qanuq aksianaqtilaamik tainna iñuugapta. Tavrani tavra iḷitchuġiraqtuŋa iñuusiq manna qanuq piqpagnaqtigitilaaŋanik, naitpaisilaaŋanik aasii nakuuqsrisiññaġaqtuŋa tavrani akkupak apqusaaqtaptinnik.

*Qiñiġaaliaq: Aŋayuqaagiit piḷaktut
natchiġmik taġium sikuani,
qiñiġaaliaŋa Kaŋiqługaapigmium
qiñiġaaliuqtim Igah Hainnu-um.*

*Qiñiġaaq: "Tavra aapaga
natchiġman, suli qimmit
siġġaqipkaŋiñmanŋa
qanutun quviasugaqtuŋa;
ilaa qatqiññaruaŋa.
Iluqanuk aapagalu
kamaasugaqtuguk
allagiiksuatigun."*

## Joelie Sanguya

Nukatpiaġruukama savaaqaġuuruŋali qimmit qaunagivlugit
aapaga natchiġmun ullautiniuraġniaqtillugu suppusiqhuni
suli akkiġautiqaqłuni, upinġaksrami atuġuuraa
tautuktiyaiñŋutigivlugu natchiġñun qalliḷḷasivḷugit-aasii.
Tavra qallikamigit natchiit tallimakipiatun naagga
tallimakipiat malġukipiaq qulisun isaġniġum avvaŋisun
tavra supputiłługu natchiq.

Uvaŋaliasii tavra aquppiuqtuaġaqtuŋa uniami qimmit
qaunagivlugit tuaksruisaaqtinniaqługit, naagga makitavluŋa
ipiġaqtuunmik aŋalanniḷugaġigitka tuaksruisaaquvlugit
aapaga natchiqsiuŋŋaan. Qimmiḷḷi savaaġiŋŋapkit aapaali
piyugaġaġigai sut naaggaqaa qiñiqtuannaraaqsiññaqłuŋa
qimmiñik aŋalatchiñiluktuami iñugiŋisilluŋa iliŋiññun.

Qanusit samma qimmit natchiġumalaapiasugruguurut.
Atausiq nipaalauraliqłuni qimmiqatiini yuġripkaġaġigait;
aguirrutauraqtuq, akiḷḷiqsuutiruaq ilignun aŋuniaġniallaqpit.
Ipiġaqtuutit nivliqsitaqtuksrauŋitchavut, naagga ipiġaiḷuta
qimmiñik, naagga qanuq nipaalaluta, tainnamik
siġġaġnapiallaktuq tainnasiq qimmiq aŋalanniaqtuni.
Isumaraqtuŋa, "Uumauvva qimmim siġḷiġniuqtinniaġaaŋa.
Uqallautiniaġiga aapaga taaptumiŋa qimmimik." Tainna
isumauraġniaqtilluŋa tavraŋŋatchiaq aullaqiviñaġaqtut
qimmit iḷaanni anuŋisa naasaaġmanŋa iñuunialaraqtuŋa
pilitchaiḷivḷugit. Iḷaanni unisauraqtuŋa, suli iḷaanni
ikupqauraġaqtuŋa unianun.

Qimmit tuŋaaġiliqtuġaġigaat aapaga pitchaiḷiñiuraqtillugit,
iḷaanni piyugaġniuraġniaqtillugu. Patchisauruatun iḷiraqtuŋa
aŋalataġiyumiñaitkaluaqtillugi. Taaptumiŋa
kaŋiqsitqusuugaluaġiga aapaga. Iḷaanni miḷuqsautiraġigaa
supputini qimmiñun, aasii iḷaanni sulaiñmiuq.

Aapaga natchiġman suli siġġaġniuqtinŋiñmanŋa qimmit
qanutun quviasugaqtuŋa; qatqiññaruatun ilaa. Iluqanuk
aapagalu uvaŋalu kamasugaqtuguk allallaatigun. Uvaŋali
aŋalalluataqługit qimmit nalaisun, aasii aapaali
kamasuutigisuusugnaġaaŋa, nukatpiaġruk aglisiiññaqtuaq,
ikayullasiruaq aŋuniaqtuanik.

# Uusaqqak Qujaukitsoq

Niqiqaqtuni tigmianik qanusipayaanik qaunagilluataqtuksraunaqtut. Taġġaqaqtuamun inillaktuksraunaqtut qanuq siqiñitchiaqtinŋaruat tuqunaniguurut. Tainnamik nutaat allatchiaŋit tigmiat siqiñitchiaqtuksrauŋitchut.

### Nauyyalaat

Ukiaksraaġmagu quiñiruat nauyyalaat niqigillatugait tamaani. Kaniġman aŋusuugait aasii tutquqługit qiqitiłługit qakuguppan niqigisukługit. Upinġaksrami manniŋiññik pukuguurut sumiñ taima aasii niġivļugit.

### Taateraat (Kittiwakes)

Upinġaksrami taġium sikua siamirraqsiaqsimman aŋuniaqtillugisuli akpanik maaniġmiut Utuqqanaat aŋuniaġuugai *taateraat* qaġruuraqtuutinik supputitaqługit. Tamatkua tigmiat niqigisuummigai niqigiviuraġivlugit pisuitkaluaġai.

### Akpakuluit

Tamatkua tigmiat tikiñmata upinġaksraġuġman niqigisukługit aŋuniaġuugait. Aasii manniļiġmata manniŋiññiksuli katiqsriraqtut niqiksramignik. Mannigmiutat aasii tukianigmata akpalaat taġiumuŋaiñŋaisa tasamma aŋusuummigait niqiksriuġutigivlugit-aasii.

Akpat aŋuniaġuugai anauvaktuqłutik ipuqturuamik akłunaalik isuani. Aŋuraatik akpat niglaġmagit ikusuugait natchiġñin puuliamun aasii qaiġusugmun tutquqługit niqigisukługit ukiuġruaqpan qaummaq utiqsaġman. Tainna itqanaiqsaqamisigik siqiñitchiaqtitchaiḷisuugai qanuq tuqunaġuġuurut niġiñaiqhutik. Allakusuli kukiusuummigai puggutamun ikuvlugit aasii uyaġagmik mattuqivlugu iḷgaviŋiḷḷu piiġaluaġnagit, taggisiqaqtaqput *amiliaq*-mik.

*Qiniġaat qulliġmiñ taliqpigmun: Aŋuruat akpanik anauvaktuqługit Siorapalugmi.*

*Anna Miteq, Patdloq Kristiansen, Niels Qujaukitsoq, suli Aaqqiunnguaq Qaerngaaq nakuaqtut akpanik tippaksiaŋaruanik amiqtuummaisa.*

*Akpat taġium qulaaqiuraŋagun tigmirut.*

allatchiaŋit sulliñiŋiḷḷu allat niaquŋiḷḷu qalatinmatigik niĝivḷugiasii uqsruŋanik natchium iḷavlugit. Ivsaŋaasii kukiamik suuliuĝutigisuugaat raaliqługu, mamaqtuq niĝiruni tainna tiŋuktuummaan. Allatchiaŋa uummataalu uqsrukuaqługu siḷaavyiutikun kukiusuummigaat aasii niĝivḷugi allanik iḷauqługu, nanuktaaĝutinik naagga pikulugnik.

94    *Qiñiĝaaq qulliq: Nakuaqtugut tippaksianik akpanik Qaanaami.*

*Qiñiĝaaq alliq: Tigmirut qanutun kamanaqtigiruat qaugapiat qiŋaligit.*

## Akpat

Akpat aŋuniaĝuugivut upinĝaksrami taĝium sikua siqumĝaalasaĝman. Tippaksiaĝuugait natchium amianiñ puuliamun akpakuluktitun. Qiqitiłḷugiasii tutquqługit qaiĝusugnun qakugupayaaqpan niĝisukługu, aasii nutaat

## Mitit (Qaugapiat qiŋalgit)

Upinĝaksraĝuĝman taĝium sikua augmaun killiŋiqsinman siku siamĝualayasimman aŋuniaĝuugivut tamatkua *mitit*-git qiŋalgit qaĝruuraqtuutinik. Sivuani killiksritchuuraŋatigut qavsiñik aŋuyumiñaqtilaaptinnik Qaanaamiñ Ikkarlortooq- mun iḷaksiatquŋiłḷugit tuugaalgit uiñiq qallimman.

Upinĝaksram sulliñĝani samma qiŋalgit manniŋiññik manniksiuĝiaĝuurut manniḷiviŋiññiñ. Katiqsrianipqauraĝmata tamarra niĝisimmaisa. Taimaasii iŋutchirraqsiraqtut inna: mannium iñuksrautaalu natatquŋalu qallutiĝruamun ikuqqaaqługu iŋułḷugu, aasii avuliqqaaqługu iŋusugrukługu qatiqsilĝataqtillugu iluqaan – arra qanutun mamaqtuq.

Ukiuq nuŋulĝataqtillugu qaugait ikusuugait niqiqaĝvigñun qaiĝusugnun; qanutun suli mamaqtigimmiut. Nutaagumman qiŋalgit allatchiaŋa kukiusuugaat. Iḷaŋit iĝisaqługit kukiuraĝigai aasii nakuaqługit. Iḷaŋit mamaĝuktuat uqsrukuaĝuugait samuunnaaqługit!

# Ugiaqtaq

Iñuguŋaruŋa iñuuniaqłuŋa nunamiḷḷu taġiumiḷḷu. Niqiksraq ayuġnaġman supayaanik tavra niġiniḷugaqtugut. Ukiuqtusipayaaqama qunŋiḷaani ikayullasivḷuŋa, tavra imiġaŋa niuqqaksratualukput ukiuġruami. Kuuppiaksraiŋarugut tiiliaksrat nuŋuŋarut, supayaat taniktat nuŋuŋarut. Taimani tavra imaqturuamik puggutaqaqłuta imiġaŋa naamaraqtuq uvlumun.

Aŋuniaqługit natchiit iñuggutigisuuŋagivut qaŋapak. Iñuguġniuraqamali aŋayuqaamniiłłuŋa Isugmi aŋaaluga Aġnaksraq iglausugrukhuni uŋasiksuamun natchiqsiuġiaġaqtuq. Uiñiq saaŋani Isuum iḷaanni uŋasiksigiraqtuq sipiłługu iñuiññaq qulit *miles*-tun nunam siñaaniñ. Suaŋasipayaaqama malikkumiñaqsikapku natchiqsiuġiaġman araa iḷitchisupiaġataqtuŋa. Iḷaanni siñiktaġaqtuguk taunani uniaptinniglu ukiulligiḷḷu qarraatualuvuk. Qavsiiqtuaqłunuk siñiktaqtuguk qanuq aŋaaluga aisulaitchuaq piŋasunik natchiŋaunnani usiḷḷiaksraptinnik uniaptinnun.

Ataatagma Anaġim (aŋaalukkaluaġakii iñuguqtaŋani pigipiaġmatun) iḷagaptauq iḷisaurriŋaruaq uvamnik qanuq atiġutituġniġmik natchiqsiuqtuni. Qavsiiqsuaqłunuk takugaptigu atiġutikpuk piŋasunik naagga sipiłługu natchiŋasuuruq.

Upinġaami aŋayuqaakalu aullaġaqtugut Isugmiñ uallianun Tasiqpaum nullaġiaqłuta iqalliqiyyaqłuta. Qavsiñik samma siġluaqaqtuq tamaani aasii aŋayuqaaġiit tamaani siġluatik immiġaġigait iqalugnik tuttunik allaniglu aŋuraġmignik. Pivsiḷiuġaqtugut tuttuniḷḷu paniqtaliuqłuta siġluaqługit-aasii. Samma nakuapiksuaġuuraqput niqiviŋa tuttum ikuvlugu iḷgaviŋisa inikkaluaŋanun aasii piġuvlugu nunamun. Nivaqqaaqłuta itiqsramik, natchiqługu uqpigñik, tuttu kivviiŋaruaq niqinik iḷivlugu itiqsramun, aasii uqpigñik qalliqługu, aasii sauvlugu nunamik. Nunamik naqilluataŋaruksrauruq niġrutinun iḷaksiatquŋitchuni.

Niqiqaqtitchuugaluaġaatigut tuttut uquqtuaniglu annuġaaqaqtitchuummigaatigut-suli. Tasiqpaum kiluanun tuttuliaġuuŋaruagut, tutquqsivḷuta nunałługit tuttunik aisukługit qakuguppan. Aakaa annuġarriraġigaatigut uquqtuanik atiginik, atutinik, kamipianik, suli pualugnik tuttum amiŋiññiñ. Ivalupiamik miquġaġigai sulliñġapayaaŋiññiñ tuttum. Tuttutaavut iluqaisaqquuq nalaunŋasimman amia aŋusuugivut tainna upinġaaq nuŋusaaġman. Ukiaġmi tuttuttuni amiŋa turġułhaaqtuq aasii atuġuugai qarraġivlugi.

*Qunŋiḷaat Utqiaġvigñi samma 1900-mi tamaani.*

*Qunŋiḷaaq Utqiaġvigñi samma 1900-git isagutisaaġniŋanni.*

*Qiñiġaaq akiani: Utqiaġvigñi savaaptinnik savaktuat taġium sikuagun (tautuglugu Siku-Inuit-Hila savaakun) nunauraliuŋagai aŋuniaġvisik suli qanusiñik aŋuŋatilaaġmik sumi aŋuŋatilaaŋiññiglu. Uuktuutigilugu, nunauram tautuktitkai sumi aŋusuutilaaŋiññik ugrugniglu qayaġuligniglu, aiviġnik, suli iqalugniglu. Sugnamun igliqtilaaŋit iḷisimanaqtuq qanunnamun iḷiŋammata upiŋaksramiḷu ukiamiḷu aġviqsiuġmata. Nannut aŋuŋagai sumiliqaa aŋuniaġviŋiññi. Nunauram tautuktitkaa aŋitigiruaq nuna, siñaa, taġium sikua/imaq Iñupiat atuġuuraŋat niqiksramignik aŋuniaqamik ukium sulliñipayaaŋagun.*

Qanutuq iqaluqaqtuq kuugni narvaniḷu Tasiqpaum qaniŋani. Pivsiḷiuġaqtugut upiŋaami aasii tutquqḷugi siġḷuanun. Sikuttanik suli iqaluit tutquġviksraŋiññik iñiqsiraqtut. Niġisugniaqtuat iñugiakḷutik iḷagiit, taputimmivḷugit qimmit, aptatilauraġaqtugut iqalliqinaqsimman.

Tuttum sulliñipayaaŋa atuġuugikput, aasii nakuapta iḷaŋat tiŋugaq. Tiŋuk avguqḷugu amikḷivḷugu ikuvluguasii aqiaġuanun tuttum. Taimmaasii aqiaġua puuqḷugu amiŋanik aasii tutquqḷugu kuuġumun, ivrulignik piġulluataqḷugu niġrutinun iḷaksiatquŋiłługu. Niġiñaqsisuuruq tallimani

naagga quliñi uvluni, itqaumagiluguaglaan uunnaagman qilamipayaaq ausuuruq.

Tuttu niqigisuugaluaġmigaat atuġuummigaat suli amiŋa qiḷausiuqamik suli kiiñaġulikamik irrituruam nunam iḷaŋani.

# Utqiaġvium avataani aŋuniaġviit
## Suli uuktuutit qanusiñik aŋusuutilaaŋiññik

(Una nunauraq naamapiaġataġluni iluqaaqługit aŋusuuraŋit inŋitchuq suli atunim
iḷitchuqqutinik atuqłutik aŋuvigiraŋit iḷitchuġiniataŋaitkai.)

| | | |
|---|---|---|
| Iqalugat | ukialliit | |
| ugruit | upinġaksrami aġvaktaat | |
| aivġit | nannut | |
| natchiit | | |

25 KM

25 MILES

0

*Chuckchi Sea*

*Beaufort Sea*

A L A S K A

98

*Qiñiġaat qulliġmiñ
taliqpiñmun
Leavitt-kuayaat Utqiaġvigmi
siġluaŋata paaŋa*

*Siġluam paaŋata umigviŋa.
Qaanaaġmiullu,
Kaŋiqługaapigmiullu
alatkaġaat tasamuŋa
atqaġumaaġamirruŋ siġluaq.
Iluġatik taavaniġmiut ukua
siġluagitchut taavani
nunaŋat uyaġauvaiłuni.*

*Joelie Sanguya mayuqtuq
siġluamiñ.*

*Qaerngaaq Nielsen-lu, Ilkoo
Angutikjuak-lu siġluaqtamik
iqalugmik qiñiqtuk.*

*Qiñiġaaq akiani:
Aġviqsiuqtiŋit Leavitt-kuayat
ammuamigni umiaq
qakitchaġaat
piuqtuanikkamik. Umiapiaq
atuġaatsuli aġviqsiutiŋisa
Utqiaġvium.*

## Joe Leavitt (Niqisigun)

Kiŋuniipta qaaŋiqsinŋagaat niqipiapta itqanaiyaġniŋa uvagut taamnasuli pagmapak iglaupkaġikput. Taamna paŋmapak tutquqsigapta niqsaaptinnik atuġikputsuli. Siġluaqtat niqivut, aġviq, tuttut, natchiich, iqaluit, suli qaugait qanusiḷimaat siġluaqtaullarut naałługu ukiuq.

Siġluaq una qiiyanaqtilaaŋalu allaŋŋuġaaġuuruq. Ukiumi uunnaałhaaġuuruq siḷamiñ. Aasii upinġaami nigliñałhaaqhuni. Niqsaqtavut siġluam tivraġiksisuugai. Aarigaa niqipiat siġluaqtat.

Aġvit niqitchiat, iqaluit, suli aivġit utitchiaġnaġmiut. Qaunaginaqtut nigliñaaqtuamiitiłługi, siqiñiġmun pasiktitchaiḷiḷugi.

## Joe Leavitt

Aġviġmiñ mikigaliaq qaunakłaaġnaqtuq iglum iḷuani. Puvlaksapqauraqpan nigliñaqtuamuglugu aasii aŋalasimaaġlugu piŋasuiqsuaġlugu uvlumi. Mikigaġniaġaa quliñi naagga akimiaġutaiḷatun uvluni.

Paniqtaliuġnaġmiuq tuttunik, iqalugnik, naagga ugrugnik. Paniġmata uqsruġaaligaamun naurianik iḷavlugu aarigaa qiniqtaq niqilluataq.

Uqsruliuġnaqtuq aġviġmiñ, ugrugmiñ naagga natchiġñiñ, suli aiviġniñ. Nigliñaqtuamiitillugu aŋalasimaaġlugu malġugni uvlutuaq akimiaġutaiḷatun uvluni tavra naattuq. Siḷamiitinnaqtuq ukiupak.

Sauriñaġmiuq niqiniq nunamun, tuttumik naagga natchiġmik. Qiksruanigman nuna tavra tivraġiksiŋasuurut.

Tuttut quaġnaitchut nutaat, kukiunaqtut aglaan qanupayaaq. Piġuramik qualiuġnaqtuq sauvlugu tuttu apunmun. Malġugni naagga piŋasuni uvluni naatchuuruq piġuralluataq. Niġukkaq tivraġiqsisuummiuq maanna.

Iqaluich siḷami qiqitchiaġuugai aasii tivraġiksivḷugi siġḷuami. Misiġaaqtuutigiksut iqaluiḷḷu tuttullu. Uuruliat tuttullu iqaluiḷḷu misiġaaġnaġmiut.

Upiŋaami qaunaginaqtut niqipiat nuviuvagniñ. Kiḷiutaġnaqtut qupilġut paniqtaniñ suli niqiniñ. Salumapkaġlugu niqłiqiviiñ ataramik. Auk maanna tippayaruq piiyaŋitchuni savagvigñi. Siġḷuat salummaġuummigai upiŋaksrami aġviq salumaruamik aimmiviqaqtuksrauruq. Aŋuniaqtiuna iqiasuyuitchuq. Aŋuniatqiksuaq kaaksiuniaŋitchuq.

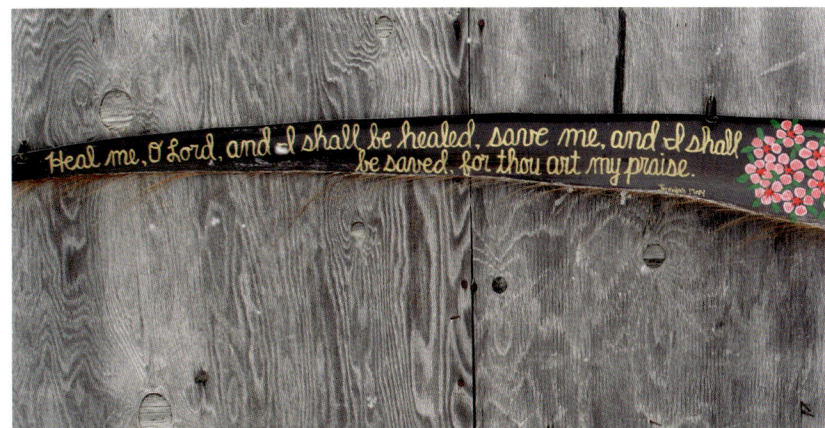

*Akiani: Aġviqsiuġniq, suli niqit aġvaktaaŋiññiñ, Iñupiaguniptinni Utqiaġviġñi nuimapiaġataqtuq. Aġviqsiuqtit paammaaġiqsivḷutik aġviuġaqtut aasii quviasuusiqiraqtut niqinnakkamik, siamitaksramignik nunaaqqimun.*

*Uumani qulliġmiñ: Nunaaqqiqatigiit iluqatik aġviqsiuġniġmi ikayuġuurut. Aġvagmata nunaaqqiġmiut tagraaraqtut nuqiiqsuanun ikayuġiaqḷutik. Taaptuma savaam iḷammaaġiiksittaġigai iñuit, niqi tivraġiqsipkapiksuaqḷugu!*

*Uqaluk aglaaq suqqamun Luther Leavitt- gum siġḷuaŋani.*

*Aġviuqtuat uiñiġmi Utqiaġviġñi. Pitqurakuaqḷugu autaaġuugaat aasii siamiłḷugu aġviqsiuqtinullu nunaaqqimullu.*

*Ilannguaq Qaerignaaq*
*tuugaaliksiuqtuq qayaqtuqłuni.*

# Ilannguaq Qaeringaaq

Taġium sikuaniñ niqinnaktaaġisuukkaŋisa iḷaŋat qiḷalugaq (*narwhal*). Niqaa qanupayaaq itqanaiyaġnaqtuq, suli uqaluich tunŋaruat qiḷalukkanun iñugiaktut itqanaiyaġnigullu tutquġniksraŋanullu. Uuktuutigilugu una: niqaa paniqtinnaqtuq *nikku*-ġuqługu, naagga avguġlugu uqsrukuaksranik naaggaunnii uuruliaksranik. Avguuraqługu kukiunaġmiuq maktaaŋalu naagga taliġua, naaggaunnii qiqitillugu aasii quaġlugu. Ikunaġmiuq qaiġuamun urraqsiaġlugu, naagga atuġnaġmiuq qimmiḷisiutilugu.

Qiḷalukkam iŋaluaŋi paniqsiiñaqtut *nikku*-liuqługu naagga kukiuvlugit maktaaliqługu naagga taliġualiqługu. Kukiunaqtuq uummataa naagga urraqsiaġnaqtuq. Niġiñaqtuq suli tiŋua, paniqtinnaġmiuq. Puvaŋit urraqsiaġnaqtut. Taqtuŋit-aasii *tartuusia(q)*-liuqługit (niqłiaq taqtuk ikiaqtiłługik uqsrumun aasii ikuvlugu aqvaluaqtaamun niqaaqaqtuanun uqsruligaamik qiḷalukkam niaquani.) Iqłua suli urraqsiaġnaqtuq maktaaliġuktuni maktaaliġuŋitchuni qanuġlimaa. Naaggaunnii qiqitinnaġmiuq iñiḷugu iññisamun ukiaġmi.

Urraqsiaġnaqtuq maktaaq imulugu (*maktaaq siḷalliulugu*) ikiaġlugu uqsrumik aasii tutquġlugu qaiġuamun niqiqaġvigmun.

Niqipiaŋa tulimaaŋiññiñ, uataa, suli satqaniñ paniqtinnaqtut *nikku*-liuqługit. Tuniyumiñaġiñ maktaaq, tuugaaŋalu *(the tusk)*, suli *tuugaaqqusia*, tuugaata turvia. Paniqtinnaġmiuk naaggaqaa urraqsiaġnaġmiuk aqikkaŋik.

Qiḷalukkait tainnapiallak tuugaaliktun itqanaiyaġnaġmiut. Taimani 1900-ni qiḷalukkaniñ ivaluliuġuuŋarut taggisiqaqtuanik *ujaloq/Qaanaarmiusut ivalu.*

*Nikku*-lu *mattaaq*-lu qavsiraġlu ikuruni avataqpagmun (puktaaġutaa tuugaaliksiuqtuni) niqi tamanna taisuugaat *orsuusiaq*-mik.

*Tuugaalgit tuugaaŋit atuġuugai sanavlugi qiñiyunaqtualiuqłutik, savalġusiuqłutik, naaggaqaa sunik tuniaksriuqłutik. Iḷaanni aŋullaguurut malġuugnik tugaaqaqtuamik tuugaaligmik.*

# Autaaġniŋa Tuugaalgum qiḷalukkam

104

*Qiñiqtualiaŋa Ilannguaq Qaerngaaq-m qanuq autaaġnaqtilaaŋa qiḷalukkam tuugaalgum*

Ilaaguaqtakun iḷisimmatikun autaaġuugaat aŋukamirruŋ tugaalik qiḷalugaq aŋuruamullu allanullu iñugnun.

Taaptuma qiḷalukkaqtuam niqinnaktaaġisuugaa tunuaniñ niqi (*eqqui*), igḷua uliutaa, igḷua aqikkaŋata, itiġrukpaŋa, suli uummataa, niaqualu. (1)

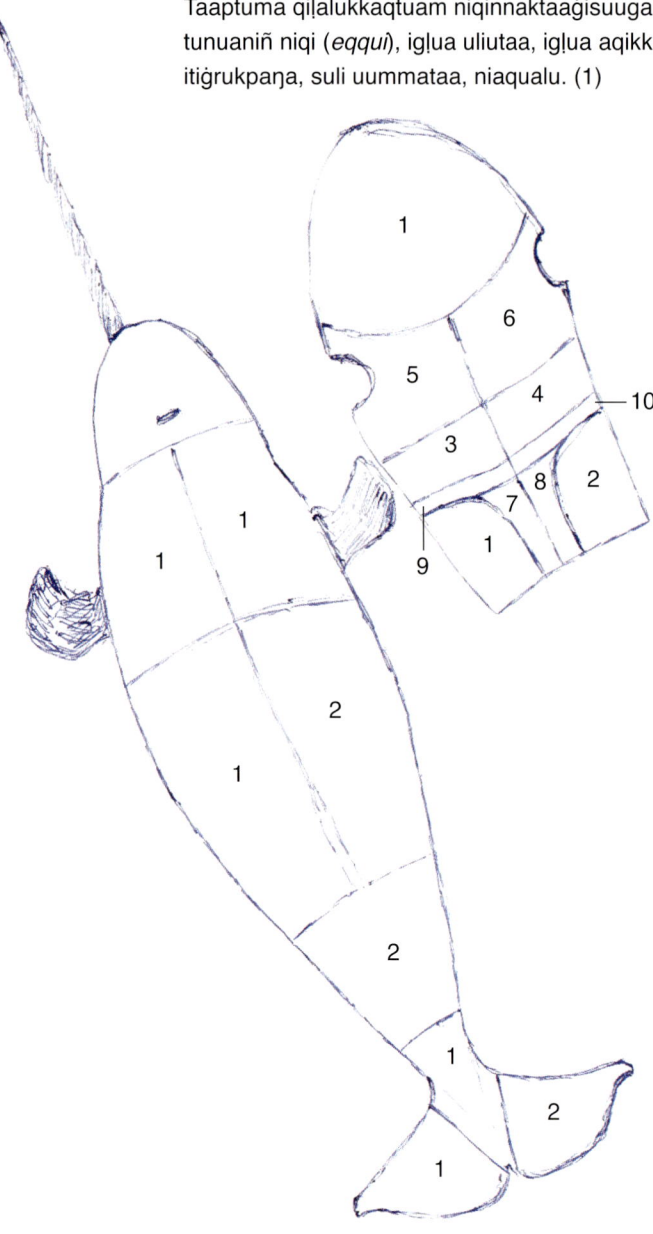

Tuglia iñuk niqinnaguuruq itiġrukpaaniñ, atausimik aqikkamik, suli uliusiñġaniñ (2).

Piŋayuallu sisamaallu aŋuniaqtit niqinnaguuruq kuyapigaata ataaniñ niqinik, iḷavlugik taqtullaanik suli maktaamik (3,4).

Tallimaŋallu aŋuniaqtit tulimaannaguuruk, puvagraamiglu, suli taliġuanik maktaaligaanik (5,6).

Tallimat malġua aŋuniaqtit itiġruġaaniñ niqinnaguuruq (niqi akunġanni usuatalu itiŋnatalu) (7).

Tallimat piŋayuat aŋuniaqtit taisuugait "usunnaktuat"/ utchunnaktuat", taapkua usuata naagga utchuata iḷaŋanik maktaaligaaqługulu itiġruk, suli niqi ataaniñ kuyapigaata (8).

Quliŋŋuġutaiḷaŋat-aasii iḷgaviŋiññiñ niqinnaguuruq, suli niqaalu maktaaŋalu tamaaniituaq (9).

Quliat aasii aŋuniaqtit niqinnaguuruq maktaannaguuruġlu qalasiatalu qitqatalu qulaaniñ (10).

Iŋaluaŋiḷḷu tiŋualu kiapayaaq piḷḷagaik.

Tainna tavra autaaġniq igliqtitchuugaat taunani uiñiġmi.

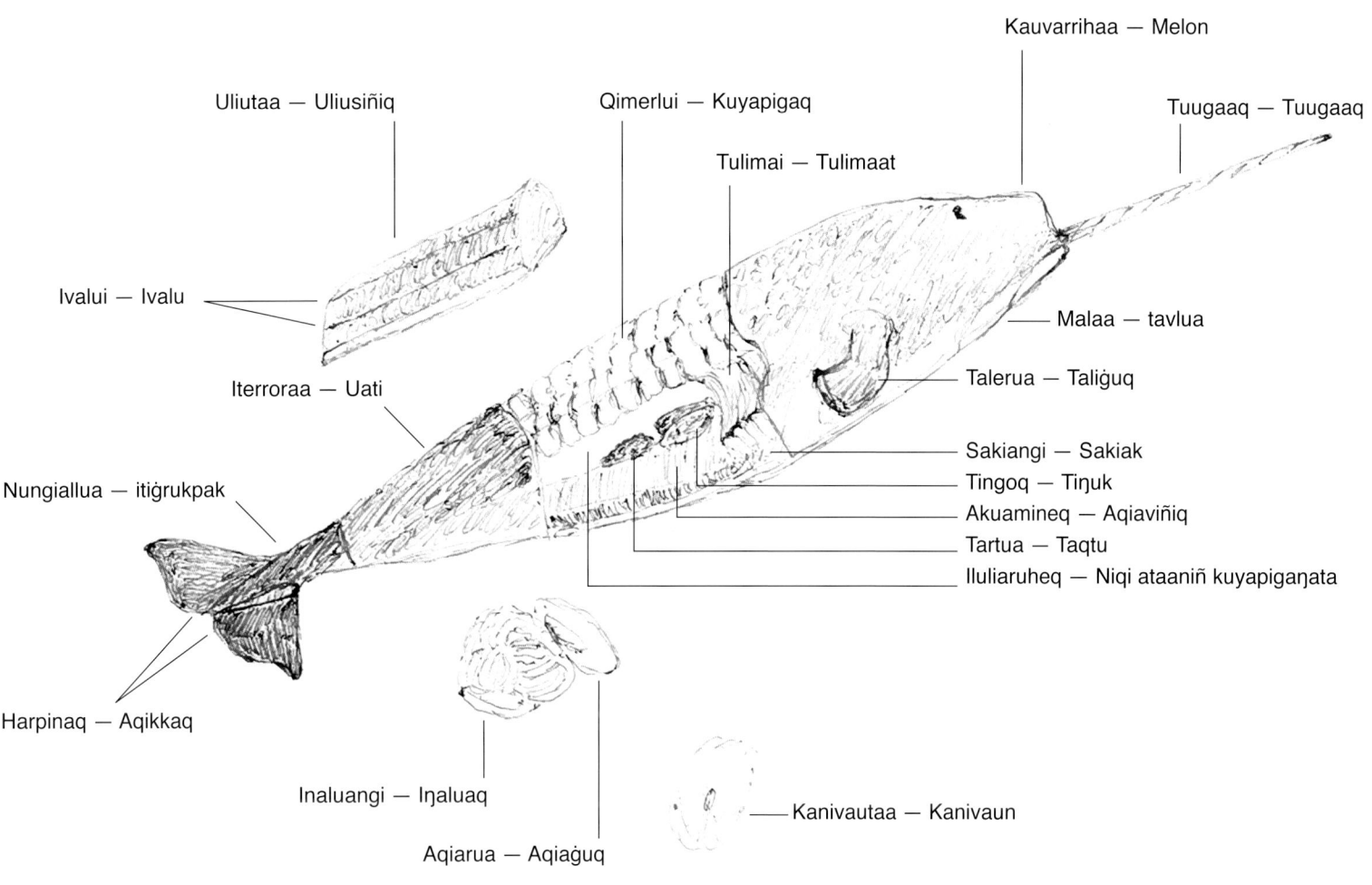

Kauvarrihaa — Melon

Tuugaaq — Tuugaaq

Uliutaa — Uliusiñiq

Qimerlui — Kuyapigaq

Tulimai — Tulimaat

Ivalui — Ivalu

Malaa — tavlua

Iterroraa — Uati

Taleruа — Taliġuq

Sakiangi — Sakiak

Tingoq — Tiŋuk

Nungiallua — itiġrukpak

Akuamineq — Aqiaviñiq

Tartua — Taqtu

Iluliaruheq — Niqi ataaniñ kuyapigaŋata

Harpinaq — Aqikkaq

Inaluangi — Iŋaluaq

Kanivautaa — Kanivaun

Aqiarua — Aqiaġuq

*Qiḻalukkam sulliñiŋit atiŋiḻḻu,*
*savaaŋa Ilannguaq Qaerngaa[q]-m.*

# Qaanaami aŋuniaġviit tatqiŋit

| Category | Kalaallisut | English | Ukiutchiaq | Irraasugruk | Nuŋusaaġniŋani | Umiaqqavium | Suppivik | Iġñivik | Iñukkuksaivik | Tiŋŋivik | Amiġaiqsivik | Sikkuvik | Nippivik | Siqiñġiḷaq |
|---|---|---|---|---|---|---|---|---|---|---|---|---|---|---|
| **Uumahut (Niġrutit)** | Qilalugaq Qakortaq | Qiḷalugaq | • | • | • | • | • | • | • | • | • | • | • | • |
| | Qilalugaq | Qiḷalugaq tuugaalik | • | • | • | • | • | • | • | • | • | • | • | • |
| | Puihi | Natchiq | • | • | • | • | • | • | • | • | • | • | | • |
| | Ugguk | Ugruk | • | • | • | • | • | • | • | • | • | • | | • |
| | Aataaq | Greenlandic seal | | | | | | • | • | • | • | • | | • |
| | Natserriaq | Hooded seal | | | | | | • | • | • | • | • | | |
| | Aaveq | Aiviq | • | • | • | • | • | • | • | • | • | • | | • |
| | Teriganniaq | Tiġiganniaq | • | • | • | • | • | • | • | • | • | • | | • |
| | Nanoq | Nanuq | • | • | • | • | • | • | • | • | • | • | | • |
| *Sikumiiviuraŋitchuat* | Tuttu | Tuttu | • | • | • | • | • | | | | • | • | • | • |
| *Nunamiittuat* | Umimmak | Umigmaq | | • | • | • | • | | | | • | • | • | • |
| *Nunamiittuat* | Ukaleq | Ukalliq | • | • | • | • | • | | | | | | | |
| **Eqaluit (Iqaluit)** | Eqalussuaq | Greenland shark | • | • | • | • | • | | • | | | • | • | • |
| | Qaleralik | Greenland halibut | • | • | • | • | • | | • | | | • | • | • |
| | Eqalugaq | Iqalugaq | • | • | • | • | • | | • | | | • | • | • |
| | Kanajoq | Kanayuq | • | • | • | • | • | | • | | | • | • | • |
| | Haviup pooq | | • | • | • | • | • | | • | | | • | • | • |
| | Eqalugguup nuliaq | | • | • | • | • | • | | • | | | • | • | • |
| | Tupissut | | • | • | • | • | • | | • | | | • | • | • |
| | Mihaqqarnaq | | • | • | • | • | • | | • | | | • | • | • |
| | Qeeraq | | • | • | • | • | • | | • | | | • | • | • |
| | Hulukpaagaq | | • | • | • | • | • | | • | | | • | • | • |
| | Nipihaq | | • | • | • | • | • | | • | | | • | • | • |
| | Eqaluk | Iqalukpik | • | • | • | • | • | | • | • | | • | • | • |
| | Uugaq | | • | • | • | • | • | | • | | | • | • | • |
| **Timmissat (Tigmiat)** | Naujaq | Nauyaq | | | | | • | • | • | | | • | • | |
| | Appa | Akpa | | | | | • | • | • | | | • | • | |
| | Naujavaarruk | | | | | | • | • | • | | | | | |
| | Miteq | Mitiq | • | • | • | • | • | • | • | | | • | • | • |
| | Taateraaq | | | | | | • | • | • | | | | | |
| | Qaqud"dluk | Aivġit nauyaŋat | | | | • | • | • | • | | | | | |
| | Herv"vaq | | • | • | • | • | • | • | • | • | • | • | • | • |
| *Ittuksraupiaqamik kisian* | Uppik | Ukpik | • | • | • | • | • | | | | | • | • | • |
| | Appaliarruk | Dovekie | | | | | • | • | • | | | • | • | |
| | Imeqqutailaq | Mitqutaiḷaq | | | | | • | • | • | | | • | • | |
| **Immap naqqaniit** **(Taġium natqani)** | Imaneq | Imaniq | • | • | • | • | • | • | • | • | • | • | • | • |
| | Uiloq | | • | • | • | • | • | • | • | • | • | • | • | • |
| | Raaja | | • | • | • | • | • | • | • | • | • | • | • | • |
| | Kinguk | Igliġaq | • | • | • | • | • | • | • | • | • | • | • | • |

■ Kiitaaġunmik piqaqtuksraunaqtuq; naaggaqaa iḷaŋit tatqit umiŋasuurut pitqura-kuaqḷutik. Qaanaaġmiut aŋuniaġayaġaluaqtut ukiuqtutilaatun (nannunik, sunik) aglaan pitquraqaqtut iḷaŋiññi tatqit aŋuniaġnaiḷivḷugit.

■ Nunami kisian aŋuniaġnaqtut (qaumaiḷaat)=kiitaaġutituaksraiḷaat; pitquraitchut, ukium sulliñipayaaŋagun aŋunaqtut, aglaan iḷaŋit (aataat suvaluk) iḷaŋiññi tatqit uliġnaitchuuvlutik.

Niqit

106

Upernaakkut sikup sinaani qilaluḵiarsimasut

"Tuugaaligmik qiḷalugaqsiuqtuaq uiñiġmi upinġaksrami".

Qaanaami Inughuit qayaqtuqłutik aŋuniaġuurut qanutun savinnaġaluaqtillugu. Tuugaalgit aŋuniaġuugai uiñiġmi, taġium siñaani. Tainnaptauq Iñupiat aġviqsiuqtiŋisitun upinġaksrami utaqqiuqtuatitun, tavraptauq Inughuit uiñiġmi aŋuniaġuummiut tuugaalignik qayaqtuqłutik. Iḷaanni sivunġa taġium sikuata piiññiŋani ittaqtuq, atakkii uiñiq irvigipiksuaġuugaat taġium niġrutiŋisa, tainnami aŋuniaġvigipiksuaġuugaat nunaaqqim iñuŋisa.

*Qiñiġaat qulliġmiñ taliqpiñmun: Upinġaksrami iqalliqiruat taġium sikuani Qaanaami. Iqalliqirit naġialiġaġigai takkiit ipiutat aŋusukłutik qaleralik-nik, (Greenlandic halibut), itiruaqsiuġuuruaq sakpayak iqalukpak. Amusuugait tamatkua iqaluit atuqłutik immutimik argagnik aŋalannaqtuamik, suli igluuramik nuktallaruamik atuġuurut sivikitchuami naagga sivisuruami tavraniinniaġamik iqalliqivigmi nullaġvigmi. Nullaġviit taġium sikuaniitchuurut qanutun ititilaaqqaaqługu taġium sikua (tautuglugu Qaanaaġmiut Nullaġviŋit suli Aŋuniaġviŋit nunaurat).*

*Kussartitaq – Iqaluit siiqqaaqługit niviŋŋaqługit paniqsiat qiqititchiat.*

*Ilkoo Angutikjuak (qitiqłiq), Laimikie Palluq (taliqpik) Dennis Ashevaglu Kaŋiqługaapigmiut iqalliqinnaraaqtut itiruaqsiuġuuruanik iqalugnik nataaġnanik (white bottom flounder) taġium sikuani Qikiqtaaluum siñaata qaniŋani. Tamaani iqalliqillatummiut upinġaksrami taġium sikuani.*

*Qiñiġaaq akiani: Iqalliqiruat taġium sikuani qaleralik-nik, qiñiġaaliaŋa Toku Oshimam.*

## Toku Oshima

Upinġaami iqalliqiruni taġium sikuani aŋuraqtut niqigiqquuġuuraŋiññik Avarnersuaġmiut. Iqaluktaapayaaŋit niqigisuugait iñuit naagga qimmit.

*Qaleralik*, Kalaałłit Nunaanniñ nataaġnaŋit, sivulliuraqtuq aŋuraŋiññiñ taġiuq sikuqqaaġman. Qaanaam qaniŋaniñ aŋunaqtut aasii taġium sikua qiqitqaaġman tamarra nutaaqtuġaqtut tamatkuniŋa. Niġiñaqtut uiłaqługit naagga uułługit suli uunniaqtuni qanuġlimaa uukłiñaqtut. Irrituruaġmiuguvluta niġiłłatugivut paniqtiłługi aasii quaqługit (*qullugaq*). Nataaġnaq siiqqaaqługu kiliłługit aasii niviŋŋaqługit taġġaġmun. Tainna samma *qulluga(q)-*ŋŋuġniaqtut. *Kussartitaq*-liuġuummiugut-suli saunġiyaqqaaqługu aasii siikługu papiġuŋa atalugu aasii iñiługu. Qiiyanaqtuam siłam paniqtinŋuraaġuugaa aasii mamaqsipiaġataqługu. Taġiuġnaġmiuq nataaġnaq, suli puyukuaqtillugu.

Taġiuq sikuanigman iqalliqiyumiñaqtutin *eqlugaq*-ġnik (Polar cod) sumiłiqaa. Tutquyuġnaqtut aasii niqigivlugit ukiumi; paniqtitchumiñaġiñ qiqitillugu qakuguppan niġisuglugu. Nutaanik uukłiruni *eqalugaq*-nik quyyatigipiallaguugai qanuq tiŋugikpaktuq. Tamatkua *eqalugaq*-t atuġuummigivut naġiaguvlugit *qaleralik*-siuqtuni.

Kanayuqsiuġnaġmiuq ukiumiłu upinġaamiłu. Suuliuqtuni iłavlugu kanayunik mamapiallagmiuq.

Taġiuq sikumman *eqalussuaq* (Greenland shark) aŋuniaġuugaat sikuliami qimmimignun niqigitquvlugu suli aŋuniaġuummigaat upinġaamiptauq. Kilitchuugikput amisuuraqługit amiqtuummaisa aasii iñivługit iññisanun. Panianigman qimmit niqigisuugaat.

# Uumahut nerisassiarineqarnerisa ilassutissai

## Niġrutit niġiñaqtuat (qanuq itqanaiyaġnaqtilaaŋit)

### Mamarut Kristiansen

**Tuttu**
Tuttulu qunŋiḷḷu

Tuttup neqaa: panertillugu, uuginnarlugu, suppaliaralugulu. Qerisoq quartugassatut atortarpoq. Neqaa aserorterlugu frikadelleliarineqartarpoq. Tunnua kaffisuutissatut atorneqartarpoq. Nerukkai nerilugassatut atorneqartarput.

Tuttum niqaa: paniqtiłługu, uuruliuqługu, naagga suuliuġutigivlugu. Qiqumaruat quaqługit. Takuutitaŋaruaq atuġnaqtuq aqvaluqsivḷugit aasii kukiuvlugit. Qaunnaŋa kuuppiaqtuutigiksut. Aqiaġuata aasii imaŋit niġiraġaaġnaqtut.

**Umimmak**
Umigmak

Umimmaap neqaa: panertillugu, uuginnarlugu suppaliaralugulu. Neqaa aserorterlugu frikadelleliarineqartarpoq.

Umigmait niqaat paniqtaliuġnaqtuq, uuruliuġnaqtuq, suli suuliuġnaqtuq. Takuutaŋaruaq niqaa atuġnaqtuq aqvaluqsivḷugit aasii kukiuvlugit.

### Uussaqqak Henson

**Nanoq**
Nanuq

Nanoq nerineqartarpoq kissamik uullugu, kisianni aamma qerilluartillugu nerineqarsinnaavoq. Aamma erlaviini inaluaq seriattut nerineq nuannerneq ajorput. Aamma tingui nerineqartanngillat, tassa qerisoq nerineq ajornanngikkaluartoq, inerteqqutaalaartarluni. Aamma tassa orsua uullugu seqqulaaliaralugu ajunngilaq. Orsuami mamartorsuuvoq aammami oqaa nerisinnaavat. Taamaasilluta taanna nalunaarutigilaarparput.

Nannum niqaa uutilluataqługu niġiñaqtuq, aglaan qiqitilluataŋamman niġiñaġmiuq. "Iglaġugnaŋitchuq" niġiruni iŋaluanik imaiyaŋaitchuanik. Tiŋuŋa niġiñaitchuq aŋŋuuŋ, qiqitilluataġlugu niġiḷḷasiñaġaluaqpan; qanupayaaq niġipkatchaiḷiraqtuksraugai qanuq tuqunaqaġuuruq. Uqsrua uqsrukuaqługu uunnaġmiuq seqqulaa(q)-liuqługu. Uqsrua tivraġikpaktuq suli uqaŋa niġiñaġmiuq. Tamatkua isummatigiratka aglaksiññaqtatka.

### Toku Oshima

**Ukaleq**
Ukalliq

Amia peeriarlugu, aggoriarlugu (nulleriarlugu) tarajulerlugu uuginnarneqarsinnaavoq aamma qajortorusukkaanni qajortorneqarsinnaavoq allamik akoornagu. Kiisalu kaarialerlugu qakortuliassamik (qajuusanik) kinersaaserlugu, qasilitsulerlugu, uanitsulerlugu qajuliarineqarsinnaalluni.

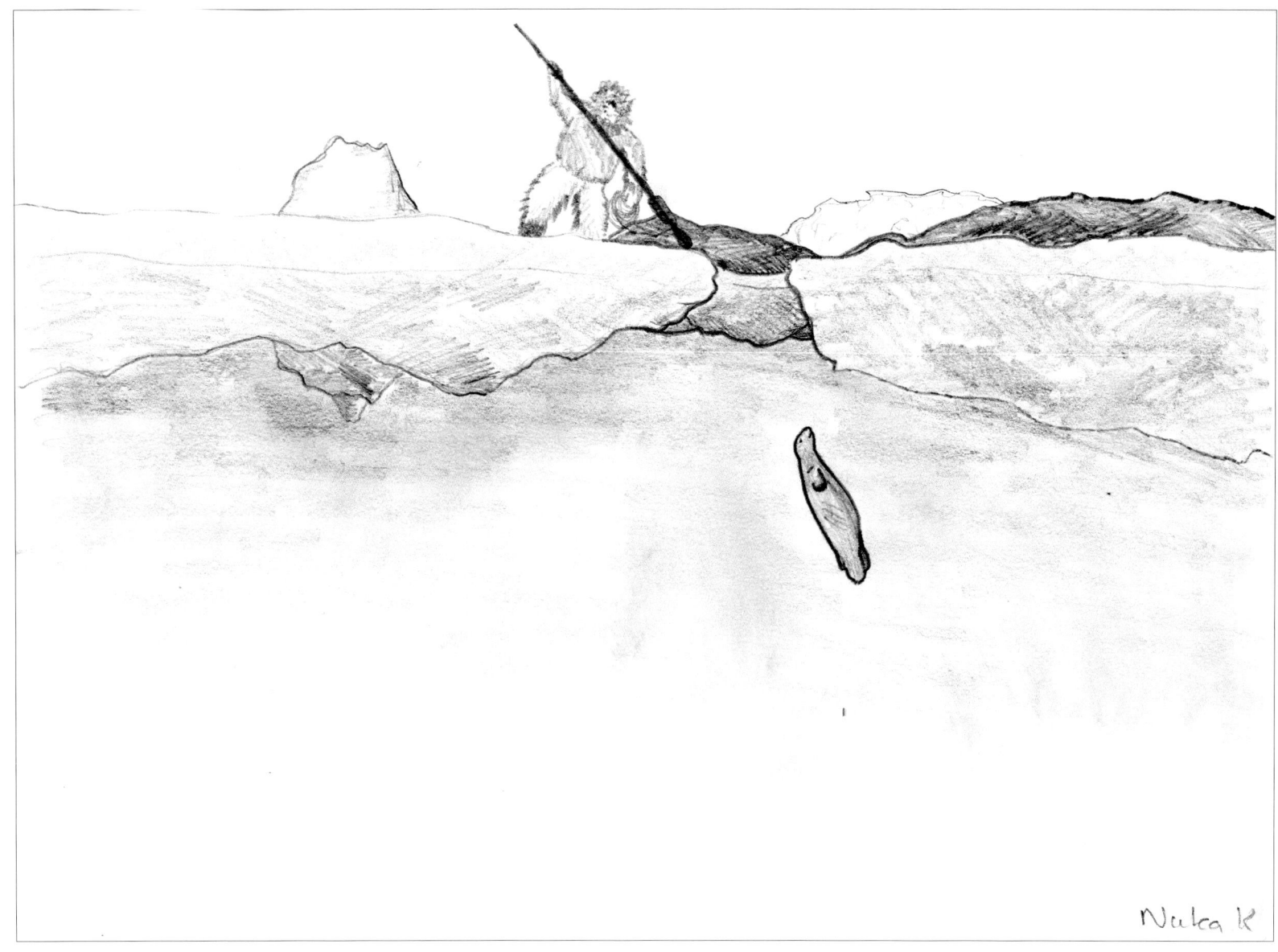

Ukallip neqaa ovnikkut sianneqarsinnaavoq,
allatuulli siatassatut.

Kiisalu igakkut sianneqarsinnaalluni uanitsulikuloorlugu
naatsitanillu akoorlugu, saniatigut suaasalerlugu,
kartoffelmosinilluunniit illulerlugu.

EQQAAMALLUGU: Ukallip saanii manngertuummata,
qimminut nerliunneqarneq ajorput,
toqussutaassinnaammata.

Qalatitchumiñaġiñ amiiyaqqaaġlugulu uukłiqqaaġlugulu,
niuqqaġnaqtuq imiġaŋa sunik avuuġaluaġnagu.
Suuliuġumiñaġmiutin curry-ļiġlugu, papalugu, aiñaliġļugu,
suli kiniqsiļaaġunmik palauvagmik palauvaaliuġlugu.
Ukallium niqipiaŋa samuunnaaġutigiksuq allatituttauq
niqisun.

Uqsrukuaġlugu uunnaġmiuq aiñaliġlugu allaniglu
nautchianik iļalugu, aasii raaqtuutigilugu naagga utqiñik
iļalugu akunŋaruanik.

*Natchiqsiuqtuaq allukun
taġium sikuani,
qiñiġaaliaŋa Nuka
Kristiansen-gum.*

UNA ITQUAMAGILUGU: Sauniŋit ukalliit siqquqtut, tainnamik qimmiptinnun niġipkalaitkivut qanuq tuqutchumiñaġai.

### Teriganniaq
Tiġiganniaq

Ukiuni kingullerni nerisaanera tusarsaarpiarunnaarnikuuvoq, immaqa peqqutaanerulluni pisiniarfimmi igaassat nunat allaniit tikisitat pisiassaalernikuummata. Kiisalu teriannissat ilaat perlerortarmata.

Terianniaq iganeqarsinaavoq nersutituulli allatut uuginnarlugu, akoorluguluunniit assigiinngitsunik. Kisiannili utoqqaat mianersoqqutigisartagaat tassa iganiaraanni: pualasuujussasoq niaqualu ilanngunneqassanngitsoq, perlerortuusimaguni navianarsinnaammat.

Ukiuni qaaŋiqqamiqsuani tusaavigruasuitchugut niġiruanik tiġigannianik, qanuq imma niqiqaqpaiłłuta tauqsiġvigñi tauqsiġñaqtuanik. Qanuġluimma malukalisuuvlutik tiġiganniat.

Niqaa tiġiganniam qalatiłługu uunnaqtuq allatitun niqipiatun, nautchialiġuktuni nautchialiġuŋitchuni atiruk. Utuqqanaat aglaan kiliktuisuurut quiñiruałhiñanik niġiñaqtuq, suli niaqua niġigaluaġnagu qanuq niaqua tiġiganniaq malukaliŋakpan niaquaniinniaġasugalugusuli.

### Ugguk (Ussuk)
Ugruk

Ugguup neqaa neqitorsinnaasunit tamanit nerineqarsinnaavoq.

Avanersuarmiut tulimai nerpialu (kujaata neqaa) panertittarpaat.

Tulimai marluk qeqqatigut seeriarlugit (imminnut isumikkut ataatsikkut atatillugit) manisarpaat, orsua atatillugu. Kiisalu nerpiata neqaa saattunnguanngorlugu aggoriarlugu maniorartarpaat, nikkuliaralugu. Paneraangamillu sivisoorujussuarmik pigineqarsinnaalertarput. (asiuaatsunngortaramik paneraangamik). Ugguk pilanneqaraangat nerisassat illinnarnerpaat tassaasarput inaluai. Inaluai peerneqaraangata seqeerneqartarput (singinneqartarput), taakkua salilluarneqartarput qumaqartaramik errortorlugillu. 10cm-ikkaarlugit aggoriarlugit neqinik orsulinnik ilallugit uunneqartarput. Aatsaallu tassa mamarsarumagaanni!

Kiisalu ussuup neqaa agguarariarlugu champignon uanitsullu ilanngullugit siariarlugit, taratsut qasilitsullu ilanngullugit. Uuppata imermik annikitsunnguamik ilallugit. Spaghettit pastalluunniit ooriarlugit imertaa peeriarlugu siatanut akulerullugit aamma ajorisassaaneq ajorput!

Qiñaliqaa niġiḷḷaruq ugruum niqaanik.

Avarnersuaġmiut paniqtitchuugai tulimaaŋit suli niqaa quiŋaniñ.

Tulimaaŋit malġuułługik piiġñaqtuk (isuŋik atavlugik) uqsruqtuummaan aasii niviŋŋaqługu paniqtiłługu. Niqivik kuutchiñaaŋaniñ kilinnaqtuq amikłiuraqługit aasii niviŋŋaqługit iññivigmun; tainna tavra *nikku*-liuġnaqtuq. Panianigman maqulaitchuq sivisuuraqtuami (paniqtittuni tavra maqutchaiḷiyumiñaqsivḷugit savagnaqtuq). Qavraktuni ugruk nakuuniqsraŋi tamarra iŋaluaŋit. Imaiyaqqaaġnaqtut quułługu iŋaluaq aasii imaiġman immamik salummaġmivḷugu qanuq iḷaanni qupilġuusuurut iŋaluaġmiutanik. Aasii taimma avguqqaaġlugu argam iraqtutilaaŋatun uuruliuġuvit taputilugit niqipianun uqsruligaanun. Tivraġikpaktuq araa!

Avguqqaaġlugu niqi mikinaaġlugi aasii uqsrukuaġlugi uullugit argaiġñanik iḷalugu suli aiñanik aasii taġiuġlugulu papalugulu. Uqsrum uutitkanikpauŋ imilikuluuraġlugu. Aasii spaghetti-ḷiuġlutin naagga qanusilimaanik *pasta*-nik, uutkanikpata imaiġlugu aasii naavillugu niqipianun, taamnaptauq uqaviḷuutiginaġniaŋitchuq!

### Natserriaq (Natsersuaq)
Natchiq Nasalik

Avanersuarmi natsersuup pisarineqartarnera qaqutigoorpoq puisinut allanut sanilliullugu. Kisianni puisituut allatuulli nerisassiarineqarsinnaavoq. Kiisalu panertuliaralugu qualiaralugulu (qerisortorlugu) mamartorujussuulluni. Neqaa agguarariarlugu assigiinngitsunik akoorlugu siallugu mamartorujussuuvoq, saniatigut suaasalerlugu imaluunniit naatsiialerlugu, spaghettilerluguluunniit, aatsaat tassa mamartoq. Imaluunniit nerpiata neqqarinnera hvidløgilerlugu baconinillu manngussuiffigeriarlugu, kiisalu qaava baconinik qallerlugu ovnikkut siallugu kajortumillu miseqqerlugu aamma mamartorujussuuvoq.

Natchiit nasalgit aŋuviuraŋitkai Avanersuami allatitun natchiqsun. Aŋuruniaglaan niqḷiuġnaġmiuq allatun natchiqsun. Tivraġiksuq paniqtitqaaġlugu qiqitiłlugu. Uqsrukuaqługu kukiuruni tivraġigmiuq allanik nautchianik avuuqługu, suli *raaq*tuutigivlugu, asiaġruaqtuutigivlugu, naagga *spaghetti*-tuutigivlugu. Quiŋata niqipiaŋa

samuunnaaġnaġmiuq avuuqługu *garlic*-mi, tuttuġluum saniqsuaŋanik suli niġisaqtuni palauvaaqtuutigivlugu.

# Ilannguaq Qaerngaaq

### Puisi (Natseq)
Natchiq

Uusuliaralugu qulisserlugu nerineqartarpoq aammalu neqaa inaluaalu nikkuliarisarpaat. Isuanniliarisarpaat qinnillugu, ujaqqanik matoorlugu. Aamma ukiukkut qualiarineqartarpoq. Neqqarinneri sianneqartarput uutsivikkut naatsiialerlugu akoorlugu, tassa mamaq!

Natchiq niġiñaqtuq qalatiłlugu suli niqiviŋalu iŋaluaŋiḷḷu paniqtiłlugit. Iñuit-suli tippaksiaġuummigaat uyaġagniñ qaiġusugni. Ukiumi qiqitiłlugu niġiñaġmiuq tainna. Avguqqaaqługu uqsrukuaġnaġmiuq sunik nautchianik avuuqługu suli asiaġruanik, tainna mamaqtuq!

### Aataaq
Natchiq (siutaiḷaq)

Aataap neqissiarineqarnera: uusuliaralugu nerineqartarpoq, isuanniliarineqartarluni ukiukkullu qualiarisarpaat aammalu nikkuliarisarpaat. Aataap neqaa qimminut neqissiarinerusarparput.

Niqaa niġisuugikput qalatiłlugu, tippaksiaqługu (tippaksiaqługu iluqaan), qiqitiłlugu naagga paniqtiłlugu. Aglaan atuqquuġuugivut innasit natchiit niqigivlugit qimmiptinnun.

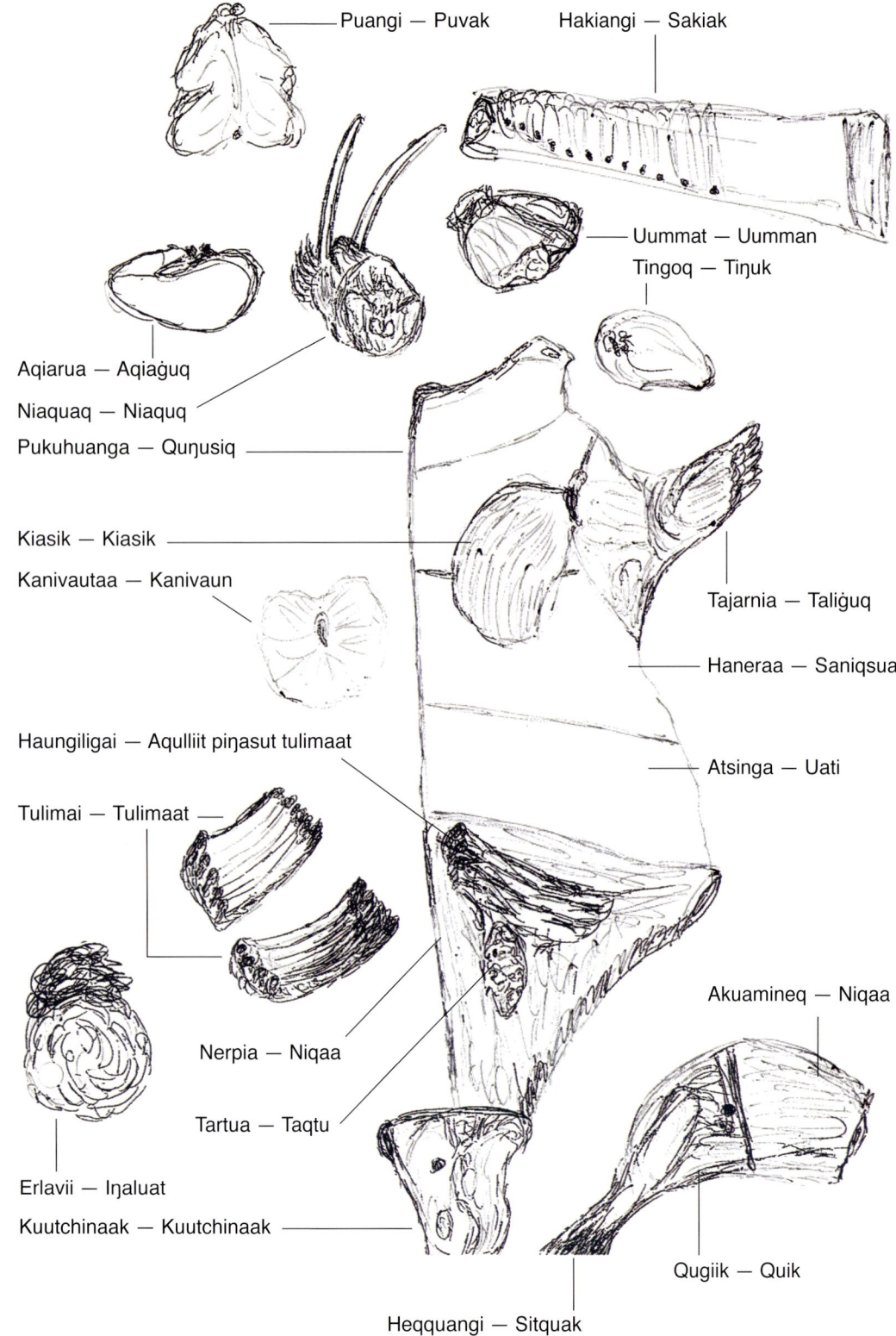

Puangi — Puvak

Hakiangi — Sakiak

Uummat — Uumman

Tingoq — Tiŋuk

Aqiarua — Aqiaġuq

Niaquaq — Niaquq

Pukuhuanga — Quŋusiq

Kiasik — Kiasik

Kanivautaa — Kanivaun

Haungiligai — Aqulliit piŋasut tulimaat

Tulimai — Tulimaat

Erlavii — Iŋaluat

Kuutchinaak — Kuutchinaak

Nerpia — Niqaa

Tartua — Taqtu

Tajarnia — Taliġuq

Haneraa — Saniqsua

Atsinga — Uati

Akuamineq — Niqaa

Qugiik — Quik

Heqquangi — Sitquak

Qiñiġaaliaq taiguqługi aivġum
suliñġaŋi, qiñiġaaliaŋa Ilannguaq
Qaerngaa(q)-m

## Otto Simigaq

### Aiveq
Aiviq

Aarrup nerisassartai: Aarrup niaquanga qerisumik niaquartortarpaat, umerloqarfia ersaa qarasaalu. Oqaa umerloqarfialu uusortorneqarsinnaapput. Aqajarormiui imanit, tikit, sakiangusat orsumik illulerluni ammariutaaluunniit nerineqarsinnaapput, kiisalu uunneqarsinnaallutik. Uummataa, kanajuutaa, sakiai tulimaavi pukuhuangalu. Seqqui talerui, tassa neqaa tamarmi uullugit nerineqarsinnaapput, aqitsuinnanngorlugilluunniit uullugit.

Nukallup orsua ikummatigineqarsinnaavoq, pallersorlunilu orsua nerineqarsinnaalluni mamartumik. Tingua qerisutut sialluguluunniit mamartorujussuuvoq. Seqqui piseqalitsilaarlugit sinarsuttorneq, orsutorneq neqaajualu mamat.

Quiivinut tinguit ungerlartuullugit mamartuliarisarpaat, isuanniliaralugit, seqinermut tarrisillugit (qinnillugit) aamma ungerlaaq puttallartillugit uullugit, tassa mamaq.

Niġiñaqtuat aiviġmiñ: Quaqługu niaqua niġiñaqtuq, umiŋisa niqaa, iqsraŋaniñ niqi, suli qaqasaŋa. Uqaŋalu umiŋisalu niqaa qalatiłługit niġiñaġmiuk. Aqiaġuata imaŋit imaŋġit, *tikit*, *sakiangusat* (allat imaniqtun ittuat) niġiñaqtut uqsruqtuutigivlugit agmaġluqqaaqtuni

2 Taliññaktuq — iñuk taliññaktuaq
4 Quiññaktuq — iñuk quiŋanik piññaktuaq
6 Niqinnaktuq — iñuk niqaanik tunuaniñ niqinnaktuaq
8 Quŋusiññaktuq — iñuk quŋusianik niqinnaqtuaq
10 Uatinnaktuq — iñuk uataaniñ niqinnaktuaq
12 Niqinnaktuq — iñuk niqinnaktuaq niqipiamik aqiaviñĝaniñ

1 Aivvaktuq — iñuk aivvaktuaq
3 Quiññaktuq — iñuk quiŋanik piññaktuaq
5 Niqinnaktuq — iñuk niqaanik tunuaniñ niqinnaktuaq
7 Quŋusiññaktuq — iñuk quŋusianik niqinnaqtuaq
9 Uatinnaktuq — iñuk uataaniñ niqinnaktuaq
11 Niqinnaktuq — iñuk niqinnaktuaq niqipiamik aqiaviñĝaniñ

aqiaĝua suli imanĝit uutinnaĝmiut. Ummataa, kanivautaa, tulimaaqaĝvia, tulimaaŋit, quŋusiata tunusua niĝiñaĝmiut. Pamiuŋa, taliĝuŋik, iluĝaallu niqiŋit qalatiłługit niĝiñaqtut, aqiḷitchiiñaqtut.

Uqsrua isavgat uqsruĝiyumiñaqtuq qullimi, suli uqsrua niĝiñaĝmiuq uqpiŋuluuraqtuutigivlugu, maanna tivraĝiksuq.

Quiŋata niqaanun ikiaqtittuni tiŋua tippaksiaqqaaqługu taĝĝaĝmi mamaqsisuuruq, suli mamaĝmiuq qalatiłługu uuruliuqtuni nutauŋŋaan (tippaksiaŋaitchuaq).

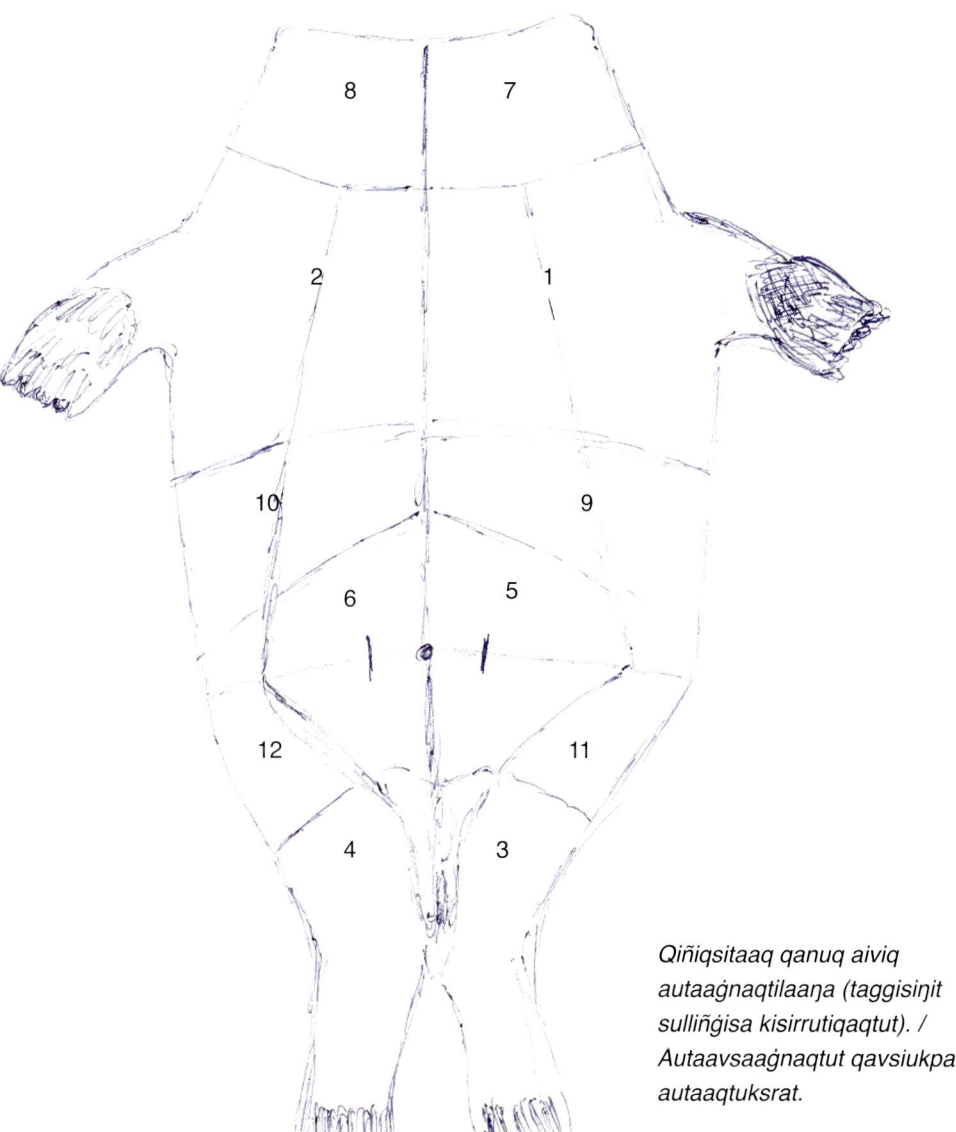

*Qiñiqsitaaq qanuq aiviq autaaĝnaqtilaaŋa (taggisiŋit sulliñĝisa kisirrutiqaqtut). / Autaavsaaĝnaqtut qavsiukpata autaaqtuksrat.*

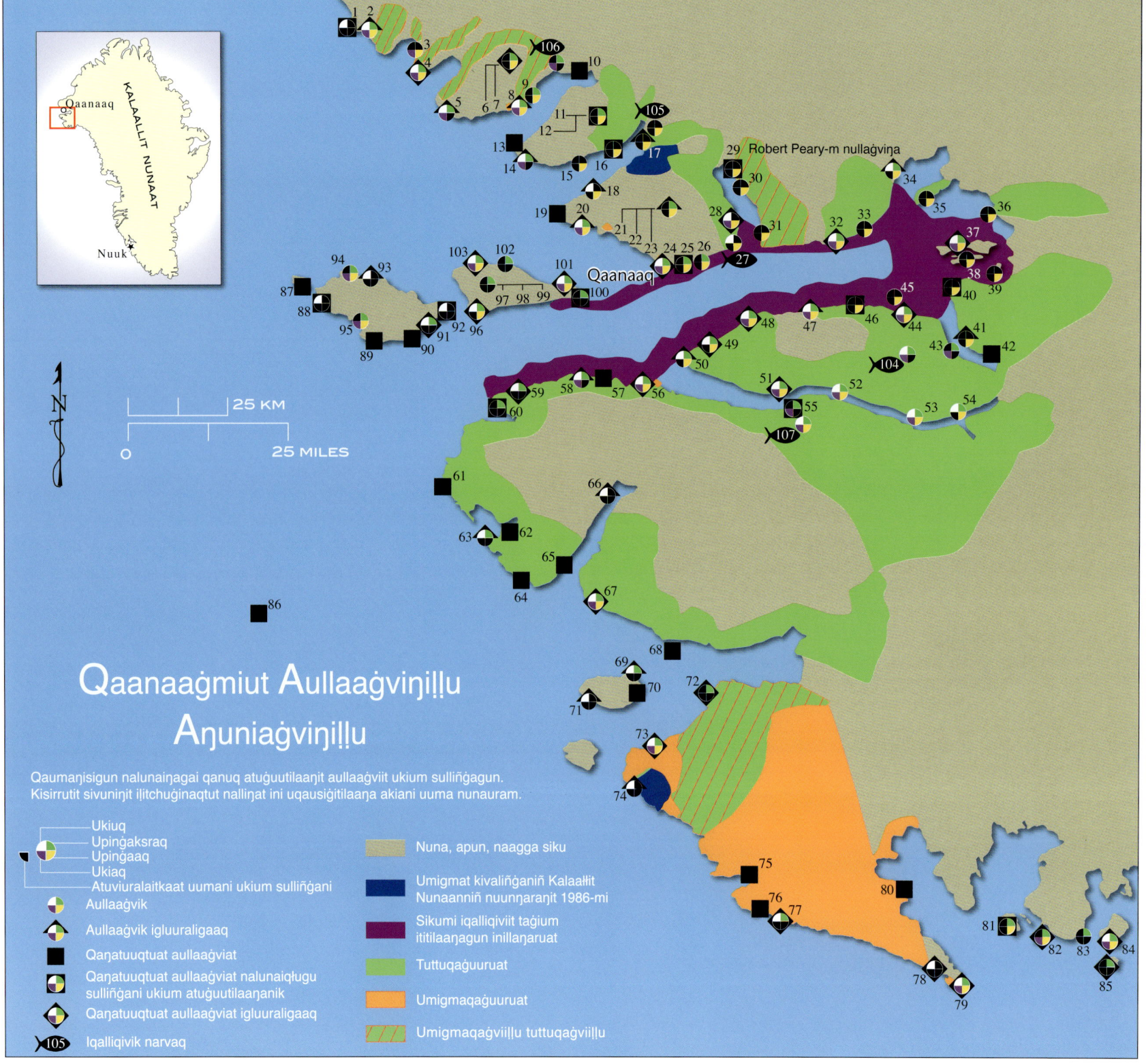

# Qaanaaġmiut Aullaaġviŋiḷḷu Aŋuniaġviŋiḷḷu

Qaumaŋisigun nalunaiŋagai qanuq atuġuutilaaŋit aullaaġviit ukium sulliñġagun. Kisirrutit sivuniŋit iḷitchuġinaqtut nalliŋat ini uqausiġitilaaŋa akiani uuma nunauram.

Ukiuq
Upiŋaksraq
Upiŋaaq
Ukiaq
Atuviuralaitkaat uumani ukium sulliñġani

Aullaaġvik

Aullaaġvik igluuraligaaq

Qaŋatuuqtuat aullaaġviat

Qaŋatuuqtuat aullaaġviat nalunaiqḷugu sulliñġani ukium atuġuutilaaŋanik

Qaŋatuuqtuat aullaaġviat igluuraligaaq

Iqalliqivik narvaq

Nuna, apun, naagga siku

Umigmat kivaliñġaniñ Kalaaḷḷit Nunaanniñ nuunŋaraŋit 1986-mi

Sikumi iqalliqiviit taġium ititilaaŋagun inillaŋaruat

Tuttuqaġuuruat

Umigmaqaġuuruat

Umigmaqaġviiḷḷu tuttuqaġviiḷḷu

*Iluqaiññi piŋasuni* Sivuniŋa *Sikum-miittuani nunaaqqiurani iglauyuġaani aullaaġviiḷḷu tunulliḷiqsuġaat aŋuniaġniq, iqalliqiniq, suli katiqsriñiq niqiksranik, tamatkua atuŋagai qaŋataima qavsiñi kiŋuġaaġiiñi. Inillaa allaullaaruq, atiqallaaruq (iluqaiññiqquuq), atuġnaqḷuni sulliñipayaaŋagun ukium naaggaqaa sulliñġagun kisian ukium. Inillaa inigiguuruq iḷaanni aŋuniaġviit qaniḷḷutik naaggaqaa qamannirvigikḷuni anuġimiñ naagga annaksaġvigikḷuni uŋiuligruaniñ, naaggaqaa sunaimma Iñupianun nuimaruaq apqusaaŋavluni tamaani naagga suna puiguitkaagaksraŋat nunam iñuŋiññun tamaani apqusaaŋavluni. Qaanaami iluqaisaqquuq aullaaġviit taġium siñaaniittut aŋuniaqtit aŋullayumiñaqsivḷugit taġium sikuaniñ naagga nunamiñ.*

# Qaarnaarmiut Camps and Hunting Areas

| Numbered placenames according to map | Name | Has cabin | Id"dlukut Traditional | Ukioq Winter | Ukiaq Autumn | Upernaaq Spring | Aasaq Summer |
|---|---|---|---|---|---|---|---|
| 1 | PITORAARV"VIUP KARRA | | • | • | | | |
| 2 | PITORARRV"VIK | • | | • | • | • | • |
| 3 | NEQIP ID"DLUA (UMIATSIALIVIK) | | | | • | | • |
| 4 | NEQI | • | • | • | • | • | |
| 5 | KUUGAERUT | • | | • | • | • | |
| 6 | IKD"DLULUARRUIT | • | • | | | • | |
| 7 | ATIKERD"DLOQ | • | • | | | • | • |
| 8 | SIORAPALUK | • | | • | • | | • |
| 9 | APPALERRUUT | | | | | • | • |
| 10 | PATAK | | • | | | | |
| 11 | KUUGARRAAQ | | • | | | • | • |
| 12 | KUUKKAT | | • | | | • | • |
| 13 | KANGEQ | | • | | | | |
| 14 | UMIIVIK | • | | • | • | • | |
| 15 | NUUGGUAQ (NUUSSUAQ) | | | | | | • |
| 16 | IKD"DLUT (ILLUT) | | • | | | | • |
| 17 | ITERD"DLAGGUUP QINNGUA (KUUGGUAQ) | • | | | | | |
| 18 | QAD"DLUUHARRAAKKOORIAQ | • | | • | | | • |
| 19 | INNARMIUT | | • | | | | |
| 20 | HIORARTOOQ | • | | • | • | • | • |
| 21 | QAD"DLUUHAT | • | | | | • | • |
| 22 | IKKARD"DLORTOOQ | • | | | | • | • |
| 23 | NUUGGUAQ | • | | | | • | • |
| 24 | QAANAAQ | • | • | • | • | • | • |
| 25 | INERRUSSAT | | • | | | | • |
| 26 | INERRUSSAT KANGID"DLIIT | | | | | • | • |
| 27 | KOORUPALUK (KANGERLUARSUUP PAAVANI) | | | • | | | • |
| 28 | KANGERD"DLUARRUK | • | • | • | • | | • |
| 29 | ID"DLOQARV"VIGGIAQ | | R. Peary's cabin | | | | • |
| 30 | QILALUGARTUUPALUK | | | | | | • |
| 31 | KOORUPALUK (KANGERLUARSUUP AKIANI) | | | | | | • |
| 32 | QUINIHUT | • | • | • | • | • | • |
| 33 | IIHAANNGUUP NUNAA | | | | | | • |
| 34 | PAURNGARRIIT | • | | • | | • | • |
| 35 | QIKERTAARRUUHARRAQ | | | | | | • |

Food

118

| Numbered placenames according to map | Name | Has cabin | Id"dlukut Traditional | Ukioq Winter | Ukiaq Autumn | Upernaaq Spring | Aasaq Summer |
|---|---|---|---|---|---|---|---|
| 36 | QAKUJAARRAAQ | | | | | | • |
| 37 | QIKERTAT | • | • | • | • | • | • |
| 38 | QIKERTAARRUGGUAQ | | | | | | • |
| 39 | QUIHAQQIHAAQ | | | | | | • |
| 40 | NUNATARRAAQ | | • | | | | • |
| 41 | QUNGAHISSAT | • | | | | | • |
| 42 | QUMANGAAPIUP NUNAA | | • | | | | |
| 43 | MAJORIAQ | | | | • | | |
| 44 | KANGERD"DLUGGUAQ | • | • | | | | |
| 45 | QIMMIUNEQARV"VIK | | | | | | • |
| 46 | NUTAAT | | • | | | | |
| 47 | HIUNNARTALIK | • | | | • | | • |
| 48 | TIKERAUHAQ | • | • | | | | • |
| 49 | NARRAQ 1 | • | • | | | | • |
| 50 | KANGEQ | • | | | | | • |
| 51 | IHU | • | • | | | | • |
| 52 | KUUGGUAQ | | | | | | • |
| 53 | QINGARTUHAUSSUAQ | | | | | | • |
| 54 | MAJORIAQ | | | | | | • |
| 55 | QAQQARRAAQ | | • | | | | • |
| 56 | ITUD"DLEQ - INERRUSSAT | • | • | | | | • |
| 57 | UJARAHUGGUK | | • | | | | |
| 58 | MIHUUMAHUT | • | • | | | | |
| 59 | NARRAQ | • | • | | | | |
| 60 | NATSILIVIK | | • | | | | |
| 61 | KANGAARRUGGUAQ | | • | | | | |
| 62 | IGANNAP QINNGUA | | • | | | | |
| 63 | IGANNAQ | • | • | | | | |
| 64 | NUUD"DLIIT | | • | | | | |
| 65 | UD"DLIHAUTINNGIAQ | | • | | | | |
| 66 | ITERD"DLAGGUUP QINNGUA | | | | | • | |
| 67 | MORIUHAQ | • | • | | | | • |
| 68 | QIKERTAARRUIT | | • | | | | |
| 69 | UMIIVIK | • | | | | • | |
| 70 | IKD"DLULUARRUNNGUIT | | • | | | | |
| 71 | INERRUSSAT | • | | | | • | |
| 72 | UUMMANNAQ | • | • | | | • | |
| 73 | NARRAARRUK | • | • | | • | • | • |

| Numbered placenames according to map | Name | Has cabin | Id"dlukut Traditional | Ukioq Winter | Ukiaq Autumn | Upernaaq Spring | Aasaq Summer |
|---|---|---|---|---|---|---|---|
| 74 | QUARAUTIT | • | | • | | | |
| 75 | ISSUIGGOQ | | • | | | | |
| 76 | APPAT | | • | | | | |
| 77 | HUKKAT | • | • | • | | • | |
| 78 | NIAQORNAARRUK | • | • | • | | | |
| 79 | INNAANGANEQ | • | • | • | • | • | • |
| 80 | PUIHILIK | | • | | | | |
| 81 | QIKERTAT | | • | | | | • |
| 82 | QIKERTAPALUK | • | | • | • | • | • |
| 83 | AKULIARUHEQ | | | | | • | |
| 84 | SAVIGGIVIK (SAVISSIVIK) | • | • | | | • | |
| 85 | HAD"DLEQ | • | | | | | |
| 86 | KITSIGGUT | | • | | | | |
| 87 | AKPAARRUIT | | | | | | |
| 88 | QANGAKTAT | | • | • | | | |
| 89 | UPERNGAVIGGIAQ | | • | | | | |
| 90 | QAGGIHALIK | | • | | | | |
| 91 | KIATAK | • | • | | | • | |
| 92 | ID"DLERNAARRUK | • | • | • | | | |
| 93 | UJARAGGUK | • | | | | | |
| 94 | UMIASSIALIVIK | | | | | | • |
| 95 | IHUSSIP UMIATSIALIVIA | | | | | • | |
| 96 | ULUGGAT | • | • | | | • | • |
| 97 | KUUGARRAAQ | | | | | | |
| 98 | KUUGAPALUK | | | | | • | |
| 99 | AVATARPAUHAT | | | | | | |
| 100 | NUUPALUK | | | | | | • |
| 101 | QIKERTARSUAQ | • | • | | • | • | |
| 102 | KINGINNEQ | | | | | • | |
| 103 | KUUGARRAAQ | • | • | | • | | • |
| 104 | KANGERD"DLUGGUUP TAHERRIANGA | | | | • | • | |
| 105 | ITERD"DLAGGUUP TAHIA | | | | | | • |
| 106 | IKINERUP TAHIA | Lakes where people fish through the ice during autumn and spring | | | | | |
| 107 | QAQQARRUUP TAHIA | Lakes where people fish through the ice during autumn and spring | | | | | |

■ Fishing spot

# Joelie Sanguya

Harvesting birds, marine mammals, land animals, and fishing was our way of life when we lived the nomadic life. We traveled by dog team. There was a language used between a hunter and his dogs for each large animal hunted. The dogs approached each animal in a different manner. Each animal chase had its own kind of thrill before the quota system was introduced.

When we went seal hunting by dog team, there was no traveling from point A to point B. We hunted in a region and polar bears hunt seals the same way we did. Dogs would sniff into the wind for *agluit* (seal breathing holes) with their tails up or down showing their own mood for each day-to-day job. Whenever the dogs would smell a seal breathing hole, they would start to run and my father would say, "*hut, hut, hut, ha-la-la-la, ha-la-la-la*" to encourage them to find the hole. Once we got very close to the breathing hole, my father would direct the dogs to turn and keep down-wind of the hole, so that the scent of our dogs' tracks would not be upwind from the breathing hole.

Sometimes our fathers used to *qaqqaliaq* (go to higher places like rocks on the land, or icebergs for good vantage points) to scan an area for any animal they could find. If they saw a polar bear, they tried not to come back to the dogs in a hurried manner, or talk about it when they were near the dogs, so that the dogs would not know that they had seen a bear. Many times though, the dogs did find out about what was going on, probably from our fathers' energy, and the dogs would start to get excited.

There were times when dogs would sniff out polar bear tracks, or a polar bear itself. The scent would create a different kind of behavior in the dogs. When the dogs reached the polar bear tracks, they would spread out, and my father would stop the dogs to investigate how fresh the tracks were, or to see which way the bear went.

For well-trained hunting dogs, this was the time for dogs to obey their master more than usual even though excitement is creeping upon them. After a brief investigation by the master to determine how fresh the tracks are and which way the bear went, the hunting would begin. The master would direct the dogs to travel in the direction the bear went because dogs cannot tell which way the tracks are headed.

My father would use the usual directional commands, but he changed the tone of his voice when we were pursuing a polar bear. My father would tell me to hang on to the rope that tied things down on the *qamutiik* (sled), to make sure that I didn't get thrown off when we made a sharp turn or hit a bump on the ice. This is the moment when I shivered with nervousness and excitement all at the same time even before we saw the bear.

There were times when we had to make a stop to untangle *ipiutait*, the dogs' leads (traces). During our stop, I could see that the dogs were shivering too, probably the same way as I was. These great moments, excitements, don't come along every day.

A tracker dog has already been unleashed from the team. My father tells the dogs to follow the tracker dog instead of the bear tracks, using commands with haunting tones that he would not use in ordinary travel.

Seeing where the tracker is heading, we would follow the dog with our eager team and we felt the same way. We traveled what seemed to be so slowly as we wanted to get to the bear as soon as possible.

Then my father would spot the bear and tell me that the bear was in sight. I would answer his positive words with a trembling, positive voice, trying to sound not so nervous.

My father would say, "*ruik, ruik, ruik, quishhh, quishhh*" (it meant the bear is in sight and we will get to it). All of the dogs turned their head toward their master then, their tails downward so that my father was visible to them as they ran, probably hearing what they wanted to hear all along. As the dogs turned their heads forward, there was a jolt in the speed, their ears were erect and their tails pointed straight out when my father said this particular command. The command would soak through the team, including myself. The hair on the back of my head would go up, and I'd get a tremor right through my body. The feeling is so unique and there seems to be nothing like it in the excitement of other hunts.

*"We hunted in a region, and polar bears hunt seals the same way we did".*

As we near the polar bear and the tracker dog, we can now hear the dog barking. My father unleashes the other dogs and we keep going on the *qamutiik* with the momentum. Then we finally stop, too close to the bear for my comfort. Dogs encircle the bear with what seems to be like music, as the dogs bark at the bear with a different tone in their voice than normal. One dog bites the bear from behind, and as it turns, another dog bites it from the other side.

It is deafening as the dogs bark at the polar bear and attack it. Then my father shoots and kills the bear and all the noise suddenly stops. Your ears seem to ring without all the barking that was just happening seconds ago. The only thing you can hear now is the dogs panting and eating snow to cool themselves down.

After the bear is down, some dogs come and bite the bear again to make sure the bear is dead. These are assurance checks that dogs do.

As my father cuts the bear to take off the skin my heart is still pounding and I'm still looking around to make sure that there are no other bears nearby. As my father butchers the carcass, he makes sure that the dogs do not take the liver because it is toxic. Then he gives the dogs a little bite as their reward.

When we get home, proudly, the polar bear meat is taken to a place where dogs cannot get at it. That was usually at the eldest uncle's. Then, the camp feasts on the meat together, hearing stories of how we got the polar bear.

I shake as I hold on to the rope like my father told me to and we see the tracker chasing the bear ahead. Everything seems to be so clear as we travel. My father would sometimes look at me and smile, making sure that everything is okay on the *qamutiik*. The tracker looks as though it has reached the bear, then the bear turns sideways. This means the tracker has bitten the bear on its hind leg to stop it. We are now getting closer to the bear much more quickly now and the dogs trouble the bear. On this run, all I could hear is the *qamutiik* squishing the snow and the bumps it's making. I'm not cold, but I'm shivering.

## Nancy Neakok Leavitt

The sea ice is very important to the very existence
of the Iñupiat people. The sea ice provides us with
the rich vitamins and other minerals we need for our
bodies to exist in the cold weather. The sea ice is a
cashless subsistence way of life for our food. Other than
the need for gas, the Iñupiat gather clothing and rich
food from the sea ice. Our stomachs know when fresh
food is available at different seasons of the year. We
fill our ice cellars with the fresh food from the sea ice.
This is the acquired taste of the Iñupiat people. I
know because now at 61 years of age, my stomach is
hungry when there is no fresh food on the table.

# Kangiqtugaapik — Food from Sea Ice

## Hunting by Season

People in Kangiqtugaapik depend on food from the sea ice. In some cases, hunting and fishing depends on the presence of sea ice, the ice acting as a platform for travel and the hunt. In other cases, animals are connected more indirectly to sea ice, their movements and ecology governed at least in part by the timing and conditions of sea ice. Ptarmigans, for example, are not hunted on the sea ice, but for Kangiqtugaapingmiut these birds are closely connected to the annual cycle of sea ice. In the fall when multi-year ice is coming down from the North and new ice is forming, the ptarmigans also arrive, and soon ptarmigan hunting will be good. The anticipation of freeze up runs parallel to the anticipation for the delicious meat of ptarmigan. As we see in so many examples throughout this book, the cycle of sea ice is bonded to cycles of hunting, of family activities, of equipment preparation, and even of cravings for different foods.

The following charts illustrate the cycles of food from sea ice at Kangiqtugaapik. The charts are specific to food hunted or gathered on the sea ice, so some animals and plants that are hunted exclusively on the land are not included, such as ptarmigan, berries, and many other plants. The illustrations follow traditional hunting patterns and do not take into account modern day hunting regulations and laws which have changed the way Inuit can hunt, dictating quotas and timing of hunts for some animals.

The charts show the traditional six seasons of the year on the outermost circle with the corresponding months of the year shown on the next inner circle. Next to the inside is the annual cycle of sea ice. There is always variation year to year in sea ice timing, and in recent years (since the mid-1990s), freeze up has been 3-4 weeks later in the year and break up 3-4 weeks earlier in the year than shown in the charts. The charts here, however, show the expected sea ice timing based on traditional knowledge and life experience of the contributors. The inner circles of the chart then show the timing of the animals and when they are hunted on the sea ice. The animals are divided into six different categories as identified by Kangiqtugaapingmiut: *Pisuktiit* (walkers); *Puijiit* (surface breathers); *Tingmiat* (flyers/birds); *Iqaluit* (fish); *Iqqarmiutat* (sea floor dwellers); and *Tariup piruqtungit* (sea plants). The thick white lines show when the animals are available during the year. A thin white line indicates when the animal may be found during this time, but it is outside of the main expected season.

*Camping on the sea ice near Pilaktuak, a spectacular cliff between Kangiqtugaapik and Pond Inlet, Baffin Island.*

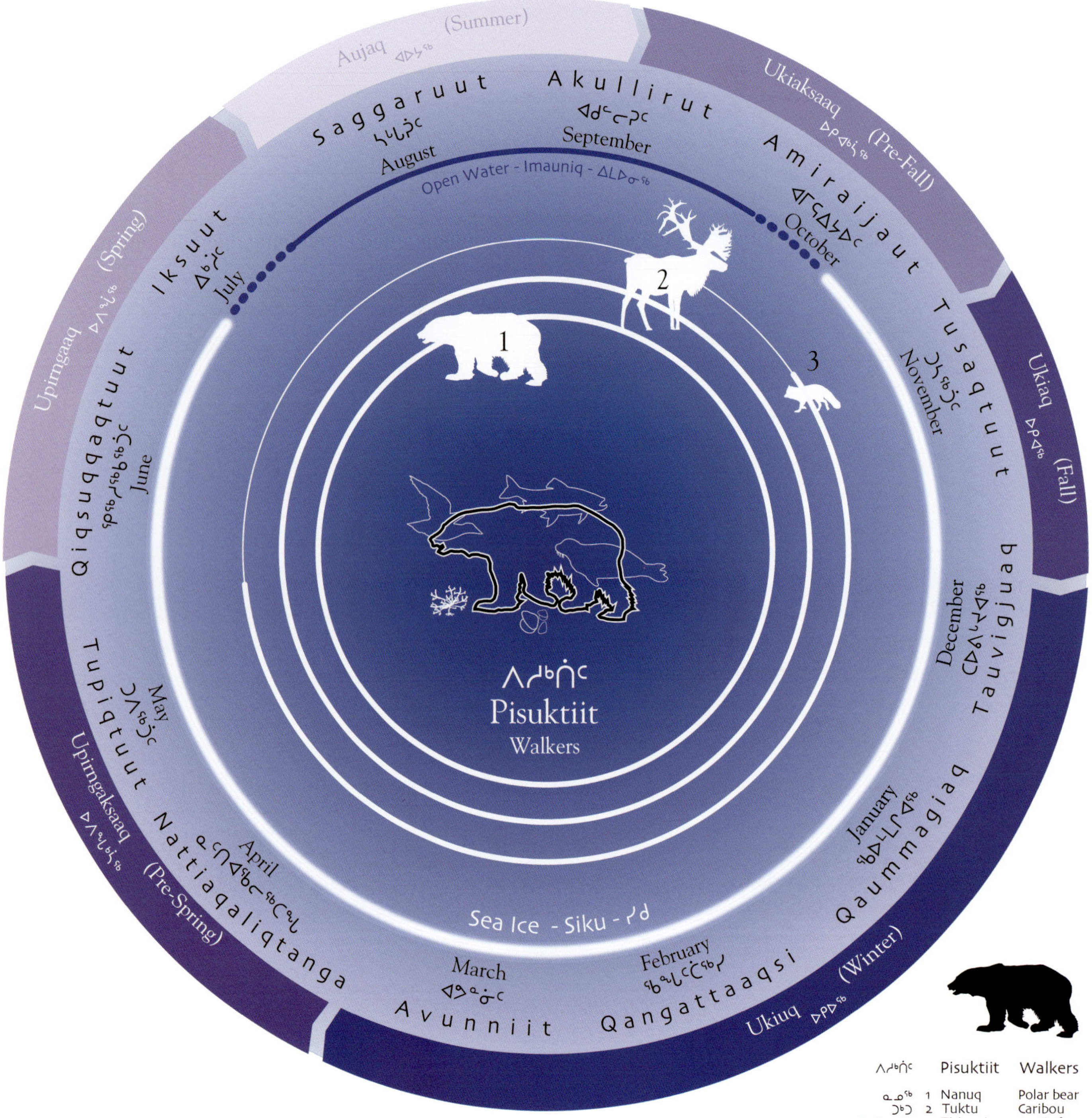
Aujaq (Summer)
Ukiaksaaq (Pre-Fall)
Ukiaq (Fall)
Ukiuq (Winter)
Upirngaksaaq (Pre-Spring)
Upirngaaq (Spring)
Saggaruut
August
Akullirut
September
Amiraijaut
October
Tusaqtuut
November
Tauvigjuaq
December
Qaummagiaq
January
Qangattaaqsi
February
Avunniit
March
Nattiaqaliqtanga
April
Tupiqtuut
May
Qiqsuqqaqtuut
June
Iksuut
July
Open Water - Imauniq
Sea Ice - Siku
1
2
3
ᐱᓱᒃᑏᑦ
Pisuktiit
Walkers

| ᐱᓱᒃᑏᑦ | | Pisuktiit | Walkers |
|---|---|---|---|
| ᓇᓄᖅ | 1 | Nanuq | Polar bear |
| ᑐᒃᑐ | 2 | Tuktu | Caribou |
| ᑎᕆᒐᓂᐊᖅ | 3 | Tiriganiaq | Arctic fox |

### Pisuktiit

There are three main walkers hunted on the sea ice. Only the polar bear is hunted regularly on the sea ice and at any time of the year. In summer they may be hunted on pieces of ice, at the shore, or in the water by boat. Caribou are rarely found on the sea ice, but it does happen from time to time, and caribou are hunted all year. Arctic fox are hunted all year but mainly during the sea ice season. In the summer, foxes are in dens with litters and people are busy with other hunting. In the past, Arctic fox were food and the skins were used for baby clothing. Today foxes are rarely eaten, but the furs are still used for sewing and to sell.

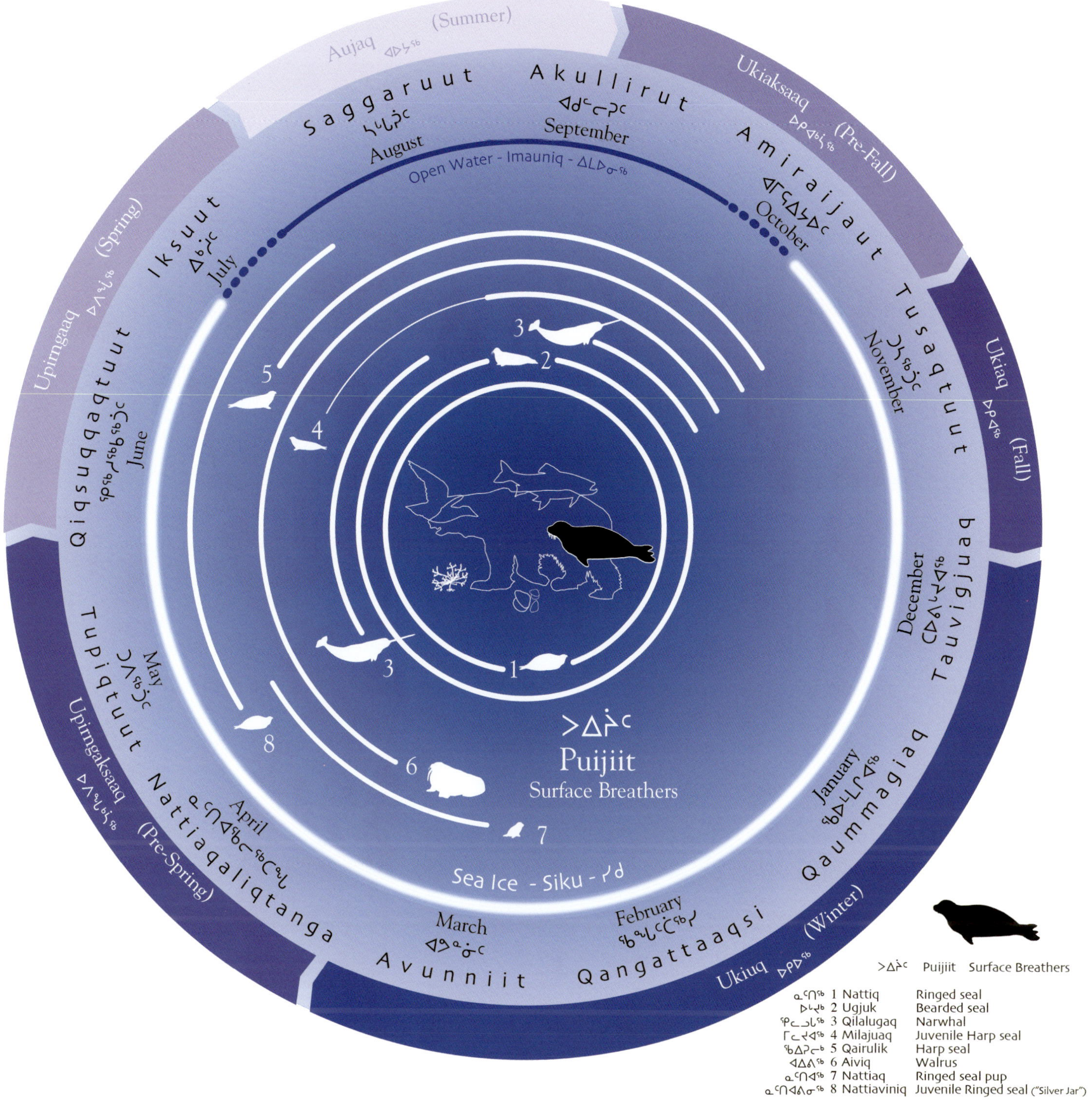

Aujaq (Summer)
Ukiaksaaq (Pre-Fall)
Ukiaq (Fall)
Ukiuq (Winter)
Upirngaksaaq (Pre-Spring)
Upirngaaq (Spring)
Saggaruut
August
Akullirut
September
Amiraijaut
October
Tusaqtuut
November
Tauvigjuaq
December
Qaummagiaq
January
Qangattaaqsi
February
Avunniit
March
Nattiaqaliqtanga
April
Tupiqtuut
May
Qiqsuqqaqtuut
June
Iksuut
July
Open Water - Imauniq
Sea Ice - Siku
Puijiit
Surface Breathers
1
2
3
3
4
5
6
7
8
>ᐃᔩᑦ Puijiit Surface Breathers
ᓇᑦᑎᖅ 1 Nattiq Ringed seal
ᐅᒡᔪᒃ 2 Ugjuk Bearded seal
ᕿᓚᓗᒐᖅ 3 Qilalugaq Narwhal
ᒥᓚᔪᐊᖅ 4 Milajuaq Juvenile Harp seal
ᖃᐃᕈᓕᒃ 5 Qairulik Harp seal
ᐊᐃᕕᖅ 6 Aiviq Walrus
ᓇᑦᑎᐊᖅ 7 Nattiaq Ringed seal pup
ᓇᑦᑎᐊᕕᓂᖅ 8 Nattiaviniq Juvenile Ringed seal ("Silver Jar")




### Puijiit

The ringed seal is the most important food source for Kangiqtugaapingmiut because of its availability all year. It is hunted on the sea ice and from boats in the summer time. Bearded seals are also available all year, and prized for their skins, which are used for making rope, dog harnesses, and other equipment like the line for *naulaq* (a type of harpoon). The line (rope) for *naulaq* is made so that it is rounded on both sides of the rope, making the skin much more difficult to break. This rope is used when hunting strong animals such as *ugjuk* (bearded seal), *qilalugaq* (narwhal), or polar bear. However, not nearly as many bearded seals are harvested as ringed seals. Harp seals and narwhals are only available at certain times. Juvenile harp seals are seen much more often these days than in the past and they are trickier to hunt because of their tendency to sink. Walrus are very rare in the Kangiqtugaapik area, only a few are caught each year if any.

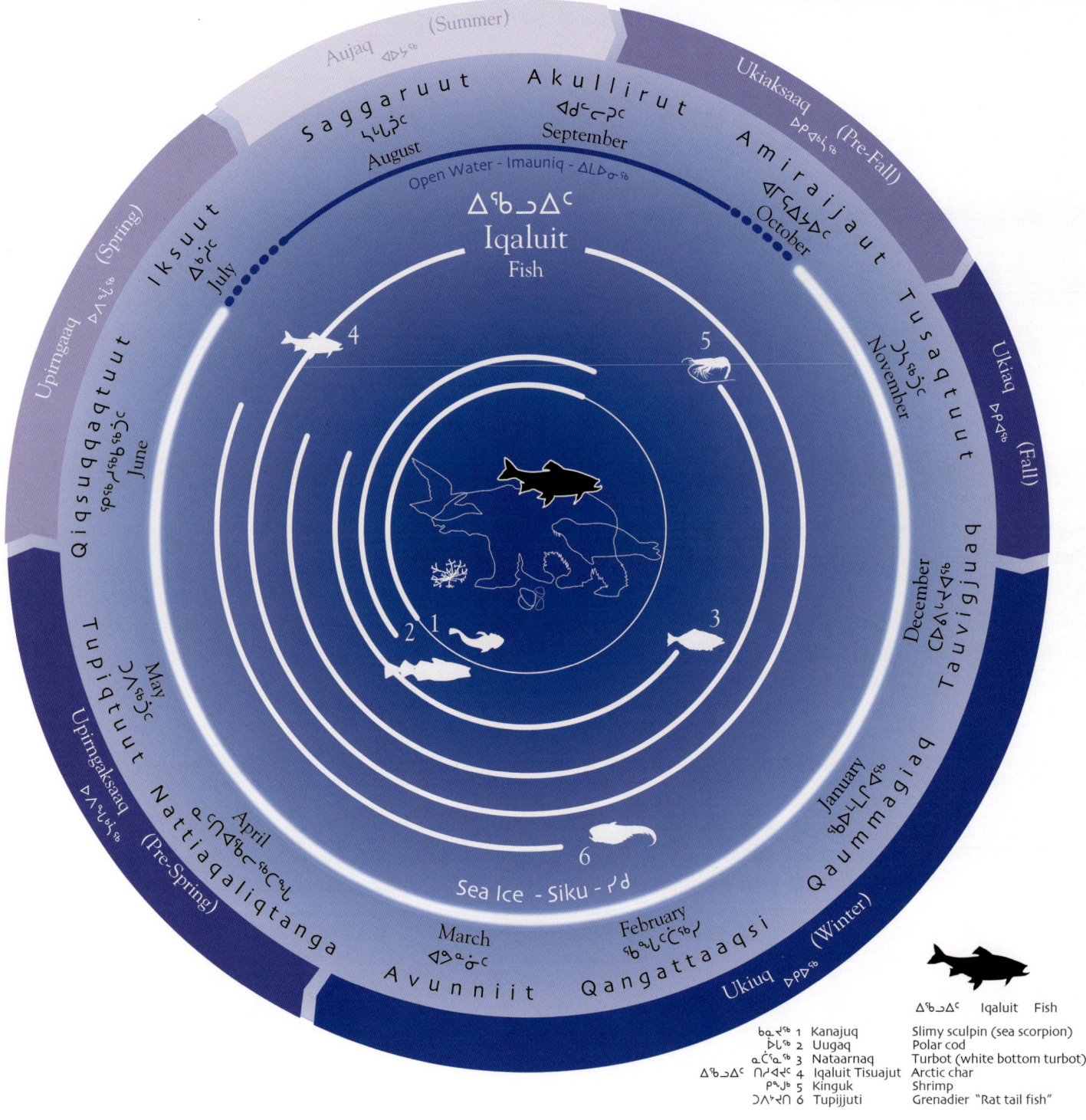

Aujaq ◁ᗃᔆ (Summer)

Saggaruut ᔅᑲᖑᑦ ◁ᖁ ᒐᒪᑐ ᒪᑐ

Akullirut ◁ᑯᓪᓕᕈᑦ September

Ukiaksaaq ᐅᑭ◁ᒃᓵᖅ (Pre-Fall)

Amiraijaut ◁ᒥᖤᐃᔭᐅᑦ October

Open Water – Imauniq – ᐃᒪᐅᓂᖅ

Iksuut ᐃᒃᓲᑦ July

ᐃᖃᓗᐃᑦ
Iqaluit
Fish

Upingaaq ᐅᐱᖓᒡ (Spring)

Qiqsuqqaqtuut ᕿᖅᓱᖅᖃᖅᑑᑦ June

Tusaqtuut ᑐᓴᖅᑑᑦ November

Ukiaq ᐅᑭ◁ᖅ (Fall)

Tauvigjuaq ᑕᐅᕕᒡᔪᐊᖅ December

Qaummagiaq ᖃᐅᒻᒪᒋᐊᖅ January

4

5

3

2 1

6

Upingaksaaq ᐅᐱᖓᒃᓵᖅ (Pre-Spring)

Tupiqtuut ᑐᐱᖅᑑᑦ May

Nattiaqaliqtanga ᓇᑦᑎᐊᖃᓕᖅᑕᖓ April

Avunniit ◁ᕗᓅᑦ March

Sea Ice – Siku – ᓯᑯ

Qangattaaqsi ᖃᖓᑦᑖᖅᓯ February

Ukiuq ᐅᑭᐅᖅ (Winter)

ᐃᖃᓗᐃᑦ Iqaluit Fish

ᑲᓇᔫᖅ 1 Kanajuq — Slimy sculpin (sea scorpion)
ᐅᒍᖅ 2 Uugaq — Polar cod
ᓇᑖᕐᓇᖅ 3 Nataarnaq — Turbot (white bottom turbot)
ᐃᖃᓗᐃᑦ ᑎᓲᔪᑦ 4 Iqaluit Tisuajut — Arctic char
ᑭᖑᒃ 5 Kinguk — Shrimp
ᑐᐱᒡᔪᑎ 6 Tupijjuti — Grenadier "Rat tail fish"

## Iqaluit

*Kanajuq* are available any time during the year, but people fish for them mainly during the spring break up season. In the winter, these fish are fatter, and in past times *kanajuq* was a very important source of food to Inuit (and still is for some people). Today

*nataarnaq* are caught using modern deep-sea fishing techniques such as long-lines and winches to haul up the fish. In the past, Inuit would catch *nataarnaq* through seal breathing holes. The fish would surface at the seal breathing holes and one could simply

catch it, especially between the months of January and June. Arctic char (*Iqaluit tisuajut*) were fished all year as they are today, from inland lakes, rivers, and in the ocean.

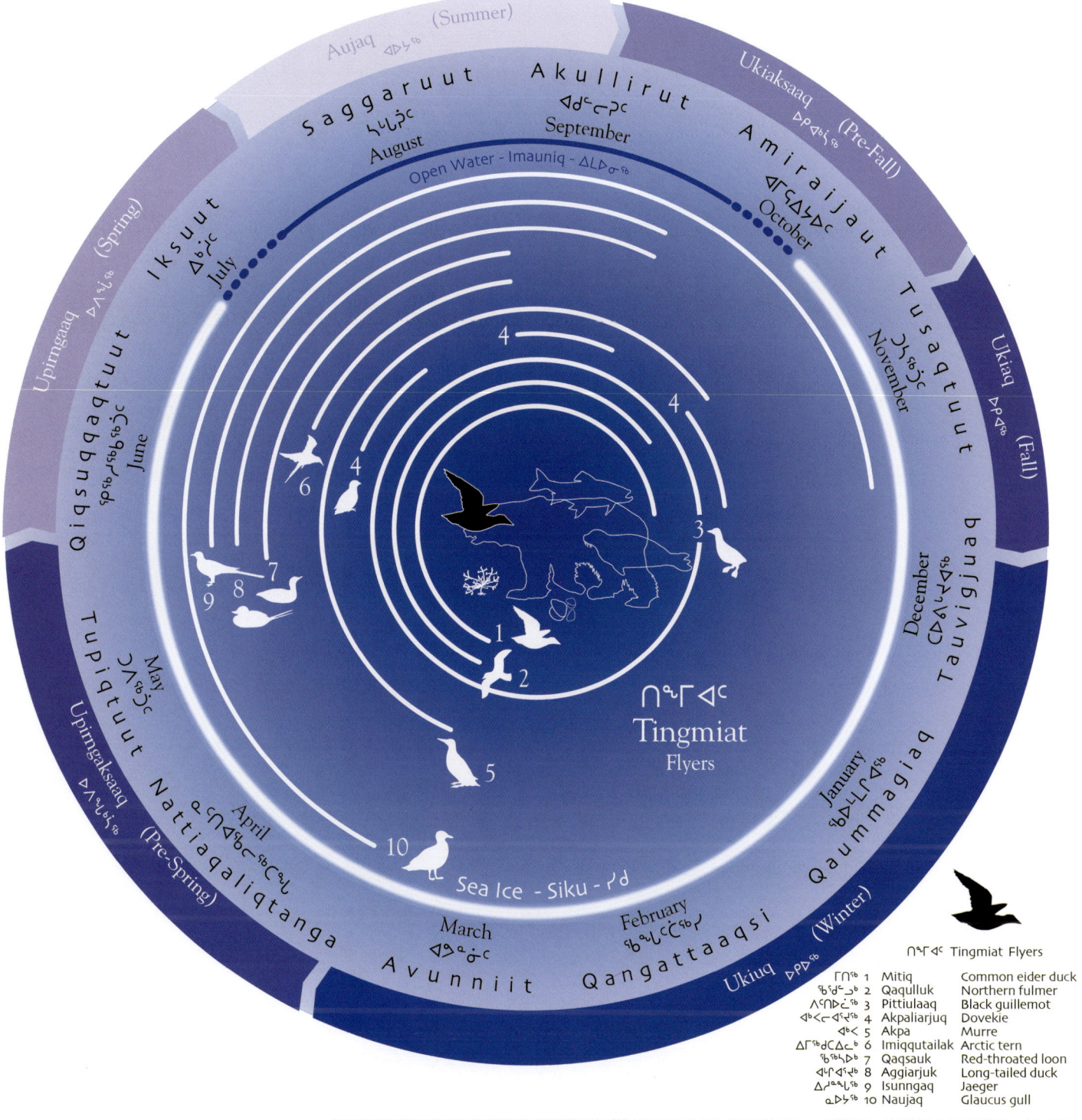

**Tingmiat Flyers**

| | | Mitiq | Common eider duck |
|---|---|---|---|
| ᒥᑎᖅ | 1 | Mitiq | Common eider duck |
| ᖃᖁᓗᒃ | 2 | Qaqulluk | Northern fulmer |
| ᐱᑦᑎᐅᓛᖅ | 3 | Pittiulaaq | Black guillemot |
| ᐊᒃᐸᓕᐊᕐᔪᖅ | 4 | Akpaliarjuq | Dovekie |
| ᐊᒃᐸ | 5 | Akpa | Murre |
| ᐃᒥᖅᑯᑕᐃᓚᒃ | 6 | Imiqqutailak | Arctic tern |
| ᖃᖅᓴᐅᒃ | 7 | Qaqsauk | Red-throated loon |
| ᐊᒡᒋᐊᕐᔪᒃ | 8 | Aggiarjuk | Long-tailed duck |
| ᐃᓱᙵᖅ | 9 | Isunngaq | Jaeger |
| ᓇᐅᔭᖅ | 10 | Naujaq | Glaucus gull |

## Tingmiat

In the past, birds were an important source of food for Inuit and they were caught on the sea ice and on the land whenever they were available. Even gyre falcons, snowy owls, and ravens were eaten if needed. Most birds are only available in spring, during their annual migration, but some like the Eider duck (*mitiq*) and Northern fulmer (*qaqulluk*) are around longer, and *pittiulaaq* (*Black guillemot*) are around all year. As noted earlier, ptarmigan are not included because they are not hunted on the sea ice.

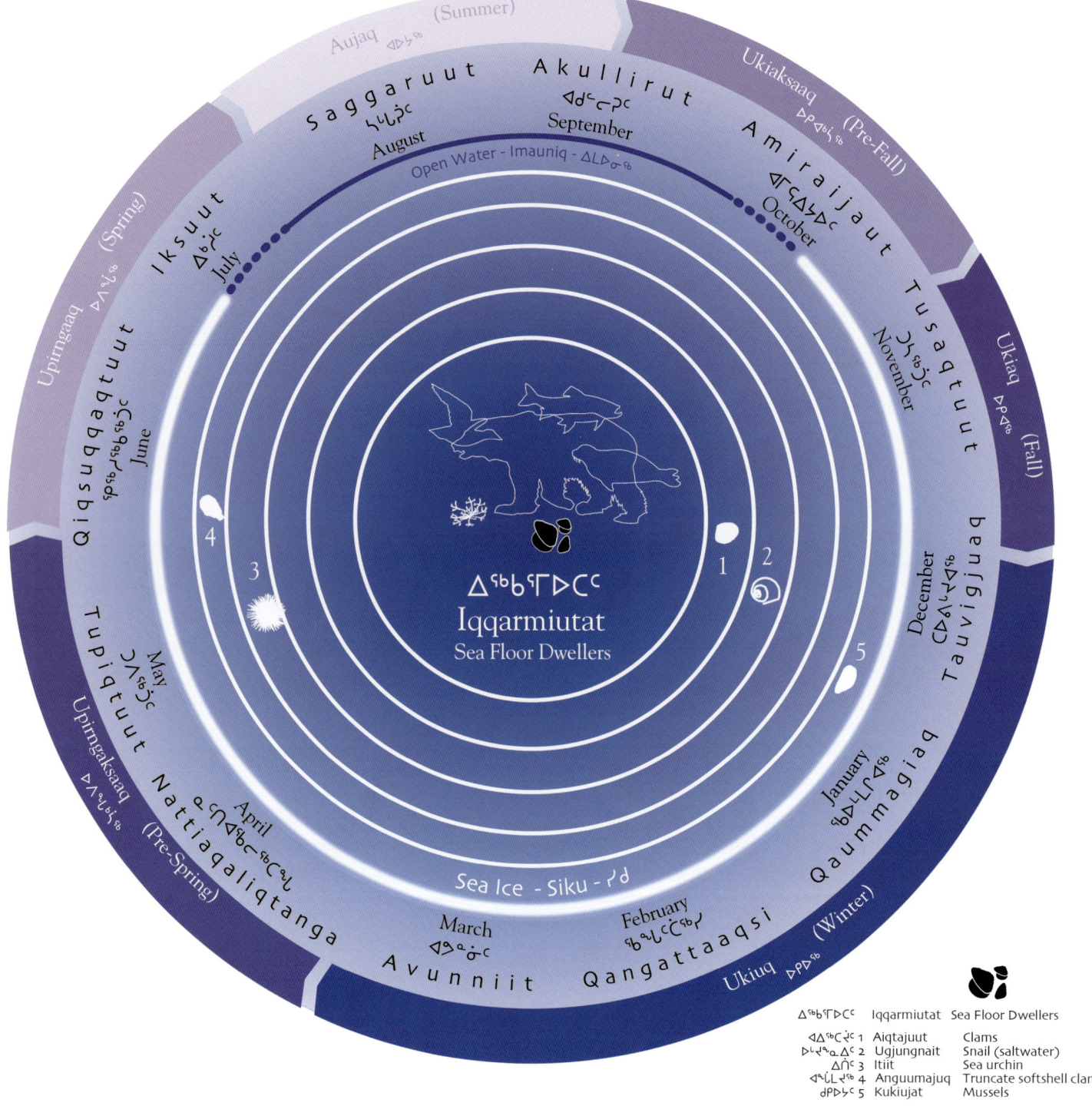

**(Summer)**

Aujaq ᐊᐅᔭᖅ

Saggaruut ᓴᒡᒐᕉᑦ
August

Akullirut ᐊᑯᓪᓕᕈᑦ
September

Ukiaksaaq ᐅᑭᐊᒃᓵᖅ **(Pre-Fall)**

Amiraijaut ᐊᒥᕋᐃᔭᐅᑦ
October

Open Water - Imauniq - ᐃᒪᐅᓂᖅ

Iksuut ᐃᒃᓲᑦ
July

Tusaqtuut ᑐᓴᖅᑑᑦ
November

Upirngaaq ᐅᐱᕐᖓᖅ **(Spring)**

Ukiaq ᐅᑭᐊᖅ **(Fall)**

Qisuqqaqtuut ᕿᓱᖅᑲᖅᑑᑦ
June

Tauvigjuaq ᑕᐅᕕᒡᔪᐊᖅ
December

ᐃᖅᑲᕐᒥᐅᑦ
**Iqqarmiutat**
Sea Floor Dwellers

Qaummagiaq ᖄᒻᒪᒋᐊᖅ
January

May ᐸᑎᖅᑲᑦ

4

3

1   2

5

Upirngaksaaq ᐅᐱᕐᖓᒃᓵᖅ **(Pre-Spring)**

Tupiqtuut Nattiaqaliqtanga ᑐᐱᖅᑑᑦ ᓇᑦᓯᐊᖃᓕᖅᑕᖓ

April ᐋᑦᓯᕕᒃᓴᑦ

Sea Ice - Siku - ᓯᑯ

March ᐊᕉᓂᑦ

Avunniit

February ᖃᖓᑦᑖᖅᓯ
Qangattaaqsi

Ukiuq ᐅᑭᐅᖅ **(Winter)**

|  |  |  |
|---|---|---|
| ᐃᖅᑲᕐᒥᐅᑦ | Iqqarmiutat | Sea Floor Dwellers |
| ᐊᐃᖅᑕᔪᐅᑦ 1 | Aiqtajuut | Clams |
| ᐅᒡᔪᖕᓇᐃᑦ 2 | Ujjungnait | Snail (saltwater) |
| ᐃᑏᑦ 3 | Itiit | Sea urchin |
| ᐊᖑᒫᔪᖅ 4 | Anguumajuq | Truncate softshell clam |
| ᑯᑭᐅᔭᑦ 5 | Kukiujat | Mussels |

## Iqqarmiutat

Clams, mussels, and urchins on the sea floor provide delicacies and nutritious food for any Inuit who have the initiative to go after them. They can be harvested any time of the year, in the water or through the sea ice. Today, some communities like Qikiqtarjuaq (the next community south from Kangiqtugaapik) have divers who collect clams on the ocean floor through the sea ice.

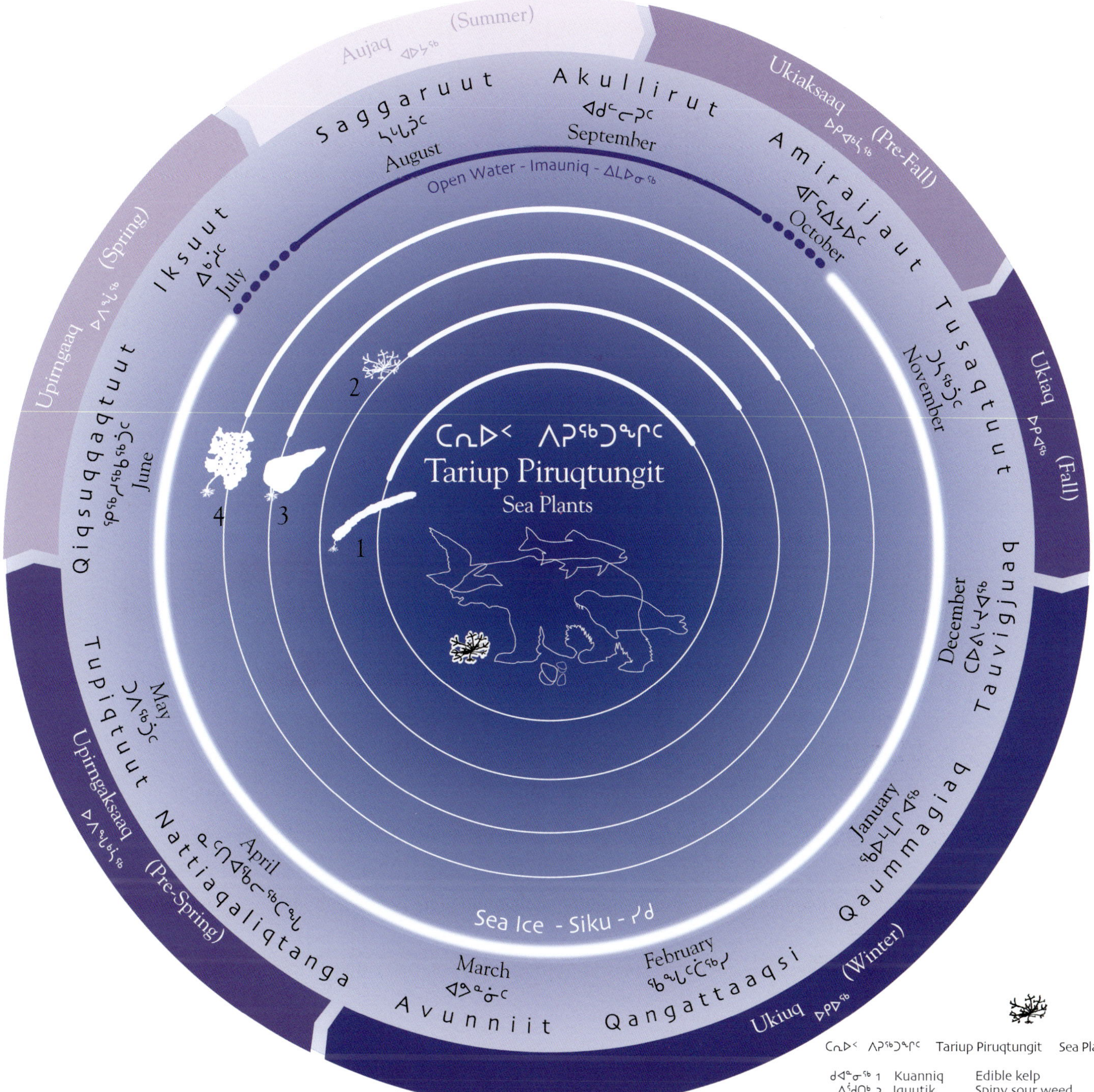
ᑕᕆᐅᑉ ᐱᕈᖅᑐᖏᑦ
Tariup Piruqtungit
Sea Plants
Aujaq ᐊᐅᔭᖅ (Summer)
Ukiaksaaq ᐅᑭᐊᒃᓵᖅ (Pre-Fall)
Ukiaq ᐅᑭᐊᖅ (Fall)
Ukiuq ᐅᑭᐅᖅ (Winter)
Upirngaksaaq ᐅᐱᕐᖓᒃᓵᖅ (Pre-Spring)
Upirngaaq ᐅᐱᕐᖔᖅ (Spring)
Saggaruut ᓴᒡᒑᕉᑦ August
Akullirut ᐊᑯᓪᓕᕈᑦ September
Amiraijaut ᐊᒥᕋᐃᔭᐅᑦ October
Tusaqtuut ᑐᓴᖅᑑᑦ November
Tauvigjuaq ᑕᐅᕕᒡᔪᐊᖅ December
Qaummagiaq ᖃᐅᒻᒪᒋᐊᖅ January
Qangattaaqsi ᖃᖓᑦᑖᖅᓯ February
Avunniit ᐊᕗᓐᓃᑦ March
Nattiaqaliqtanga ᓇᑦᑎᐊᖃᓕᖅᑕᖓ April
Tupiqtuut ᑐᐱᖅᑑᑦ May
Qiqsuqqaqtuut ᕿᖅᓱᖅᑲᖅᑑᑦ June
Iksuut ᐃᒃᓲᑦ July
Open Water - Imauniq - ᐃᒪᐅᓂᖅ
Sea Ice - Siku - ᓯᑯ
1
2
3
4

| | | | |
|---|---|---|---|
| ᑕᕆᐅᑉ ᐱᕈᖅᑐᖏᑦ | | Tariup Piruqtungit | Sea Plants |
| ᑰᐊᓐᓂᖅ | 1 | Kuanniq | Edible kelp |
| ᐃᖅᑯᑎᒃ | 2 | Iquutik | Spiny sour weed |
| ᕿᖅᑯᐊᖅ | 3 | Qiqquaq | Hollow-stemmed kelp |
| ᐳᑑᕐᓛᒃ | 4 | Putuurlaak | Sea collander kelp |



## Tariup piruqtungit

In fact it is the absence of sea ice that means it is time to harvest sea plants. They could be harvested under the sea ice, but this is very rare. In the summer and fall different types of sea plants like kelp and seaweed are collected on the beaches where they wash up. They make delicious snacks and provide important nutrition.

# Terminology, Characteristics, and Change of the Seasons at Kangiqtugaapik

| Season | Month* | Meaning or Identifier | Expected Conditions** | Recent Changes |
|---|---|---|---|---|
| Aujaq (Summer) | Akullirut (September) | 'The Waiting Season'; Also, the time when male caribou shed the velvet from their antlers | Windy and wavey conditions prevent hunting or traveling on the sea in a small boat | Sea ice no longer forms in fjords; this season is more windy |
| Ukiaksaaq (pre fall) | Amiraijaut (October) | The time when female caribou shed the velvet from their antlers | Multi-year sea ice arrives from the north (with wind and currents); many icebergs have broken into small pieces; working on land is better at this time while the snow in the mountains is half way between the high tops and the low land; conditions are nice enough for winter preparations; with the cold season around the corner, caribou are at their prime with good meat and fat | Arrival of multi- year sea ice coming down from the north is delayed; the first pieces of multi- year sea ice (puktaat) arrive individually, not attached to any other ice; sea ice no longer forms at this time; ground no longer freezes |
| Ukiaksaaq / Ukiaq (fall) | Tusaqtuut (November) | 'News Month'; ice is formed so people can travel between camps or communities and communicate again | Sea ice is fully formed close to the land because land is colder than the sea; there is enough packed snow | This month feels more like October; can no longer travel on sea ice until late November or even December |
| Ukiaq / Ukiuq (winter) | Tauvigjuaq (December) | 'The Dark Season' | Calm cold weather; less blizzards during this time; leads form and refreeze in the sea ice and people wonder what conditions are like in distant places | Season is a month behind; people are just starting to hunt at seal breathing holes, this should have started in November |
| Ukiuq | Qaummagiaq (January) | Return of the Sun (Light) | Very cold; stronger winds and strong ocean current | The sea ice becomes safe/stable during this month now, instead of December, the expected time; sea ice is thinner than expected; ocean currents do differ from year to year |
| Ukiuq | Qangattaaqsi (February) | Word refers to the 'space between'; the time when seals are making dens in the space between the surface of the sea ice and snow cover on top of the ice | Sea ice is getting thicker, able to travel further out on the ocean; snow drifts used for navigation (uqalurait) are formed | Sea ice is thinner than normal; therefore seals can make more new breathing holes in the ice, allowing them to move and relocate more |

| Ukium sulliñga | Tatqiq | Sivunġa | Qanuq innikaaŋa | Allaŋŋuqtuat |
|---|---|---|---|---|
| Upinġaksraq | Paniqsiqsiivik (Avunniit) | Natchiaġriut anirut, aniqqaaqtuat taiguġai Avunniit | Uvluqtusimmiuq, uunnaaliġmiuq siḷa, anuġiŋa suaŋaiḷimmiuq, iḷaŋit qaugaluurat qiñiġnaqsirut | Upinġaksraq allaŋŋupiaŋaitchuq |
| Upinġaksraq | Umiaqqavik | Natchiayaat anniviŋat, sivulliit natchiayaat anianiŋaruat piḷgusiŋarut | Qannik aqikḷitchiigaa apun siqquqsiŋaruaq nunam qaaŋani, taġiumi uiñiq qiñiġnaqsiruq. Natchiġit qakimarut sikumi. | Uiñiq agliiññaqtuq augutivluni, nauyat iqalugniaqtut quppatigun siñaata qaniŋani |
| Upinġaksraq | Suppivik | Tupiqtuġvik | Apun aqikḷivsaaqtuq aniuvaitunnii, taktuglu qannikḷuniḷu, siqiñiq nipillaiŋaruq | Saalġuq ukiupak ittuaq iglausuġnaiŋagaa maŋaqsivḷugit |
| Upinġaaq | Iġñivik | Apun qiqsruqqaaġuugaa | Apun aukkaa siḷam uunnaallaktuam. Unnuami apun qiqsruqqaaġuugaa taiñiqaġaat *Qiqsuqqaqtuq* (Qiqsruqqaqtuq) | Qiqsruqqallaiqsuq siḷa irriġruaġuqataŋaiqḷugu, titiqqam tainiŋatun innaiŋaruq siḷa |
| Upinġaaq | Iñukkuksaivik | Supiniq | Immaktitkai natiġnat aasii muġaḷiq iḷivḷuni taġiumun supivḷuni | Supisuusiŋagaa Suppivigmi, siku augnaġiaqtaqtuq, tuvvaŋat qallimmatun iḷivḷuni |
| Upinġaaq | Tiŋŋivik | Tuttut sanniqiŋaiqsut | Anuġikitchuq. Nunami imaqsuit saluaġai, puktaat tipiraġaqtut kaŋiqḷugnun, aŋuniarraqsirut sagrani taġiumi | Natchipayaat utirraqsiŋarut uumani titiqqami, upinġaksrami utisuuŋagaluaqtuat; piqaluyaiñmiuq; iŋiuligruaġuġnaġiaġuusiŋammiuq |

*Una maniraksraq qaisaŋa Joelie Sanguyam quliaqtuaġai sivuniŋit atiŋisa tatqit Iñupiat titiqqaŋanni. *Maniraksriam qaitkaluaġai tatqit tannŋit titiqqaŋisiguaqḷugi iluqatiqquuq taiguaqtuat iḷisimaraŋiksigun (uuktuutigilugik; Akullirut, Paniqsiqsiivik), taggisiŋit atiqqayaġaluaġmiut, aglaan Inuktitun taggisiŋisa uqausiġigaat tatqim igliġniŋa ukiukun. Allakun uqallausiġilugu, Akullirut-gum uuma tuvrapiaġataŋitkaa tatqiq September, aglaan uqausiġigaa tatqim igliġniŋa tavrani sulliŋani ukium. Tainnaptauq allat taggisit. Taggisit sivuniŋiḷḷu kisiŋiññun Kaŋiqḷugaapigmiunun ittut aasii allauguraġuurut nunaaqqiḷḷaaniḷu nunallaaniḷu. Qavsiisamma atiŋit tatqit atarut taġium sikuanun. Uuktuutigilugu, Tusaqtuut, uqausiġigaa taġium sikua qiqilgiñman iñuit iglauruat ayuulgusipkaqḷugit kasuġiallasivḷugit naaggaqaa atautchimuktitchumiñaqsivḷugit iñuit. Iñuit allagiiñiñ nullaġvigñiñ tautuutiŋaitchuat upinġaaŋaisilluguimma*

*iglaullasiḷgitchuq tautuutiyaqtuqḷutik, tusaayugaallasipkaqḷugit taavsrumani ukium sulliñġani tusaayugaaġvigmi iñiqtaŋani taġium sikuata. Qangattaaqsiŋŋuġman natchiit iniliuqtut akunġanni taġium sikuatalu apuyyamlu, pialaaksratik itqanaiyautivḷugit. Uuma maniraksram qiñiqtinmigaa qanuq inniaqtilaaksraŋanik niġiugnaqtilaamik ukium sulliñġagun, taġium sikuaniḷu, suli qanuq allaŋŋuŋatilaaŋanik ukiuni qaaŋiqqammiqsuani. **Tainnaptauq Inuktitun taggisiŋit tuvrapiaŋisilaaŋit titiqqam tatqiŋiññun, niġiugiraŋit qanuq inniaqtilaaŋit siḷam tuvrapiaġataŋiñmigaat titiġaq. Qanuq inniġit iḷaanni tapiqtaaġiiksitchuurut allagiiḷḷaavlutik ukiuġaġimman, aglaan una maniraksraq taiguaqtuni niġiukkutiqaġnaqtuq qanuq inniaqtilaaŋanik ukium sulliñġa tatqiq nalliat tikiñman.*

# Atanġiññikun (Igliqtuni)

Qanutun nuimaniŋa taġium sikua taimaŋŋa-qaŋa
iḷauruq iñuuniptinni.
Suvaluk tamaani tatchiñi qanutun nunakualgunaisigiruami,
taġium sikuata sapukutaiḷaakun iglaupkaġuugaatigut.
Atanġitchuatun iḷipkaġaġigaatigut taġium sikuata. Taġium
sikua atanġiññiġmik qaitchisuugaatigut.

*Joelie Sanguya-m uqaluŋit*

Qiñiġaaq qulliq: Toku
Oshima miqłiqtuurauŋŋaan
taġium sikuagun
uniaġaqtuat aapaŋalu Ikou
suli aakaŋa Anna.

Qiñiġaaq alliq: Otto
Simigaq qimmiŋiḷḷu
uniaġaqtiŋi.

# Atanġiññikun (Igliqtuni)

"Sumupayauraġman aapaga tavra maliqqugaġigiga". Joelie Sanguyam suallagniŋa aksigñaqtuatun-unni ittuq, qavsit ukiut qaaŋiŋagaluaqtut. Sikumiittuni sivuniqaqtuq atanġiññiġmik, iñuggutiqaġniġmik, itqanaiññiġmik. Taġium sikua manna iḷaaġutausiññaŋitchuq nunamun ukium sulliñġani. Aliasuŋirviginaqtuq, sut akpaaksrat akpagniḷugnaqtut, suli suallagviginaqtuq. Uuktuuraġaġigikput sikuliaq aulayagaluaqtuq aglaan puttutilaitchugut. Puttuqsriruni sikumi saatuuramiitilaaġmik taaġruaŋŋaan ukiumi, Ilannguaq Qaerngaam quliaqtuaŋatun. Qiñiqtuaqḷuni ivumman sikuk apuġmagnik, usiaqsiġvigivlugiunni Uvluam itqaaġutaatun, suaktiḷḷuniasii ilaaniñ utuqqaupayaaqtuamiñ isumattutiqapayaaqtuamiñ.

Taġiuq sikuqaŋŋaan iglauviginaġuuruq allanun nullaġviuranun sikum akianiittuanun, unnuaqtutilaaŋatun qaaŋiqsaaqatigivlugit, quliaqtuaqḷutik utuqqaġnik naagga suqqammiqsuanik, piuraaqatigiikḷutik atuqḷutik aġġivḷutik. Iglaunġum kasuutitqiksitchuugai avilaitqatigiit iḷagiit, sivuniqaqḷuni iḷagiiqatigiiġñiġmik. Taġium sikua ikaaġviuruq kasuutitqiksitchiruaq iñugnik tikititchiruaġlu apqutaanun sum apqusaagaksram. Taġium sikuata iglaupkaġaġigaatigut sunun nunamiḷu taġiumiḷu. Apqutit taimaŋŋa-qaŋa maliġuaqtavut naaggaunnii aqpusiat nutaat iliŋittauq iniummiut. Iglauniq taġium sikuagun atausiuvluta naagga iḷagiikḷuta iḷauruq quliaqtuaptinni apqusaaŋaraptinniḷu, tainna quliaqtuaġiraġirapta suli iḷaugaqtuaqtapta. Iglaullapta nipuŋaitchuksraurugut anayanaqniaqtuanik tamaani taġium sikuani. Uvluam aapaaluŋakii Mumiġana takuyaqtuġamigit atiġutini utiŋiḷḷaŋaruq, taima qanuq uisauvluni siku qupimman.

Atanġiññiq aitchuusiaguruq aglaan qiksigiruksraġigikput.

*Qiñiġaaq saumigmi: Sikiituuġaqḷutik iglauruat uiñikun Kaŋiqḷugaapigmi, Nunavut-mi.*

*Qiñiġaaq taliqpik: Ataaqtuqtit saavirrutisaġai aġviqsiuġutitik uiñiġmun upinġaksrami apqusiamisigun iglauvlutik maniiḷakun taġium sikuagun.*

## Toku Oshima

Aniqqammialaaq aŋayuqaaġma aullautiŋagaanŋa Siorapalugmun Qaanaamiñ uniaġaqłutik. Iñuguqtinŋagaanŋa Avenersuarmiutun qanutuq niġrutinik nakuaqsraġuuruaŋa – nakuaġivaiłługit siñiqatiqaġuuruaŋa natchium ivḷauŋanik piuraaġimmatun.

Miqłiqtuuraugamaqaŋa aŋutaiyaatun piuraaġaqtuŋa. Aŋayuqaagma uqallautigaanŋa aktilaaŋa qimmim tikitkupku uniaġallasiyumiñaġnivḷuŋa. Aktilaaksraġa tikiḷġataqapku uniaġaġniḷugaqtuŋa. Tavra taliġa anuaguaqługu kalittaġigaa qimmiq taġium sikuanun iñuiḷaamun, kalikługu uniaqhauraŋa aasii qiagaluallaġma savinnaġniŋagun. Taunuŋasugruurapayugnama taġium sikuani qimmiġa tunutiġami aiñmuktuiññaqtuq. Tavrani tavra ikuliqama usiaqsiuraaġaqtuŋa iglaŋauraallaġma tikiḷġataġniptinnun.

*Qiñiġaat qulliq: Toku (taliqpigmi) avilaitqataalu Frederik Uvdloriaq.*

*Qiñiġaat alliit saumigmiñ: Toku siñiqatiqaqłuni natchium ivḷauŋanik.*

*Toku "cowboy"- guŋŋuaqłuni.*

*Toku uniaġarraqsiŋaruq qimmim aktilaaŋa aŋugamiuŋ.*

# Joelie Sanguya

Apirraqsimman tatqianni Niġlaalgit Tiŋŋiviat naagga Sikkuviŋŋuġman tavra uqallagaqtugut, "Uniaġaġumalaapiallaktuŋa taġium sikuani." Tainnaġuġman anut naamagaluaqtilaaġuugivut, isuqqaksraŋiḷḷu, *pituuk*-lu, qimmiḷiqullu ipiġaqtuun, suli uniaqput itqanaiñmagaaqługu. Qimmivut tavra anuiḷaaqługit paŋaliktitaġigivut aputikun sikiituuqtilluta, qimilġuuvlugu apilluataŋagaluaqtilaaqługu nuna uniaġaġnaqsiŋagaluaġmagaan qanuq uyaġait nuŋuqsruġuugait agluŋit uniam *plastic*-mik piḷiak.

Tainnaŋŋuŋaqqaaqtillugu taġium sikuata maniiḷam sarġutchaaġuugaa kivaliñġakun Qikiqtaaluk salliñmiñ. Sikumman tamarra tikitchaqtut qayaġulgit, aqargit, suli nannuvsaat. Tamattuma saġvaqsiqsuam taġium sikuata niglaġaġigaa supayaaq, qiiyanaqsiraqtuq niġiuktiḷḷuta taġium sikuanik sikuniaqtuamik, nannut nunamiñ taunuŋa sikumuktinniaġasugalugit. Taġium sikua maptukiñŋaan iglauvigiraġigikput umiaqtuqłuta qanuq aŋuniaġvigiksuq

tainnaŋŋuġman qayaġulignik. Taġium sikua quyyatigiraġigikput tikiñman iglauvigisukługu ukiuġruaqtutilaatun.

Qiñiġaaq qulliq: Amosie Sivugat umiami saatuurami sikumi uiñiġmi.

Qiñiġaaq alliq: Esa Qillaġlu Jayko Ashevaglu aŋuniaqtuk umianik sikurraqsisaġmiuġlu Kaŋiqługaapigmi.

Taġium sikua aulayaiġman ukiumi
qayaġuliksiuqsaalugaqtugut aŋugaptigik niġivlugiasii
taunani taġium sikuani. Piḷakḷugu qayaġulik niġiraġigikput
taġium taġiuŋanik taġirriqḷugu, tiituġaaqḷuta siḷa salumaruaq
aniqsaallaavlugu. Tainnaġnaġumiñaitchuq sikulaitchuami
taġiumi. Taġium sikuata qallipkaġaġigai niqipiavut qanuq
atulluataġniġmik iḷitchiŋarugut.

Kaŋiqḷugaapigmi iġġit qitqani iñuurugut tasiqaqtuami.
Taġium sikuata agmautiraġigaatigut igliġviksraptinnik suli
nalimuuviksranik; iglillasiraqtugut sumulliqaa
nunakuaġniġmiñ. Tusaqtuut (Nippivik uqaluptinni),
sivuniqaqtuq 'tusaayugaaġvik'-mik. Taimani taġiuq
sikumman tavra allat nullaġviurat ullallasiraġigivut. Taġiuq
sikumman tavra sivuniqaqtuq igliġumiñaqsivḷuta
aŋŋutivlutaasii tusaayugaaksranik suraġaġniŋiññiglu
avilaitqatiptinniñ iḷaptinniḷḷu kasuutilaitqaaqḷuta taġiuq
imaqaŋŋaan.

Taġiuq sikumman ukiutuaġman niġiuktittaġigaatigut
suallaktiḷutalu [tautugumalaaqḷugit iñuit] aasii taamna
sivunġa taġium sikuata nuimapiaġataqtuq Iñugnun. Taġium
sikuata niqiksritchuugaatigut, iñuggunmiglu, ukiuni
kisiññaitchuani, iḷisimapkaġuugaatigut tusaayugaaqapta
avanmun.

*Qiñiġaaq akiani: David
Iqaqrialu aŋuniaqtuq
qayaġulignik umiaqtuqłuni
sikuliami ukiami.*

*Qiñiġaaq qulliq: Jacopie
Panipak aŋuniaqtuk
tutaaluniḷu, Albert, taġium
sikuani aŋuratiglu.*

*Qiñiġaaq saumigmi:
Sikiituuq uniallu, tamarra
taġium sikuagun
igliġutaulipiksuaqtut
Kaŋiqḷugaapigmi
pagmapak.*

Savagaqtugut, igliqłuta aŋuniaqłuta iqalliqivļuta iñuuvluta piuraaqłuta aliasuŋisaaqłuta suli niġiraġaaqłuta taġium sikuani qanutun nuimatigiruaq iñuuniaġniptinnun. Miqłiqtuuŋŋapta qiļiqługu akłunaaq tavsiñaaptinnun, akłunaaq qiļiqsruqługu unianun uniaġaŋŋuaġaqtugut. Akiaġaqtaaġaqtugut qimmiuŋŋuaqłuta naagga uniaġaqtauŋŋuaqłuta. Iļaanni natchiuŋŋuaġaqtugut sikumi, naagga nanuuŋŋuaqłuta, naagga tuttuuŋŋuaqłuta. Tamatkua piuraaġnipta iļitchipkaġaġigaatigut qanuq taġium sikua atuġnaqtilaaŋanik, atulluataġumiñaqsivļugu taġium sikua piñaqsimman suli iļitchuġivluta niqiksraptinnik

qaitchisuutilaaŋanik suli igliġviuyumiñaqtilaaŋanik. Tamatkunuuna piuraaġniptigun uvaptinnik iļitchuġilluataġaqtugut.

Siatqiksuaqaqtigiruq atqunaq, suiļaasugruk taġium sikuani sikumman. Allami nunaqpagmi tainna ittuamik paqinnaipiaġataqtuq aglaan sikuŋaruami taġiumi. Iñuit iļaŋit qulviraqtut ipiqtusuunmiññiļaaq aglaan iñuutilaaġmik tainnasimi iñuggunmik qaitchiļļaruami aliuġnaqpakłuni. Sunik pigiraksraptinnik qaitchiraġigaatigut suli mamitiłługu uummatikput isummatikpullu tainna iglaullapta taġium sikuani.

*Qiñiġaaq qulliq: Allumi natchiqsiuqtuq sikuliami Irraasugruŋŋuġman.*

*Qiñiġaat saumigmi: Nullaġviuramigni miqłiqtut Arviqtujugmi qaniŋani Kaŋiqługaapium samma 1970s-ni tamaani.*

Qiñiġaaliaq: "Miqłiqtuuŋŋapta
qiḷiqługu akłunaaq tavsiñaaptinnun,
akłunaaq qiḷiqsruqługu unianun
uniaġaŋŋuaġaqtugut…"
Qiñiġaaliaŋ Lena Qaqqasim

# Ugiaqtaq

Nukatpialuukama iñuguŋaruŋa Isugmi, iglauraqtugut aŋayuqaaġiit uniaġaqłuta nullaaġaqłuta aapagalu aŋaaluutkalu. Ukiuqtusipayaaqama iglaullasiŋaruŋa taġium siñaagun qimmimñik atuqłuŋa. Tuvaaqatigalu Anna katitinŋaruguk iñuiññaq qulit piŋasutun ukiutun. Nullaġaqtuguk 1950s isagutisaaġniŋiññi. Taġiuqtiġviit iñugiaŋarut aŋayuqaaġiit atuġuuraŋit Nunavaamiñ taunuŋasugruk Tatchim Isuanun-aglaan. Iñuit taġiuqtiġaqtut upiŋaksramiḷu upiŋaamiḷu aŋuniaqłutik ugrugnik, qayaġulignik, aiviġnik, qaugagnik, niġliġnik, suli tuttunik. Taġiuqtiqtuni tagialanaipayaaġuuruq qanuq kiktuġiagiłłuni. Tavra aŋuravut itqanaiyaġaġigivut ukiumi niqigisukługit.

*Qiñiġaaq: Ugiaqtaq qimmiñiḷu samma 1960-mi tamaani.*

Uniaġaqłuta taġiuqtuġviptinnukapta tavra taġium siñaaguaġaqtugut. Taġium sikua iglauviulluatałhaaŋaruq taimani qanuq siku payaŋaiłhaaŋaruq maptułhaaŋaruq pagmaniñ sikumiñ. Pagmapak maptukikłiŋaruq aunaġiałhaaġuusiŋaruġlu. Ikaaqsaqtuni quppaqaġman iraqtuvaitchuamik taunuunasugruk iglauruksrauliŋarugut. Uqallausiġianiktaptun, taġium sikua payaŋaiłhaaŋaruq taimani iglaullasivḷuta isagutisaaġniŋanun Iñukkuksaivium.

Aŋutit aŋuniaġaqtut taġium sikuani umiapiaqtuqłutik. Qayaqtuġuuŋammiruat aŋuniaqamik aglaan taimanisugruk nutaġaułhaaŋŋaġma. Siḷalu aŋuniaġniġlu nakuummagnik aŋuniaqtit uniatik usiiyaġaġigai aasii utiġrakłutik. Tavrauvvaa aġnat piḷaksautigillaisa ugruit niviŋŋaqsimmaisa paniqsiisaqłutik. Misiġarrimmivḷutik paniġmata paniqtat ikuvlugit avataqpagnun. Suli tamarra amiŋit ugruit pauktuqługit nunamun paniqsiiraqtut atuŋaksraŋiññik kamipta.

Qiruit tivrat sumiḷiqaa taġium siñaaniitchuuruat atuġuuravut uunnaaktitchaqługu tupiqput. Iññisaliuġuuŋammiugut paniqsiiviksraptinnik. Igliġuravsaallaktuni taġium siñaagun uanmun qanutun aluaqaqtuaq aasii Iñuit umiuratik atuqługit usiaġaqtut aluaqsautiniglu taigruaniglu aluanik utqurrivḷutik nunaaqqiuraptinnun.

Upiŋaami tuttut taġium siñaanugmata quyanaġuuruaq allapayaanik niġiḷḷasivḷuta natchiuŋitchuanik, ugruuŋitchuanik, aivġuŋitchuanik. Tuttut qalliraqtut nullaġviuraptinnun kiktuġianiñ qimakłutik nunamiñ. Taġiuqtianikkapta utiġaqtugut Utqiaġvigñun umiapiaqtuqłuta.

Pagmapak umiuravut atuġuugivut sukattuanik igniqutituqłuta taunani taġiumi aŋuniaqapta. Uŋasiksuamun sumuaglaaġnaqtuq aasii aimmivļuni qavsiqiurani ikarrani. Ugrukkapta tavra misiġaanigaqtugut, paniqtaniglu, suli amiksranigaqtut umiavut, suli nutaat niqipiat iipaguuravut niġiļļasivļugit. Quyyatigipiaġuugivut niqiksrat taġium qaisauġiraŋit.

*Qiñiġaat qulliġmiñ anmun: Cora Leavitt itqanaiyaġait ugruit amiŋit.*

*Umiapiat atuġuuraŋit Iñupiat ataaqtuqamik taimmaŋŋa-qaŋa atuġaisuli pagmanun-aglaan.*

*Avataqpak natchium amianiñ piļiaq aġviqsiuqtuat atuġuugaat, suli atuġnaġmiut puuġivlugit misiġaanun suli paniqtanun.*

## Nancy Neakok Leavitt

146

*Pagmapak igliqtuqsuli aŋuniaġniqput taġiumi iḷisaqput aippaapak. Utuqqanaavut piqpagnapiaqtut uvamnun qiasunŋuliġuuruŋaunnii..*

*Nancy Leavitt-gum quppiġaani Leavitt Crew-tkuayaam atuġaa Qaanaami.*

Kalimi aniŋaruŋa Paniqsiqsiivik akimiat 1947-mi. Aŋayuqaagma Warren Neakok-lu, Dorcas Tingook Neakok-lu igliġutisuuraatigut iñuuqatitkalu ukua, Gordon Ukpicksoun, Jack Ukpiksoun, uvaŋalu Nancy Neakok Leavitt, nukaalugalu Lily Neakok Anniskett. Kalimiugurugut iluqata. Iñukitchuaq taimani. Tallimakipiat qanuq imma iñuit, naaggaimña iñukiłhaaqpa. Itqaumaruŋa itchaksratun

ukiunikama iglauŋaruagut Kalimiñ Tikiġaġmun uniaġaqłuta. Taapkuak nunaaqqik taġium siñaaniittuk. Taimani aŋuraksravut ayuġnaiñŋarut iglaullapta. Malġugnik uniaqaqłuta, Aapaptalu aapiyaġmalu igliġutigaatigut. Aapiyaġma uniaŋani usiaqsiqsuami suġauttat qaaŋani. Niqivut, qarraallu, savalġutillu usiaġigivut. Aarigaa qutchiksuni sumunliqaa qiñiqtuŋa. Sunapayaaq qiñiyunapaluktuq, qutchisuanik ivuniġruanik, imaġaurallu tamarra qiñiġnallaarut, qaiqsuaġlu siku apqusaaġikput, siqiññaraaġmiuq. Itqaumaŋiñmigiga nalliŋani titiqqami iglautilaaqput aglaan taaqsiuraaġuuruq. Aullaġaqtugut qaummaġiqsiuraaġmauŋ aasii taaqsiaqsimman nutqaqłuta. Tupiqłuta nullaġaqtugut, niġivḷutalu tupiġmi aasii suġauttavut iluaqsruqługi. Qimmisalavullu niġipkaqługi. Immakiaq akimianik qimmiqaqtugut. Tuttuġunaaġaqtugut aglaan usiavut qaunagivlugi naammatun kisian usiallaavluta. Nunamun saullaavlugi iḷaanni tutquqsiraqtugut. Tavra aapapta iḷisautigaatigut nunakkun irriisatuġniġmik aŋuraptinnik. Sunik iḷauġmagaan matummauŋ naipiqtupiaŋaiłlugu aglaan nannununlu, akłanunlu, allanunlu niġrutinun naitquŋiłlugi nivaat matulluataqtuksraurut.

Siñaagun iglaurugut qaiqsuami. Aglaan ivuniġauratigun aŋutit apqusiullaavlutik. Iḷaanni aŋŋiiġruat ivunġit sikłaġaġigai. Uvagut iḷiḷgaat pisuaġaqtugut apqusiaŋatigun uniat tunuagun. Siiqsipkaliġaqtugut pisukataġnapta ivunġit qulaatigun. Iluqata atigivut tuttut aasii puuksraavut suli tuttumiñ miquat. Qaqłiikkak suli tuttuk aasii isiktuuqaqłuta ugrugmiñ atuŋapialigaanik, piññakkak suli ukiuliñġamiñ. Tavra iglauniqput sivukitkayaqtuq ivuniġruagitpan. Siñaaguaqtaqtugut iḷaanni imaqsuurauvluni apqutikput. Sikuġruat siñaani qaliġiiksinŋammata taalutchiġaġigai qaninaaqtuat nannullu akłallu. Aapakput natchiqsiuġaqtuq aarigaa nutaaqtuġaqtugut. Tikiġaġmiinniqput sivikitchuq uvamnun ukiuqtutilaaqaqłuŋa itchaksratun. Itqaumallaagaluaqtuŋa miŋuaqtuġiaġnama tavrani Tikiġaġmi, piiguŋagiga aglaan iḷaŋa taavaniinniġma. Upinġaksrami Kalimun utiqtugut. Cape Lisbourne-gum qaaŋagun qutchiksuaŋisigun iglauŋarugut. Anuġiqpak tamaani naŋaġikput. Iġġit maniñaaŋani aglaan iglaukapta uniavut uvaaŋaraqtut. Tavra apqutigiraqput tamanna malikkikput taavuŋanmullu utinmullu. Aakagma Dorcas aapaŋa Christopher Willie Tingook-lu , allalu iñuk Mark Kinneaveak apqunmik uqautimmatigut siatqipayaaġmiuq.

Iglauruni iŋiḷġaaġmiutun siġġaġnaġuuruq kimupayaaq aglaan niqiksraqaqtuni suaŋŋatausuuruq timiptinnun. Taamna nalaunŋapiaqtuq iñuuniaġniptinni. Utuqqanaavut piqpagnapiaqtut uvamnun qiasunŋuliġuuruŋaunnii. Iḷiḷgaat unnii taimani ikayuġuurai utuqqanaat timiuraŋi piḷaiŋaiqsiaquvlugi. Uvamnun taamna iñuusiġiŋaraġa mikiŋŋaġma piqpagipiaġiga simmiutigiyumiñaitkiga aaniġmiut iñuutchiŋannun. Uvaŋa silvinŋaruŋa aŋuŋaraptinnik piqpakkutimik suli qiksiksrautiqaġniġmik ukpiqqunmiglu kiŋuniipta qaisaŋiññik.

*Uniaġaqtuat tagruarut aġvaktuanun Utqiaġvigmi, 1900-mi qiñiġaaliaq*

*Igah Sanguya-lu Toku Oshima-lu qiñiqtuk qaugapianik uiñiġum siñaani Utqiaġvigñi.*

## Warren Matumeak

Iñuguŋaruŋa aŋuniaqłuŋa taġium sikuani. Natchiit, ugruit, aivġit, aġviġit, iqaluiḷḷu iglaupkaŋagaa iñuusiqput. Natchiġuuŋarugut niqiksraŋiññik qimmipta aasii aŋuniaqłuta taġium sikuaniḷḷu nunamiḷḷu niqiksraŋiññik iñuit.

Iḷitchuġiŋaraġa aġviqsiuġniġma aullaqisaaġniŋanni taġium sikua qanuq taiguaġnaġmagaan naipiqtuqługit saġvaġlu sugniqsilaaŋalu. Siḷakput irrituruami nunaptinni sapiġnaqsisuuruq aasii iḷitchuġillasiñiq sikum qanuqitilaaŋanik piitchuksrauŋitchuq ilimiñ taunaniinniaġuvit sikumi.

Nunaaqqipayaaptinni taġium siñaaniittuani taġiuqtiġiaġuuruat upinġaksramiḷu upinġaamiḷu. Uniaġaqłuta tikitchaġigivut nullaġviuravut umiaqtuqłutalu umiapianik umiaqtuġnaqsipqauraġman. Niqit taġiuġmiutaniñ niqiksriavut tutquqtaavullu iñuupkaġaġigaatigut ukiumi. Paniqsiiraqtugut ugrugnik, uqsrivḷutalu, aasii avataqpagnun tutquqługit. Tuttullu tamarra pigiraksraġisuugivut kanguuvlutik tikisaaġuuruat taġium siñaanun pavritpaiñmatik kiktuġiat tatpaani nunami. Taġium siñaaniittuat nunaaqqiurat kiktuġiaqaqpaglutik innitchut aasii iñuuniaġniq nakuuqsriñapayaaqłuni.

Nunaaqqipta iñuŋit taġium sikuanun qaukkiqiyyaġuummiut
qiŋalignik qaggiqsinmagit uŋallam upinġaksrami. Uŋallam
uiñiq quutchukpiuraġaa aasii tainnami
qaunaqłaaqtuksrausuurugut qaukkiqitchaiḷivḷuta
qanitpaitchuami ataaqtuqtuanun taunani uiñiġmi.

Apqusiuġniq una iluqatik ataaqtuqtuat savaaġiruksraġigaat.
Tuuniglu piksrutiniglu tavra atuqłutik apqusiuġaqtut
ivuniġni. Agviqsiuqqaaqsaqama iluqapta uniaġaġuurugut
aasii tainnami apqutit atusuŋaiññaġuuvlugit
savatqiaksraitchuuŋarut suli siqquqsianiŋasuurut igliġniq
savinnaiḷipayaaqługu. Pagmani sikiituuqtualiqhuta
savinnaqsiŋarut apqutivut qanuq itiqsrisuuvlugit apqutivut
sikiituum trac[k]-ŋisa.

Quyyatigipiaġataġitka niġrutiŋit taġium atuaksrat qaisaŋit.

*Qiñiġaaq qulliq:*
*Savaaġisuŋaiññaqtuaġnaqtut*
*sikumi apqutit piḷġusiŋat*
*Utqiaġvigmiut, tamatkua*
*ivunġit iglauvigiyuġnaiłłutik.*

*Qiñiġaaq alliq:*
*Allaŋŋuqtuaqtuaq taġium*
*sikua uiñiġmi Utqiaġvigñi.*

152

*Mamarut Kristiansen-lu Qaerngaaq Nielsen-lu uiñiġmi Utqiaġviġñi ataaqtuqtillugit upinġaksrami. Akiani: Qiñiġaaliaq qiñiqtitchaqługi taġium saġvaŋit (suŋauraaqtaaġlu qirġiqtaaġlu tikkuaġutit) suli sugniqsilaat (maŋaqtaaq anuġit sugniqsilaaŋit) Utqiaġviġñi.*

## Joe Leavitt

Anayanaitchuakun igliġniq ataramik isummatigiruksrausuugikput taġium sikuaniqsiuqapta.

Anayanaitchuakuaġniq qavsiñik sivuniqaqtuq. Nuimapiksuaqtuq taġium saġvaŋa. Aŋuniaqamiuna taġium sikuani naipiqtuqtuaġuugaa saġvaq. Uiñiq tikiññamiuŋ anayanaiññasugikamiuŋ tavra aŋuniaġniaqtuq. Anayanaġniqsraq aglaan anuġiłu saġvaġlu sugnamiññaqtuqpagnik iluqatik atautchikun. Saġvaq qaisaġnaq taputimman uŋalamun atchiksuamun tasamma anayanaġniqsraq. Tainna atautchikuaġmagnik sikum tuŋaaġisuugaa nuna aasii ivuniġuuruq atqunaq, tainnaġman ataaqtuqtuat iḷisimarut naŋiaqtuuruksrautilaamignik. Uiñiq sikuitkaluaqtillugu qaisaġnam ulitillagaa. Taamna anayanapiallaktuq suvaluk tuvaq sikuliagumman ukiivaalluŋaruamik. Taġium kivillagaa iluqaan siku aasii siqumiłługu. Aŋuniaqtit anayaktuaġuurut qaisaġnaġman, sikumiinniasuitchut taġium ulinman.

Malġuuk saġvaak tautugnapiksuaġuuruak maani tavra qaisaġnaġlu piruġaġnaġlu. Iḷaanni ataaqtuqtillugit saġvaiġuuruq, aasii siku agmaŋiłłuni, aasii tainnaġman Iñupiat kiviġraġuurut akłunaamik natqanunaglaan tikiłḷaruamik atuqłutik, uqumaiḷutchiqługu 16-ounce-tun uqumaisigiruamik kautauramik. Saġvaq isagutisuuruq

taġium natqaniñ aasii qunmuuraaqłuni tikiłġataqługu taġium qaaŋa. Saġvam kivillagaa kautauraq aasii sugnamuktiłługu pituutaa akłunaaq, nalunaiqługu saġvaqaqtilaaŋanik. Uiñman kisian ataaqtullarugut, aglaan ataramik anayaktuaqtuksraurut.

Yuayuk una paaġiiksinmagnik malġuk saġvak aglaan atuġuummigaat qaisaġnamun suaŋavaiłłuni saġvaqtitchiḷḷaruaq sikuqpagruanik paanmun igliqtiłługit suaŋagaluaŋŋaan nigiq, iŋiuliktillagaa suli siqiłhatitaqtiłługu taġium tamaunaġruiññaq sumik siqiłhatitaqtitchiraksramik piiḷaami, aglaan nalunaiññutaġigaa suamaruam saġvam. Tavra naŋiaqtuuraqtut. Anayanaiññiqsraq inillagviksraŋat tavra nunamiñ sivulliit ivunġit qaaŋiḷḷakługit.

Anayanaitchuakun iglauniaqtuni taiguallasiruksraunaqtut qisu qulaaniitchuuruaq sikuliam. Tamanna qisu taġġaqtuutauruatun itchuuruq sikumun ataaniittuamun, tautugnaqtuq iḷitchuqqun uŋasikkaluaqtuniunnii sikumiñ. Aŋimman sarri qulaani qisu qatiġniaqtuq, allauruq maŋaġniŋaniñ imaqaġman naaggaqaa sikuliaqaġman qisum ataani. Qiñiqtuaġupku qatiqtuaq nuvuya iḷitchuġiyumiñaqtutin qanunnamun igliqtilaaŋanik sarri. Iñupiaq una tamatkuniŋa taiguallasisuuruq.

Aŋuniaqtilluataq una, anayanaitchuakun iglauniq sivuniqaqtuq aggisillasivḷugit iluqaisa aġviqsiuqtini surruutaiłługit ataaqtuŋaiqami.

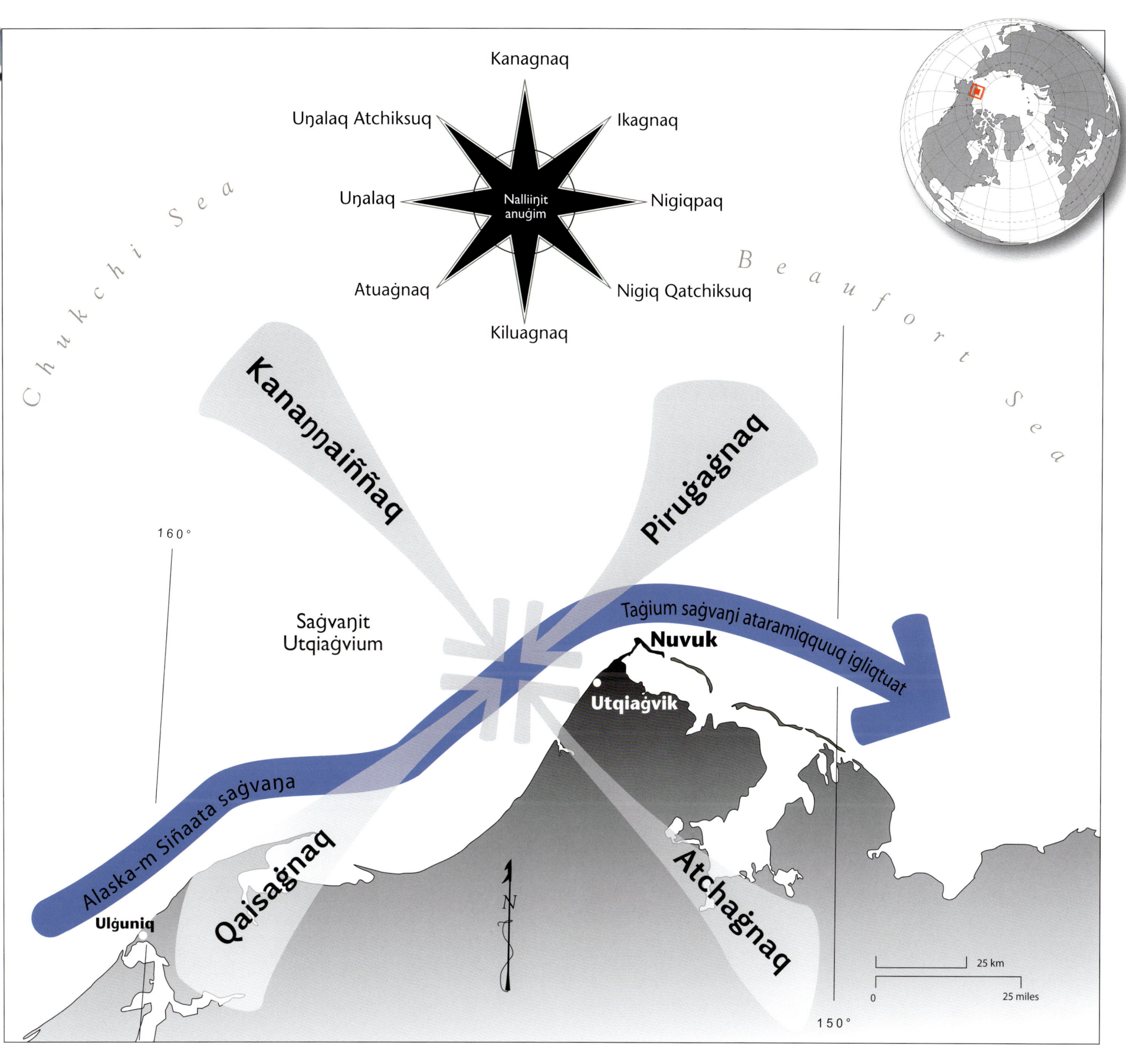

Kanagnaq

Uŋalaq Atchiksuq

Ikagnaq

Uŋalaq

Nalliiŋit
anuġim

Nigiqpaq

Atuaġnaq

Nigiq Qatchiksuq

Kiluagnaq

*Chukchi Sea*

*Beaufort Sea*

Kanaŋŋaiññaq

Piruġaġnaq

160°

Saġvaŋit
Utqiaġvium

Taġium saġvaŋi ataramiqquuq igliqtuat

Nuvuk

Utqiaġvik

Alaska-m Siñaata saġvaŋa

Qaisaġnaq

Atchaġnaq

N

Ulġuniq

0    25 km

0    25 miles

150°

*Qiñiġaat uumaniḷu akim
allianiḷu: Uniaġaqtuat
Kaŋiqługaapigmi samma
1970-ñi tamaani.*

## Joelie Sanguya

Itqaumaruŋa aŋuniaqatigisuukapku aapaga
uniaġaqłunuk taimani qaŋaimña killiliqsuirraqsiŋaiñŋaisa
aŋuraksraptinnik. Iñuit tamarra aŋuniaġaġigai taututuaqtatik
nannut. Taimani nanukitchuq pagmaniñ aasii Iñuit

apqusaaġamisigik aŋusukpiuraġai. Tainna igliġniq
kipiġniuġnapiaġataqtuq.

Nannuksiuqtuni suallagnaqtuq. Tavra suallakłuŋalu
sivuuġauraqłuŋalu iḷisuuruŋa, iluqaagnik suallagniġlu
sivuuqqallu. Itqaumaruŋa uniamiñ niukama uuligruaqtun,
qiiyannamiññiḷaaq aglaan suallaŋavluŋa sivuuġaurallaġma.

Taimani qimmit iḷisautilluataŋasuugait aŋuniaġnigmik
nannunik. Qimmit taimani kamaksrisuŋarut iñumignik.
Iḷisautiraġigai tuvsigumik nannunik malillasivḷugit. Tavra
tuvsikamik maligukpiuraġait. Aapaga tavra uqaluuranik
ilaaguaqtanik atuġaqtut aŋalatchaġamigi qimmiñi, ii,
maliġiniaġikput.

Kisian uqaluurałhiñakun piŋitkai aglaan qanuq taiñiŋa nuimapiaġataqtuq aŋalataġisaqamigit. Itqaumaruŋa qanuq taiñiqaŋatilaaŋit taapkua uqaluurat aapaa atuqtaŋit iḷisimapkaqsaqługit qimmiñi, "li, nanuq immaasi aŋuyaqtuġniaġikput". Taimaasii ilimiktuuqtitchaqamigit qimmit maliġitquvlugu nanuq, araa aliuġnaqtuq-unnii. Uqaluŋiḷḷu qanuq taiñiŋiḷḷu sitchiqsuutiruat ilaa qimmiñun, aksiavaiłłuŋa tunusugmaunnii nuyaŋit qunmuktitchuuŋagai. Tavra aullaqiraqtugut malikługit nannum tumiŋit.

Tainna maliqataigapta qimmit siutiŋit sivunmun tikkutittaqtut, allanik alapisaaġutaiġataqłutik. Pamiuŋit marra tikkutinmiut iluqatik. Qimmit makua qimuksiññaqamik siutiŋit qanuq itchukkamik supayaamun saqullaavlutik aasii pamiuŋit qunmuŋavlutik naaggaqaa anmuŋavlutik. Aglaan tavra aapaa taipqaġmagit uqaluurat taiñiŋa iḷisaġnaqłuni, iluqatik siutiŋit sivunmun tikkutittaqtut, pamiuŋit iluqatik anmun – imma maliqataaqsigikput nanuq!

Nanuq aŋugaptigu aapaa anuiġaġigai qimmiñi. Qimmit tavra avattaġigaat nanuq. Kiiraġaqługu kiŋulliñaaŋagun, tainna kaivaluktitaqługu qimmit piiqsinniaqamigit.

Qimmit nipaallagaqtuq aglaan allauruq nipaat. Ilaa imña atuqtuat.

Nanuq supputipqaġmauŋ mapqapqauraġman tavraŋŋatchiaq supayaat nipaiġaqtut. Nipaitpaiłłuni

siuttavut aviuraqtut supayaaq nipaitpaiłłuni. Tavranitavra suuramik-unnii sunik tusaasuitchugut tavra qimmit kisian aniġnitchiaqtuat niġiruat apunmik.

Taimani tavra iḷisaurrat qimmit tainnaittuat. Iḷisimagaatkii nanuq supputitkanigmarruŋ samma sumik quyanaaġusiaqaġniaqtilaaqtik.

Iglauniġlu aŋuniaġniġlu allauŋaruk taimani piḷġusiŋagullu sivuniqaġniŋagullu iluqaagnun iñugnullu qimmiñullu.

*Anilġataqtuat sisamani uvluni agniġruaŋaqqaaqtillugu iglauruat Kalaałłit Nunaanni iglauruat piqaluyagruakun aŋuniaġviit tikiññialavlugit. Kaałługit uqquutchiŋagaat tupiq aasii qimmit apipkaqsiaŋarut uunnaagutiksramignik suli tugluaqsimaaġutiksramigni.*

# Ilannguaq Qaerngaaq

Iglauruni iḷaanni apqusaaġnaqtuq piyaqqun naagga allat anayanaqtuat.

Upinġaat iḷaŋanniimma taġium sikuani puktaamiitilluta saaŋani Nassam nukaaluga maliqataaqsiruq tugaaligmik qayaqtuqłuni (taaptumaŋŋa sikumiñ qayavut ayaksaaġaqtavut). Qiñiqtuaŋŋapku nukaaluga sua ukuak tuugaaliglu pialaaniḷu tuŋaaġiaqsivḷuŋa aasii nakkaġmagnik qayamnun ikuruŋa. Nauliksaġaluaġiga asitqutkiga. Qayamniñ niugama taunna nukaaluga maliqataimaruq-suli tuugaaligmik. Niusaqama qayamniñ takanna nuluġaġaaŋa saqłallaġmi, kiñŋuvluŋa imaaqtuami!

Immamiiniqsuq tavra atausitun ikarratun. Tavraŋŋatchiaq avataqpatualuk tautugnaqsiruq, qayaŋa tautulaitkiga. Ayaksaaqługu sikumiñ qayaġa upaktuġiga, qayaŋa kiñŋuŋamaruaq, aniqsa iñuqaġniqpa. Nauliksallaan tuugaalik akłunaaq killunmukłuni uivraluktinniġaa.

158 *Qiñiġaaq: Qayaqtuqłuni aŋuniaqtuaq.*

## Uniaġaqtuat aakkarneq-mi (immaktinniq saġvaum suaŋaruam ataani sikum immaktittaa; anayanaqtuq)

Imma iglaulgitchugut uniaġaqłuta usiaqaqłuta uqsrunik aktilaaqaqtuamik qulikipiatun puuġuratun saaŋani Qeqertarsuam, tavraŋŋatchiaq sua uvagut qitqani *aakkarneq*-ġum. Tavra uniapta sivua puttutitchaqsimammiuġlu iḷitchuġirugut *aakkarneq*-miitilaaptinnik. Kiŋunmun nuqiłługit uniavut annaktugut.

## Igliġniq aakkarneq-ġmi ukiuġruam isagutisaaġniŋanni

Atausimiimma Mamarut Kristiansen-lu Tukummeq-ḷu uvaŋalu Manerit-mi uniaġalgitchugut. Sikukun maptukisuurakun iglaurugut uŋasigmiugut nunamiñ. Serfat saaŋani *aakkarneq*-kualgitchugut uŋasikkaluallapta nunamiñ. Kiisaimmaa tikitpisigu payaŋaitchuaq siku Kuugarhaq-mun tikiññapta. Tagialanaġaluaġniqsuq taaġmi.

## Joe Leavitt Iglaunikun
### *Uqaluŋit Joe Leavit-gum*

1947-mi nutaġauŋŋaġmi umiaqtuqtini Ugiaqtaq iḷauŋaruq
Nusaŋitkuayaani. Taunani uiñiq qiñiġnaqtuaq
tuŋaaġisaġniġaat uniaġaqłutik. Apqutaagguuq siatqigmiuq.
Iglaurut taununŋanmun kipiġniuqtutkii aġvagukłutik.
Nigiłauraġmiuq anuġi aglaan tamarra puktaaviñġich
tulanmun iglaumarut.

Nasiqsruqtuaq aŋun upisalaktuq uisaunivḷutik.
Uŋasiksianiŋamarut uisauruat. Tavra nigiqpaum
aatchaqtisimagaa aasii uisaupkaqługi.

Ugiaqtaġlu, Uvluaġlu nutaġauŋŋaġmik uisauŋamammiuk.
Piŋasut umiat iñuŋiḷḷu iḷauŋarut taimani. Piqaluyagmun
nutqaqsimarut ikaktaġumiñaġaluaqłutik tavrani
utuqqanaam atautchimiittuaqumagai allat umiat
utaqqitquvlugi. Tavra utaqqiaqsirut piqaluyagmi, yaqhii
tavraŋŋatchiaq iniŋat siqumisimaruq igalauratun. Umiaqtik
aqparrutimagaak unialik aglaan ivuniġruat
ikaaġumiñaisimagai. Tavrani umiaqtik tammaigaat.
Iḷisimapayaaġumik tavra kipiŋagayaqsimagaat umiaq
unianiñ. Allat umiaqmignik tainna kipisiruat uniamigniñ
isaŋagaat umiaqtik ivunġit qaaŋiññin. Tavra taapkuak
Ugiaqtaġlu, Uvluaġlu tavrani isumatupayaaġumik
tammaigayaitkaak umiaqtik. Ivuniġruam uniaŋi
siquminŋagai umiaqtik taputivlugu.

Iñugiaŋarurguuq taimani sikumi.

*Leavitt-kuayaat piuqtuqtut
aġviġmun. Ivuniġaurat
saaŋani taunna.*

## Qimmit

Iluqata qimmit atuqtuksraġisuuŋagivut sumuktuksraugapta. Qavsiñi kiŋuġaaġiiñi tavra qimmit igliġutigitualuguuŋagivut. Utqiaġvigñi uniaġaqtuanik iñuiqsiiññaqtuq, Qaanaami aasii uniaġaqtuiññaqhutik iglausuurut, aasii Kaŋiqługaapigmi uniaġarraqsitqiksiiññaqtut.

Iglaugapta atuqtuiññaġaluaġuptigi naaggaqaa apqusaaŋaraptinni kisian itpata qimmit qamuktit qiksigipiaġlugit aŋalattuksraġigivut. Iliŋit pautaurut pilluŋaniptinni iñuullaniptinni taġium sikuani. Qamuŋagaatigut qanutun agniġruakuaġaluaqapta,

ikayuqłuta anayanaqtuat naŋaġumiñaqsivḷugit, allunuutivluta, ikayuqłuta aŋuniaġapta. Aŋuniaqtinun tammaŋaruanun alianniuqtuanun iññiqsuġuugaatigut aasii qanuqsausiiġapta iñuupkallasivḷuta niqauvlutik. Qavsikitchut uqaluurat quliaqtuallaruat qanutun nuimatilaaŋiññik uvaptinnun.

Tikiññapta iglauqqaaqłuta qaunagiraġigivut qimmivut sivulliuvlugit. Qimmit niġiqqaaġuurut. Suaŋaruksraurut surruutaitchuksraurut qanuq igliġutigitualuguuŋagivut. Quyanaaġutikput mikiraqtuq ukunuŋa qanutun savaurrisuuruat uvaptinnun.

## Maaku

*Qulliġmiñ alliġmun: Leavitt Crew-tkuayat umiaŋat takuyyiqsuq apuġautisaġmata.*

*Leavitt Crew-tkuayaat takuyaŋat nappaaġiksuq apuġiaġmata.*

Iñupiani upinġaksrami aġviqsiuqamik taġium sikuaniqsiuġniq nuimaruaġivaiługu suraġaaġviksranik quvianaqtuakun nalunaiġaġigikput aġiusaaġniŋa upinġaksrami ataaqtuġniġum. Quviasugvigiraġigikput aitchuusiaqput taġiumiñ qiksigivlugu aġviq. Tamatkunuuna suraġaġniptigun quviasuutikun nalunaiġaqtuq ataniŋik avanmun taġium sikualu aŋayuqaaġiiḷḷu, niqivullu, iglauniqpullu, savalġutivullu, sanatunivullu, aimaaġvivullu, iñugiaktuallu allat sut.

### Apuġauti

Utqiaġvigmi apuġuurut aġviḷgiich aataaqtuŋaiġamik. Umiapiaqtik takuyyiqługu tulautisuugaat. Iñuich tautukkamirruŋ taunna takuyaq aullaġaqtut taġium siñaanun nipaalavlutik. Apuġautituġniq sivuniqaqtuq malġunik. Umiaq apuġman taġium siñaanun suli sivuniqaġmiuq niqinaqimmata mikigamik allaniglu niqinik kukiuramiŋnik. Takuyaq tavra niviŋŋaġuugaat aġvagmata, apuġautimmata, suli nalukataġmata.

Niqinaqiraqtut sumigliqaa kukiuramiŋniq, qaugaŋmik, niġliġmiglu suuliuqhutik, aasii mikigaqtuġmivḷutik. Aakapta Cora-m qaunagitqupiaġuugaa mikigaq aŋalasimaaġlugu uvlupak qavsiñi. Qulit malġuuvluta aŋalasimaaġuuraqput aqsaurraġmattun uuksisukłuta mikigamik. Niuqqaqqaaqłuta kuuppiamik, tiimik aarigaa, aqiattuġaqtugut.

Apuġauti naanman, itqanaiyaqsaġuurugut nalukattamun. Quvianapiallaktuq taġiumi niqsallagapta ukiuqtutilaaŋatun. Aarigaa!

*Qalliġmiñ anmun:*
*Uunaalgiḷḷu maktaiḷḷu*
*uunaaliḷiuqsiññaat*
*Leavitt-kuayaat*
*aimaaġviana.*

*Kuutuuq uqsrukuaqsiuqtuq*
*niqinaqiniaqtuanun.*

*Maaku nukaaluniḷu*
*Fredrika itqanaiyaġaak*
*mikigaq*
*niġipkaiñiksraġmignun*
*nalukataġiaqtuanun.*

## Nalukataq

Utqiaġviŋmi nalukataġniq quvianapiaġataqtuq
Iñupiaguniptinni. Iġñiviŋŋuġman aġvilġiitch
nalukataqtitchisuurut aasii iñugiaguraġmata aġvaktuat
qavsiñik nalukataġuurugut. Ukiupak aġnat
itqanaiyaqsaġuurut miquqḷutiŋ aŋuniaqtimi
annuġaaksraŋiññik. Paŋmapak atigiññaanik atuliqsugut
aglaan nalukataġniq piqpagnapiaqtuq iñuusiptiŋni.

Aŋayuqaapta uvlaatchaurami takuyyiġiaġutisuuraatigut
nalukataġvigmun. Payukḷuta niuqqanik, muqpauraniglu
uqsrukuaqtaniglu itqutchiġaqtugut. Mapkuq itqanaiġman
Aakakput ikusuuruaq aptaniaġnivḷuni uvlupak. Aqulliġmi
ikugaptigu Aakakput nakuaqqutaa uvaptignun qiñiŋagikput.
Taavsrumani iñuusipta quvianaġniŋa avanmun tunŋaruq.

Niġiḷḷuataġaqtugut mikigaqtuqłuta, akutuniglu, siiġñaniglu qanusipayaanik. Nullautchiġñaqsimman aġviq quanik, aqikkanik, maktak, niqitchianiglu aitchuqtuisuurut. Taapkua naanmata qiñiyunaqtuanik kukiamignik siiġñaniglu aitchuimivḷutiŋ.

*Saumigmiñ taliqpiñmun: Nalukattat akiaġaqtaaqłutik ikuraqtut. Aġvaktuani iḷauruaq ikumman mapkumun tavra nalluaqtuat nivliġaqtut "Aġviḷai!" nalunaiqsaqługu iḷautilaaŋanik aġvaktuani.*

*Umialigum aġnaat tikitchuq taġium sikuanun aġviuqtuani autaaqtuaniḷu ikayuutauyyaqłuni. Aġviq qakitkanigmarruŋ taġium sikuanun aġnat niqsaaq siamirraqsiraġigaat.*

Niqinaqiniq isagutisuuruq qitiqqaġman. Aġvilgiich niġipkaisaġuurut qanusiḷimaanik suunik, punniġnik, uqsrukuaqtanik suli nuiqqanik. Aġviq uuruq isagutisuugaat suutuanigmata. Aitchuutigisuugai aġviġum niqiŋi uurupiat, uumman, utchik, taqtu, iŋaluallu. Qaunaginaqtut aglaan utchik uipasulaaġnaqtuq. Aakagma tilimmaŋa payugaġigikkak Tiġigḷuglu, Aluniġlu. Uqautisuuraagni aakaga naipiqtupiaquvlugu kukiuppan aġviġñik. Sunauva ilitchitquvluŋa.

Aġvilgiich nalukatauraqsaġuurut niqinaqiŋaiġmata. Aasii mapkumun ikummata iñuich avaalaaġuurut "Aġviḷḷai!" Nuŋuraanik paatchuiraqtut miqłiqtut, iñukpaiḷḷu.

Aakakput avataqpaliuġuuruaq nalukataqtipiat qiñiqtuaġnaqsimmata aippaaniqsatun. Pisuqtilaaġuuruat avataqpagaġmata. Aarigaa nalupalukasakkai. Nalukataqtuat aġiummata aġġiñaqsisuuruq. Umialiktik saavviqiraġigaat iñuŋisa. Aarigaa qiñiqtuni quviasuktuat aġvilgiich Nalukattam quvianaġniŋa tunŋapiaqtuq iñuusiptinni. Aariga-ha!

*Qalliġmiñ anmun:*
*Kasaktuat aġġiruani*
*nalukataqtuani.*

*Uunaaligniglu (sikumi)*
*suumiglu itqanaiyairut*
*niġipkaqsaqługit*
*aġviuqtuat taġium sikuani.*

*Aġviurraqsiruat*
*niġipkaiḷḷasiñialgitchut*
*nunaaqqimigni*
*nalukataqtuani*
*ukiuqtutilaaŋatullu.*

*Taliqpigmi: Mapkum kuvraksraŋa savakkaat.*

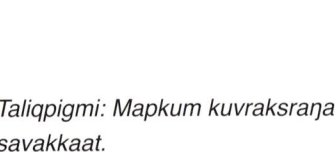

*Nancy Leavitt-gum tautuktitkaa umiapiam amiata kilua ikayuŋaruaq amiġmarruŋ. Umiam amiŋit atuġuugait mapkuliuqamik nalukataġniaqamik.*

## Mapkuq

Mapkuq atukkaqput nalukataġapta itqanaiyaġuugaat aġvilgiich umiapiam ammiŋiññik. Malġuk umiapiak amiŋik naamasuuruk. Tutquġluataqtuni taamna mapkuq atuġaġigaat kavsiñi ukiuni.

Uuktuqqaaqługit atisivļugit siñaaŋich talimmat piŋasunik aktilaaqługit kuvramun naammaksivļugu miquqsaġnaqtuq mapkuq. Miquaq taamna piŋasunik akuqtutilaaqaqtuq uuktuqługu iluġaan. Aasii tapkua kaŋiġalluk payaŋaiqługi kisaġuugaat kuyapikkanun nalukattami nappaġman.

Miquaqtik naanman uuktuqługu kipiraġigaat. Aasii tamanna tigumiutaksrautiŋa savaqivlugu. Yai, mapkuq itqanaiqsuq.

Igah Sanguya-lu, Toku Oshima-lu qimilġuugaak mapkuq Utqiaġvigmiut Qargiŋani.

Nunaaqqiurat Utqiaġviglu Kaŋiqługaapiglu Qaanaaġlu iluqatik allaŋŋuqqammiqsuanik apqusaaŋarut taġium sikuani. Tamatkua allaŋŋuqtuat qanuġlimaa aksiaŋagait iñuuniaġniŋat nunaaqqiġmiut suli qanuq iñuusiksramignik isumalaaqtuksrauruat aasii tamatkua uqausigillaaniaġivut uuma makpiġaam sulliñillaaŋagun.

Qaanaami iḷisimarivut taġium sikuanik sivisuruamik savaaġiŋagaat nunauraliuġniq qiñiqtuuraallasitquvlugit allaŋŋuġniŋit taġium sikuata apqusaaŋaratik inillaamigni. Allaŋŋuġniŋaaglaan aksianapiallaktuaq tautugnaqtuq nunauraliaŋiñ̇i Utuqqanaam Qaerngaaq Nielsen-gum *Aimaaġvikput*-mun iliŋaraat. Taapkugnani nunauragni puttuqsrirugut uqausiġiraŋa Qaanaaġmiut tamatkunuuna taġium sikuani allaŋŋuqtuanik suli sukun igliġnaqtilaamik.

*Qaanaaġmiut taġium sikuagun iḷisimarit Siqiñ̇ġiḷaŋŋuġman 2009-mi (saumianiñ): Uusaqqak Qujaukitsoq, Mamarut Kristiansen, Taliilannguaq Peary, Otto Simigaq, Ilannguaq Qaerngaaq, suli Toku Oshima-lu savakkaat nunaurasalait iḷaŋat iñiqtaġiŋaraŋat iḷausaqługu makpiġaami Sikum Sivuniŋa-mi.*

*Qiñiġaaq akiani: Uniaġaqtuaq Siorapalugmiñ Qaanaamun Paniqsiivigmi 2007-mi Uniaġaqtuat nunamun qanillutik iglauruksraurut naŋaqsaġlugu maptukitchuaq siku suli nigayuq tautugnaqtuaq qiñiġaami taagga. Qavsiñi ukiuni qaaŋiqqammiqsuani tamatkua anayanaqtuat siamisiiñ̇aqtut sugnamupayaaq suli apqusaaġnaqsiŋarut niġiunaiḷakun sulliñ̇ġani ukium.*

# Uitqataġvia Qaanaami 1990 – Ŋŋuŋaiññaan

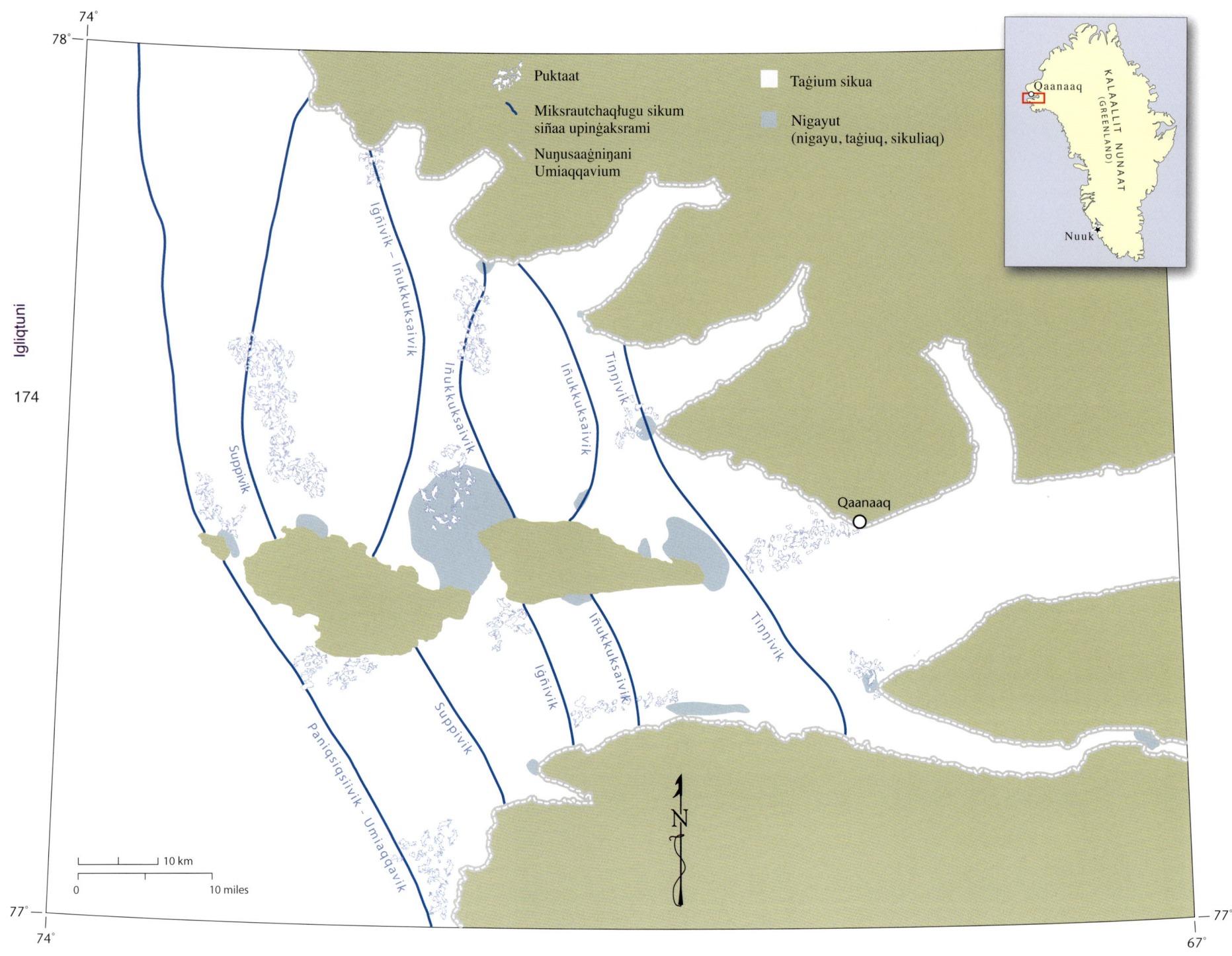

Igliqtuni

174

*Uuma nunauram tautuktitkaa ukium sulliñġani siku ausuuŋatilaaŋa Qaanaami 1990-ŋŋuŋaiññaan. Saumigmiñ isagutilugu maliġiuraaqtuni suŋauraaqtaat titiġniġit iḷitchuġinaqtuq miksrautchaqługu suŋŋuġman uiñiq sumiitchumaaqtilaaŋa upinġaksrami. Ukiuġruamiḷu upinġaksraġuqqaaġmanlu taġium sikua uŋasiktuksraugaluaqtuaqsuli, nunaurami tautugnaiġataqługu. Aasii upinġaksrami taġium sikua auguraaqsaġman uiñiq qalliraqtuq nunamun. Tautuglugu suŋauraaqtaaq titiġniq nunamun qallisiiññaġniŋa Paniqsiqsiivigmiñ, Iġñivigmun, Iñukkuksaivigmun, tainna tainna maliġilugu. Tasamma Amiġaiqsivik tikiñman sikuqaġuuŋaruqsuli tatchiñi, suli qaimġuqaqtuq. Nigayuqaqtuaq, imaqturuaq, naagga maptukitchuamik sikuliaqaqtuaq sagvam nuŋuqsruġuuraŋanik tamatkua iniŋit allaŋŋupialaitchut ukiuni, suli qaimġuq tautugnaġuuŋaruq.*

# QAANAAMI SIKUM IḶAŊŊAQTUĠNIŊA
## 2007-MIÑ 2008-MUN

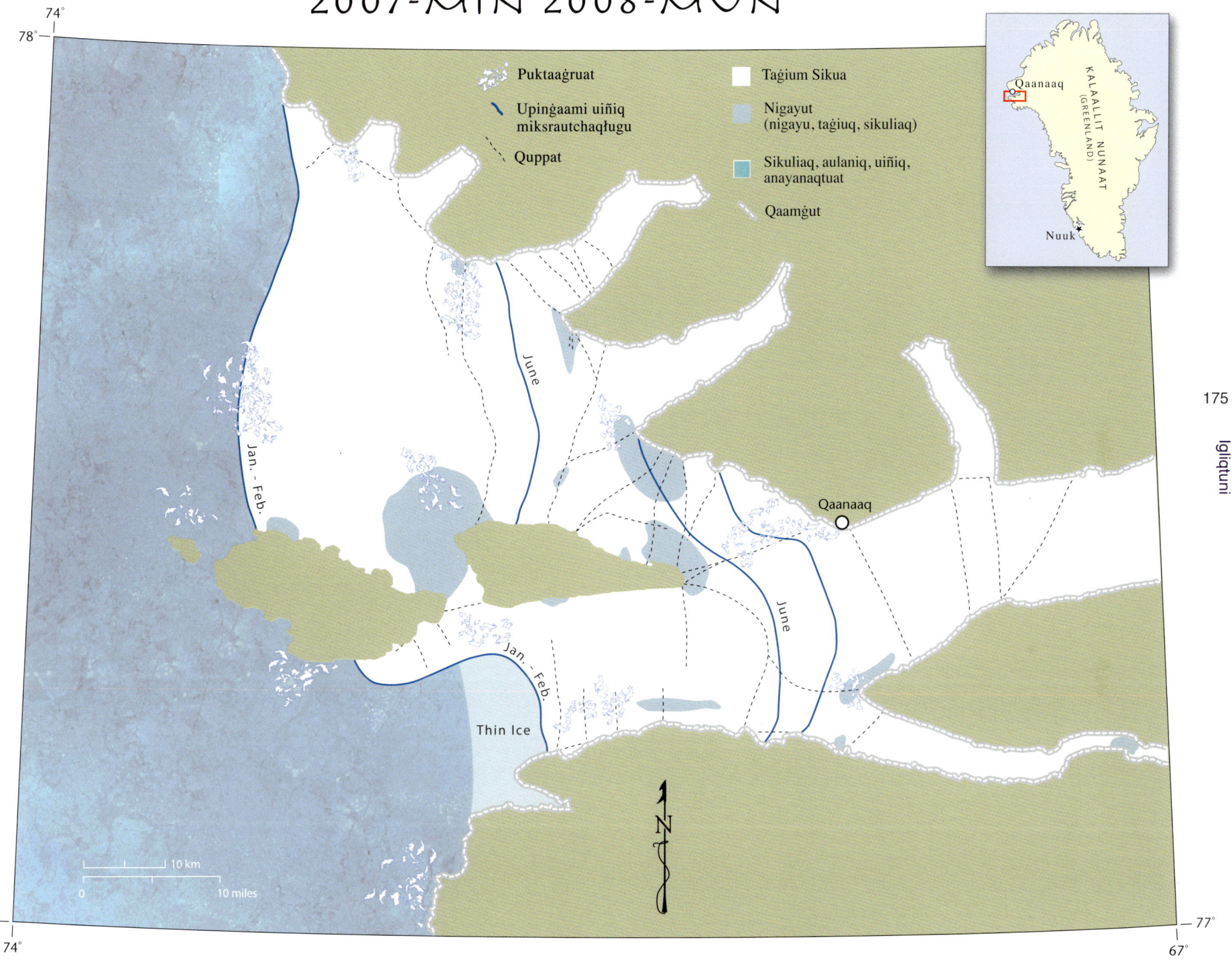

**Puktaaġruat**

**Upinġaami uiñiq** miksrautchaqługu

**Quppat**

**Taġium Sikua**

**Nigayut** (nigayu, taġiuq, sikuliaq)

**Sikuliaq, aulaniq, uiñiq, anayanaqtuat**

**Qaamġut**

June

Jan. - Feb.

Jan. - Feb.

June

Qaanaaq

Thin Ice

10 km

0        10 miles

N

Igliqtuni

Qaanaaq

KALAALLIT NUNAAT (GREENLAND)

Nuuk

*Uuma nunauram qiñiqtitkaa qanutun allaŋŋuŋatilaaŋa taġium sikuata iḷaŋŋaqtuġniŋa uuktuutigivlugu 2007-2008 sikua. Ukiutuaġman sikum iḷaŋŋaqtuġniŋa allaullaasuuruq aglaan allaŋŋupiallaŋaruq 1990s-niñqaŋa aasii una nunauraq iñiqtauŋaruq taiguaqtuat puttuqsripkaqsaqługi. Tavrauvvaa iḷḷitchuġinaqtuq qanutun imaqaqtilaaŋa. Iluqani suŋauraaqtaaq nunaurami tamarra taġiuq naagga sikuliaq, naaggaqaa aulaniq anayanaqtuaq. Nigayut iñugiaksiŋarut (tamatkualu nigayuqaġuuruat ataramik aglisiiññaġmivḷutik) aasii qaimġuq apqutigisuurai siqumiłługi anayanaqsivlugu iglauvigisuuraŋat. Iñugiaksiŋammiut quppat sikuani.*

*Qiñiġaaq akianiḷu uumani qulliġlu alliġlu. Toku Oshimalu allallu iglauniḷuktut amisuurakun apqutikun qiqumasuŋaiññaġuuruakun nunakun Siorapalugmugiaqłutik, tatimmiraqłutik taġium sikuanik imnam saniġaakuaqtut maptukitchuaq siku qallitchaiḷivḷugu imaġlu.*

*Qiñiġaaq taliqpigmi: Lene Kielsen Holm pisuaqtuq qiqumasuŋaiññaġuuruamiñ nunamiñ taunuŋa maptukitchuamun sikumun anayanaipayaaqtuamun, Siorapalugmiñ Qaanaamugiami. Tavrani inimi qiqumasuŋaiññaġuuruam nunam kasuġuugaa taġium sikua uniaġaqtuat igliġvigiyumiñaqtaŋat, nutqaġvigiyumiñaqtaqput tiituġaallagvigilugu.*

# Igliqtuni Qaimġukun

Igliqtuni taġium sikuagun Qaanaami iḷaanni taġium siñaa qaniłługu iglauruksraunaqtuq atuqługu qiqumasuŋaiññaġuuruaq nuna (tautuglugu nunauraq utinmun makpiġlugu). Taġium sikua igliġviuyumiñaġuugaluaqtuq aglaan tamanna qiqumasuŋaiññaqtuaq nuna taġium siñaani ittuksraupiaqtuq iḷaanni sumugniaqtuni. "Ice foot" una taġium sikua ataruaq nunamun mapturuq aasii iraqtutilaaqallaruq qulitun meter-tun naagga qavsiqiuratun meter-tun.

Tamanna qiqumasuŋaiññaġuuruaq nuna igliġvigikłuni pagmami igliġviutualuguqsiiññaqtuq qanuq taġium sikua maptukikłivaiłłuni suli imaqaqpaiłłuni. Iḷaŋisigun tamanna ilaa qiqumaruaq allaŋŋuġmiuq (tautuglugu nunauraq) samnaaġviñikłuni igliġviurapayuŋat aasii uniaġaqtuat pauna nunakuaqtuksriqługit. Iḷaanni nunakuaġviksraitchuummiut aasii piqaluyagruaqtigun iglauruksrauraqtut anayanaqpagmiuq tamanna allaŋŋuqtuaqtuamik siḷaqaqłuni anayanaqsivḷugu, tamarrasuli quppat, suli igliġniksraq sivisunaaqtitchuummigaa.

# QAANAAMI SIKUNIŊA 1990 - ŊŊUŊAIÑŊAAN

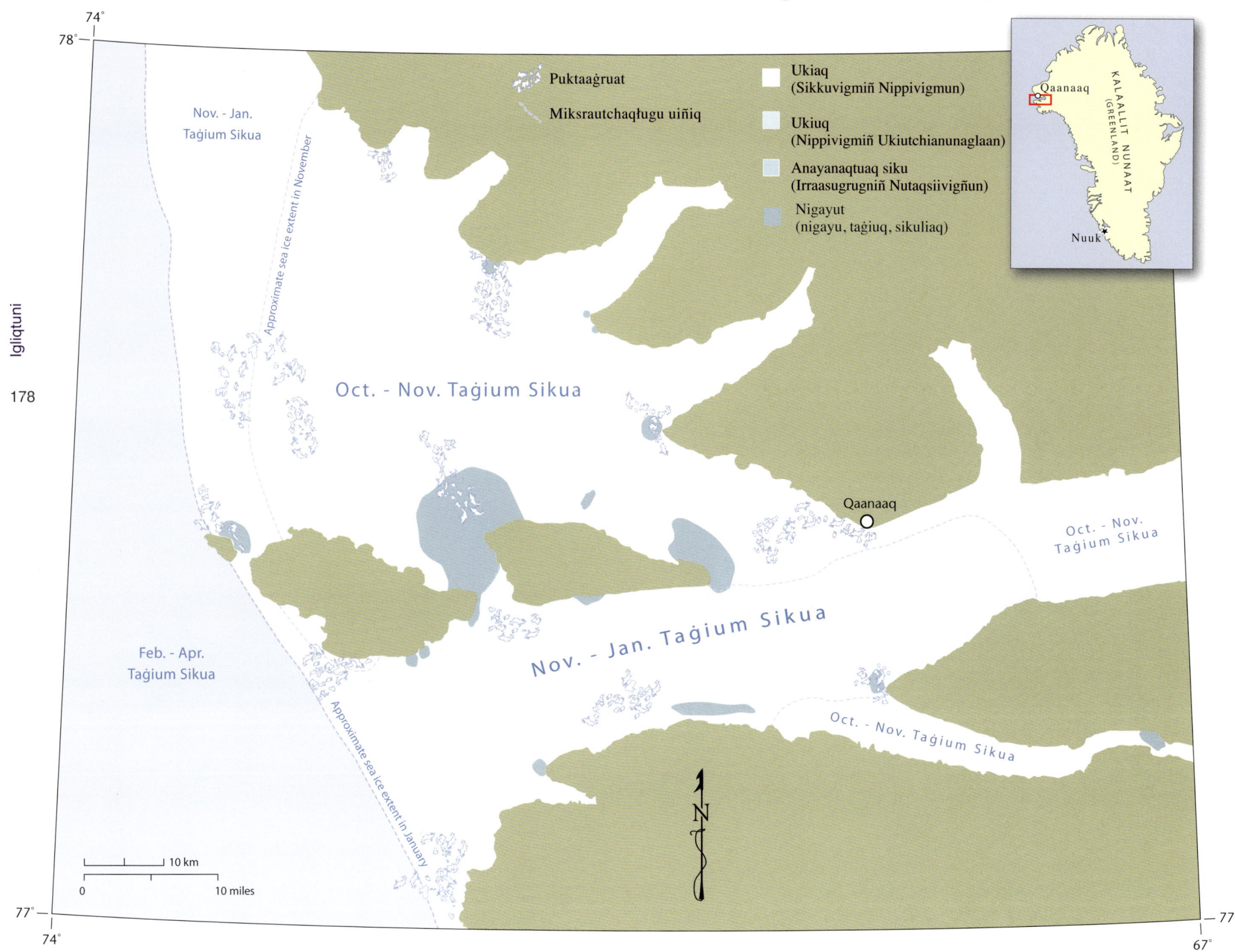

**Ukiaq**
(Sikkuvigmiñ Nippivigmun)

**Ukiuq**
(Nippivigmiñ Ukiutchianunaglaan)

**Anayanaqtuaq siku**
(Irraasugrugniñ Nutaqsiivigñun)

**Nigayut**
(nigayu, taġiuq, sikuliaq)

Puktaaġruat

Miksrautchaqługu uiñiq

Nov. - Jan.
Taġium Sikua

Approximate sea ice extent in November

Oct. - Nov. Taġium Sikua

Qaanaaq

Oct. - Nov.
Taġium Sikua

Nov. - Jan. Taġium Sikua

Feb. - Apr.
Taġium Sikua

Approximate sea ice extent in January

Oct. - Nov. Taġium Sikua

Igliqtuni

178

10 km

0          10 miles

N

Qaanaaq

KALAALLIT NUNAAT
(GREENLAND)

Nuuk

*Uuma nunauram tautuktitkaa qanuq sikusuuŋatilaaŋa 1990-ŋŋuŋaiñŋaan. Qatiqtaaq tamarra taġium sikua aasii iḷitchuġinaqtuq nunauramiñ sikuaniŋatilaaŋanik iḷuliani aasii taunuŋa taġiumun sikuvluni Sikkuvigñiñ Siqiñġiḷanun. Irraasugruŋŋuġman Umiaqqavigñun taunuŋa ayuuqłuni tautugnaiġataqłuni nunaurami. Tamarra nigayuqaġuuruat tautugnaqtut suli puktaaqaġñiaqtilaaŋa niġiunaġuuruq.*

# Qaanaami Sikusuuniŋa
## 2008-miñ 2009-mun Sikkuviŋa

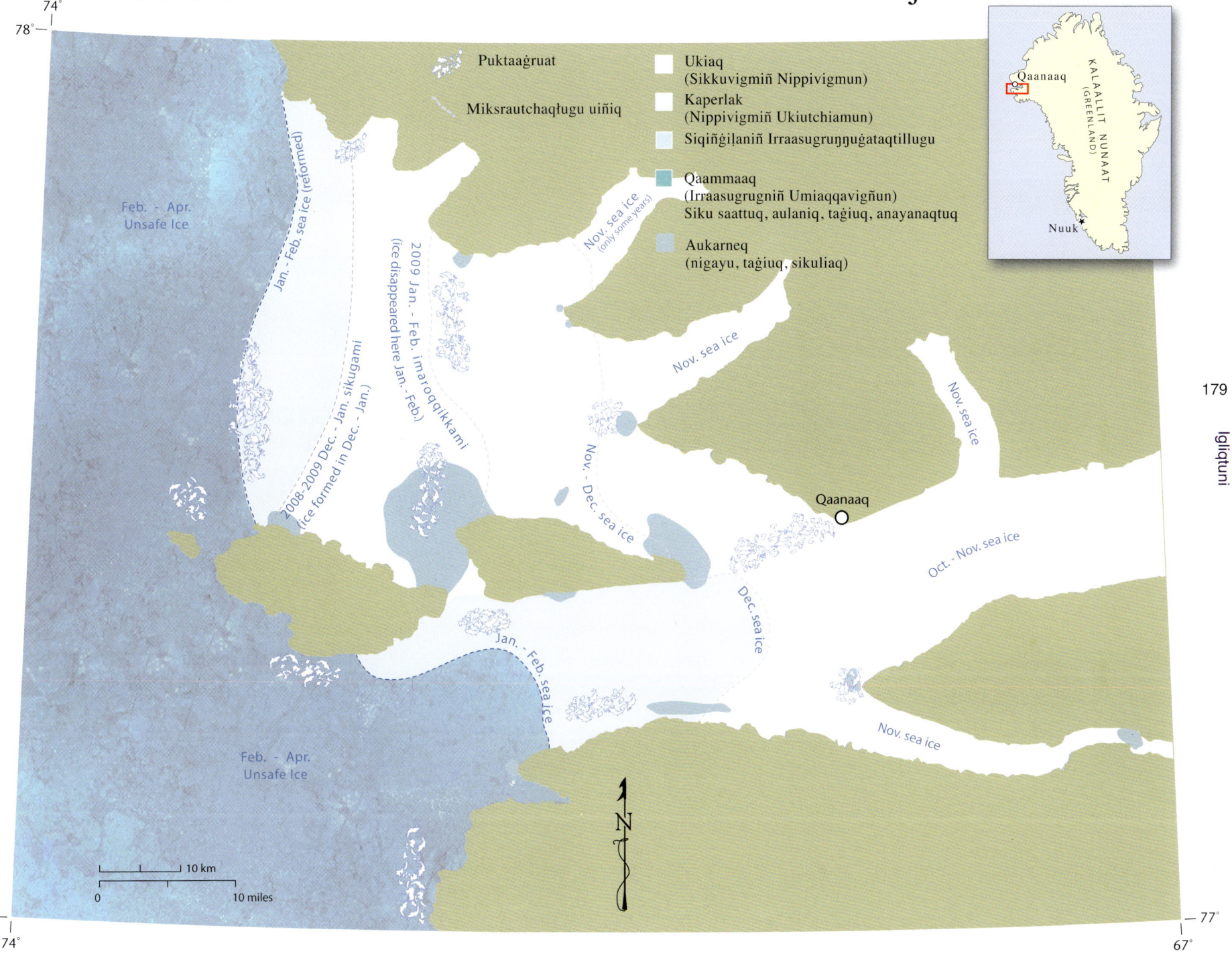

Igliqtuni

Uuma nunauram tautuktitkaa qanuq sikkuvikaaŋa allaŋuŋatilaaŋanik taġiuq Qaanaami 2008-miñ 2009-mun ukiuq uuktuutigilugu. Tavrasuli, puttuqsriłagnaqtuq qanutun allautilaaŋa tautuŋaqqaaqługu qanuq inŋatilaaŋa siku 1990-ŋŋuŋaiñŋaan, qanutun agmatilaaŋa taġiuq, sarriłu, suli sikuliaq. Qimiłġuulluataqtuni nunauraq kaŋiqsiñaġniaqtut aglausimaruat. Aglausimaruaq taiguaqtuni kaŋiqsipkaġaa qanuq taġium sikua iłaŋŋaqtuŋatilaaŋanik aasii iiguaqługu Ukiutchiamiłu Irraasugrugmiłu. Sikusuuŋagaluaqtuaq Sikkuvigmi sikullaiŋaruq Nippiviŋŋuġataqtillugu, Siqiñġiłaŋŋuġataqtillugu, naaggaqaa Ukiutchiaġuġataqtillugu. Iłuliat qiqitchuuruat Sikkuviŋŋuġman qiqillaiŋarut Nippiviŋŋuġataqtillugu.

Una makpiġaam avgutaa uqausiġiłhaaġaluaġaa taġium sikuagun iglauniq, Qaanaaġmiut itqaqtitkaatigut taġium sikuagun iglauniġlu nunakullu iglauniq avitchuġnaitchuk. Suraġaġniqturuq taġium sikuata siñaa suli inigipiksuaġmigaat, tainnaptauq nunaaqqiuraŋisa. Ukiumi taġium sikuaniittuat apqutiŋisa iḷaŋat nunakuaqtaġuuruq atuġuugaat utinmullu.

Qaanaami nunami apqutit ittuksraupiaqtut aasii tainnamik uqausiġiŋammigai taġium sikuanik uqaqapta taaptumani nunaaqqimi Taġium sikuani apqutitun, nunami apqutit allaŋŋuŋammiut iḷaŋit suksraaqługit allaŋŋuġman avataa, uvvakii apiniŋa allaŋŋuġman.

Tamatkua apqutit nunami nuimatilaaŋat iḷitchuġitquvlugu Qaanaaġmiut nunauraliuŋarut atuġuuramignik apqutinik inimigni. Nunauram iḷitchuġipkaġait qaŋapak atuġuuratik apqutit, allallu pagmapak atuqtatik, suli allat suksraaŋaratik anayanaqsivaiñŋavlutik. Apqutit atiŋit iḷiŋammigai.

*Qiñiġaaq akiani:*
*Inughuit nunami apqutitik atuġuuŋagait qavsiñi kiŋuġaaġiiñi, aglaan iḷaŋit uumatun qiñiġaŋaraŋatun Uusaqqak Quyaukitsoq-m 1970s-ni allaŋŋuqtut. Allat suli atuġuusisiiññaġai samnaaġnaqsimman taġium sikua naagga anayanaqsiŋavaiñman.*

# Qaanaarmiut Trail Names

Igliqtuni

182

**Etah area map (northern half)**

1. INUARFISSUUP KUUSSUA
2. NUUPALUMMUT AQQUTAA
3. NAUJAALIKKOORIAQ
4. ANORITUUKKOORIAQ
5. QAMAARFIKKOORIAQ
6. AUNNARTUKKOORIAQ
7. QALLUNAALIKKOORIAQ
   (IITALLUAKKOORIAQ)
8. TAHERARTALIKKOORIAQ
9. IITAKKOORIAQ
10. UINGAHUKKOORIAQ
11. ITULLIARSUKKOORIAQ
12. ITULLERSUAKKOORIAQ
13. ARFALLAORFIKKOORIAQ
14. NEQIKKOORIAQ
15. TORSUKATTAKKOORIAQ
16. NAUJATUUKKOORIAQ
17A. IKINIKKOORIAQ
18. ITERLASSUAKKOORIAQ
19. KANGERLUARSUKKOORIAQ
20. QUTAERLUT *two locations
21. QALLUUSAKKOORIAQ
22. SERMIARSUKKOORIAQ
23. PAORNARSUAKKOORIAQ
24. QAANAAKKOORIAQ
25. QUINISUKKOORIAQ

**Grønland area map (southern half)**

26. NARSAKKOORIAQ
27. PINGUARSUKKOORIAQ
28. KISSAVIARSUKKOORIAQ
29. ITULLERSUAKKOORIAQ
30. NARSAP KANGIATIGOORIAQ
31. NUNATAARSUKKOORIAQ
32. ITULLIARSUKKOORIAQ
33. MORIUSAKKOORIAQ
34. ULLIKKOORIAQ
35. UUMMANNAKKOORIAQ
36. HIOQQAP KOORORRUAKKOORIAQ
37. NARRAARRUKKOORIAQ
38. KANGAARRUKKOORIAQ
39. QUARAUTIKKOORIAQ
40. ITERLAKKOORIAQ
41. ILLUARSUKKOORIAQ
42. SAVISSUAKKOORIAQ
43. PAAKITSUKKOORIAQ
44. ISSUISSUKKOORIAQ
45. APPATIGOORIAQ
46. HUKKATIGOORIAQ
47. INNAANGANERTIGOORIAQ
48. PUISILIKKOORIAQ
49. QANGARSUARLI AQQUTAASIMASUT
    NAVIANARTUT
50. SAVEQARFIKKOORIAQ
51. PUISILLUARSUKKOORIAQ
52. QARMAKKOORIAQ
53. AAPPILATTORSUAKKOORIAQ
54. UPERNAVISSUAKKOORIAQ
55. IHUSSIKKOORIAQ
56. ASUNGAANNGUAKKOORIAQ /
    KIATAKKOORIAQ
57. NATSILIVIUP QINNGUATIGUUKKOORIAQ

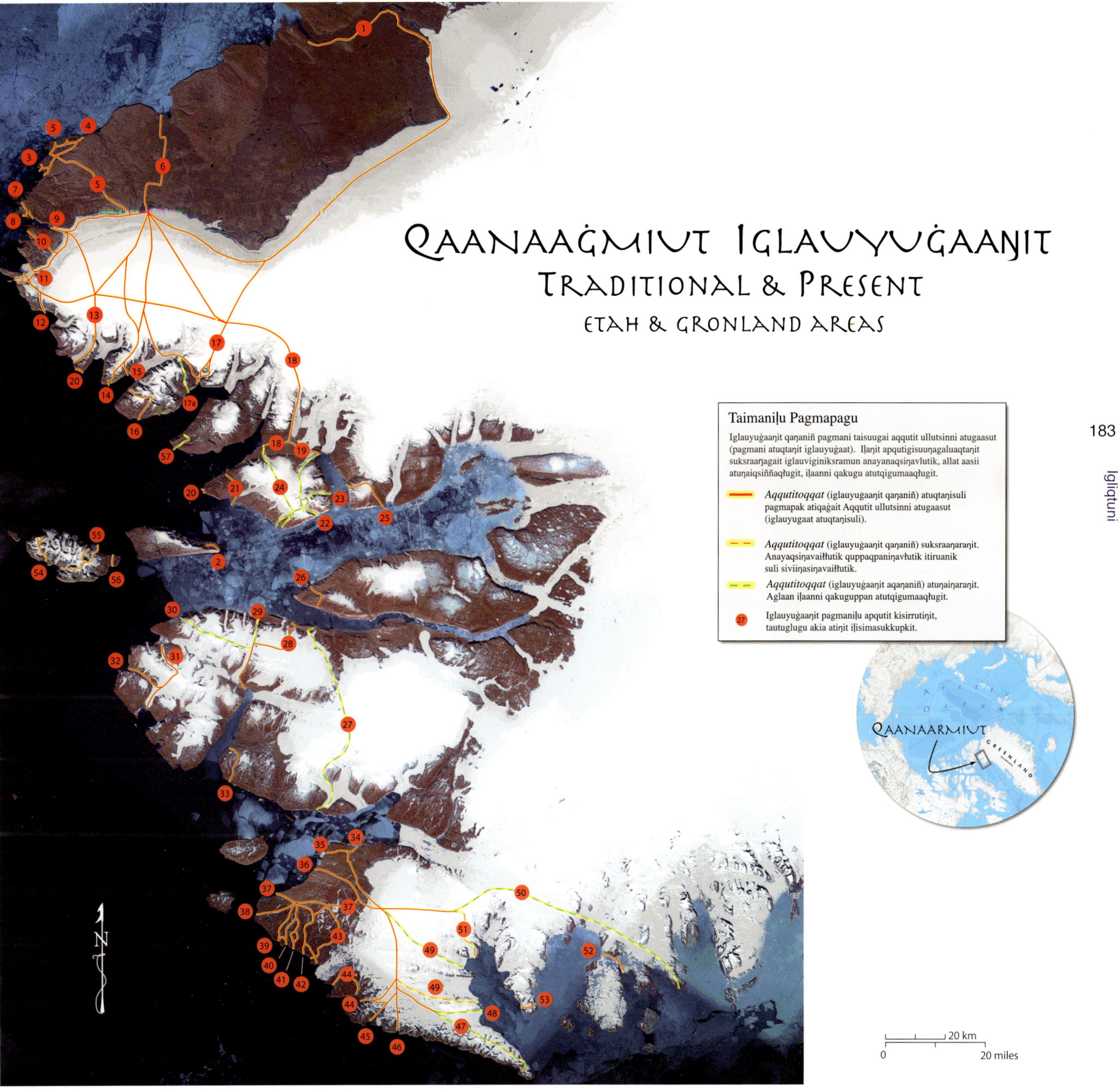

# Qaanaaġmiut Iglauyuġaaŋit
## Traditional & Present
### etah & gronland areas

**Taimaniḷu Pagmapagu**

Iglauyuġaaŋit qaŋaniñ pagmani taisuugai aqqutit ullutsinni atugaasut (pagmani atuqtaŋit iglauyuġaat). Iḷaŋit apqutigisuuŋagaluaqtaŋit suksraaŋagait iglauviginiksramun anayanaqsiŋavlutik, allat aasii atuŋaiqsiññaqługit, iḷaanni qakugu atutqigumaaqługit.

— *Aqqutitoqqat* (iglauyuġaaŋit qaŋaniñ) atuqtaŋisuli pagmapak atiqaġait Aqqutit ullutsinni atugaasut (iglauyugaat atuqtaŋisuli).

– – *Aqqutitoqqat* (iglauyuġaaŋit qaŋaniñ) suksraaŋaraŋit. Anayaqsiŋavaiłlutik quppaqpaniŋavłutik itiruanik suli siviiŋasiŋavaiłlutik.

– – *Aqqutitoqqat* (iglauyuġaaŋit aqaŋaniñ) atuŋaiŋaraŋit. Aglaan iḷaanni qakuguppan atutqigumaaqługit.

㉗ Iglauyuġaaŋit pagmaniḷu apqutit kisirrutiŋit, tautuglugu akia atiŋit iḷisimasukkupkit.

Qaanaarmiut

# Kaŋiqługaapigmiut Ukium Sulliñ̄gagun Nullaġviuraŋit suli Qa-nuq Atuġuutilaaŋat Taġium Sikua

Kaŋiqługaapigmiunun nunami imnaqpalignik tasiqaqtuat, qiqumaruaq taġiuq atuġamirruñ ataŋġiqsuatun iḷisuurut; aŋuniaġvisik utiqtaġvigillagai, nullaġvisik, sugnamulliqaa igliġukkamik. Taġiuq sikuqaġman tavra aŋuniaqtit uniaġallarut tasikun naagga sikiituukun aasii ikaaġlugu tasiq tamatkunuuna apiŋaruatigun qattaġnisigun iglauvlutik qaŋaniñ atuġuuraġmikkun apqutitigun ikaaktuat nuvuġatigun takiruatigun Qikiqtaalugmi *Baffin* Bay-mun ittuat.

Kaŋiqługaapigmiut nuktaqłutik iñuusuuŋŋaisa iñuuraqtut tavra sunik aŋuniaġnaqsiraġimman maliġuaqługi niġrutit. Nullaġviit allagiit atullaavlugit sulliñ̄gani ukium, nuna suqaġman aŋuraksranik tavra sunnagvigivlugu. Taġium sikuata iglauviksriġuugai tamatkunuŋa nullaġvigñun. Iḷaŋit nullaġviit ukiaġmi atuġuugai utaqqivigivlugit taġium sikuniksraŋanik. Allat nullaġviit upiŋġaksrami kisian atuġnaqtut, aasii allat upiŋġaałhiñami, aasii suli allat ukiuqtutilaatun. Nullaġviḷiuġuummit-suli ukiumi taunani taġium sikuani. Nullaġvik atuŋitkumirruñ ukium sulliñ̄gani tasamma iñuŋit allami aŋuniaqtut katiqsrirut niqiksramignik allani, naaggaunnii suna aŋuraksraq sumiisimamman naagga aŋuniaġviksraq nakuumamman taima allamiittaqtut. Nullaġviisa atiŋisa iḷitchuġipkaġumiñaġaatigut suqaqtilaaŋa taamna nuna, qanuq qiññaqaqtilaaŋa, sunik atuaksranik piqaqtilaaŋa, avatiŋit qanuq itchuummagaisa, qanuq siḷaqaqtilaaŋa, uqqirviksraqaqtilaaŋa, naagga sut nuimaruat apqusaaŋatilaaŋiññik tavrani (tautuglugu *Nunait Atingit* avgunmi *Irrituruami Piŋasut Nunaaqqiurat*).

Nunaurat uuma aquvatigun atuqsiññaġaluaqtut sisamanik sulliñ̄aŋiññi ukium iḷitchuġipkaqsaqłusi qanuq nullaġviuratik atuġuutilaaŋiññik, iḷisimaruksraurusi Inuit tamaani itchaksranik sulliñ̄iqaġaat ukiuq, uqaluqaġmiut tamatkunuuna atuġnaqtuanik uqaluuranik suli tatqit tamatkua atiqaġmigait (tautuglugu *Kangiqtugaapik Food From Sea Ice* qiñiqtuagaksriaq suli *Terminology, Characteristics, and Change of the Seasons at Kangiqtugaapik*, iluqatik Niqisigun avgunmi ittuak). Sisamat tatqit naamarut iḷitchuġipkaisaqtuni ukium sulliñ̄gakun atuġuutilaaŋiññik nullaġviurat naagga ini qanuq titiġaitchugut suviksram aglagviksraŋanik. Nunaurat iḷitchuġipkaġumiñaġaasiaglaan sut atuġnaqtilaaŋiññik allakun-unnii nalunaiŋaruat atuġviit. Aglausimaruat aglaagugaluaqtut kukiḷuktuaġuuŋŋaisa iñuit nullaġviŋisigun aglaan atuġaisuli pagmami.

Aglausimagaluaqtut nullaġviiḷḷu inillu atiŋit, makua tallimat nunauraliat quliaġmigait Kaŋiqtugaapigmiut atuġniŋat taġium sikuanik, aŋuniaġviŋit, anayanaġniaqtuallu iglauniaqtuani qaunakłaaquvlugi tamaani. Uiñiġum irvikaaŋa aglausimaruq qanuq nuimapiaġataqtuq iḷisimaruksraunaqtuq tuvvam siñaa nuimaruaq niġrutit irvigisuuvlugu aasii iñuit aŋuniaġvigiruksrauvlugu. Tamarra imaq uiñ̄ġum siñaa qaaŋiḷḷaktuni suli taunani igliqtuat sikut tainna salliñ̄mun, kivalliñ̄mun igliqtuaqtuaq anuġi suli saġvaq igliġmagnik sarġułługu Qikiqtaaluum siñaa.

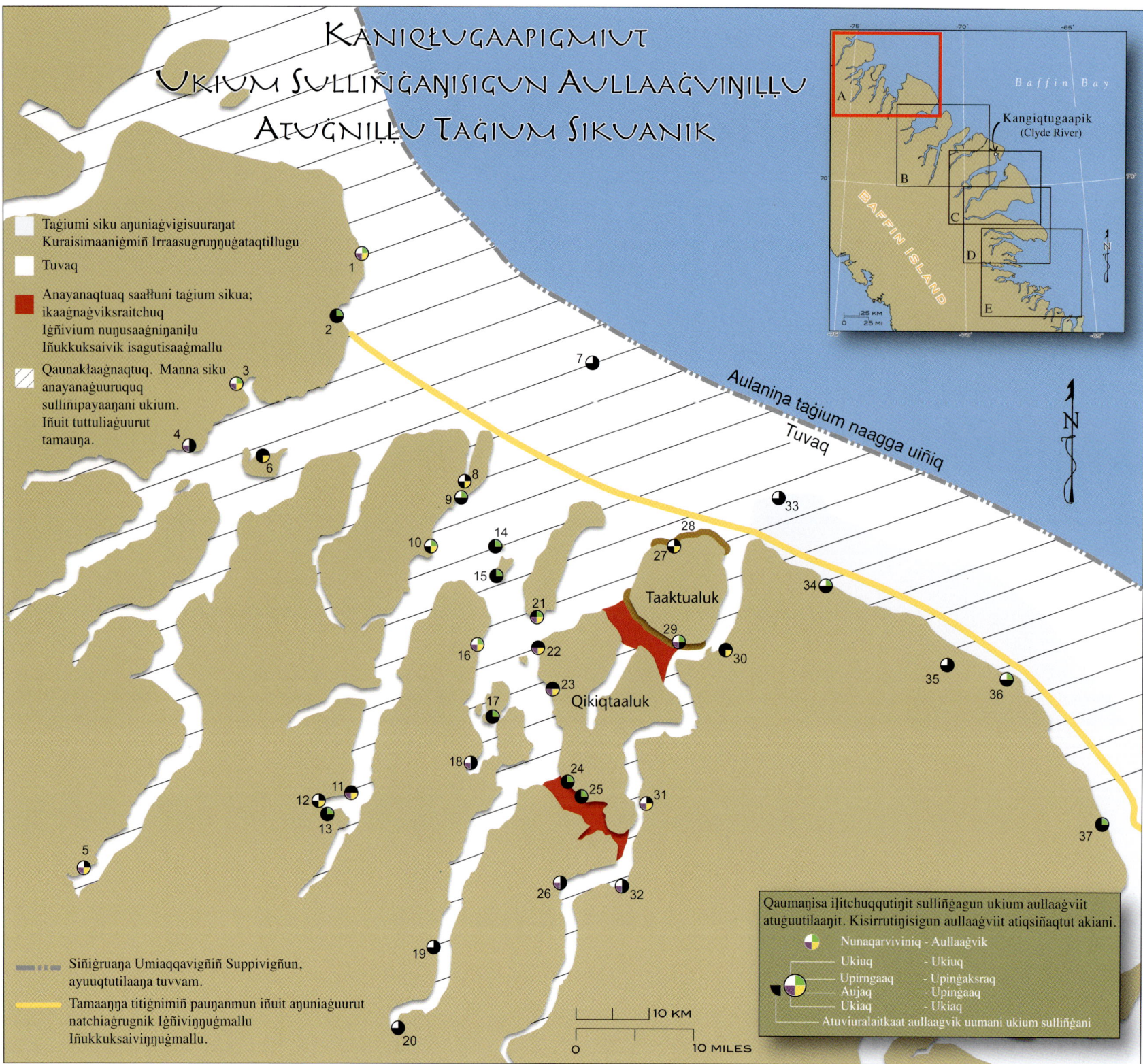

# KANIQŁUGAAPIGMIUT
## UKIUM SULLIŊĠAŊISIGUN AULLAAĠVIŊIĻĻU
## ATUĠNIĻĻU TAĠIUM SIKUANIK

Taġiumi siku aŋuniaġvigisuuraŋat Kuraisimaaniġmiñ Irraasugruŋŋuġataqtillugu

Tuvaq

Anayanaqtuaq saałłuni taġium sikua; ikaaġnaġviksraitchuq Iġñivium nuŋusaaġniŋaniļu Iñukkuksaivik isagutisaaġmallu

Qaunakłaaġnaqtuq. Manna siku anayanaġuuruquq sulliŋipayaaŋani ukium. Iñuit tuttuliaġuurut tamauŋa.

Siñiġruaŋa Umiaqqavigñiñ Suppivigñun, ayuuqtutilaaŋa tuvvam.

Tamaaŋŋa titiġnimiñ pauŋanmun iñuit aŋuniaġuurut natchiaġrugnik Iġñiviŋŋuġmallu Iñukkuksaiviŋŋuġmallu.

Aulaniŋa taġium naagga uiñiq

Tuvaq

Taaktualuk

Qikiqtaaluk

Kangiqtugaapik (Clyde River)

Baffin Bay

BAFFIN ISLAND

Qaumaŋisa iļitchuqqutiŋit sulliŋġagun ukium aullaaġviit atuġuutilaaŋit. Kisirrutiŋisigun aullaaġviit atiqsiñaqtut akiani.

Nunaqarviviniq - Aullaaġvik

Ukiuq - Ukiuq
Upirngaaq - Upiŋaksraq
Aujaq - Upiŋaaq
Ukiaq - Ukiaq

Atuviuralaitkaat aullaaġvik uumani ukium sulliŋġani

Igliqtuni

186

## Ukium sulliñĝani aullaaġviit atiŋit Nunauraq A

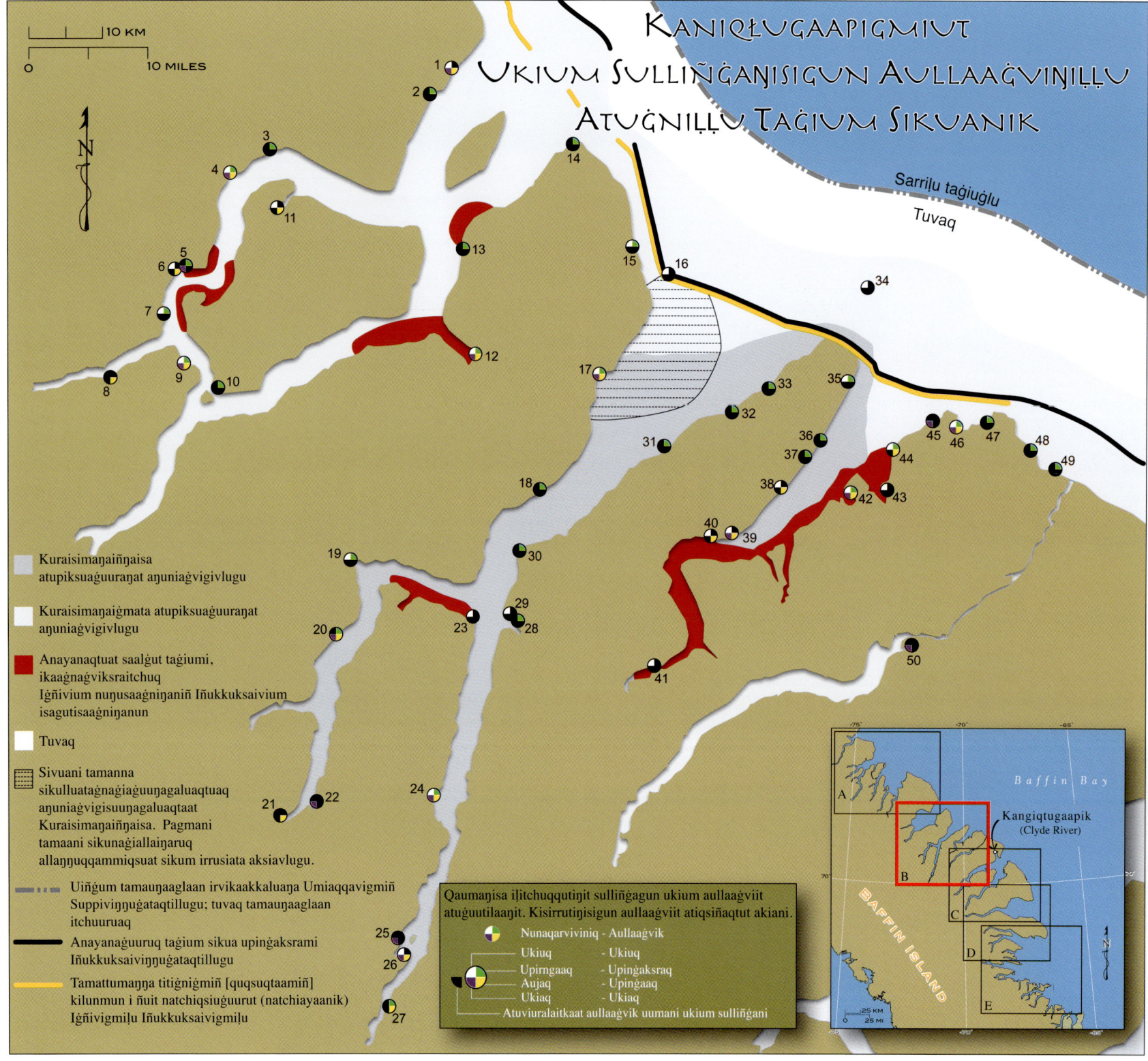

Igliqtuni

188

## Ukium sulliñġani aullaaġviit atiŋit Nunauraq B

| | | |
|---|---|---|
| 1 | ᓇᑦᑎᖅᓱᔪᖅ | Nattiqsujuq |
| 2 | ᓇᖅᓵᓗᒃ | Naqsaaluk |
| 3 | ᓇᖅᓴᕈᓗᒃ | Naqsaruluk |
| 4 | ᖃᕐᒪᖅᑕᓕᒃ | Qarmaqtalik |
| 5 | ᓇᖅᓴᖅ | Naqsaq |
| 6 | ᓇᖅᓴᖅ/ᓇᑦᑎᖅᓱᔪᖅ | Naqsaq/Nattiqsujuq |
| 7 | ᐅᑭᐊᓪᓕᕕᕈᓗᒃ/ᑭᑎᖅᓕᖅ | Ukialliviruluk/Kitiqtliq |
| 8 | ᑑᕐᖓᓕᒃ/ᕿᒻᒥᓛᕕᓂᖅᑕᓕᒃ | Tuurngalik/Qimmilaaviniqtalik |
| 9 | ᐅᑭᐊᓪᓕᕕᕈᓗᒃ | Ukialliviruluk |
| 10 | ᕿᑭᖅᑖᓘᑉ ᑲᖏᖕᖔᖓ | Qikiqtaaluup kangingaanga |
| 11 | ᐅᓪᓚᐃᓐᓇᒐᐅᑦ ᑲᖏᖅᑐᑯᓗᐊ | Ullainnagaut kangiqtukulua |
| 12 | ᓇᖅᓵᓗᑯᓗᒃ ᐅᖓᓪᓕᖅ | Naqsaalukuluk ungalliq |
| 13 | ᖁᓪᓗᕐᓂᓕᑯᓗᒃ | Qullurnilikuluk |
| 14 | ᖃᖁᓪᓗᐃᑦ ᓄᕘᐊ | Qaqulluit nuvua |
| 15 | ᑐᐱᕐᕕᐊᓗᐃᑦ | Tupirvialuit |
| 16 | ᐊᒫᕆᒃᓱᖅ | Amaariksuq |
| 17 | ᓇᖅᓵᓗᑯᓗᒃ | Naqsaalukuluk |
| 18 | ᐅᖃᙳᐊᖅ | Uqannguaq |
| 19 | ᑎᖏᔭᑦᑐᖅ | Tingijattuq |
| 20 | ᐅᑭᐊᓪᓕᕕᕈᓗᒃ/ᑲᖏᖅᑐᐊᖕᒥ | Ukialliviruluk/Kangiqtualungmi |
| 21 | ᕿᙳᐊ | Qinngua |
| 22 | ᐊᑎᖓ ᓇᓗᔭᐅᔪᖅ | Name unknown |
| 23 | ᓄᕗᐊᓗᒃ | Nuvualuk |
| 24 | ᖃᒧᑎᕕᓂᕈᓗᒃᑕᓕᒃ | Qamutiviniruluktalik |
| 25 | ᐅᑭᐊᓪᓕᕕᕈᓗᒃ | Ukialliviruluk |
| 26 | ᐅᑭᐊᓪᓕᕕᕈᓗᒃ | Ukialliviruluk |
| 27 | ᓄᑕᕋᕕᓂᖅᑕᓕᒃ | Nutaraviniqtalik |
| 28 | ᐊᑕᒍᓕᓴᒃᑕᓕᒃ | Atagulisaktalik |
| 29 | ᐊᑕᒍᓕᓴᒃᑕᓕᒃ | Atagulisaktalik |
| 30 | ᖁᓪᓕᕐᑕᓕᒃ | Qullirtalik |
| 31 | ᓄᕗᐊᖅᔪᑯᑖᒃ | Nuvuaqjukutaak |
| 32 | ᐃᑎᓪᓕᕈᓗᒃ ᑲᖏᓪᓕᖅ | Itilliruluk kangilliq |
| 33 | ᐃᑎᓪᓕᕈᓗᒃ | Itilliruluk |
| 34 | ᐊᑯᓕᐊᖃᑦᑕᐅᑉ ᓵᖓ | Akuliaqattaup saanga |
| 35 | ᐃᒡᓗᕕᒐᖅᑐᓪᓕᐊ | Igluvigaqtullia |
| 36 | ᐅᔭᕋᓱᒡᔪᓕᕈᓗᒃ | Ujarasugjuliruluk |
| 37 | ᑐᐱᕐᕕᕈᓗᐃᑦ | Tupirviruluit |
| 38 | ᐃᑎᓪᓕᕈᓗᒃ | Ittilliruluk |
| 39 | ᑲᖏᓪᓕᖅ | Kanilliq |
| 40 | ᐃᑎᓪᓕᕈᓗᒃ ᑲᖏᓪᓕᖅ | Itilliruluk kangilliq |
| 41 | ᖁᑭᓐᓂᑯᓗ | Quukinnikuluk |
| 42 | ᐊᕐᕕᖅᑐᔪ | Arviqtujuq |
| 43 | ᐅᑭᐊᓪᓕᕕᕈᓗᒃ | Ukilliviukuluk |
| 44 | ᐆᑦᑐᐊᓗᒃᑕᓕᒃ | Uuttualuktalik |
| 45 | ᓂᐊᖁᕐᓈᓗᒃ ᑲᖏᑎᐊᖓ | Niaqurnaaluk kangitianga |
| 46 | ᓂᐊᖁᕐᓈᓗᒃ | Niaqurnaaluk |
| 47 | ᖃᔅᓯᐊᓗᐃᑦ | Qassialuit |
| 48 | ᖃᐃᕐᓲᒑᓕᑯᓗᒃ | Qairsuugaalikuluk |
| 49 | ᕿᑭᖅᑕᑯᓗᒃ | Qikiqtakuluk |
| 50 | ᑕᓯᐊᓘᑉ ᑰᒋᐊᕐᓂᖓ | Tasialuup kuugiarninga |

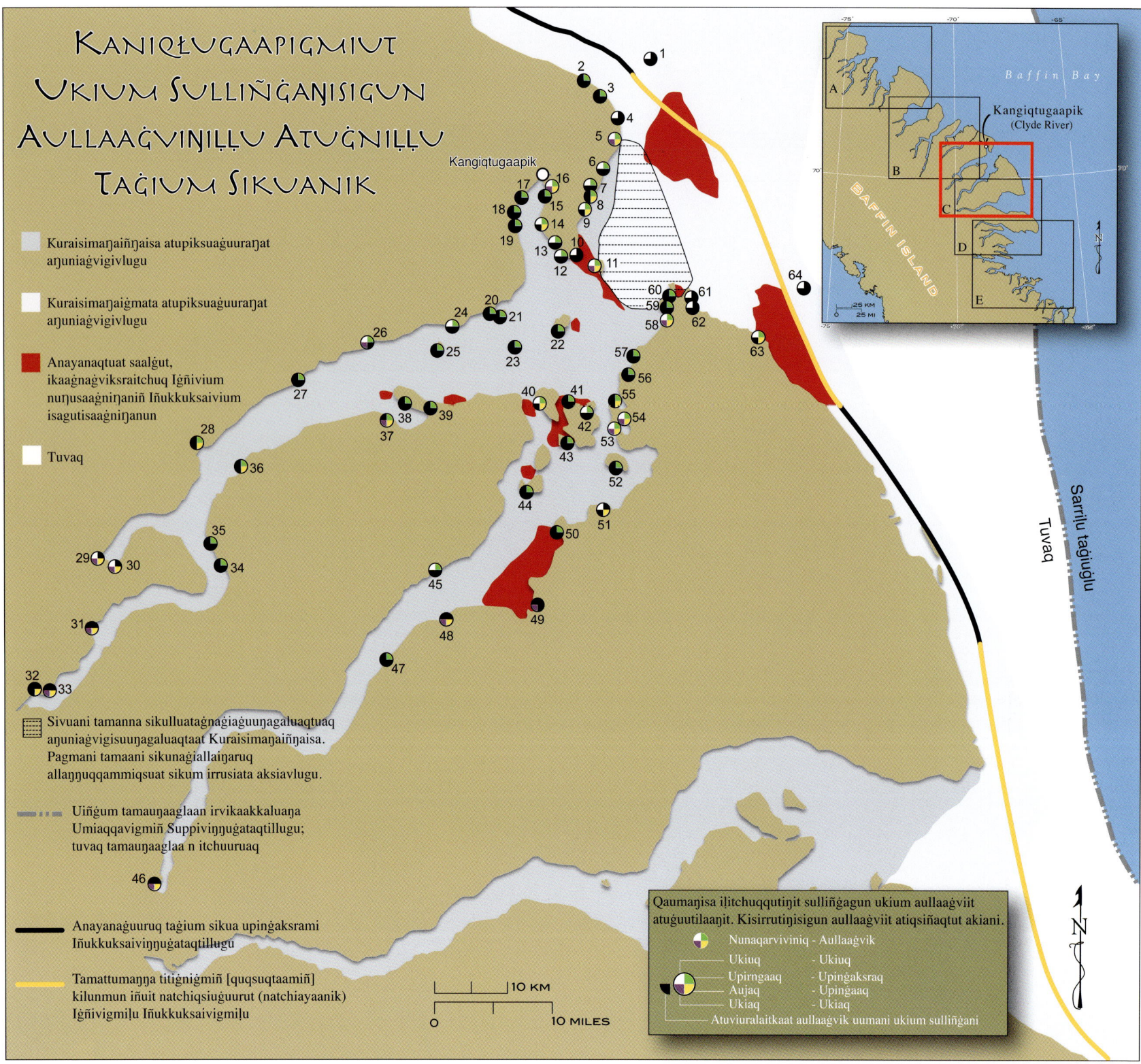

# KANIQŁUGAAPIGMIUT UKIUM SULLIÑĠAꞐISIGUN AULLAAĠVIꞐIꞐꞐU ATUĠNIꞐꞐU TAĠIUM SIKUANIK

Kangiqtugaapik

**KuraisimaꞐaiññaisa atupiksuaġuuraꞐat aꞐuniaġvigivlugu**

**KuraisimaꞐaiġmata atupiksuaġuuraꞐat aꞐuniaġvigivlugu**

**Anayanaqtuat saalġut, ikaaġnaġviksraitchuq Iġñivium nuꞐusaaġniꞐaniñ Iñukkuksaivium isagutisaaġniꞐanun**

**Tuvaq**

Sivuani tamanna sikulluatağnaġiaġuuꞐagaluaqtuaq aꞐuniaġvigisuuꞐagaluaqtaat KuraisimaꞐaiññaisa. Pagmani tamaani sikunaġiallaiꞐaruq allaꞐꞐuqqammiqsuat sikum irrusiata aksiavlugu.

Uiñġum tamauꞐaaglaan irvikaakkaluaꞐa Umiaqqavigmiñ SuppiviꞐꞐuġataqtillugu; tuvaq tamauꞐaaglaa n itchuuruaq

Anayanaġuuruq taġium sikua upiꞐaksrami IñukkuksaiviꞐꞐuġataqtillugu

TamattumaꞐꞐa titiġniġmiñ [quqsuqtaamiñ] kilunmun iñuit natchiqsiuġuurut (natchiayaanik) IġñivigmiꞐu IñukkuksaivigmiꞐu

10 KM

0     10 MILES

SarriꞐu taġiuġlu

Tuvaq

QaumaꞐisa iꞐitchuqqutiꞐit sulliñġagun ukium aullaaġviit atuġuutilaaꞐit. KisirrutiꞐisigun aullaaġviit atiqsiñaqtut akiani.

Nunaqarviviniq - Aullaaġvik

Ukiuq       - Ukiuq
Upirngaaq   - UpiꞐaksraq
Aujaq       - Upinġaaq
Ukiaq       - Ukiaq

Atuviuralaitkaat aullaaġvik uumani ukium sulliñġani

## Ukium sulliñġani aullaaġviit atiŋit Nunauraq C

| | | |
|---|---|---|
| 1 | ᐱᖑᐊᖅᔪᐃᑦ ᓵᖓ | Pinguaqjuit saanga |
| 2 | ᖃᑭᔮᖓ | Qakijaanga |
| 3 | ᐅᑕᖅᑭᐅᕐᕕᒃ | Utaqqiurvik |
| 4 | ᐱᖑᐊᕐᔪᐃᑦ ᐅᖓᑎᑦᑎᐊᙵ/ ᓄᕗᐊ | Pinguarjuit ungatittiannga/ Nuvua |
| 5 | ᐱᖑᐊᕐᔪᐃᑦ | Pinguarjuit |
| 6 | ᒪᔪᐊᓪᓚᕈᓗᒃ/ᓴᓂᕋᖅ/ ᖃᑭᔮᕈᓯᖅ | Majuallaruluk/Saniraq/ Qakijaarusiq |
| 7 | ᑐᐱᖅᑕᓕᐊᕈᓯᖅ | Tupiqtaliarusiq |
| 8 | ᑐᐱᖅᑕᓕᐊᕈᓯᖅ | Tupiqtaliarusiq |
| 9 | ᑐᐱᖅᑕᓕᒃ | Tupiqtalik |
| 10 | ᐊᑯᓛᖓ | Akulaanga |
| 11 | ᐅᐱᕐᖏᕕᒃ | Upirngivik |
| 12 | ᑰᑦᑎᐊ | Kuutia |
| 13 | ᖃᓂᐊᓗᐊ | Qanialua |
| 14 | ᓱᐱᒐᔪᒃᑐᖅ | Supigajuktuq |
| 15 | ᖁᑎᖅᑯᕐᓗᒃ | Qutiqqurluk |
| 16 | ᑲᖏᖅᑐᒑᐱᒃ | Kangiqtugaapik |
| 17 | ᐋᓯᕙᒃᑐᑦ ᑐᐱᖃᕐᕕᖓᑦ | Aasivakkut tupiqarvingat |
| 18 | ᐋᐸᒃᑯᑦ ᑐᐱᖃᕐᕕᖓᑦ | Aapakkut tupiqarvingat |
| 19 | ᐊᒃᑎᓐᓈᕈᕈᓗᒃ | Aktinnaarururuluk |
| 20 | ᓱᓗᕋᖅ | Suluraq |
| 21 | ᓱᓗᕋᐅᑦ ᕿᑭᖅᑕᖓ | Sulurаut qikiqtanga |
| 22 | ᐱᓗᑯᕕᒃ | Pilukuvik |
| 23 | ᓯᖁᒪᓕᕿᐊᑦ | Siqumaliqiat |
| 24 | ᖃᔭᑯᕕᒃ | Qajakuvik |
| 25 | ᖃᔭᒃᑯᕕᐅᑦ ᕿᑭᖅᑕᖓ | Qajakkuviut qikiqtanga |
| 26 | ᓂᖏᐅᓛᖓᑕᓕᒃ | Ningiulaangatalik |
| 27 | ᐊᐅᖕᓂᐅᒃᑳᓗᒃ | Aungniukkaaluk |
| 28 | ᓇᖅᓴᖅ | Naqsaq |
| 29 | ᑭᖕᒥᐊᖅᑐᑐᕐᔫᑉ ᕿᙵᐊ/ ᑭᖕᒥᐊᕋᖅᑐᔫᑦ ᕿᙵᐊ | Kingmiarqurtujuup qinngua/ Kingmiaraqtujuut qinngua |
| 30 | ᐅᑦᑐᑦᑎᐊᕕᓂᖅᑕᓕᒃ | Uttuttiaviniqtalik |
| 31 | ᐅᑭᐊᓪᓕᕕᕈᓗᒃ | Ukiallivirulik |
| 32 | ᐋᕐᕈᔭᐅᑉ ᕿᙵᐊ | Aarrujaup qinngua |
| 33 | ᐊᑎᖓ ᓇᓗᔭᐅᔪᖅ | Name unknown |
| 34 | ᑕᖕᒫᖅᑐᓪᓕᐊᓗᒃ | Tangmaaqtullialuk |
| 35 | ᐅᔭᕋᓱᒡᔪᓕᒃ | Ujarasugjulik |
| 36 | ᖃᔪᖅᑕᓕᒃ | Qajuqtalik |
| 37 | ᑭᒡᓚᐸᐃᑦ ᐊᑭᐊ | Kiglapait akia |
| 38 | ᑭᒡᓚᐸᐃᑦ | Kiglapait |
| 39 | ᑭᒡᓚᐸᐃᑦ ᕿᙵᐊ | Kiglapait qinngua |
| 40 | ᓇᐅᔮᓕᒃ | Naujaalik |
| 41 | ᐆᒻᒪᓐᓇᖅ | Uummannaq |
| 42 | ᕿᑭᖅᑖᓘᑉ ᐃᑎᓪᓕᑯᓗᒃ | Qikiqtaaluup itillikuluk |
| 43 | ᐃᔾᔪᓕᒃ | Ijjulik |
| 44 | ᑲᖏᓪᓕᖅ | Kangilliq |
| 45 | ᕿᒡᒍᕈᓗᐃᑦ | Qigguruluit |
| 46 | ᐃᓄᒃᓱᐃᑦ ᕿᙵᐊ | Inuksuit qinngua |
| 47 | ᓄᕗᕈᓗᒃ | Nuvuruluk |
| 48 | ᐃᑯᓪᓕᕐᔪᐊᖅ | Ikullirjuaq |
| 49 | ᓯᐊᔾᔭᖅᑐᕐᓕᒃ | Siajjaqturlik |
| 50 | ᑎᑭᕋᐅᓛᖅ | Tikiraulaaq |
| 51 | ᐸᖕᓂᓕᒃ | Pangnilik |
| 52 | ᐸᖕᓂᖅᑑᖅ | Pangniqtuuq |
| 53 | ᐱᓂᕋᖅ/ᐸᒥᐅᔭᖅ | Piniraq/Pamiujaq |
| 54 | ᐅᓐᓄᐊᑭᑦᑐᖅ | Unnuakittuq |
| 55 | ᐅᓐᓄᐊᑭᑦᑑᑦ ᐹᖓ | Unnuakittuut paanga |
| 56 | ᓯᕕᖓᔪᓕᒃ | Sivingajulik |
| 57 | ᐳᓪᓚᑕᐅᔭᖅ | Pullataujaq |
| 58 | ᐊᐃᓚᖅᑕᓕᒃ | Ailaqtalik |
| 59 | ᐊᐃᓚᖅᑕᓕᐅᑉ ᐃᑎᕕᐊ | Ailaqtyaliup itivia |
| 60 | ᓄᕗᒃᑎᐊᐱᒃ | Nuvuktiapik |
| 61 | ᐅᐱᕐᖏᕕᕈᓗᒃ | Upirngiviruluk |
| 62 | ᐅᐱᕐᖏᕕᕈᓗᒃ | Upirngiviruluk |
| 63 | ᖃᓕᕈᓯᓕᒃ | Qalirusilik |
| 64 | ᖃᓕᕈᓯᓕᐅᑦ ᓵᖓ | Qalirusiliut saanga |

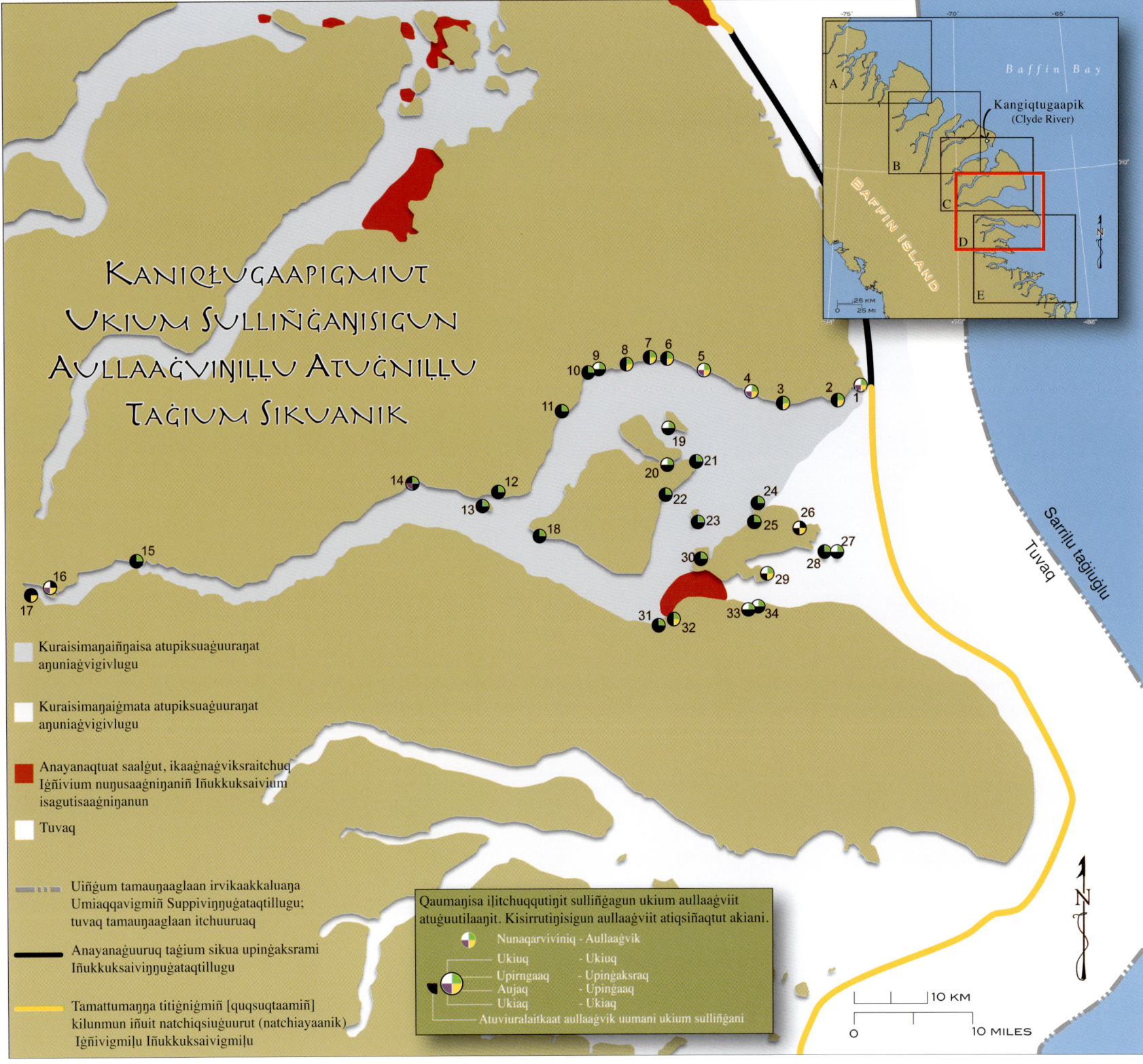

KANIQŁUGAAPIGMIUT
UKIUM SULLIÑĠAŊISIGUN
AULLAAĠVIŊIŁŁU ATUĠNIŁŁU
TAĠIUM SIKUANIK

Kangiqtugaapik
(Clyde River)

Baffin Bay

BAFFIN ISLAND

Sarriḷu taġiuġlu

Tuvaq

Kuraisimaŋaiññaisa atupiksuaġuuraŋat
aŋuniaġvigivlugu

Kuraisimaŋaiġmata atupiksuaġuuraŋat
aŋuniaġvigivlugu

Anayanaqtuat saalġut, ikaaġnaġviksraitchuq
Iġñivium nuŋusaaġniŋaniñ Iñukkuksaivium
isagutisaaġniŋanun

Tuvaq

Uiñġum tamauŋaaglaan irvikaakkaluaŋa
Umiaqqavigmiñ Suppiviŋŋuġataqtillugu;
tuvaq tamauŋaaglaan itchuuruaq

Anayanaġuuruq taġium sikua upinġaksrami
Iñukkuksaiviŋŋuġataqtillugu

Tamattumaŋŋa titiġniġmiñ [quqsuqtaamiñ]
kilunmun iñuit natchiqsiuġuurut (natchiayaanik)
Iġñivigmiḷu Iñukkuksaivigmiḷu

Qaumaŋisa iḷitchuqqutiŋit sulliñġagun ukium aullaaġviit
atuġuutilaaŋit. Kisirrutiŋisigun aullaaġviit atiqsiñaqtut akiani.

Nunaqarviviniq  - Aullaaġvik
Ukiuq          - Ukiuq
Upirngaaq      - Upinġaksraq
Aujaq          - Upinġaaq
Ukiaq          - Ukiaq
Atuviuralaitkaat aullaaġvik uumani ukium sulliñġani

10 KM

0        10 MILES

## Ukium sulliñĝani aullaaġviit atiŋit Nunauraq D

| | | | | |
|---|---|---|---|---|
| 1 | ᓄᖅᑎᐊᐱᒃ ᐅᖕᒐᓪᓕᖅ | Nuvuktiapik ungalliq | 25 | ᐊᑎᖕᒎ ᓇᔪᔭᐅᔪᖅ | Name unknown |
| 2 | ᐃᒃᐱᐃᑦ | Ikpiit | 26 | ᐅᓪᓕᓴᐅᑎᑕᓕᒃ | Ullisautitalik |
| 3 | ᓇᐅᔮᑦ | Naujaat | 27 | ᒪᓴᐅᔭᖅ/ᐃᒐᓕᖅᑑᖅ | Massaujaq/Igaliqtuuq |
| 4 | ᑯᓯᖅᓯᐊᖅᑕᓕᒃ | Kusiqsiaqtalik | 28 | ᓯᐅᕋᖅᑐᔪᖅ | Siuraqtujuq |
| 5 | ᐃᒐᓕᖅᑑᖅ | Igaliqtuuq | 29 | ᑕᓕᕈᔭᖅ | Taliruujaq |
| 6 | ᖃᑭᔮᖕᒐ | Qakijaanga | 30 | ᑕᓕᕈᔭᐅᑉ ᑲᖕᒋᐊ | Taliruujaup kangia |
| 7 | ᐱᖑᐊᐱᒃ | Pinguapik | 31 | ᐊᓚᓂᖅ | Alaniq |
| 8 | ᐃᓈᐱᑦ | Innaapiit | 32 | ᐊᓚᓂᐅᑦ ᐅᑲᓕᖅᑐᔪᖕᒐ | Alaniut ukaliqtujunga |
| 9 | ᓇᖅᓴᖅ ᑭᑎᖅᑎᖅ | Naqsaq kitiqtiq | 33 | ᐱᖑᐊᓗᐃᑦ | Pingualuit |
| 10 | ᓇᖅᓴᖅ ᑭᑎᖅᑎᖅ | Naqsaq kitiqtiq | 34 | ᐱᖑᐊᓗᐃᑦ | Pingualuit |
| 11 | ᓇᖅᓴᖅ ᑲᖕᒋᓪᓕᖅ | Naqsaq kangilliq | | | |
| 12 | ᕿᑭᖅᑖᕐᔪᓕᒃ | Qikiqtaarjulik | | | |
| 13 | ᕿᑭᖅᑕᑯᓗᒃ | Qikiqtakuluk | | | |
| 14 | ᖁᖅᓱᕐᓂᖅᑑᖅ | Quqsurniqtuq | | | |
| 15 | ᕿᓚᓈᖅᑑᖅ | Qilanaaqtuuq | | | |
| 16 | ᐃᒐᓕᖅᑑᑦ ᕿᖕᖑᐊ | Igaliqtuut qinngua | | | |
| 17 | ᐃᒐᓕᑦᑑᑦ ᕿᖕᖑᐊ | Igalittuut qinngua | | | |
| 18 | ᑕᖕᒫᖅᑐᕐᓕᐊᓗᒃ | Tangmaaqturlialuk | | | |
| 19 | ᐅᑑᖕᒍᔮᒃ | Utuungujaak | | | |
| 20 | ᖃᐅᖕᖑᐊᖅ ᑲᖕᒋᖅᑐᑯᓗᐊ | Qaaunnguaq kangiqtukulua | | | |
| 21 | ᓂᕕᐊᖅᓯᐅᔭᖅ | Niviaqsiujaq | | | |
| 22 | ᑰᕈᐊᓗᒃ | Kuurualuk | | | |
| 23 | ᕿᑭᖅᑕᕈᓗᒃ/ᐅᑲᓕᖅᑐᔪᖅ | Qikiqtaruluk/Ukaliqtujuq | | | |
| 24 | ᑕᓕᕈᐊ | Talirua | | | |

193

KANIQ̇ŁUGAAPIGMIUT
UKIUM SULLIŊĠAŊISIGUN
AULLAAĠVINIŁŁU ATUĠNIŁŁU
TAĠIUM SIKUANIK

Sarrilu taġiuġlu

Tuvaq

**Anayanaqtuat saalġut, ikaaġnaġviksraitchuq Iġñivium nuŋusaaġniŋaniñ Iñukkuksaivium isagutisaaġniŋanun**

**Kuraisimaŋaiġmata Irraasugruŋŋuġataqtillugu atupiksuaġuuraŋat aŋuniaġvigivlugu**

**Tuvaq**

**Uiñġum tamauŋaaglaan irvikaakkaluaŋa Umiaqqavigmiñ Suppiviŋŋuġataqtillugu; tuvaq tamauŋaaglaan itchuuruaq**

**Tamattumaŋŋa titiġniġmiñ [quqsuqtaamiñ] kilunmun iñuit natchiqsiuġuurut (natchiayaanik) Iġñivigmiḷu Iñukkuksaivigmiḷu**

Qaumaŋisa iḷitchuqqutiŋit sulliŋġagun ukium aullaaġviit atuġuutilaaŋit. Kisirrutiŋisigun aullaaġviit atiqsiñaqtut akiani.

Nunaqarviviniq - Aullaaġvik

| Ukiuq | - Ukiuq |
| Upirngaaq | - Upiṅaksraq |
| Aujaq | - Upiṅ́aaq |
| Ukiaq | - Ukiaq |

Atuviuralaitkaat aullaaġvik uumani ukium sulliñġani

10 KM

10 MILES

Baffin Bay

Kangiqtugaapik
(Clyde River)

BAFFIN ISLAND

N

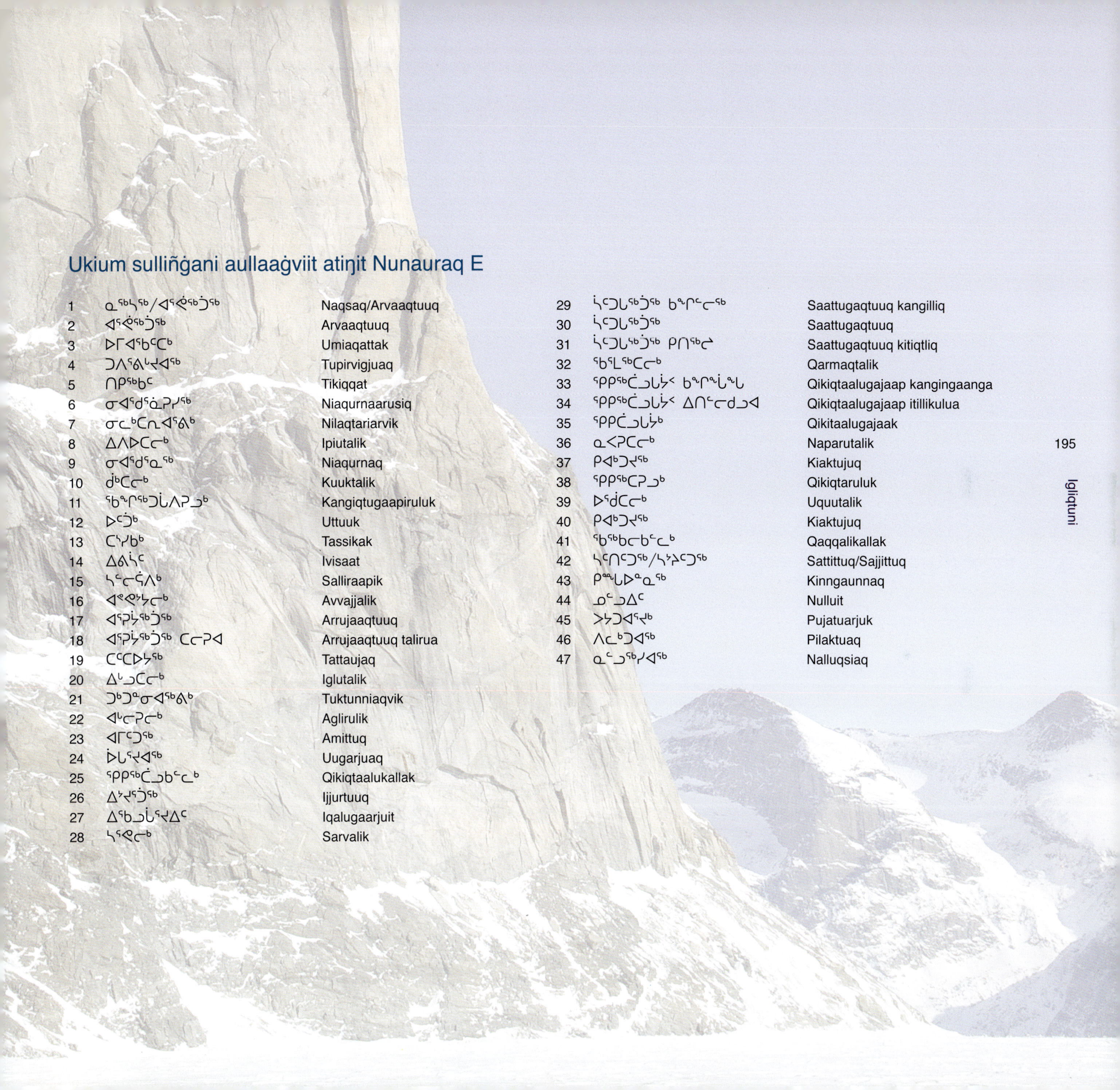

## Ukium sulliñġani aullaaġviit atiŋit Nunauraq E

| | | |
|---|---|---|
| 1 | ᓇᖅᓴᖅ/ᐊᕐᐋᖅᑑᖅ | Naqsaq/Arvaaqtuuq |
| 2 | ᐊᕐᐋᖅᑑᖅ | Arvaaqtuuq |
| 3 | ᐅᒥᐊᖅᑕᑦᑕᒃ | Umiaqattak |
| 4 | ᑐᐱᕐᕕᒡᔪᐊᖅ | Tupirvigjuaq |
| 5 | ᑎᑭᖅᑲᑦ | Tikiqqat |
| 6 | ᓂᐊᖁᕐᓈᕈᓯᖅ | Niaqurnaarusiq |
| 7 | ᓂᓚᒃᑕᕆᐊᕐᕕᒃ | Nilaqtariarvik |
| 8 | ᐃᐱᐅᑕᓕᒃ | Ipiutalik |
| 9 | ᓂᐊᖁᕐᓇᖅ | Niaqurnaq |
| 10 | ᑰᒃᑕᓕᒃ | Kuuktalik |
| 11 | ᑲᖏᖅᑐᒑᐱᕈᓗᒃ | Kangiqtugaapiruluk |
| 12 | ᐅᑦᑑᒃ | Uttuuk |
| 13 | ᑕᔅᓯᑲᒃ | Tassikak |
| 14 | ᐃᕕᓵᑦ | Ivisaat |
| 15 | ᓴᓪᓕᕌᐱᒃ | Salliraapik |
| 16 | ᐊᕝᕙᔾᔭᓕᒃ | Avvajjalik |
| 17 | ᐊᕐᕈᔮᖅᑑᖅ | Arrujaaqtuuq |
| 18 | ᐊᕐᕈᔮᖅᑑᖅ ᑕᓕᕈᐊ | Arrujaaqtuuq talirua |
| 19 | ᑕᑦᑕᐅᔭᖅ | Tattaujaq |
| 20 | ᐃᒡᓗᑕᓕᒃ | Iglutalik |
| 21 | ᑐᒃᑐᓐᓂᐊᖅᕕᒃ | Tuktunniaqvik |
| 22 | ᐊᒡᓕᕈᓕᒃ | Aglirulik |
| 23 | ᐊᒥᑦᑐᖅ | Amittuq |
| 24 | ᐆᒑᕐᔪᐊᖅ | Uugarjuaq |
| 25 | ᕿᑭᖅᑖᓗᑲᓪᓚᒃ | Qikiqtaalukallak |
| 26 | ᐃᔾᔪᕐᑑᖅ | Ijjurtuuq |
| 27 | ᐃᖃᓗᒑᕐᔪᐃᑦ | Iqalugaarjuit |
| 28 | ᓴᕐᕙᓕᒃ | Sarvalik |
| 29 | ᓵᑦᑐᒐᖅᑑᖅ ᑲᖏᓪᓕᖅ | Saattugaqtuuq kangilliq |
| 30 | ᓵᑦᑐᒐᖅᑑᖅ | Saattugaqtuuq |
| 31 | ᓵᑦᑐᒐᖅᑑᖅ ᑭᑎᖅᓕᖅ | Saattugaqtuuq kitiqtliq |
| 32 | ᖃᕐᒪᖅᑕᓕᒃ | Qarmaqtalik |
| 33 | ᕿᑭᖅᑖᓗᒐᔮᑉ ᑲᖏᙵᖓ | Qikiqtaalugajaap kangingaanga |
| 34 | ᕿᑭᖅᑖᓗᒐᔮᑉ ᐃᑎᓪᓕᑯᓗᐊ | Qikiqtaalugajaap itillikulua |
| 35 | ᕿᑭᑖᓗᒐᔮᒃ | Qikitaalugajaak |
| 36 | ᓇᐸᕈᑕᓕᒃ | Naparutalik |
| 37 | ᑭᐊᒃᑐᔪᖅ | Kiaktujuq |
| 38 | ᕿᑭᖅᑕᕈᓗᒃ | Qikiqtaruluk |
| 39 | ᐅᖂᑕᓕᒃ | Uquutalik |
| 40 | ᑭᐊᒃᑐᔪᖅ | Kiaktujuq |
| 41 | ᖃᖅᑲᓕᑲᓪᓚᒃ | Qaqqalikallak |
| 42 | ᓴᑦᑎᑦᑐᖅ/ᓴᔾᔨᑦᑐᖅ | Sattittuq/Sajjittuq |
| 43 | ᑭᙵᐅᓐᓇᖅ | Kinngaunnaq |
| 44 | ᓄᓪᓗᐃᑦ | Nulluit |
| 45 | ᐳᔭᑐᐊᕐᔪᒃ | Pujatuarjuk |
| 46 | ᐱᓚᒃᑐᐊᖅ | Pilaktuaq |
| 47 | ᓇᓪᓗᖅᓯᐊᖅ | Nalluqsiaq |

# Savalġutillu Annuġaallu

*Savalġutivullu annuġaavullu atapiaġaluaqtut iñuggutiptigullu savaaptigullu taġium sikuani aglaan tautugnaġmiut savaaŋiññi qanutun sanatuniġlu savaaksramun nalaupiallaŋatilaaŋiññik.*

— Toku Oshima

Savalġutit salumapkaġlugit, inikaaŋiññun inillaŋalugit, upaluŋaisaaġlugit, tamarra iluqaisa aŋuniaqtilluatam nuimaruaġiraksraŋit. Una sapukutchiaq apunmik nullaqsimaruani taġium sikuani Kaŋiqługaapigmi qanittuami uuktuutauruq ilaa savalġutiŋiññik taġium sikuaniittuani; nuimatigiruq qanutun sapukutauvluni tupiġmun tunuaniittuamun. Tamanna katchiq atuġmigaat iniksriuġvigivlugu aŋuniaġutimignik. Qiñilluataqtuni Iqaluit-unni taġium sikuani savalġutaullammiut (suli niqigiłhaqłutiglu).

Piitchuksrauŋipiaġataqtuat savalġutit taġium sikuaniittuni tavra kaŋiqsimalluataġlugu taġium sikua suli isumattutiqaġluni atulluataġniŋagun taaptuma isumattutim.

Tainna uqallakkaluaqłuŋa, nalunaitchuq itqanaiḷḷuataŋaruksrauruq sikumiqsiuqtuaq, iglaugaluaqami, aŋuniaġaluaqami, itqanaiyaġamigiḷu aŋurani. Savalġutiŋiḷḷu annuġaaŋiḷḷu Inuiḷḷu, Inughuiḷḷu, Iñupiallu savaaġiŋagai kisiññaitchuani ukiuni nalaunŋasipiallaksaqługi qiññaġiksivḷugit suli atuaksraŋannun nalautiłḷugit. Pagmapak taniktanik kalikunik sunik atuġuugaluaġmiuq aglaan Iñupiaqtauvlugi sulisuugai. Pagmapak naullat sikuŋit saviłhaugaluaqtut aglaan naulaŋa kapuutigisuuraŋat niġrunmun allaŋŋuŋaitchuq. Quliksaliat nannuniñ, tuttut atigit, natchiġñiñ aitqatit, suli nasautat iluqaisa uunnaagutigivlugiḷḷu qiñihyunaqutigivlugiḷḷu agmanun-aglaan atuġivut.

Annuġaat uunnagutausiññaŋiñmiut. Qusuŋŋaaġruum puktapkallagaa iñuk imaaqtuaq tavsiŋaluni atuqpauŋ puvla aniyumiñaiġḷugu. Nasait nuvuġayyuaġiksuat naaggaunnii nuyaqtuniq ikayuutaullammiuk taġium sikuani tigguviksriłḷugu iñuk iḷaanni imaaqpan. Utqiaġvigñi qatiġnisit atuġuugaisuli nalunaiññutaġivlugit apunmi aŋuniaqamik taunani sikumi.

Kisiññaitchutunnii iḷaanniḷu quviġusugnaqtut ataniŋat taġium sikuanun annuġaaptalu savalġutiptalu isummiqsaulluataŋavlutik suliruat. Atuqsiññayuiñmigaisuli, sivuniqturut, suli ataramik qaunagilluataqtuksraunaqtut tutqulluataġlugiḷu atulluataġlugiḷu.

Una makpiġaam avguutaa allaunŋuraŋagikput sivulliiñiñ avgutiniñ. Nunaaqqiḷḷaa katiqsriŋarut iḷisimmatimignik isagutisaaqługi Utqiaġvigñiñ, aasii Kaŋiqługaapik, suli Qaanaaq. Nunaaqqiḷḷaa aglaurriḷḷaaŋavlutik savalġutillaamignik, suli qiñiġaaliuqtitchivḷutik qiñiġaaniglu katiqsrivḷutik, tainna maniaqsigivut nunaaqqiḷḷaam katiqsriaŋit. Utqiaġvigmiullu Kaŋiqługaapigmiullu suli quliaqtuaġḷutigli qaitchiŋarut, aasii Qaanaaġli qiñiġaaliuqtitchivḷutik sulliñipayaaŋit taġium sikuani savalġutitiglu annuġaatiglu qiñiqtillasivḷugit. Ugiaqtaq Utqiaġvigmiu uqallaŋaruq inna, "Iñugiaktut atuġuuravut savalġutit taġium sikuaniqsiuqapta, ilivsiññun quliaqtuaġiyumalaaġivut."

201

*Nuimałhaapiaġataqtuaq savalġutikput taġium sikuani tavra argaŋik iḷisimaruam Utuqqanaam. Ilkoo Angutikjuak Kaŋiqługaapigmiu (taliqpigmi) suli Leah Qaqqasiq Kaŋiqługaapigmiusuli (alliq).*

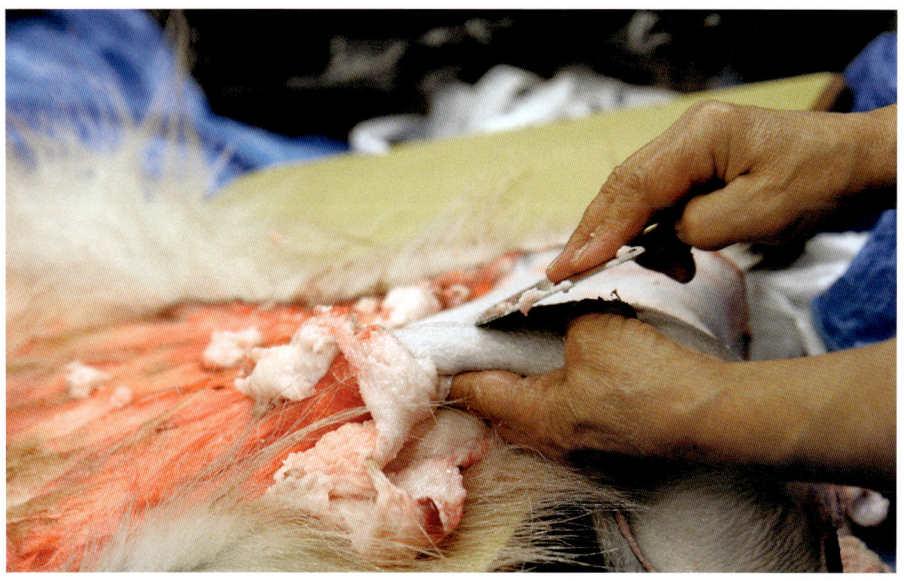

## Lene Kielsen Holm

Uvamnun taġium sikua isumagikapku unnaagniġlu
nanniaġigñiġlu isumagisuugikka. Suuŋiḷauruatun
uqausiġisuuŋaraŋiksitun isumagisuitkiga. Atausim
savaḷġutim pilluktinŋapiksuaġai, qullim, aġnat
tatqiguukkaŋat. Ikummatigisuugaa uqsruq qullim – uqsruq
natchiġniñ, aiviġniñ, aġviġniñ, allaniḷḷu niġrutiniñ,
niġrutiŋiññiñ taġium sikuata. Taimani qulliq
uunnaagutigisuuŋagaat suli naniġivlugu quliaqtuaqtillugit,
iḷisimmatitit qaaŋiqsiłlugit, iglallaġmik. Isummatigillaksaġuŋ
aŋuniaqti aimman uunnaaktuamun tutqigñaqtuamun
qanutun ilumiñi aŋuniaġiaŋaqqaałuni sivisuruamik taaġmi,
tautukkamiuŋ qaumaŋa qullium siḷataaniñ iglumi. Taġium
sikuata tavra qullikun qaitkaa naniq, uunnaagun, suli
isumattun, qulliq nuimaruat iḷapiaġataŋat savaḷġutipta
Iñupiat iñuuruat taġium sikuani.

202   *Akitiq Sanguya,*
*Utuqqanaaq*
*Kaŋiqługaapigmi, qulliq*
*tatqikkaa. Kaŋiqługaapigmi*
*"qulliq", aasii Qaanaami*
*"qulleq", aglaan iluqaagni*
*ataniŋaglu qanuq*
*iḷiuġniŋaglu*
*uunnaagniġmullu*
*iñuggunmullu atiruk.*

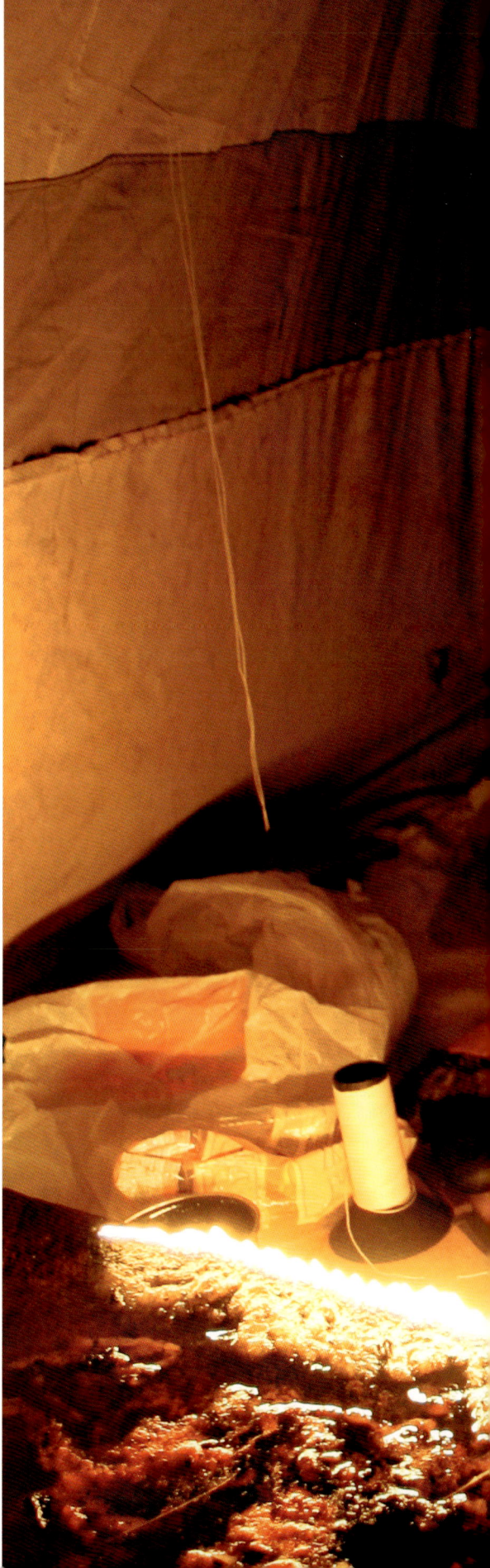

# Utqiaġvik

204 *Kayyaaq, aakaaluŋa*
*Purruum Utqiaġvigmium,*
*miquuraaqtuq*
*aimaaġvigmiñi*
*1920-misugnaq.*

## Ugiaqtaq

Maani irrituruami annuġarrisuurugut niġrutit aŋuniaġuurapta amiŋiññiñ. Nukatpialuuŋŋaġma aŋayuqaaġiiguruaguut annuġaaqaŋarugut tuttut amiŋiññik. Aakaa atigirriraġigaatigut, kammivḻutalu, qaġliḻiuqhuta, aitqasivḻutalu. Nuġġaatchianik niqsaġniḻugaqtut Tiŋŋivik tikiñman tuttut amiŋit nakuuqsiviuraġmata annuġarriutigiksimmata. Ivalupianik aakaga atuġaqtuq tuttum niuliñġaŋiññiñ.

Pagmapak kamipiavut atuŋaliġuugai ugrugnik kiiraqlugit. Qiñiġuuŋagiga aakaga kiiraġman kigutimiñik. Tainnaqhutik aaquaksrat nuŋuqsruuraġaġigait kigutitik. Pagmapak aglaan kigmautinigman kigutit nuŋuqsruŋaipayaaŋarut.

Qavsit samma kiŋuniiġiit qaaŋianiŋarut atuqługit tamatkua savalġutivut. Aġviqsiuġnaqsimman savalġutit anniqsuutigisuugivut taunani taġiumi. Iḷaŋat uvva unaaqpauraq, takkiiq qiruk nuvuġayyuaġiksaamik isuligaaq igḻuagun; aasii igḻuagun niksiuraqaqhuni. Atuġaġigaat siku uuktuqługu payaŋaitkaluaġmagaan pisuaġvigiyumiñaġmagaan. Iḷaanni tusaasuuruŋa unaaqpauraq atuġuunivḷugu sikumi puttutikamik aasii immamiñ akpautigivlugu. Siku anayanaġman atuġaġigaat puttutiyaiññutaġivlugu payaŋaitchuamun tikitchumiñaqsilġataqłutik.

Manaq suli atupiksuaġuummigaat natchiqsaqamik. Manaq una aqvaluaqtaaguruq qiruk niksiñik pittuqiŋaruaq aasii aklunaaqaqluni. Natchiqami tavra miḷuqsautiraġigaa tuŋaanun aasii naktinman nuqiłlugu. Tautuŋammiuŋasuli atuġmarruŋ aġviqsiuqtuat kaliutaq saŋŋisaaqsaqamirruŋ aġviġum aqikkaŋanun.

*Iñugiaktuat savalġutit taġium sikuani qaŋaniñ atuġuuŋaraŋit piitchuitchut pagmanunaglaan, uumatun unaaqpauratun, tamanna qakisimaaqtuaq apunmi, nuvuata igḷuani aŋuvigaqaqhuni aasii nuvuata igḷuani niksiqaqhuni. Uuma qiñiġaam qiñiqtitkaa itqanaiyaqtuaq niksiksuġukhuni 1920-mi samma tamaanni.*

206   *Qiñiġaaq: Savalġun*
*taggisiqaqtuaq manamik*
*atuġuugaat*
*niksiksaqamirruŋ*
*aŋuraqtik.*

Savalġusuli nuimaruaġigikput ipiktuaq savik umiapiani isuŋaiññaqtuksrauruaq. Iḷaanni akḷunaaq iḷḷaktitpan atuqtuksraunaqtuq.

Tukaqtiuna akḷunaaq ataruaq avataqpagmun, aasii akḷunaaqpak kaliutamik atiqaqtuq atuġuuraqput kaliksaġaptigu aġviq. Qavsit umiat kaliksaqtuat aġviġmik pituutiraqtut tamattumuŋa kaliunmun saniġaqḷiġiiksiłḷutik aasii aġviq aġviuġvigmuutivlugu payaŋaitchuami sikumi siqumġaalaniaŋitchuami qakitparruŋ aġviq uqumaisilaaqaqtuaq 20-40 ton-tun.

Savalġutaurugut atuġuuraptinnik taġiumi aŋuniaġapta. Quyaruŋauvva iḷaḷauraŋitchunnii quliaqtuaġiuraallakkumiñaqapkit. Itqaumalusiaglaan savalġutisi tutqulluataġlugit atuŋaiġuvsigit.

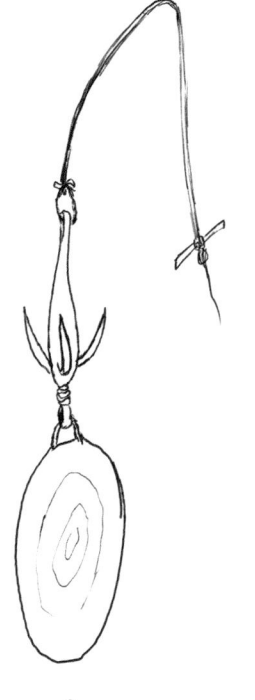

A

B

*Łaŋ̇Qṭkȧ 09*

*Manaq una qanuġliqaa qiññaqallaruq. "A" una igiłhaq puktallaruaq manaq. Aŋuniaqtuam tigummivḷugu tigummiviakun isuani akḷunaam miḷuqsautiraġigaa aqvaluaqtaaq niksiḷik puktallaruaq nuqitchaqługu aŋurani. B-aasiiḷi atiqaġaat niksigmik. Taamnali kivisuuruq manaq. Tainnaptaukkaluaq aglaan niksigautauruq natchiñun naagga sunun allanun kiviŋaruanun.*

*Saumigmi qiñiġaaq: Qanusiḷimaat savalġutit itqanaisimaaġuugai umiam iḷuani tigusiññaagutquvlugi. Tainna itqanaisimaniq savalġutillu itqanaisimaagaksrat allaŋŋupiaŋaitchuq qavsiñi kiñuvaaġiiksuani Utqiaġvigñi. Tautugnaqtut uvani aġviḷiqun (isukłiq saumiñmun), kapusiun (nalanmun iḷiŋaruaq) akḷunaat iḷuanni qulaani qiñiġaam saumiani, savik aġviuġun, niksik akigaq, kapusiutim puuŋa (tuttum naagga natchium amianik mitquŋit (Iḷunmun).*

## Uvluaq

Uquqsautivut allaŋŋupiaŋaitchut mikinimniñ. Iñuguŋarugut atuqłuta tuttuniñ annuġaalianik – atigit, qaqłiit, kamipiat, suli aitqatit. Pagmapak tausiġñaqtuanik atuġuusiŋarut imnaiḷḷu imnaiyaallu amiŋiññik. Pagmapak atuġuuruŋasuli kamipianik kiiraŋaraagnik ugrugnik atuŋaligaagnik. Tamatkua kamŋit uunnaaktut, uqumaiḷḷiuġnaitchut, suli isigak siiqsipkalaitchuaq pagmapak atuqtaŋisitun Sorel-titun. Kamipiat atuġuummigait suraġaaqsaġmata Kivgiqsuani naakka nalukataqtuani. Nalukataqtitchisuurut aġvaktuat maani Iġñivik tikiñman.

Pagmapak kalikunik quppiġaatchianik atuġuurugut, iḷaŋit ammiñik iḷupaaligaat. Iñuit piqaġupiksuaġuurut quppiġaanik atiginiglu maani Utqiaġvigñi piḷianik qanuq qupagiguurut uunnaagmivḷutiglu. Quyanaqtut-uvva nunaaqqipta aġnaŋit tainnatun sanatuvlutiksuli pagmapak.

Nuimaruat iḷaŋagaat annuġaapta pagmapak taamna qatiġnisi atigipta atikłuŋa. Iḷisautiŋagaatigut taipkua qatiġnisiqaqtuksraunivḷuta iḷaanni aġviġit puikpata sikum siñaani nuyuaqtitquŋiłługit. Qatiġnisiqtuġuummiugut niġliaqapta.

Iḷaŋat savalġutit atuqtaqput-suli pagmapak taamna qalugiaq atuġuuraat tuqutchaġamirruŋ ikiḷik aġviq. Uvaŋa iḷisimalluataġiga taamna qalugiaq atuŋavluguptauq tuqutchaġapku ikiḷik aġviq.

Savalġutipta iḷaŋatsuli sikłaq atuġuuraŋat apqusiuqamik taununa ivuniqsigun ataaqtuġvigñun. Piksrutiqaqtuksraummiutin aputaiyautiksramik suli kivviunnautiksraġnik apqunmi killanik.

Nauligaun suli ittuksraupiaqtuq aġviqsiuqtuani. Supputinmarruŋ aġviq qaaġautitaun qaaqtitchuuruq aġviġum iḷuani. Ataruq samma akłunaaq taaptumuŋa nauligaunmun pituŋaruaq avataqpagmun qaummaqtuamik qaumaligaaq. Aasii aġviq nauligmarrun tautugnaqpakguuruq; iḷisimanaġuuruq sukun puisilaaŋanik. Tavrauvvaa aasii piuqtuġaqtut umiaqtuqtit sikulu siḷalu piñaiḷutauŋiñmagnik aasii taima aġvaktaaġivlugu.

Qanutun allaŋŋuqpaglutik piŋaitchut savalġutivut aglaan qimmiñik atuŋaiqłuta sikiituunik atuliqsugut, qaqasauraŋŋuanik paqirrutinik simmausiŋammigai taktuksiutit, suli VHF-nik uqautitautiqaġuusiŋammiut avanmun aġviqsiuqtit. Aglaan sivulliuruksrauruq piyaqquqsailiñik atuġniaqtuni savalġutipayaat.

*Qiñiġaaq akiani: Iñupiaq aŋuniaqti aquppiruq umiamiñi Iñupiaqtanik annuġaanik atuqłuni, kammagniglu tuttulignik, 1920-mi samma tamaanisugnaq.*

*Qiñiġaaq qulliq: Uvluaq (aquppiruaq taliqpium saniġaani) atuqtuq qiḷautitaqłuniḷu aġġiqatiimiñi paniŋa Atqasuk sayuqtiłlugu saaŋanni. Aġġirit atuġuurut kamipianik aġġikamik.*

*Qiñiġaaq alliq: Ataaqtuqtuat qiñiqtuaqtut nipaisaaqhutik allat ataaqtuqtit piuqtullaisa umiapiamignik. Iñupayaaq qatiġnisiqtuġuuruq ataramik taunani uiñiġmi ataaqtuqtuani iḷaukami.*

## Joe Leavitt

Aġviqsiuqapta uquqsautivut atuġuugivut ataramik uvluqtutilaaŋatun, siñikkaptaunnii. Itqanaitchuksrausuurut iḷaanni naŋiaqtuuruksraugupta tavraŋŋatchiaq siku qupikpan. Suli itqanaitchuksrausuurugut iḷaanni aġvaktuksrauniġupta puiruamik qanituuramik.

Qatiġnisit atuqtuksrausuugivut immam siñaaniinnapta. Tuttut amiŋiññik qarraaqaġuurugut uqiñŋuqhutik suli iḷuiḷḷiuġnaiłłutik. Aitqatiqaqtuksrausuummiugut umiami qanuq qiiyanaqsiḷiġuuruq umiaqtuqtuni.

Iñupiani anayanaitchuakun igliġniq nuimapiaġataqtuq taġiumi aŋuniaqtuani. Anayanaitchuakun igliqtuaq una iḷisimaruq sikuliaq pisuaġnaqtilaaŋanik. Qinu manna sikuqqaaġman maŋaqtuq. Malġuk uvluk qaaŋianigmaġnik sikuliaq manna pisuaġnaqsisuugaluaqtuq. Sikuliakun pisuaġnaqtuq sikum qaaŋa qivliaqtuanik qaanigman. Iñupiat-suli uuktuutiqaqtut anayanaitkaluaqtilaaġunmik unaaqpauramik. Taamna unaaqpauraq isuani igḷuani ipiktuamik nuvuqaqtuq, aasii igḷuani niksiuramik. Tavra tuuġaġigaa sikuliaq. Puttutikpan aŋŋuuŋ pisuaġnaitchuq.

*Qiñiġaaq saumigmi: Michael Donovan qatiġnisiqtuqhuni unaaqpauramik tigummiruq.*

*Qiñiġaaq taliqpik: Charlie Hopson taunani taġium sikuani atuqłuni qatiġnisimiñik suli nannunik pualuliagnik. Tavsi ittuksrausuuruaq iḷaanni suna sullagruaqpan uqallausiġiraŋatun Joe Leavitt-gum, niviŋaruq qatiġnisiata tunuani.*

Kamiktuġuurugut-kiuvva kamipianik paniqsiaqtuksraġukalaitchuanik sisamani uvluni atuġnaqtuanik. Allat tamatkuakii Sorel-git allallu uvlutuaq paniqsiaqtuksraunaqtut. Piñitqiutiksrat, uunnaaktuat qiḷaat atutik suli kamitqiutiksrat ittuksraupiaqtut aġviqsiuqtuni.

Aasii puttutiŋiñman tavra aŋuniaqti kiikaa pisuaġaqtuq sikuliakun ataramik uuktuqługu sikuliaq apqutiksrani. Taamna suli unaaqpauraq atuġnaġmiuq iḷaanni puttutiruni sikuliakun ikaaqtiłługu putumun tainna ikaaqtinŋaruakun akpallasiraqtuq. Unaaqpauraq ikaaqsimaruaq putumun turvigivlugu iglauguraaġnaqtuq aasii akpakłuni.

Tavsiqaqtuksraummiuqsuli aŋuniaqti akłunaamik-unnii taġiuqsiuġniaġumi. Tavsim puvlaqaqtitchuugaa atigi aasii puktapkallasivḷugu iñua. Aglaan itqaumalugu nappanmuktuġnialaguvit puvla aullaiñiaġiñ aasii kivipkaġlutin. Aŋuniaqtisuli saviqaqtuksrausuuruq ikayuutiksramiñik puttutigumi immamun. Savigmik tuuġlugu siku akpakkumiñaġmiutin. Imaaġuvit savik

ikayuutaupiaġuuruq kisaġiruatun atuġumiñaġiñ, palluqsimalutin sikupiamun tikiḷġataġlutin, tainna nannutun sikuliami imaaġami piiġñiuraaġmatun; tainnaptauq igliuraaġaqtuq payaŋaitchuamun tikiḷġataqhuni.

Savalġutit taġiuqsiuġutit suqutaukkaġutik aglaan inŋitkaluaqtut qanutun kamasugnaqtut iłuakkun atuqtuni. Umiaq unakii uuktuutaulluataġumiñaqtuq. Uqitkaluaqtuq aglaan amiŋa ugruk payaŋaitchuq. Umiapiamik piuqtuġmata nipaitchut atqunaq. Tainna tuaksruiḷḷutik piuqtuġniaqamik aġviġmik atautchikuapiaġataġutik aŋuaqtuksraurut. Atuġuummigikput

*Qiñiġaaq: Joe Leavitt-lu (saumigmi) Ilkoo Angutikjuak-lu uiñiġmi Utqiaġvigñi. Qatiġnisimik atullaaruk, aasii Ilkoo-m qatiġnisia tavsiqaqtuq ataruamik atikłuanun suaŋŋaktaaġnaqtuaq qiliġniŋa puvlaqallasivḷugu annuġaaŋisa iḷuani.*

212

*Umiapiaq qiñiqsitaaguruaq
upinġaami, nauligaullu
avataqpaglu umiam
saniġaani niviŋaruaq.
Tamatkua avataqpait
allallu aġviqsiuġutit
atuqtaŋi taimaŋŋaqaŋa
pagmani atuġaisuli.*

umiapiaq sikuliagiyaigapta patiktinŋaruanik sikum
siñaanun. Aŋiruanikunnii sikuiyaiñaqtuq umiapiaq
tinuuġutauvlugu. Umiapiam tulimarraŋit iñuiññatun ukiutun
atuġnaġumiñaqtut. Aglaan amiŋit simmausiqsuksraunaqtut
atuaniktuni piŋasutun naagga sisamatun ukiuni tallimat
malġuuktun ukiutun atuġnaġaluaqtut. Aglaan aġvaktuat
nalukataqtitchigamik mapkuliuġutigisuuġait.
Anagviksraitchut umiapiat. Umiapiat makua uqitkaluaqtut
sukattut suli payaŋaitchut. Iḷaŋit ataaqtuqtuat kalikuġruamik

amiġuugai umiatik, iḷaŋit-aasii *fiberglass* umianik atuqłutik.
Upinġaksrapak utqutiŋagaat *fiberglass* umiaqtik
apuutigivlugu sikumun putuvlugu. Anakkumiñaipiaġivut
umiapiat.

Ataaqtuqtuat ukua piuqtuġamik iluqatik umiam iñuŋi
iḷisimaruksraurut suruksrautilaamignik. Aapapta
iḷisautillaaŋagaatigut nukaġiit sulliñġani umiam
aquppiñiaġupta suna savaaġiruksrautilaaŋanik.
Anayanaitchuakun iglauniaġumik tagiumi nuimapiaġataqtuq
una: nalupqisuktuksrauŋitchuq iñullaa nalliqtik sumik
savaaqaqtilaaŋanik.

Aquti aqutchuuruq. Naulaqti aasii aquppisuuruq sivuani
umiam supputiqaqłuni nauligautiqaqłuniḷu. Iḷaŋatsuli
sivuaniittuam aquani itqanaitchuksrauruq
miḷuqsautiyumavlugu avataqpak naulipqauraġmarruŋ
aġviq. Allasuli aquani naulaqtim supputitchaqsiññaaġuqłuni
itqanaitchuuruq. Allat aasii uqautiraġigai tuaksruiḷḷutik
aŋuaquvlugit tuŋaaġiraġmignun aġviġmun.

Qulliġmiñ taliqpigmun
iglauluni: Umiapiaqtuqhutik
tikitqaurraqtuat July
4-ġmata. Tautugnaqtuaq
igniqutituqtuaq
qaunaksrisiññaqtuq.

Ataaqtuqtit utaqqiuraaqtut
immam siñaani.
Aġviġunaaqamik
tuaksruiññiḷukłutik
piuqtuġuurut.

Umiaq una umiaḷiuqamik,
atuqamirruŋ,
umiirautituqłutiglu
sikukuaġutikamirruŋ
allaŋŋupiaŋaitchuq
taimaŋŋaqaŋa.

*Qiñiġaaq Leavitt-kuayaat
ataaqtuġmata 1986-mi. Saumigmiñ
taliqpigmun: Luther Leavitt, Jr.,
Edwin Bodfish, Maaku Opie, Eldon
Fischer, Walter Aqpik, Jr., Joe Mello
Leavitt, suli Jonah Leavitt (kapuqti).*

Siġḷuaq-suli nivaŋagaluaqtuq nunami taġiuqsiuqtuat savaḷġutiŋisa nuimaruaġimmigaat. Nuimaruq atqunaq tutquqsisaqtuni aġviġmik. Qaunagilluaqtaqtuni siġḷuaq taimuŋasugruk atuġnaġniaqtuq. Salummaqtuksrauruq ukiutuaġman ataaqtuġnaqsiŋaiñŋaan augiyaqḷugu maqiruaq siku piiyaqḷugu. Salummaanigman-aasii salumaruamik apunmik natchitqikḷugu. Tainnamik qaummaqsiraqtuq itqanaiqhuni imaksramiñun. Qiksigivlugu salumagivlugu aġviq tavra salumaruamik tutquġviksraqaquvlugu savaguugivut siġḷuat. Taamna iḷisaaġiŋagikput utuqqanaaptinniñ.

*Qiñiġaat qulliġmiñ: Joe-lu* 215
*Nancy-ḷu Leavitt-kuayaat*
*siġḷuata saniġaani.*

*Siġḷuamiñ anisaġiaq.*

## Maaku

1990-mi aqqaluga Jens-lu siฤฆlualiurraqsiฦaruguk uvagut Opie-tkut aullaaฤ̇viptinni. Sivulliuvlugu tagraqtuguk takuyaqtuฤฆugik malฤ̇uuk siฤฆluak atuฤ̇uuraฦik aฦayuqaamnuk igluakta saniฤ̇aaniittuak. Qimilฤ̇uugikpuk siฤฆluam avataa qaฦiqsiñiaqฤฆunuk qanuq iฤฆuni nuna siฤฆlualiuฤ̇vigiksilaaฦanik. Aasii isiฤ̇iaฦanik-suli qimilฤ̇uummiuguk qanuq savaฦatilaaฦiฦñik qiruit isiฤ̇ialiuqamirruฦ. Sulliñipayaaฦit kaฦiqsiukanikkaptigit qanuฤฆlu, suฦฦuฤ̇mallu, sumiฤฆu siฤฆlualiuฤ̇naqtilaaฦanik tavra isagutigikpuk savaaksraqpuk.

Sivulliuvlugu nuna sikฤฆaฤ̇ikpuk samma miksrautchaqฤฆugu piฦasutun isigagniqsun iraqtutilaaqฤฆugu aasii sisamatun isigagniqsun taktilaaqฤฆugu. Aniqsa nalaunฦaruamik siฤฆlualiuฤ̇viksralluataqsimaviñuk; sivisunaapasaฦitchuguk tikisiฤ̇ikpuk siku. Jens-lu akiaฤ̇aqtaarraqsiruguk agraivฤฆunuk utkusiqฤฆugnik sikฤฆaaptinnik, sikumik

navguunnamik atuฤฆunuk tasamani nivaktuguk. Allat iฤฆavuk aullaaฤ̇viptinnun tikiฤฆataฤ̇mata tavra ikayuqtiniktuguk. Iฤñiviฦฦuฤ̇man isagutikaptitku tavra upinฤ̇aaq naaฤฆugu savakkikput, naalฤ̇ataqฤฆugu upinฤ̇aatqigman.

Nivallamnuk sikฤฆaavuk agraฤ̇aฤ̇igivuk atautchimukฤฆugit aasii aquvatigun payaฦaiqsaqaptigi ivruit siฤฆluam avataani atuฤฆugit. Tamanna nunaqฤฆuk naggutauvluni ivigaat naupaluฦarut takฤฆivฤฆutik upinฤ̇aatqigman. Aquvatigun igluuraliuฦagikput siฤฆluaq, suli alฤ̇uranik avaฤฆugu siksriฤñun iฤฆaksiatquฦiฤฆugu.

Sumipayaaq nunani uunnaaksiruam siฤฆam aksiapiaฤ̇ataฤ̇aatigut; qakuguaglaan taima atullaniaqpisigi tamatkua siฤฆluat. Aglaan nalunaitchuq una, tivraฤ̇iksiฦaruat maktaiฤฆu niqitchiallu siฤฆluami atqunaq inuฤ̇rugiliฤ̇niaฤ̇ivut.

*Jens Leavitt Utqiaฤ̇vigñi paaฦani siฤฆluapta tutquฤ̇viptinni niqitchianiglu maktagniglu aฤ̇vakkapta.*

*Qulliqpiaq, suli taliqpigmiittuaq: Savakkaat siġluaq Opie Camp-mi 1990-mi. Naanniksraŋa savaam sivisutilaaŋa upinġaaq naałługu, suli upinġaatqigman suli iḷaŋagun.*

*Alliq: Kamaka Qapqan Hepa-lu, tallimanik ukiulik, Eldon Fischer-lu, Forrest Neakok-lu, Roland Hepa-lu agrairut aġviġñik Leavitt Crew-tkut.*

*Uumaniḷu akianiḷu:*
*Qaŋaġnisanik annuġaanik*
*atuqtuat Utqiaġvigñi, 1900-git*
*isagutisaaġniŋanni.*

## Nancy Neakok Leavitt

Savalġutiŋit Iñupiat qaŋa taima tamaaniitpat
taimaŋŋaqaŋa iñiqtaummata kipiġniuqturuaniñ
aŋuniaqtiniñ. Pagmapak savalġutit atuġuuraŋit atqunaq
akisupiaġataqtuatun ittut tutqulluataŋaruksrausuurut
atuġnaqsilġataqtillugit. Iḷisimagiga taamna
aapamniñ, Warren Neakok-miñ. Miqłiqtuuŋŋapta
uqautisuugaatigut piuraaġitquŋiłlugit savalġutiŋit.
Natchiqsiuġutit, manaq (akłunaaq pituŋaruaq
qirugmun niksiḷigaamun). Taamna atuġaġigaa
aŋurani isaksaqamiuŋ. Tamarrasuli unaaqpauraq
(takkiiq qiruk isaaqtutilaatun taktigiruaq atuġuukkaŋa
anayanaiñmagaaġutigivlugu pisuaqami sikuliami).
Aapaa atuġuuraasuli ikaaqsaqamiuŋ tasiġaaġruk
upinġaksrami.

Uvagut aŋayuqaaġiit annuġaaqaqtugut tuttunik.
Tuttut atigivut, tuttut quliksavut, tuttut kammavut,
suli tuttut aitqativut. Atuŋavut marra kiiraŋaraat
ugruit. Natchiñiḷḷu iḷaanni kammiraġigaatigut. Ukiumi
annuġaaksrapta itqaniayaġniŋat savinnaqtuġlu
sivisuruġlu. Qiñiqtuaŋagitka aġnat nunaaqqiuraptinni
Kalimi annuġarrimmata ukiumi atuaksraptinnik.
Kilugiksipiaqługit savaaġiraġigai annuġaaksriatik
nakuaqqutikkun savaat, tainnami akisugiraġigivut.
Anagviksraitchut allanik annuġaanik, suli
uunnaaktittaġigaatigut qanutun siḷaqłuktigisuuruami
nunaptinni.

# Iñupiat Utqiaġvigñi Savalġutiŋit Taġium Sikuani

Taimaŋŋa qaŋa aġviqsiuġniq nuimałhaaġivlugu Utqiaġvigñi aŋuniaqtuat sivulliġisuugaat, tainnami quviġusugnaitchuq iḷitchuġiruni taġium sikuani savalġutit aġviqsiuġnikunquuq itilaaŋit. Aŋuniaġuugaluaġmigait natchiiḷḷu qaugaiḷḷu taġium sikuani, aglaan aġviqsiuġniq iḷaksianiaŋitpauŋ kisianik. Tavrahii qiḷamitaun aŋuniaġutit iḷaŋat, tuaksruiḷaaq tigmiaqsiuġun piñiġḷitchiñiaŋitchuaq aġviġñik. Utqiaġvigmiut savalġutiŋit qiñiqtuni anayanaitchuakun igliġniq nuimaruaġipiaġataqtilaaŋat iḷisimanapiaqtuq, saattuaniñ sikuniñ, akłunaaniñ qaunagnaqtuaniñ, suli saġvaniḷḷu nannuniḷḷu. Savalġutillu atuġniŋiḷḷu naumasiŋagait atuġaluamii taimaŋŋaqaŋa atuqtatik iḷitchuġivḷugi iluakkuaġniŋiḷḷu – killukuaġniŋiḷḷu – taunani taġium sikuani.

221

# Iñupiat Utqiaġvigñi Savalġutiŋit Taġium Sikuani

**Kiviuqsraun**

Akłunaaq uqumaiļutaqaqłuni isuagun saviłhamikunnii, kivitchuugaat taġiumun tullasivļugu natqanun aasii uqumaiļutaŋa sunnamun aulanmauŋ quliaġuugaa saġvaŋa taġium atchikkaluaġli naakkaluunnii qutchikkaluaġli. Qavsiñi uvlumi kiviuqsraqłutik naipiqtuġuugaat saġvaŋa.

Uvluaq uqaġaaqtuq kiviuqsrautitigun: siļagiksuami kiviuqsraqłuŋa quliaġaa saġvaq suamasiŋanivļugu. Kiviuqsrautiga nalunaiłłuni immami anmuktuqtillugu quliaqtuġaa taġiuq saġvaq suaŋasiŋatilaaŋanik. Tavraniitilluta iļitchuġirugut uisautilaaptinnik. Aġviuġvium qaniŋaniiłłuta qilamiqsruqłuta annautinialagivut suġauttavut. Salliq uiñiq ikiqtusimagamiuŋ umiaptinnik ikaktautivlugit suġauttavut qimmiqtuummaisa iñuvullu ikaapayuktugut. Pammaaglaan malġuk suli quppak ikaagaksrak suli aglaan ikiqtusiŋaiłłutik ikaaqaptigi annaktugut. Saġvaq qaunakłaaqtuksraupiaġataġnaqtuq taġiumiqsiuqtuni.

**Niksigaq**

Niksik una aġviuġutipiaġataŋat maktagnullu niqitchianullu. Akłunaamik iiguvlugu pisuummigaat niksiaksraq ayuġnaiqługu. Sikumununnii atuġuugaat umiaq pauksimaaqługu.

**Niksigauraqpak**

Niksik ipuligaaq qirugmik takisivļugu savalġutigigaat uqsiutchiqsimmata aġviġmik naakka sikumun kisaliuġmata.

**Tuggautaq**

Savalġutaat qiruk takiruaq uluqaqłuni isuagun aġviuġutigivlugu naakka sikumun qaiqsautigivlugu ammualiuġmata.

**Manaq**

Amusiutigisuugaat natchiġñun akłunaamik takiruamik isuutaqaqłuni, qiruk puktaġutaa niksigauraligaaq qavsiñik naallasivļugu natchiġmun naakka sikumununnii naatiłługu tulautigisuummigaat uisauruat.

**Akłunaaq**

Akłunaagukkaġuuruq umiaq supayaamun atullavlugu. Umiaq akłunaaqamiuŋ aquagun tuvamiñ kiamitparruŋ amutqigukługu immamiñ umiaqtik.

**Nagruqtuutit**

Atuġuugai aġviġmik tuqutchiaqsimmata. Qalugianiglu iļaqaġmiut Qalugiaq takisuurut aġviġum kiataanun kapipparruŋ isillasivļugu, umiamiitchuugaat ataramik qalugiaq.

**Qaġruun**

Umiamiitchuummigaat aġviļiqutiŋisa qaġruŋanik imaqaqługu.

**Immuaq naakka akłunaaqpak**

Umiam suġauttagimmigaa iigutigivlugu avataqpagmun naakka kaliutaġivlugu aġviġmun.

**Taktuksiun**

Taktuksiutit piitchuiñmiut ataaqtuqtuani. Sikumun inillakługu naipiqtuġuugaat tuvaqtik. Taktuksiun aulayyagman tavra iļitchuġirut qupitilaaŋanik tuvvam. Taktugmi tulaguummiut taktuksiutikun. GPS-tuliŋarut umiaqtuqtit aġviq suqpani satkuŋatilaaŋa nalunaiqługu suli atuqługu umiaqtuġmata.

**Supputit (supputipiaq)**

Supputaiļaasuiñmiut iļaanni nanuq naagga aiviq tikiļļagruaqpan nalupkaqtillugi taktugmi. Iļisimasuummigait umiat sumiitilaaŋanik supputitchaġmata.

**Apqutit nalunaiñŋutaŋit**

Nalunaiñŋutchiqsuġuugai apqutitik saavitkamik suli ikayuutaupiaġuurut aġviuġiaqtuanun.

**Avataqpak**  Nalunaiññutapiaġataŋat aġviq satkuŋaraŋat sugnamun igliqtilaaŋanik. Iŋiļġaan natchiġñik avataqpaliuġuuruat. Uvlupak taniktanik atuliŋarut. Umiapayaat avataqpaŋatigun tittaqaġuuruq iliŋisa kisianik tittaŋanik.

**Pualuk**  Uunnaaqutipiaġatak umiaqtuqtuni sivisuruamik. Pualuqaġuurut natchiġñiglu qavviġñik naakkaunnii amaqqunik.

**Savik/ Saviuraqtuun**  Saviit ipusuugai qirugmik takisivḷugit. Umiamiitchuummigait ataramik kalinmata atuqługit iḷaanni kaliutaŋat kipiraksrauppan. Iñupayaaq saviqaqusuugaat. Saviqaqtuaq imaaqpan iḷaanni savigmik sikumun paugutigilugu qakitquvlugu.

**Unaaqpauraq**  (Unaaq) Sikumiqsiuqtuat satkuqaġuurut qirugmik takiruamik isuani niksigaqaqłuni. Igḷuasuli isua nuvuġayyuaġiksuamik tuuqaqłuni. Sikuliaqsiuqtuat tuullaavlugu pisukataġuurut kilautiŋiñman unaaqpauraŋat. Sikuliami navgutimma nallaġvigivlugu unaaqpauraŋa pisuurut aasii paammakłutik mapturuamun sikumun.

**Qiḷamitaun**  Qiḷamitautit qaugaksiuġutigisuugai aġviġit iglauŋŋaisa. Piŋasuułługit akłunaat uqumaiḷutchiqługit isuŋit qaugagnun aasii nalluaqługit, qaugaq aasii iḷḷautimman qaugaqłutik.

**Kuyapigaurat**  Atuġmigait aġviġmik qakitchisaġmata uqsiutaŋit pitukługit sikumullu aġviġmullu. Aġviq aŋimman kuyapigauravsaanik ikayuusiġuugaat atautchikun kuyapigaurallasivḷugit.

**Uqsiutaq**  Mapturuanik uqsiutaqaqłutik pituutchiġuurut aġviġmullu tuvvamullu.

**Tuuq**  Takiruamik ipuutalik sikuliqutaat. Aġviqsiuqtit qavsiñik tuuqaġuurut apqusiuqamik ivuniqtigun. Piksrunsuli ikayuutaupiaġuummiuq apqusiuqtuani.

**Aŋuun**  Umiami iksuġillaa aŋuutiqaqtut inillaguugai aŋuutitik iḷḷautiyumiñaiqługit tukaqtiŋannun. Piuqtuanigmata aniumun nanukługit taġiugiyaġuugai.

**Niksigaqpak**  Ipuutaqturuaq niksik atuġaat uqsiutchisaġamik kaliutchiqamik.

**Niksigaurat**  Niksigaurat atuġuugait aġviuqamik niŋŋitiglu savakkamisigik. Umiallaat nalunaiññutchiġuugai savalġutipayauratik.

**Skiituut**  Pagmapak atuliŋagait qimmiñik atuŋaiġmata. Aġviġit piñiġlitquŋiłługit skiituutik iglautqusuitkai uiñiġum qaniŋani.

**Uqquutat**  Anuġi qiiyanaġuuvluni uqquutchiqłutik nikpaġuurut tuvami.

**Umiurautit**  Umiurautchiqługu umiaq igliutisuugaat sikukun.

**Iqsuġalliqpiit**  Naqitaġutiŋit umiurautim, umiamiñ piiġñaiñmiut tammaitquŋiłługit qilamiqsruliqpata iḷaanni.

224

# Leavitt Crew Amiqtugut

## Umiapiaqput Amiḷitqikkipput

*Aglakti Maaku Opie*
*Leavitt Crew-tkuayaaq*
*Qiñiġaaliuqti Tuukkaq Leavitt*

1. Amitqikkaptigu umiapiaqput savaaġisuugaat ukiupak. Tallimat ugruit naamasuurut umiaptinnun. Sagri qaninman ugruksiuqtuni pisuġnaqtuq. Iḷaanni siḷagiiñman qavsiñi uvluni utaqqiñaġmiuq.

2. Aġnat qavsiuvlutiŋ piḷaguurut. Amiksriuġmarruŋ ugruk iluqaan qavragnaqtuq sitquŋiḷḷu, taliġuŋiḷḷu atalugit. Aasii niqiŋalu uqsruŋalu autaaganigman piḷaktuanun tavra ugruk uqsruiyaqługu misiġaaliuġuurut. Panianiŋmata paniqtat qiniqtaliuġuurut uqsrumun kiñiłługit. Amiksriuġmarruŋ ugruk uqsruliqsuqługu tutquġnaqtuq aluaqsaunmun aasii siqiñiġmiñ pasikkumiñaiqługu. Mumillaanaqtut ammit uqsruŋa siamitquvlugu.

3. Ugruk itqanaiyaqtuni amiksraun ataaqtuqtit ikayuqtigiiguurut. Ammit uqumaitchut aasii qavraktuni niviŋŋaqługu pisuġnapayaaqtuq.

4. Qavraaniktuni amiq tutquġnaqsiruq. Savaqinaqsimman tavra isagnaqsisuuruq.

5. Nancy-mlu Kuutuumlu qavraaqtik naatkaqsigaak.

6. Siqiññaatchiaŋŋuġman ammit auksiġñaqsisuurut. Tuutchiġiaqtut itqanaiyalluataŋammata aasii tamanna mitquŋa utisuuruq. Uqsrua kiḷiutaġnaqtuq uluuramik iluqaan tamanna mitqua piiyaqḷugu. Aasii sauniŋa sitquaniñ, taliġuaniñ suli pamiuŋaniñ piiyaġnaqtut. Savaktuni ammit qaunakḷaaġnaqtuq.

7. Yai, taamna amiq itqaniaqsuq.

8. Amiqtit annuġaaqtuġuurut tamatkuniŋa ativlutik, ilaukua tiŋisaqtuat. Tunumiittuat: Nancy Leavitt, Isabel Kanayurak, Margaret Opie, Frederika Leavitt, Doreen Ahgeak. Salliit: Emma Neakok, Cora Brower, Roberta Leavitt.

9. Ammit qimilġuuvlugit naliġaguugai sivuksramiglu aquksramiglu aasii aġnasallut maptuuraqtuat atuqḷugit. Iḷaanni ammit savaqinaqtut iluaqsaqḷugit allanik piksraiñmata.

10. Uuktuqḷugi tigumiutaksraŋit itqanaiyaġuugai. Titillaavlugi taliġuŋagun aasii siikḷugigḷu taapkuak iluqaaktun taliġuk. Naaksraŋagun siigmivḷugu tavruuna miluŋata qaniŋagun. Igḷuasuli pianigman tavra itqanaiqsuq.

6.

7.

8.

9.

10.

11.
12.
13.
14.
15.

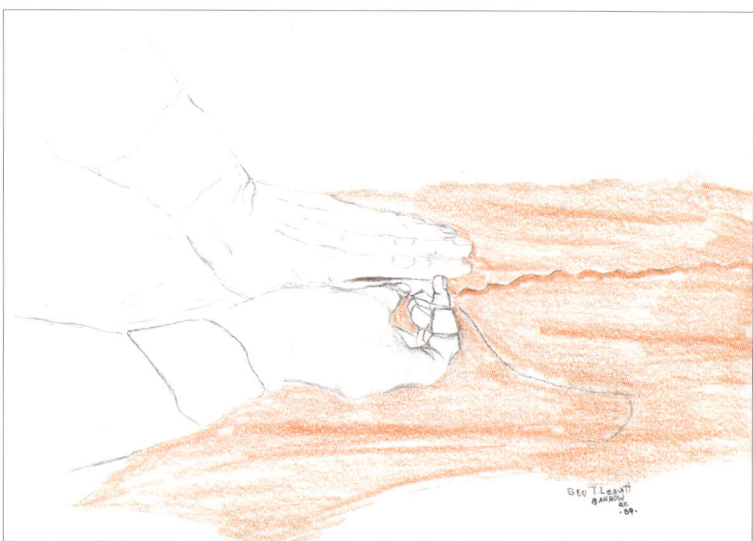

11. Taapkua qiruurak siigñiŋagun iviqtiłługik akunnaġiiksiłutiŋ malġuk iññuk tasitchuugaak taamna amiq. Aasii tamauna siiguugaa ataaqiuraŋagun naaġniġum. Tamanna naaġniq iḷaaqtuutigisuugaat.

12. Tamanna igḷua ammim uuktuġnaqmiuq.

13. Sivualu aqualu allagiiksuk uuktuġmagik. Malġuk qiruurak siigñikkun iḷivḷugik taliġuata putuagun tasitchuugaak aasii tavra savigmik siikługu. Uuktuanigmata iluqaisa ammit iluaqsruġuugai niaquŋiḷḷu pamiuŋiḷḷu simmiġaaqługit sivuaniñ aquanunaglaan.

14. Tavra ammit miquġnaqsirut ivalupianik tuttum niuliñġaŋiññiñ.

15. Qalliq miquqqaaġuugaat mitqun tapiglautitchaiḷivḷugu. Kilutik saŋŋiñaaŋaiġlugit tamannalu alliksraŋa miquġviksraqaġlugu mumigñaqsippan. Aasii mumiktuni tamanna immagiitkutiksraŋa miqupiaġlugu Tavra umiapiat tainna immayuitchut. Aasiisuli uqsruqtimalugu kilun natchipiam uqsruanik.

16. Tavra malġuk aġnak saałutik miquqsaġuuruk ammim qitqaniñ.

17. Iḷulliq miquaq.

18. Uqsruqtiġaat natchim uqsruanik umiapiaq.

19. Amiq iḷiñaqsiruq umiamun.

20. Amiq iḷianigman umiamun pituqqaaġnaqtuq sivumunlu aquanunlu.

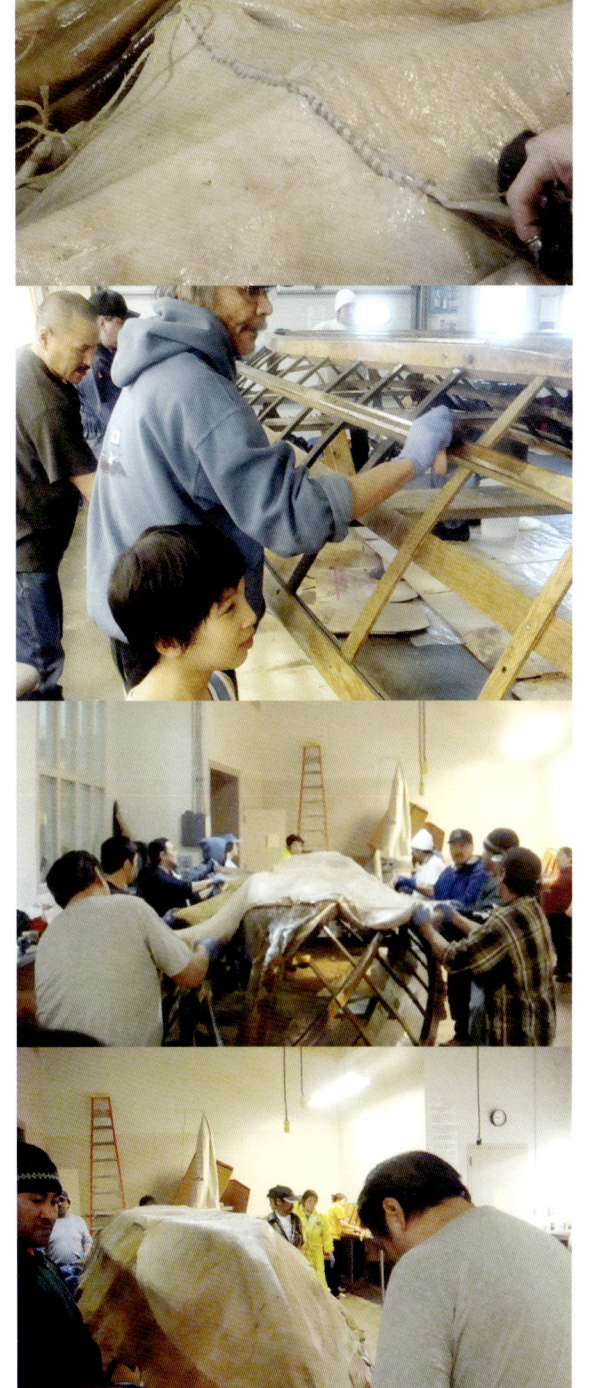

16.

17.

227

18.

19.

20.

21. Leavitt-kuayaat umialiŋat tuuttuq.

22. Maaku umiam attaani iḷisaqtuq qanuq savagnaġmagaan. Iḷiḷgaat iḷitchisuurut qlñlqłutik mikiniġmignin.

23. Tuutkaniaqsiruq amiq umiamun.

24. Joe Mello tuuttuq umiam ataani.

25. Aakakput Cora aquvittuq naatkaptigu umiaqput.

*Fredrika Aalaak Leavitt umiapiami qanuġinmagaaġai kiluni. Atautchimukłutik Leavitt-kuayaat aġnaŋiḷḷu aŋutiŋiḷḷu savaqatigiiguurut itqanaiyaqamik ataaqtuġnaqsimman.*

# Kaŋiqługaapik

230

*David Iqaqrialu-um qiñiġiaġait nannum tumiŋit taġium sikuani, unaani atuqługu.*

## Ilkoo Angutikjua(k)-ġlu David Iqaqrialu-glu

Anayanaiḷaakun iglauniq taġium sikuaniqsiuqtuni nuimapiaġataqtuq. Unaanik atuġuurugusuli siku maptutilaaqsaqaptigu. Tainna iglauniq nuimapiaġataqtuq allaŋŋuŋaitchuq suli. Tavra tuuqługu siku maptugaluaqtilaaġaġigikput turvigiŋaiñŋaan. Sikuqqaaġman tavra tuuġnaqtuq taġium sikua anayanaitkaluaqtilaaqługu. Puttutiguvit atausiaqsiññaqłutin pisuaġviginaġuuruq iḷaanni. Malġuiqsuaqługu puttutiguvit ski-doo-ġvigillanaqtuq. Aglaan aŋuniaqtillaam savalġutillu iḷisimmatiniḷu iluqaaktun atuqługik anayanaiñmaġaaqtuksraugaa, suli taapkuak iḷisimmallu savalġutit atulluatallaniŋallu iḷitchiñiaġniksraŋak sivisuruq.

Aippaani taġium sikua ilaa atuġuuŋagaat savalġutigivlugu. Iñuit kaŋiġalluaġiksivḷugit sikut niqiqaġviḷiuġaqtut. Tamatkua atiqaġai *tugaliuga(q)*-nik. Atuġaġimmigai sikut *qiggigia(q)*-liuqamik, naniġiaq tiġigannianun naaggaunnii nannunun. *Nikpajuu(t)*-liuqamik (tautuglugu qiñiġaaq akimi) iḷaanni kaŋiġalluaġiksuanik sikunik atuġuummiut payaŋaipayaaqsaqługu naniġialiaqtik. Iḷaanni igluuraliuġuuŋammiugut kaŋiġalluaġiksuanik taġium sikuŋani sut iniksraŋiññik. Niġrutit iḷaksialaiñmigait pakikkumiñaiłłutik sikukun. Miqłiqtut-suli tamarra qamutiŋŋuaġiraġigai sikut.

Annuġaat allagiiksut pagmami atuqtaŋiḷḷu aippaaniḷu. Tauqsiqługi annuġaat nakuułhaaqtut ski-doo-ġatuni, aglaan uniaġaġniaqtuni annuġarriat nakuułhaaqtut. Iluqatik uunnaakkaluaqtuk aglaan igḷua anayanniuġnaġviksraitchuq. Ammiñik annuġarriat aiḷaqimmata ivsukługu imaiyaġnaqtuq. Aglaan taniktat aiḷaqikamik sitchiqsuutisuuruq imaq. Aiḷaqimman qiqinniaqtuq. Tainnamik Inughuit Kalaałłit Nunaanni atuġuurut iqaqłiiñik nannut amiŋaniñ piḷiat, qanuq sitchiqsuutilaitchut aiḷaqikamik. Aitqatit nannun amiŋaniñ piḷiat nakuupiaġataġmiut. Amiq qituttuq suli taġium imaŋa sitchiqsuutilaitchuq.

Niġrutit amiŋisitun inmiut miqłiqtuni atuġnaqtuat amit. Aippaani natchiayaat amiŋit atuġuuŋagait makkaġivlugit, taimani pagmapak atuqtaptinnik makkaiññaan. Tavra ivsullaksiññaqługu atutqigñaqtut.

*Nikpayuuq una suppun inillaŋaruaq allum qulaagun nappaqługu napauttamun (naaggaqaa qiñiġautim napauttaŋanun qiñiġnaqtuaq qiñiġaqqamiaŋanni qulaani) aasii pakikkumiñaqsivḷugu ilaatun aasii natchiq nauliqługu. Naulik kiamitchuugaat supputim tuqłuanun aasii pituksivḷutik igimmamik pakigaŋanun takanuŋa aasii kataktiłługu allumun. Natchiq allumun aniqsaaġiaġman tavra katiniaġaa igimaq aasii pakikługu suppun. Mapqaġman suppun tavra naulik tasamuŋa allumun natchiq nauligaġigaa aasii qiruum naktiłłuni sikumun tigummiraġigaa natchiq utiġataqtillugu aŋuniaqti.*

*Qulliq saumigmi suli qitiqłiq: A. Nikpajuuq, 1970-mi tamaani. Alliq: Qiñiġaaliuqtim arriḷiaŋa Igah Hainnu-um savaaŋa.*

232

*Qulliġmiñ taliqpiñmun: Aittainaq Iqalukjuaq kiḷiuqtuq nannum amianik Kaŋiqługaapigmi 1960-ñi.*

*Nannumiñ quliksaliak. Kaŋiqługaapigmiutun piḷiak.*

*Tuttuniñ ukiuqsiutit annuġarriat aippaaniqsatun Kaŋiqługaapigmiut annuġarriakaaŋisun piḷiat qiñiġaŋaraŋit nullaġviḷiami Arviqtuju(q)-ġmi 1973-mi.*

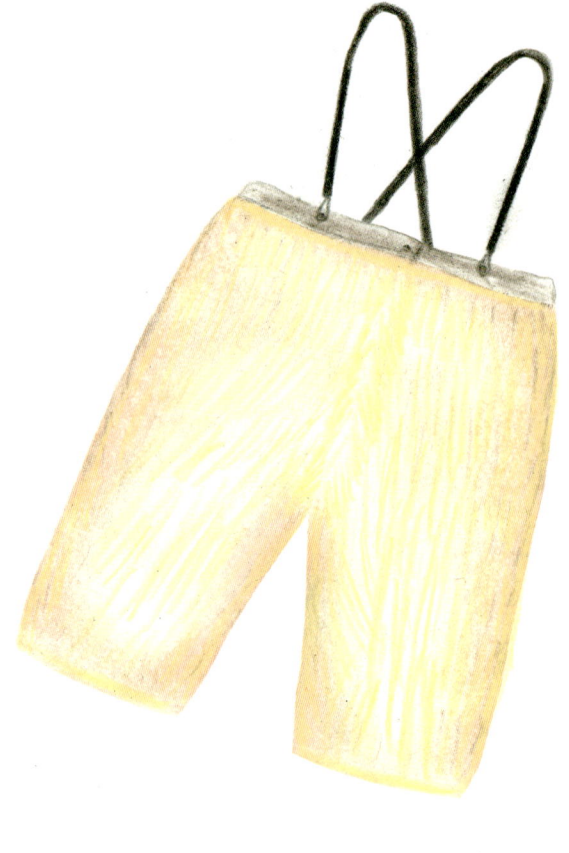

Nuimapiaġataqtuq allagiiksilaaŋat kaŋiqsipkaqtuni kalikuniñ annuġarriallu niġrutit amiŋiññiḷḷu. Igḷuani sitchiqsuutisuuruq imaq aasii igḷuani imaq maqisiññaġuuruq. Niġrutit amiŋit aiḷaqimmata imaiyaġnaqtut apunmik aputim igullavlugu imaq. iluqaa imaq piisuitkaluaġaa aglaan kalikumiñ imaiyaġniġmiñ imaiyałhaaġuugaa. Tauqsiat annuġaat qiqitchuurut aiḷaqikamik, aglaan annuġaat niġrutiniñ annuġarriat, aiḷaqikamik qiqisugrugutik piḷaitchut. Iluqaaktun atuġnaġaluaqtut aglaan igḷua anayanniuġnaiñŋuqtuq suna qanuġittuaq apqusaaqtuni.

Taamna iḷisimman qaaŋiqsittuksraġigikput niġrutinik annuġaaqaġniq, qanuq nuimapiaġataqtuq iñuuviptinni suli savaktuni taġium sikuani.

Attakaalik Palluq iḷisaurriruq
iḷisaurriviksriġmanni Kaŋiqługaapigmi aġnat
nutaġaaluit iḷisautivlugit savagniġmik tuttut
ammiŋiññik (2006). Aġnat Kaŋiqługaapigmi
annuġarrisuurutsuli aippaanisun annuġaanik
aasii qaaŋiqsitchivḷutik nutaġaalugnun
aġnanun.

Alliq saumigmi: David Iqaqrialu (saumigmi)
Joelie Sanguyalu natchiqsuk allukun. Tavrani
kalikuniñ annuġaalianik aippaanisun
qiññaqaqtuanik atuqtuk, aglaan iñugiaktuatitun
aŋuniaqtitun simmiġaaqtuaġuuruk amiġnik
annuġaamigñiglu kalikunik annuġaamigñiglu
qanuqiḷiuġaluaqamisigik iglauviksraqtik, qanuq
igliġunnaqaġniaqtilaaqtik, naagga
suniaqtilaaqtik.

ᐊᓗᑕᑐᖅᑦ ᐅᖅᖢᕐᓴᕋ ᒍ ᐆᑭᐅᒃ ᐊᑐᑦᑲᑐᖅᔪ
ᕼᐅᓴᑦ ᐊᓗᑦᖲᔪᖕᐊ ᐅᖅᑐᖅᐊᑦᑕᐅᔪ
ᖏᐊᓂᖏᕐ ᖹᑭᓪᔪᖏ ᐊᓗᖹᕆᑐᖏ ᐱᑐᖓᑦᕐᑦ

Ukiuqsiunmik atigiliuġuvit iḷupaaġumiñaġiñ uquqsautausuuruanik, naaggaqaa iḷupaaġaluaġnagu atuaksraḷhiñamik nunaaqqimi. Qimmim amiŋanik isiġviḷiġupku aniiġutauluatapayaaġuuruq.

*Kalikunik annuġarriat taunani taġium sikuani pagmami atuġuummigai. Iñugiaktuat arriqaġuurut taimanisun annuġaatitun, naaggaqaa taimanisun annuġaat tuvraqḷugit, allanik nutaanik atuqsiññaqḷutik polyester-tun, Gore-Tex-tun, naaggaqaa nylon-tun. Lydia Qayaq, Kaŋiqḷugaapigmiu qiñiġaaliuqti qiñiġaaliuqtuq ukiuqsiutimik atigiliamiglu quliksaliamiglu pagmami kalikuniñ piḷiak.*

ᑭᓕᐊᐧ ᐆᑭᐊᑐᖏ ᐊᓗᑕᑐᖁᑎᑐ
ᕼᐅᔪᓕ

Anuġisiutignik quliksaliuġniaġuvit atigiliuqtuatun piyumiñaqtutin (iḷupaaġlugu uquqsautausuuruamik).

## Joelie and Igah Sanguya

Annuġaanik uqaqtuni iḷisimaruksraunaqtuq nunaaqqiḷḷaa ilimiktun arriqaġuurut suliaŋit. Aippaani, pagmamiunnii iḷitchuġinaqtuq sumiugutilaaŋanik iñuk atigaa naagga amaunnautaa qiñiqsiññaqḷugu. Iḷaanni iḷitchuġinaqtuq qanuq iḷiktiŋatilaaŋagun, arriŋagun, naaggaunnii akuqtutilaaŋagun naaggaqaa kiluŋisigun. Nuimammiuq-suli annuġaavut atuġnaqtuksrautilaaŋit iñuuniġmi savagniġmi tagium sikuani. Kaŋiqługaapigmi qaŋaniñ annuġarrisuuŋarugut natchiġniḷḷu tuttuniḷḷu.

Taġium sikua taġiuqaqtuiññaliġman, siku maptukiñman, natchiġñiñ suliat atuġuugivut (mitquqaġaluaġli mitquitkaluaġli). Sitchiqsuutitchiġiitchuq suli taġġitchiġiitchuq. Atuġuugivut natchiġniñ suliat qiiyanaqpaiññŋiñman suli taġġiññaġman. Tuttuniñ suliat atuġuugivut qannianigman matuvlugu taġġiññaq (Ukiutchiamiḷu Siqiññaatchiaġuġmallu.) Tuttuniñ annuġarriat nuimapiaġataqtut irritusimman, nannuniñḷu annuġarriat. Aquvatigun Paniqsiqsiiviŋŋuġman, Umiaqqavigñiḷu naluaniñ annuġarrianik atuġuurugut natchiġniñ piḷianik, tamaani natchiayaat animmata. Annuġaatigusuli, nuimapiaġataŋaruq aŋutit uunnaaktuksrauvlutik, aasii aġnat qiñiyunaġlutik. Aġnat qiñiyunaqtuksraurut aasii aŋutit uunnaaglutik. Taamna nuimapiaġataqtuq. Utuqqanaat uqaluatigun. Aŋutillu miqḷiqtullu uunnaaktuksrauŋarut anuġimiḷḷu uqquuktuksraurut.

*Pagmami atuġuuraŋit amaunnat Kaŋiqługaapigmi.*

# Ukiuqsiutit aitqatit tuttut amianiñ

ᑐᑐᕐᕕ ᐱᐊᑐ ᐅᑭᐅᕐᓯᐅᑏ

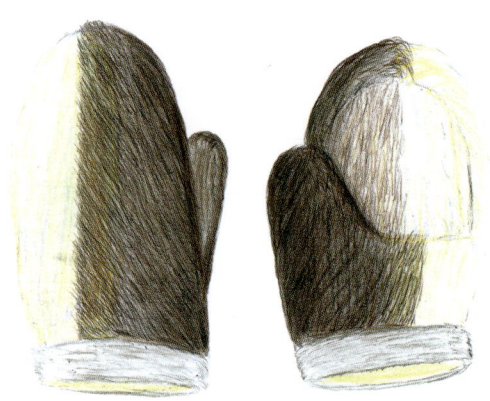

# Qulitaq – tuttumiñ qusuŋŋaliaq

ᑫᓕᒐᖅ

236

*Tuttuniñ annuġarrianik atuġnaqtuq
irrituruani tatqiñi Ukiutchiamiñaglaan
Umiaqqaviŋŋuġataqtillugu.*

*Kamŋit (A) allat kamŋit qulaagun
atuġnaqtuat. Saumigmiittuak
piliaguruk qayaġuligniñ naaggaqaa
ugrugiñ atuġnaqtuak taġium sikuani
taġġiññaġman. Aasii taliqpigmi
ammiñik atuŋaligaak atuġnaqtuk
taġium sikua taġġiññaqpaiññaiġman.
Qiñiġaaliaŋit Kaŋiqługaapigmium
qiñiġaaliuqtim Lydia Qayaum.*

# Silipaak tukturaja – tuttumiñ quliksaliak

ᑭᓕᐊ ᑐᑐᕐᕕ

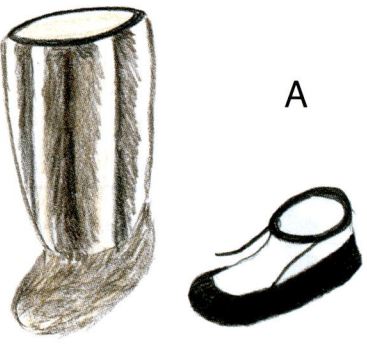

A

ᐊᑭᐊᐃᑎ
ᕐᑕ ᑕᓇᕐᓄᓇᒍ ᐊᑐᑭᐊᑏ

ᕐᑕ ᑕᓇᕐᓄᓇᒍ ᐊᑐᑭᐊᑏ
ᐅᑭᐅᕐᕖ

# Kamiik –
kammak
tuttuligaak

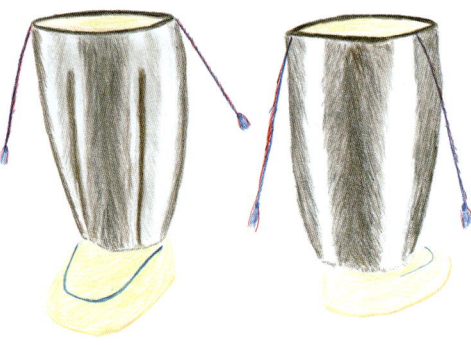

ᑐᑐᕐᕕ ᐊᐅᑭᓯᐅᑎ ᓯᕐᑲᓗᕐ

# Ukiuqsiun natchiġruaq

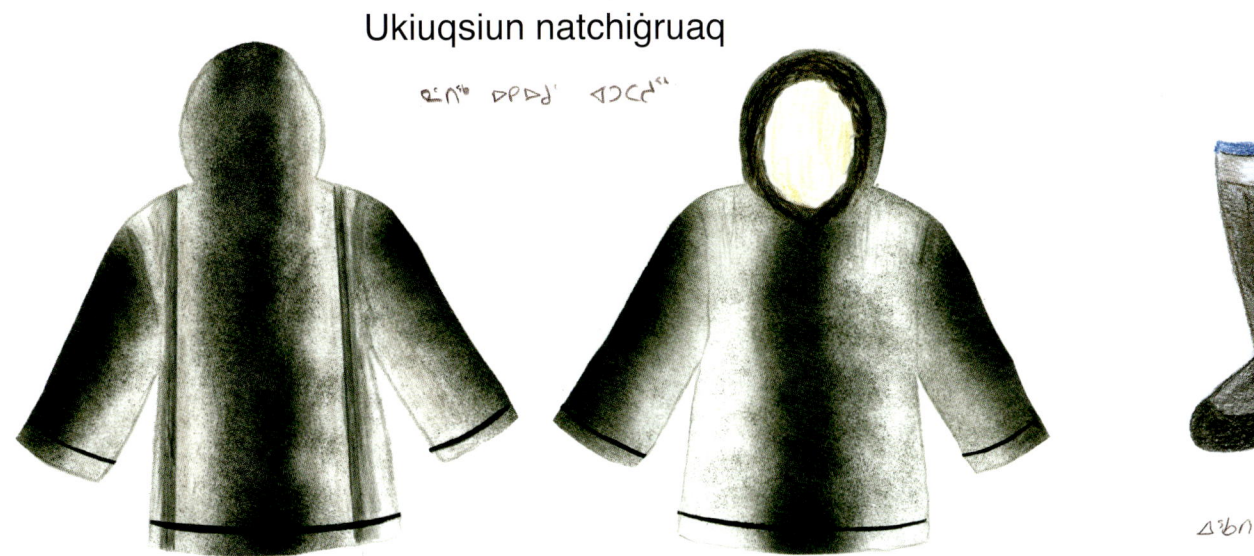

ᑭᓐᐊᖁ ᐅᑭᐅᒍ ᐊᑐᑕᒃᑏ

ᐃᖃᑎ ᐊᓕᖁᐅᑎᐅᑕᓯᑯ ᑎᐊᑊᑯᑦ ᐊᐅᕐᑯᓗ

## Natchiġñiñ quliksaliak

ᐅᐊᖁᑎ ᐅᑭᐅᒍ ᐊᑐᑕᒃ

## Mitquiḷak natchiġñiñ kammiak

*Iqaqłaktuġuurut upinġaksramiḷu upinġaamiḷu. Natchiaġruit atuġnaqtut ukiuqtutilaaŋatun, aglaan nakuurut atuqtuni sikuliaġman, taġġiññaġman. Sikuliaġman taġiuqturuq sikum qaaŋani, aiḷaqsisuummiuqsuli.*

*Qiñiġaaliaŋit Kaŋiqługaapigmium qiñiġaaliuqtim Lydia Qayaum.*

## Aitqatik natchiġñiñ

ᐸᐅᐊ ᐸᐊᖁ

ᐃᖃᑎᐊ ᐸᐊ
ᐅᐊᖁ

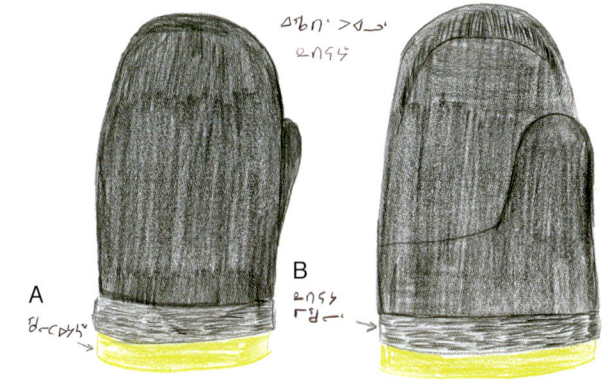

A
ᔭᐊᑕᓯᖅ

B
ᐅᐊᖁ
ᐠᔭᐊ

## Mitquiḷak natchiġñiñ aitqatik

*A. Kaliku (kalikuġruaq)*
*B. Natchium amianiñ*

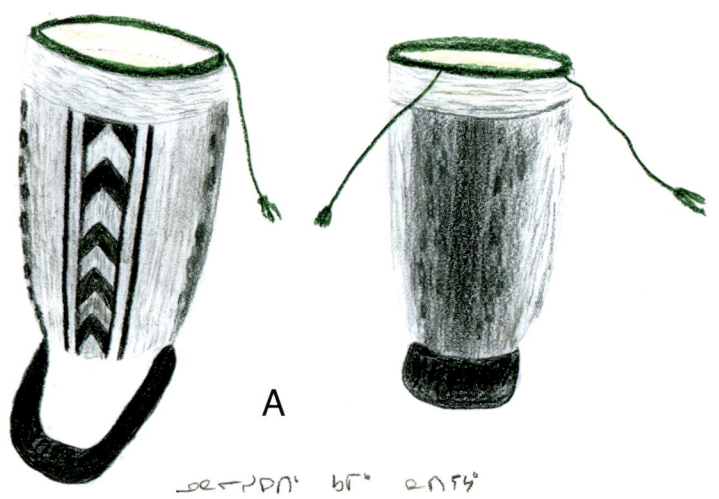

A

ᐅᐃᓴᑉᐳᐅᓐᐃ  ᑲᒥᒃ  ᓇᐃᓯᕋᒃ

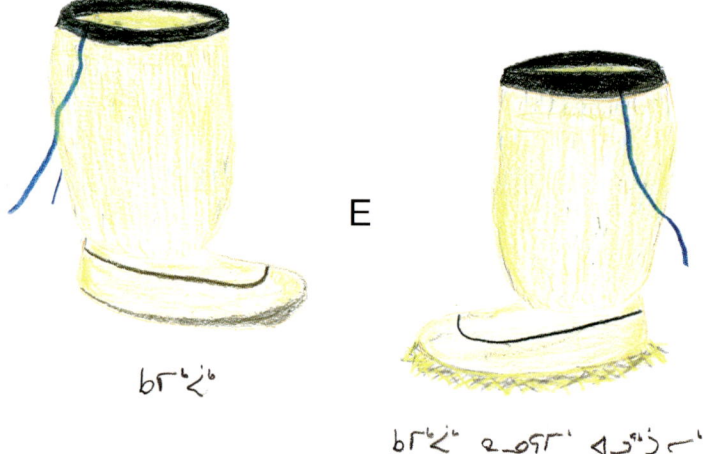

E

ᑲᒥᒃᒃ

ᑲᒥᒃ  ᓇᒪᓗᒪᒃᓂ  ᐊᔅᐃᒧ

## Agnaunnat

ᐊᒃᕌᐳᐃᓐᐃ

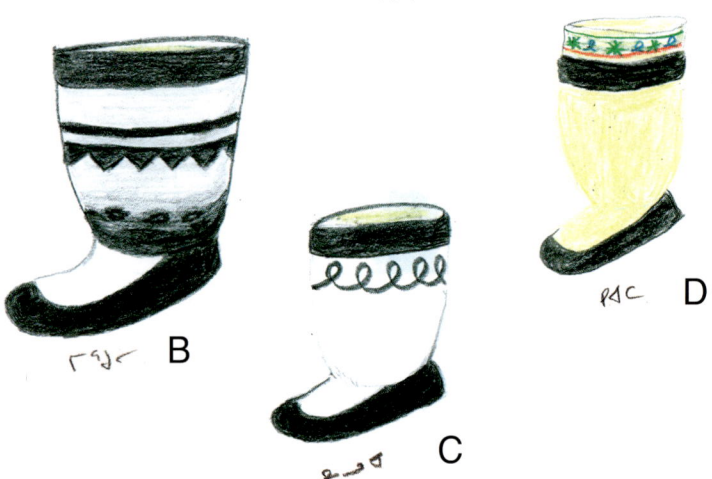

ᕋᔅᒃ
B

ᕋᒃᕋᓂ
C

ᕋᑉᓐ  D

F

ᑲᒥ  ᖃᑉᓇᒃ  ᐃᒪᒃᑉᓐᐃ  ᑲᒃ       ᓯᓇᒃ  ᑉᔾ

A.  Miqulik – Natchiik kammak
    nunaaqqimi atuaksrak
B.  Miqulik – Natchiik qupaŋaraak
    amiḷigniñ
C.  Naluaq – Natchium amia
    qatiqsipkaŋaruaq qalatitqaaqługu
    siḷamun aasii paniqtiłługu (naluaq)
    sivisuruamik.
D.  Kiata – Natchium amia
    qalatitqaaqługu paniqsiiŋaruaq
    aglaan nalurriŋaisaŋat

E.  Kammak nannumik kammiak mitqua
    siḷalliuvlugu (saumigmi) aasii
    (taliqpigmi) nannum amianik
    atuŋaligaak.
F.  Kammak (saumigmi) isiġmiuġutik
    suli natchium amianik atulaaliak
    (taliqpigmi) atuġnaqtuak ikiaqtiłługik
    kammagnullu atutignullu.
G.  Ukiuqsiutik kammak tuttuligaak.

Qiñiġaaliaŋit Kaŋiqługaapigmium
qiñiġaaliuqtim Lydia Qayaum.

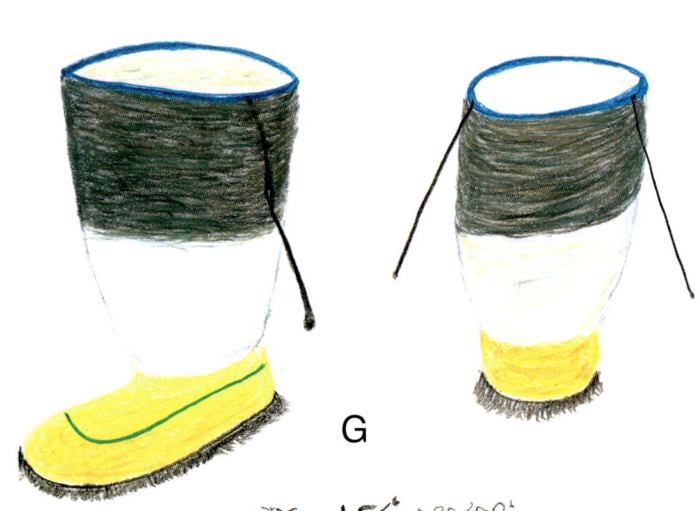

G

ᑐᑦᕐ  ᑲᒥᒃᒃ  ᐅᑭᐊᒃᑉᓐᐃ

*Saumigmiñ taliqpigmun: Ilkoo Angutikjuak (saumigmi) tuvaaqataalu Kalluk aimaaġvigmigni Kaŋiqḷugaapigmi. Kalluk atuqtuq qiñiyunaqpaktuamik amaunnaliamiñik.*

*Iḷauvlutik qiñiqsitaaqtitchiruani Kaŋiqḷugaapigmi nunaaqimi kaivinniqsuani, Renee Palituġlu Rosemary Arreaglu maniraġaaġai qaŋanisun ittuat annuġaatik. Saġliaqtuq natchiŋŋualiamik natchium amiŋaniñ. Aġnaiyaam kammak tuttumiñ kammiak atuŋaligaak nannum amiŋanik.*

## Mary Tassugat

Atiġa Mary Tassugat. Aniŋaruŋa Qivituġmi, kiŋuaniittuami Kaŋiqługaapigmiñ, qaniłłuni Qikiqtarjuamun. Nalupqisuktuŋa nallipiaŋanni ukiut aniŋatilaamnik, aglaan upinġaami aniŋaruŋa, tatqimi Amiġaiqsiġvigmi. Kisimi taima piiŋaruaq Pakak itqaumaruq nallianni ukiumi aniŋatilaamnik. Aakaiġñaġiaŋaruŋa.

Iñuguŋaruŋa Qivitumi miqłiqtuukama. Itqaumasuuruŋa tavraniinnama, iḷaanni iḷaŋatigun itqaumasuitkaluaqtuŋa. Miqłiqtuuraukama iñuuŋammiugut Arvaqtumi, iñuguġviptinni Natanine-lu.

Mikiŋŋaġmaqaŋa nuulġataqtilluta Kaŋiqługaapigmun tavra pisuaqłuta kilunmun tuttuliaqłuta. Tuttunik amiqaqtuksrausuurut savaaksranik, annuġarriaksraptinnik ukiuqtuutiksranik. Tavra upinġaatuaġman tuttuliaġaqtugut. Tainnami annuġaaġiksuanik annuġaaliuġaqtugut. Qatqiññamaunnii tavra tainna Upinġaatuaġman Arvaqtumugiakuaqłuta.

Tuttunik annuġarrimmata naipiqtupiaġuuŋagitka. Iḷaanni tavra iñuit kanŋutchairaġigitka takunnaqpaiługit. Tainna tavra iḷitchiñiuraaqsaŋaruŋa miquġniġmik, qiñiqtuaqługi allat iñuit annuġarriruat. Isumaraqtuŋa qanuġluŋa savagniaqtilaamnik nakuaġiniaqtamnik suliuġniaġuma.

Tavraasii uvamnik annuġarrirraqsiruŋa, itqaavlugit isummatitka annuġarriraqtuŋa nakuaġiniaġasugirapkun.

Niviaqsiaġruuruŋa kammirraqsikama. Aakaaluksraġma Arnaujam ikuutiŋagaaŋa uuktuagaksramnik sivulliġmik. Aitchuġaaŋa tavra suliugaksramnik uvamnik.

Taimani iñuit annuġarrisugruguuŋarut tuttut amiŋiññik. Ikulluataġuuŋagai. Tainna ikulluataŋammata qitupayaaġuurut miquyuġnaqtut, aasii ikulluataŋaiñmata siġġaġnaqtuq miquġnialaruni. Amiq paniŋaiñŋaan tasiugnaqtuq karrukługulu. Tainnami ikuyuġnaqsisuuruq. Iḷaanni savittuni ammiñik siġġaġnapiaġataqtuq. Itqaumaruŋa iḷaanniimma ikuktugut natchiġñik tupiliuqsaqłuta. Ikunŋuliqpaiłłuŋa aġiuŋagiga avvaŋŋuqsiññaqługu ikuaġa tupiksramik. Uvlaakumman kisian naatinŋagiga. Naagga taimma nakuuqsriruŋa suliullatuvluŋa.

Irviptinniḷi taimani annuġarrilaiñŋarugut natchiġñik, tuttunik annuġaaqaġuuŋarugut. Tuttut amiŋiññiñ ukiuqsiutiksriat nuimapiaġataqtut, qanuq tuttum amia anaktiksraitchuq ukiumi. Natchiġñik annuġarriat aiḷaqisuurut iḷuagun. Taġiuq sikuŋamman taġġiññaqsivḷuni taimani natchiġñik atulaiłłuta, tavra utuqqaalugnik atuġaqtugut nutaat annuġaavut taġiumun maqutquŋiłługi. Iḷaŋit aglaan iñuit taġġiññaġman atuġaqtut natchiġñiñ annuġaalianik. Taġġiññaġman uvagut-unnii atuġuuŋarugut natchiġñiñ kammianik. Aasii allaŋŋuġman nunakput aputim piġummagu taġium sikua iñuit atuġaqtut tuttumiñ kammianik. Tavra tuttuligaaġmik atuŋaŋit alliġuugai miquutivlugu natchium amiŋanik.

Upinġaami tuttum amia pannaqługuuvluni mitquiyasiraqtut. Tavra mitquiyaġaġigivut ikukługi uliksriuġaqtugut tamatkuniŋa. Atigiliuġuummigivut tamatkua ammit atuqługit- aasii pisuaqłuta tatpauŋanmun nunamuksaġapta. Tamarra annuġaagiksut upinġaami qitułłutik ammit itqanaiyaŋammata ikulluataqługit. Ukiaksramiḷu atuġuugivut tamatkua aglaan maptupayaaqtuat. Ukiuġmanaasii ukiuqsiutinik atuġaqtugut, tuttułhiñaqquut ammit qanuq tuttut amiŋiññik annuġaaqtuqtuiññaġaqtugut ukiumi. Uvva tamauŋa nunaaqqimun nuunnapta tainnasiñik annuġaaqtuviurallaiŋarugut. Suliviksraq ayuġnaqsiŋavluni taimanisun inŋaiqłuni pauŋa nunamugnikaaptiktun. Miqłiqtuvut miŋuaqtuġiaqtuksrauvlutik nuuttuksrauŋarugut nunaaqqimun.

Aŋutiqtanik annuġarriruni mapturuanin annuġarriñaqtut qanuq iglausuurut aŋuniaġuurut. Qusuŋŋaaġruk una mitqua siḷalliusuuruq aasii atigimik iḷupaaqługu. Aŋutit makua aniiqtuiññaġuurut kukiḷukłutik aŋuniaqłutik aġnat nullaġvigmigniittiłługit, tainnami annuġaavut allaurulli. Aŋutiqtat savaaġiqqaaqtuksraunaqtut annuġarrikapta. Tainna tavra uqaurrauŋavluŋa tainnali savagaqtuŋa. Nuġġait amiŋiññiñ annuġarriraġigivut miqłiqtut. Miqłiqtut qiiyalaiñmiut anikamik. Iḷupaaŋiññi mitquqaqtuksraupialaitkaluaqtut. Aglaan una siḷallikun atuaksraq qaunagipiaġnaqtuq tuvraaksrat nalautinniaqsaġlugi itqanaiyaġniŋanniḷu miquġniŋanniḷu.

*Itchaksraq naagga* ittaq.

242 *Qulaaniittuaq: Igah Hainnu (saumigmi) Mary Tassugallu.*

*Igah Hainnu-m, qiñiġaaliuqtim iḷisaurrim Kaŋiqługaapigmium savaqatigiŋagaa Mary Tassugat pituksaqługu quliaqtuaŋa (utinmun makpiġḷugu) iñuguqtiłługi aġnat tuttut amiŋiññik annuġarriruat upiŋaami ukiaksramiḷu (uumani).*

*Uqautikaptigu Mary qaitchiyumiñaġmagaan uumuŋa makpiġaamun taġium sikuagun tavra nalupqinaitchuakun aġnat savaaŋat nalaunŋaruanik annuġarriñiŋat quliaqtuaġitquvlugu iñuuniaqtuni savagniaqtuni taġium sikuani. Quyyatigipiallakkikput Mary quliaqtuaġumiñaġman tuvraaksraniglu iḷiktiġutinik qaitchiŋamman. Igah-m savaqatigivlugu Mary qanuq qiñiġaaliuŋaruk tuttum amiŋiññiñ annuġarriñaqtilaamik tautugnaqtut makpiḷḷaglugu.*

## ᐳᐊᓗᒃ

## Pualuuk — Mittens

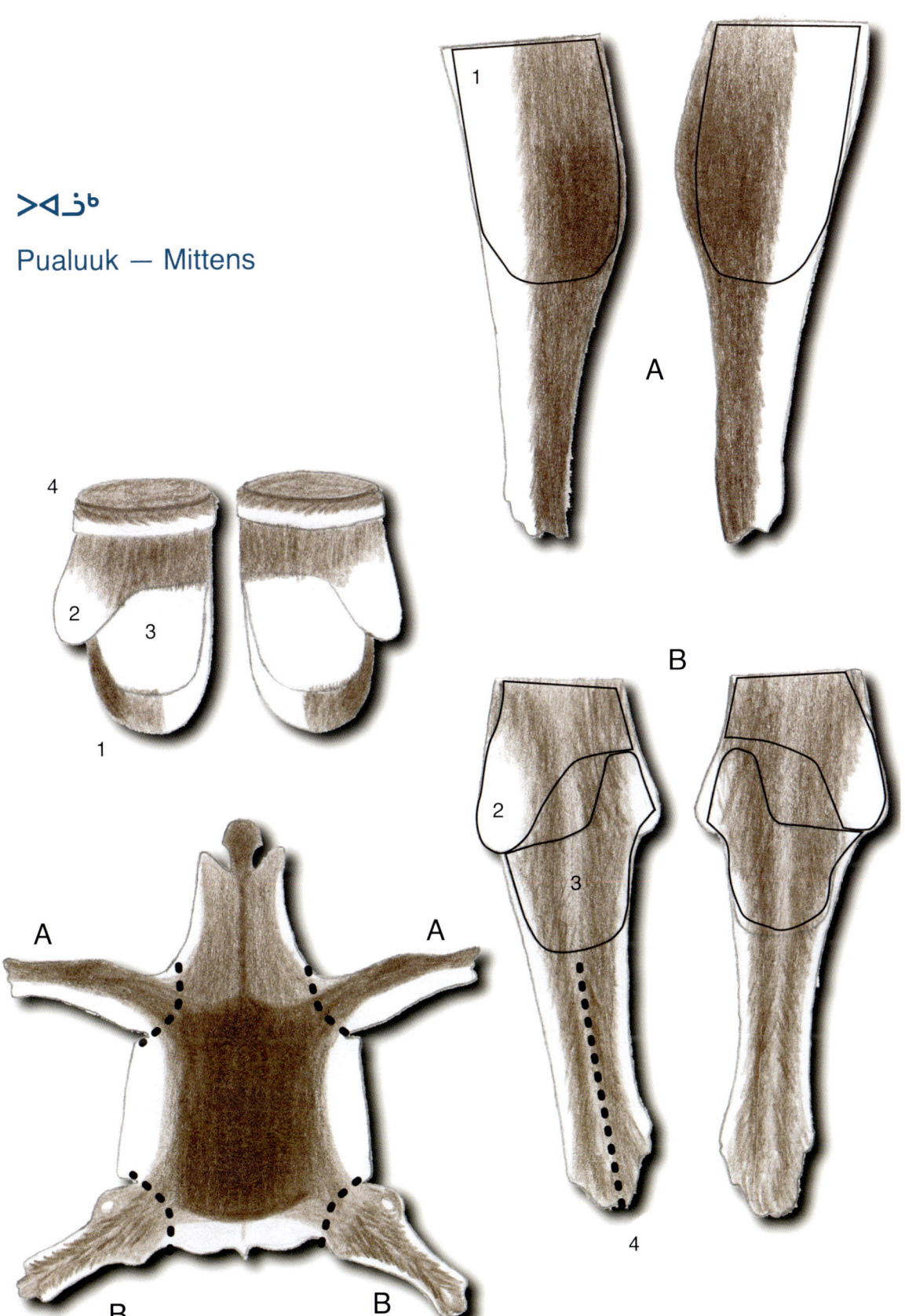

1. ᓯᖑᓪᒌᒃ / ᓯᖑᓪᒌᖅᑎᒃ
   Sivulliik
2. ᑭᖑᓪᒌᒃ / ᑭᖑᓪᒌᖅᑎᒃ
   Kiŋulliik
3. ᐃᑎᒻᒪᒃ — Utummak
4. ᖁᓕᐸᒃ — Qulipak

*Nuimapiaġataqtuq iḷitchuġiniq*
*makua tuvraaksrat ilaata kisian*
*Mary Tassuga(t)-um piḷiaġigai. Allani*
*nunaaqqiñi miquqtillu*
*nunaaqqiqatikkaluaŋit-unnii*
*allauḷḷugi iḷiktiunnaqaġuurut*
*annuġarrisuurut. Allat Irrituruami*
*allaginiaġaluaġai Mary-m*
*qiñiġaalianiññiñ iḷiktiġutini. Aglaan*
*iluqatik miquqtit atirut uumuuna,*
*nalunaitchuq iluqatik*
*isumatupiaŋarut, sanatupiaŋarut,*
*savinnaqtuamik savaaqaqtut*
*annuġarriruat nakuuruanik*
*iññaġiksuanik qavsiiñi kiŋuġaaġiiñi*
*Iñupiat aŋayuqaaġiit uunnaaktiḷḷugit*
*anayanaqtuamiñ piisiḷḷugit.*

243

Savaġutillu Annuġaallu

## Quliksak — Quliksak

*Ukunani iḷiktiġutini taiguaqtuat iḷitchuġiniaġugnaqtut atiŋit allagiiksilaaŋiññik ataŋŋaisa ammimun kaatkaniŋaruamiñ miquanikḷugu annuġaaksramun. Kisirrutiŋisigun nalunaiŋarut atillaaŋit aasii taiguaqtuam kisirrutillaaŋisigun atiruaqsiuġlugik iluqaaktun ammimḷu annuġarriamlu kisirrutai paqitchumiñagai.*

1. ᖁᖕᒋᐊᖕᓂᑦ — Qungianganit
2. ᓴᓂᖅᓱᐊᖕᓂᑦ — Saniqsuanganit
3. ᐅᒃᐸᑎᖕᓂᑦ — Ukpatinganit
4. ᐳᑭᖕᓂᑦ — Pukinganit
5. ᓴᓂᖅᓱᐊᖕᓇ — Saniqsuanga
6. ᕿᒥᓗᔾᐊᓂᑦ — Qimirluanit

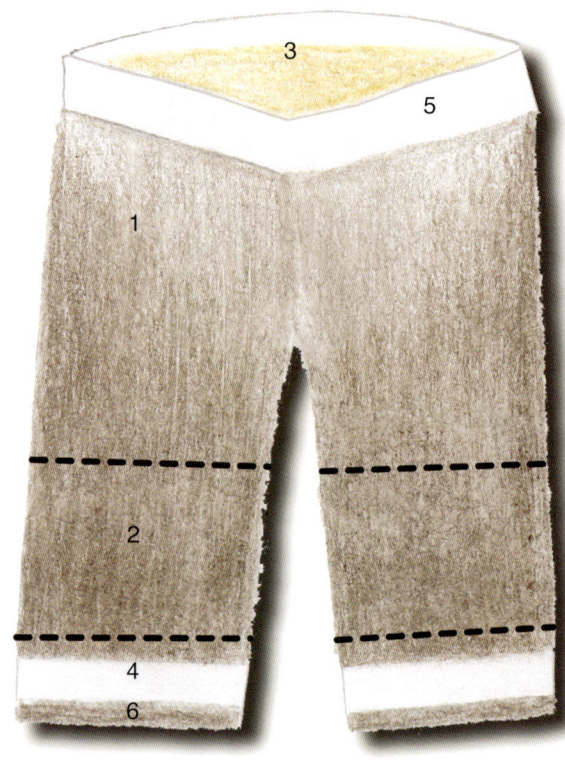

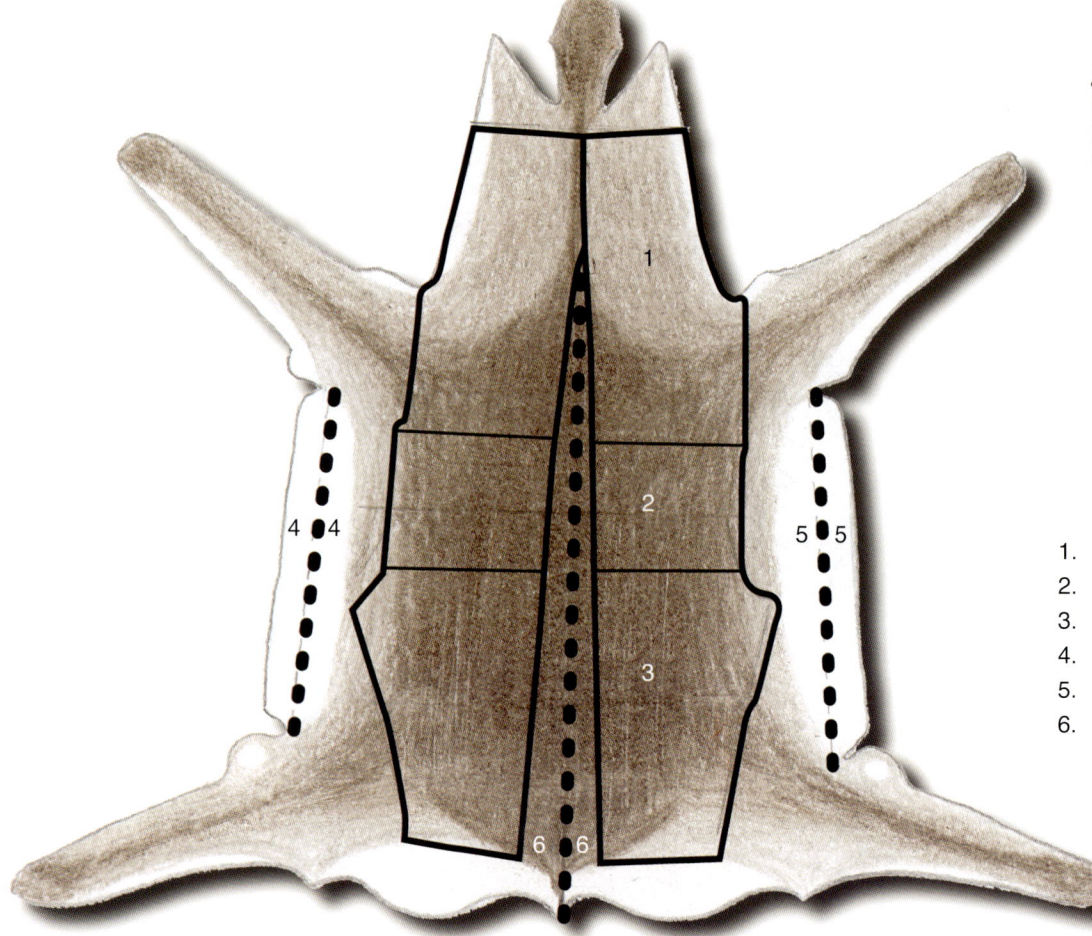

1. ᖁᖕᒋᐊᖕᓇ — Qungianga
2. ᓴᓂᖅᓱᐊ — Saniqsua
3. ᐅᒃᐸᑎᖕᓇ — Ukpatinga
4. ᐳᑭᖕᓇ — Pukinga
5. ᐳᑭᖕᓇ — Pukinga
6. ᕿᒥᓗᔾᐊ — Qimirlua

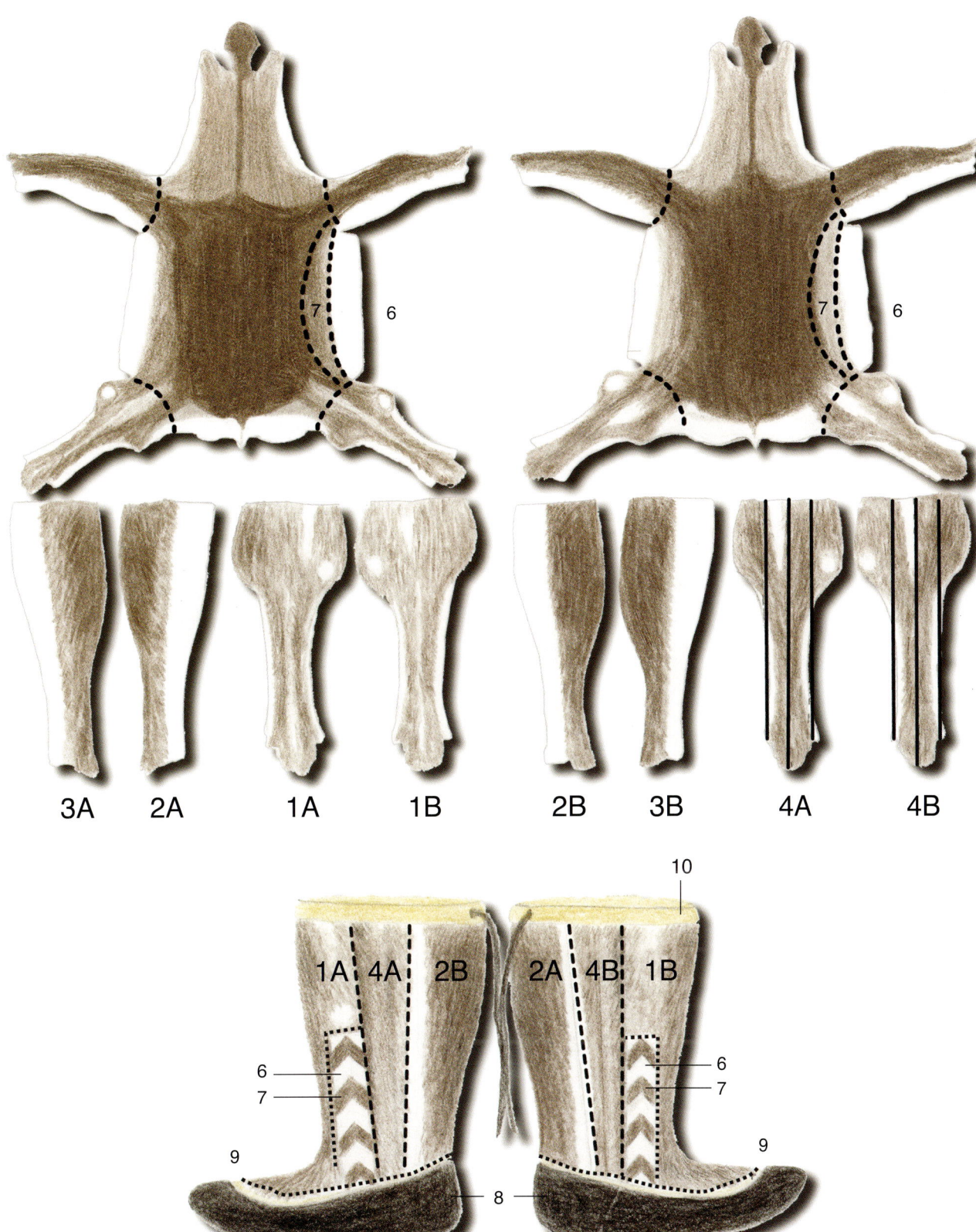

ᒥᖅᑯᓕᑦ

Miqquliit

Isiktuuk

1A. ᑭᖑᓪᖠᒃ
Kingulliik (Kiŋulliik)
1B. ᑭᖑᓪᖠᒃ — Kingulliik
2A. ᓯᕗᓪᖠᒃ
Sivulliik (Sivulliik)
2B. ᓯᕗᓪᖠᒃ — Sivulliik
3A. ᓯᕗᓪᖠᒃ — Sivulliik
3B. ᓯᕗᓪᖠᒃ — Sivulliik
4A. ᑭᖑᓪᖠᖅ ᖅᑯᐱᓗᒍ
Kingulliiq qupilugu (Kiŋulliq qupilugu qitqagun)
4B. ᑭᖑᓪᖠᖅ ᖅᑯᐱᓗᒍ
Kingulliiq qupilugu (Kiŋulliq qupilugu qitqagun)
6. ᐳᑭᖕᒐ — Pukinga
7. ᖅᑭᒥᕐᓗᐊ
Qimirlua (una iliġñimiñ piñaġmiuq naaggaqaa allaniñ upinġalliniñ)
8. ᓇᑦᑎᕋᔭ/ᐅᒡᔪᕋᔭ/ᖅᑲᐃᑦᓕᕋᔭ
Nattiraja/Ugjuraja/Qairuliraja (atuŋaŋa qayaġulik, ugruk, naaggaqaa harp seal)
9. ᓇᓗᐊᖅ
Naluaq (natchiġmiñ)
10. ᖅᑲᑦᓗᓈᖅᑕ
Qallunaaqta (kalikumiñ)

245

Savalġutillu Annuġaallu

# ᖄᑐᑦᑕᖅ ᐊᖕᑎᑕᒡ

## Aŋutiqtaq Qusuŋŋaaġruk

## Qusuŋŋaaġruk Aŋutiqtaq

*Qusuŋŋaaġruk una qiñiqtuni iḷitchuġinaqtuq isumatuniŋallu suliullaniŋallu Inuit aġnaŋit qavsiñi kiñuġaġiiñi annuġarriruat. Uuktuutigillaglugu, qituttuat amimi atuġaġigai annuġaam sulliñġani tasiḷḷaruksrauruani, suvaluk uniŋani naaggaqaa nasaŋata saniġaani. Qanutun taktilaaŋit nigraŋit allaŋŋuġaaġuugai sulliñġani ukium, takinaaqługi ukiumi, naikłiḷaaqługi upinġaami (qanuq iḷḷaktinniaqtut upinġaami uunnaaktuami). Mitquŋa nalautinŋaruksrausuummiuq sugnamuŋatilaaŋanik atigiliuġnikaaq maliġuaqługu, iḷaŋit Utuqqanaat pagmapak uqallaguurut suna atulluatallasaqługu mitqua sugnamuktuqługu piraġigaat. Aitqatini mitqua anmuŋaruq, kamigni aasii qunmun, aasii tuttuni annuġaani sanniñmuŋaruq mitqua. Nasaata nuvuġayyuaŋa (tautuglugu qiñiġaaliaq) aulayaiñŋutaġisuugaa qiḷġutaata kiiñaŋata nasam agmayaiñŋutaġivlugu (qiḷġutituġniaġman). Nasaq qiḷġutiqaġuuruq qaaŋagun, taunuuna tavlum ataagunŋiḷaaq, aasii nagruata amianik tuttut nuġġaŋiññiñ naaggaqaa tiqituqqaniñ tatpikuŋa isuanun nasaŋata qiñiyunautigisaqługu. Aippaani aŋuniaqtit iriġaġigaat nuvua nasamik aŋuniaqamik. Allat atigit nasaliuġuugai takiłhuyuktuanik nasaliqługi anayanniuġumik taġium sikuani ikayuutiksramignik; tavra tigguviksriqsaqługi iḷaanni iñuk imaaqpan.*

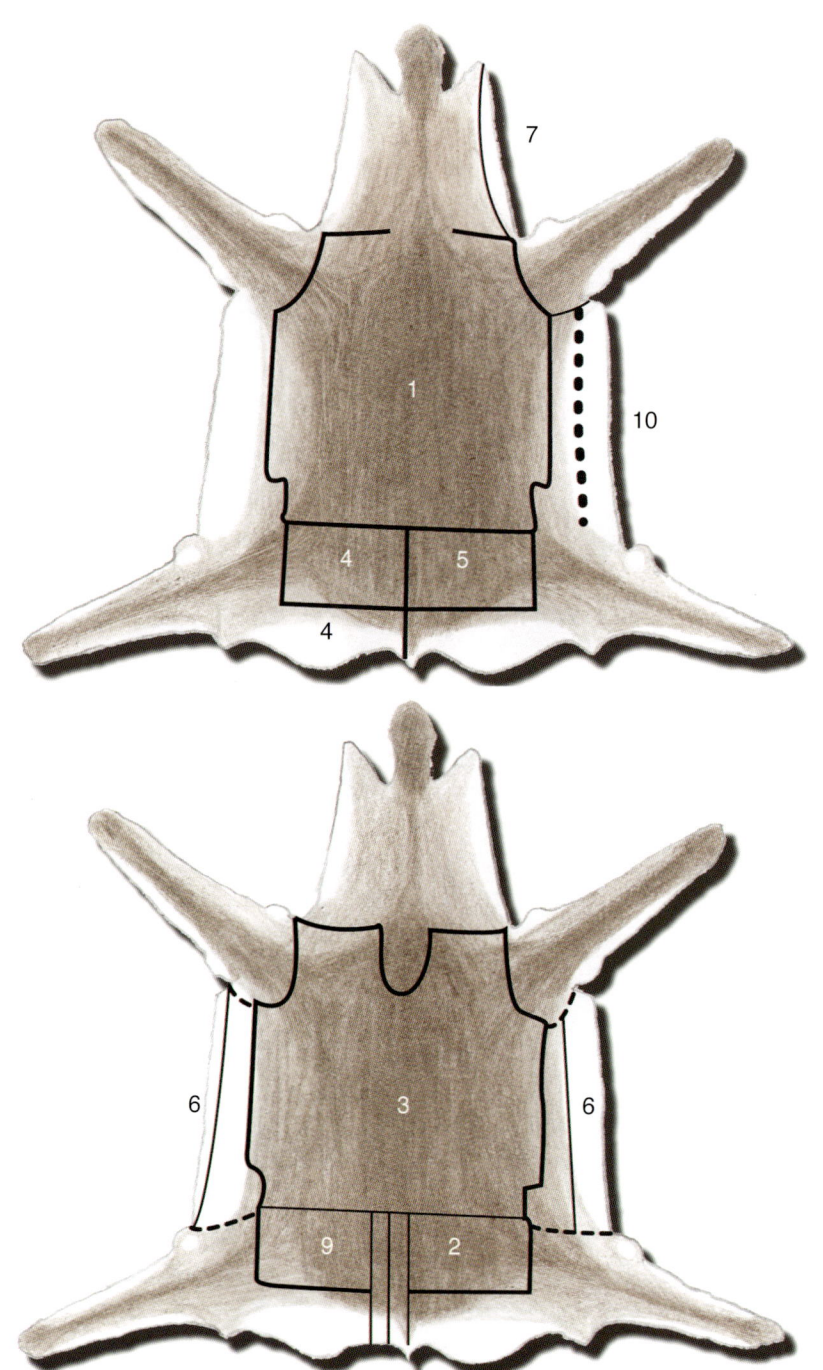

1. ᑐᓄᐊ ᑐᓄᐊᓂᑦ
   Tunua tunuanit
2. ᐃᖅᒃᖑᓂᑦ — Iqqunganit
3. ᓵᖕᒃ ᑐᓄᐊᓂᑦ
   Saanga tunuanit
4. ᐃᖅᒃᖁᐊᓂᑦ — Iqquanit
5. ᐃᖅᒃᖁᐊᓂᑦ — Iqquanit
6. ᐳᑭᖕᓂᑦ — Pukinganit
7. ᑎᖕᒃᔪᖕᓂᑦ — Tingajunganit
8. ᖅᒥᕐᒃᑐᐊᓂᑦ — Qimirluanit
9. ᐃᖅᒃᖁᐊᓂᑦ — Iqquanit
10. ᐳᑭᖕᓂᑦ — Pukinganit

1. ᑐᓄᐊ — Tunua
2. ᐃᖅᒃᖑᓂ — Iqqunga
3. ᑐᓄᐊ — Tunua
4. ᓵᐳᒡᓂ, ᐃᖅᒃᖑᓂ
   Sauminga, iqqunga
5. ᑕᑦᖅᐱᓂ, ᐃᖅᒃᖑᓂ
   Taliqpinga, iqqunga
6. ᐳᑭᖕᓂ — Pukinga
7. ᑎᖕᒃᔪᖕᓂ — Tingajunga
8. ᖅᒥᕐᒃᑐᐊ — Qimirlua
9. ᐃᖅᒃᖑᓂ — Iqqunga
10. ᐳᑭᖕᓂ — Pukinga

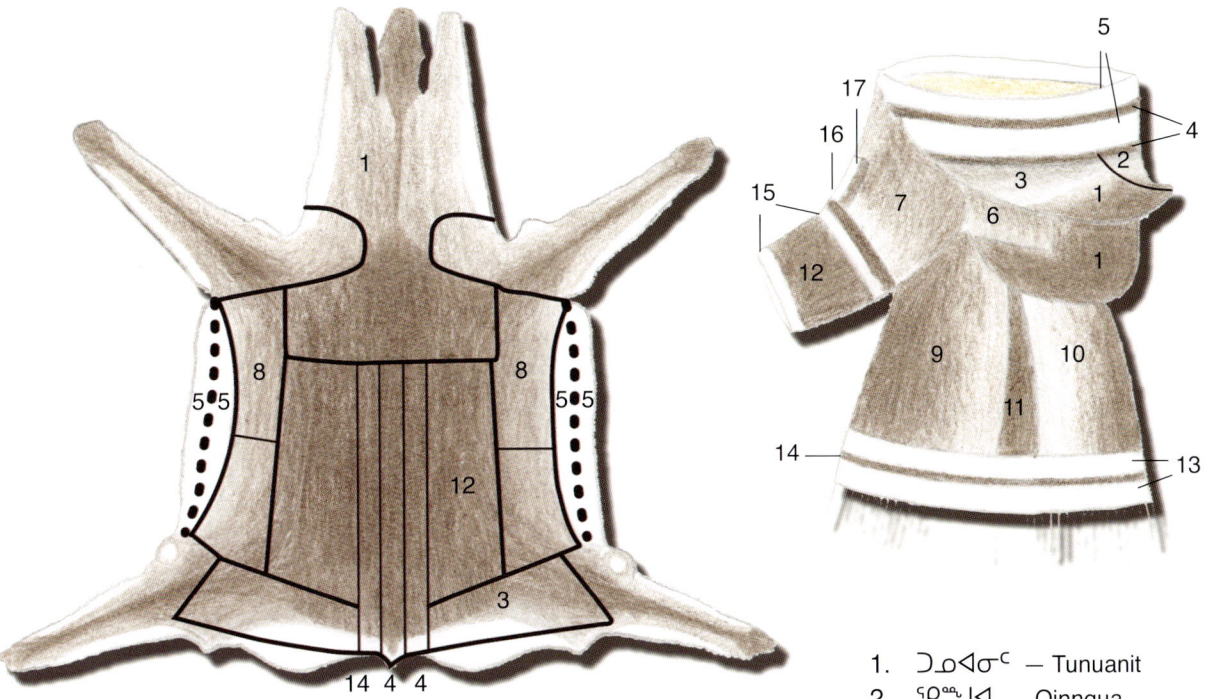

## ᖁᓱᓐᓈᒡᕈᒃ ᐊᒡᓇᖅᑕᖅ

## Qusuŋŋaaġruk Aġnaqtaq

## Qusuŋŋaaġruk Aġnaqtaq

*Qusuŋŋaaġruk aġnaqtaq
tainnaptauq iḷisimanaqtuq
isumatuniŋallu suliullatilaaŋallu.
Tuttunik amaunnaliami iḷiḷgauraq
amaallagaa tunumiñi (aakauruam
tunua patiksimavlugu nasamiŋiḷaaq,
killukun isummatipiksuaŋat
naluruat). Nasaqpaŋauna nuqiłługu
iluqaaktun aakagiik nasallagaik.
Asiŋik saquŋaaġuraaqługik,
siatqikkaluaġnagik, savaguugai
aullasiŋa iñuum maliġivlugu,
qiluqisaġaquŋiłługu tallik
piġiŋaaġmagnik. Tallik
tuiqqagnunaglaan aŋinaaġuugai
aġnam talligñi qumikkumiñaqługik
uunnaaksiaġukkami naaggaqaa
iḷiḷgaurani qanuq aŋalatchukkumiuŋ
atigim iḷuani aŋalatchumiñaqsivḷugu,
tunuaniłłu saaŋanun
nuutchumiñaqługu
miluktitchaqamiuŋ. Atigiliuġuurut
unnii iniksraqaqługi makkait
supayaat atigimi. Supayaaq
naamasipiallakługu
qaunaksriruksrauruamun
amaaqtuksrauruamun savaaguruq
taamna savaluuraqtuksraullaan
kukiḷuktuksraullaan. Aġnaqtanik
qusuŋŋaaġruliuqamik
maŋałhaaqtuanik aŋutiqtaniñ
pisuugai, amiŋiññik
tuttutqaaqtaŋiññiñ atuġuuvlutik
(amitchiat). Maŋałhaaqtuaq amiq
qiñiyunałhaaġnasugisuugaat
sivuanik uqallausiptiktun, aġnaqtat
annuġaat qiñiyunaqługi savagaġigai
(atuyuġnaqługiḷḷu savalukkumik).*

1. ᑐᓄᐊᓂᑦ – Tunuanit
2. ᖃᐠᖑᒐ – Qinngua
3. ᐃᖅᑯᐊᓂᑦ – Iqquanit
4. ᖃᒥᕐᓗᐊᓂᑦ – Qimirluanit
5. ᐳᑭᖓᓂᑦ – Pukinganit
6. ᓴᓂᖅᓯᐊᖓᓂᑦ
   Saniqsuanganit
7. ᐅᒃᐸᑎᖓᓂᑦ – Ukpatinganit
8. ᓴᑭᐊᖓᓂᑦ – Sakianganit
9. ᓵᖓ ᑐᓄᐊᓂᑦ
   Saanga tunuanit
10. ᖁᖑᐱᐊᖓᓂᑦ
    Qungianganit
11. ᓴᓂᖅᓯᐊᖓᓂᑦ
    Saniqsuanganit
12. ᑭᐸᖅᑐᐊᖅᑯᑎᐊ ᑐᓄᐊᓂᑦ
    Kippaqtuaqqutia tunuanit
13. ᐳᑭᖓᓂᑦ – Pukinganit
14. ᖃᒥᕐᓗᐊᓂᑦ – Qimirluanit
15. ᐃᖅᑯᐊ – Iqqua
16. can be made from scraps
17. can be made from scraps

1. ᖁᓂᒍᐊ/ᐱᑯᐊ
   Qunigua/Pikua
2. ᖃᐠᖑᐊ – Qinngua
3. ᐃᖅᑯᐊ – Iqqua
4. ᖃᒥᕐᓗᐊ – Qimirlua
5. ᐳᑭᖅ – Pukiq
6. ᓴᓂᖅᓯᐊ – Saniqsua
7. ᐅᒃᐸᑎᖓ – Ukpatinga
8. ᓴᑭᐊᖓ – Sakianga
9. ᑐᓄᐊ – Tunua
10. ᖁᖑᐱᐊᖓ – Qungianga
11. ᓴᓂᖅᓯᐊ – Saniqsua
12. ᑐᓄᐊ – Tunua
13. ᐳᑭᖓ – Pukinga
14. ᖃᒥᕐᓗᐊ – Qimirlua
15. ᐃᖅᑯᐊ – Iqqua

## A.  ᖃᕐᓕᑲᓪᓛᒃ

### Qarlikallaak

1.  ᐃᒃᐸᒃ — Ikpak
2A. ᐳᑭᖅ ᐅᖕᒋᐊᕐᕕᖓ — Pukiq ungiarvinga
2B. ᐳᑭᖅ ᐅᖕᒋᐊᕐᕕᖓ — Pukiq ungiarvinga
3. ᓴᓂᖅᓱᒃ — Saniqsuk

## B.  ᖁᒃᑐᕋᐅᑏᒃ

### Qukturautiik

4A. ᖁᖕᒋᐊᖓ — Qungianga
4B. ᖁᖕᒋᐊᖓ — Qungianga
5A. ᐱᑯᖕᓂᑦ — Pikunganit
5B. ᐱᑯᖕᓂᑦ — Pikunganit
6. ᐃᒥᖅᑯᑕᖅ — Imiqqutaq
7. ᐳᑭᖓ — Pukinga

*Qaqłiik iigunaqtuak quqtuฮaฮakun
uunnaagutiksraฮigฮik atuฮuugai
aฮnaiyaallu aฮnallu ukiumi,
upinฮaksrami, ukiumlu
sulliñipayaaฮani. Quqtuฮautiik
iigusuugai qaqłiigฮun qiลูฮutauranik
iลูiฮaruanik qulaanun uunnaagutit
aasii qiลูiqługit uqsimun qaqłiigñi.
Tasammaptauq qiลูฮugauraqaฮmiuq
iลูuanni uunnaagutit qiลูiฮnaqtuat
iลูuagun putukun qaqłiigñi.*

A (Qaqłiik)

B (Uunnagutit iigut)

## Pukiviñiq

7. Pukiฮaniñ una iลูaaฮuugaat

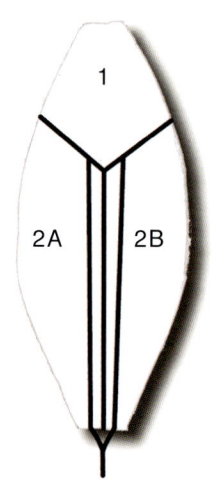

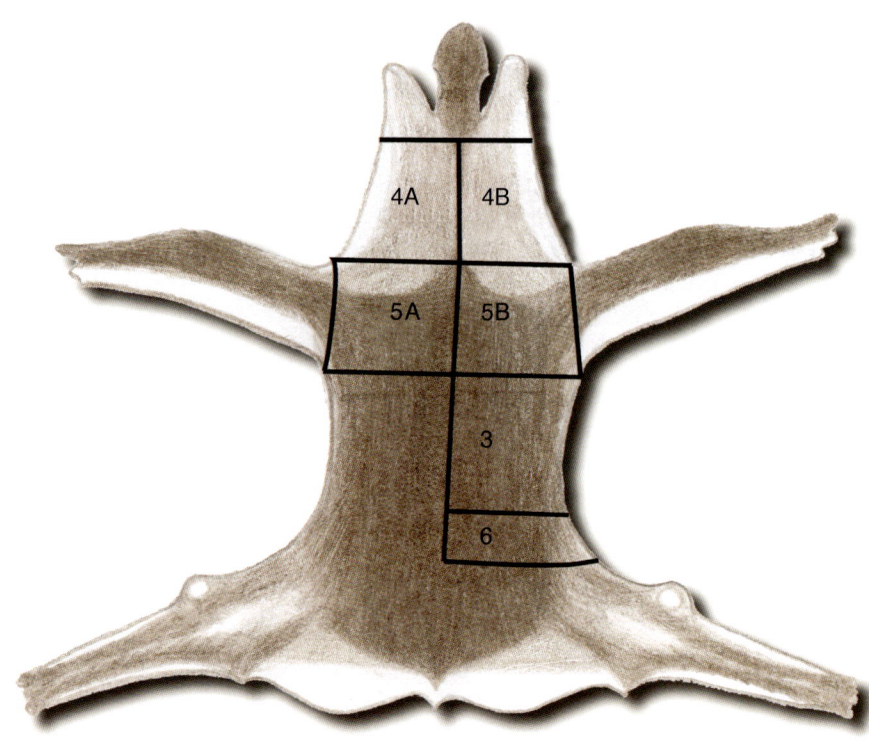

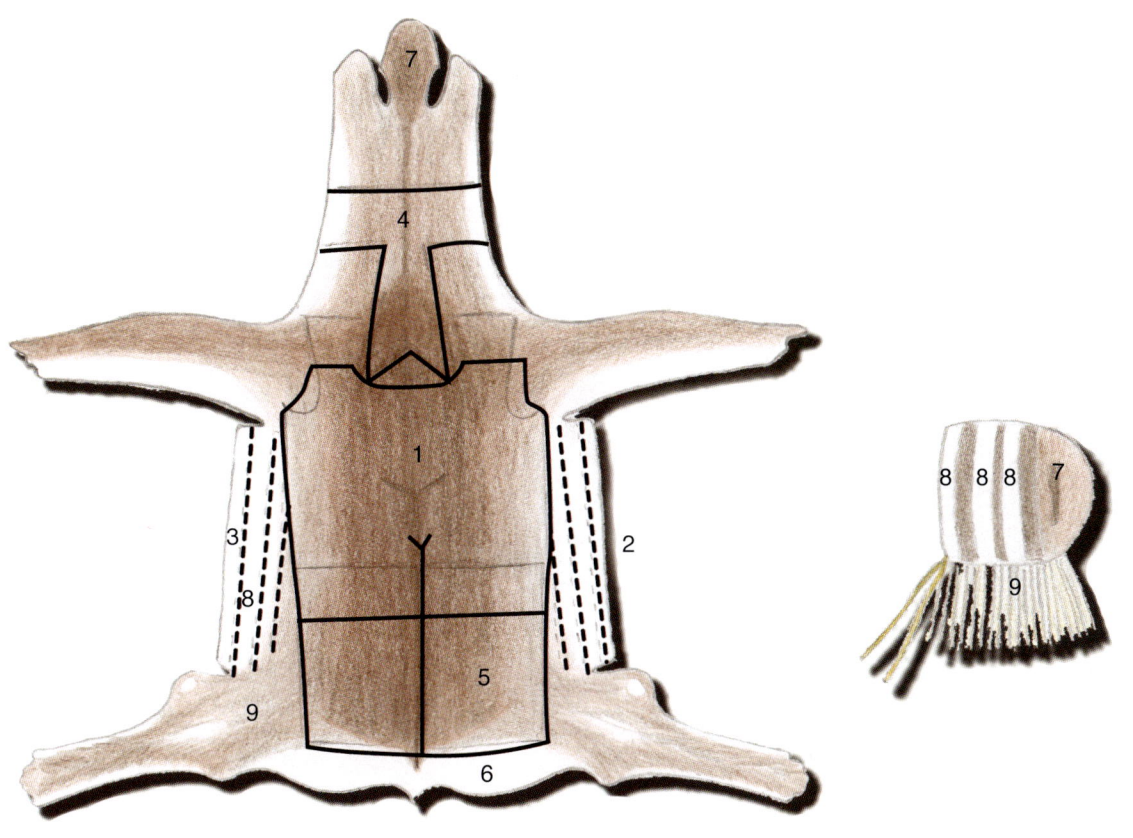

1. ᐱᑯᒃ — Pikuk
2. ᐳᑭᖅ — Pukiq
3. ᐳᑭᖅ — Pukiq

4. ᕿᖕᒋᐱᖅ — Qungiaq
5. ᐅᒃᐸᑖ — Ukpataa
6. ᐃᖅᑯᒃ — Iqquk

7. ᕿᖕᒍᖅ — Qinnguq
8. ᐳᑭᖅ — Pukiq
9. ᓴᓂᖅᓱᐱ — Saniqsua

(saaŋa)

(tunua)

7. ᕿᖕᒍᖕᒋᓂᑦ — Qinngunganit
8. ᐳᑭᖕᒋᓂᑦ — Pukinganit
9. ᓴᓂᖅᓯᐊᖕᒋᓂᑦ
   Saniqsuanganit

*Aġnaiyaam nasaŋa, nalunaitchuq qatiqtuanik quvluayuuqtaaqaqtuaq (atullagaluaġai aġnaiyaallu aŋutaiyaallu iluqatik). Aŋutaiyaam nasaŋa malġuugnik maŋaqtaagnik quvluayuuqaqtuq aasii atausimik qatiqtuamik quvluayuumik. Iluqatik nigraqaqtut uunnaagutiksranik quŋusiñun suli aqłaiyautigivlugu.*

249

Savalġutillu Annuġaallu

ᐊᑕᕋᖅ

# Ataraaq

1. ᐱᑯᖕᒋᓂᑦ ᒪᓄᐊᓘᓐᓃᑦ
   Pikunganit manualuunniit
2. ᐃᒥᖅᑯᑕᖅ — Imiqqutaq
3. ᐳᑭᖕᒋᓂᑦ — Pukinganit
4. ᕿᖕᒋᐊᖕᒋᓂᑦ
   Qungianganit
5. ᐅᒃᐸᑖᓂᑦ — Ukpataanit
6. ᓇᓪᓗᖕᒋᒃ — Nallungik

*Una uunnaaktuaq ataraaq atuġuugaat pisuallasiqammiat miqłiqtut suli mikiruurat iḷiḷgaat. Nalikkaak savaguugaat agmallasivḷugu kiñimmankisian miqłiqtuq anallasivḷugu annuġaiyaġaluaqani.*

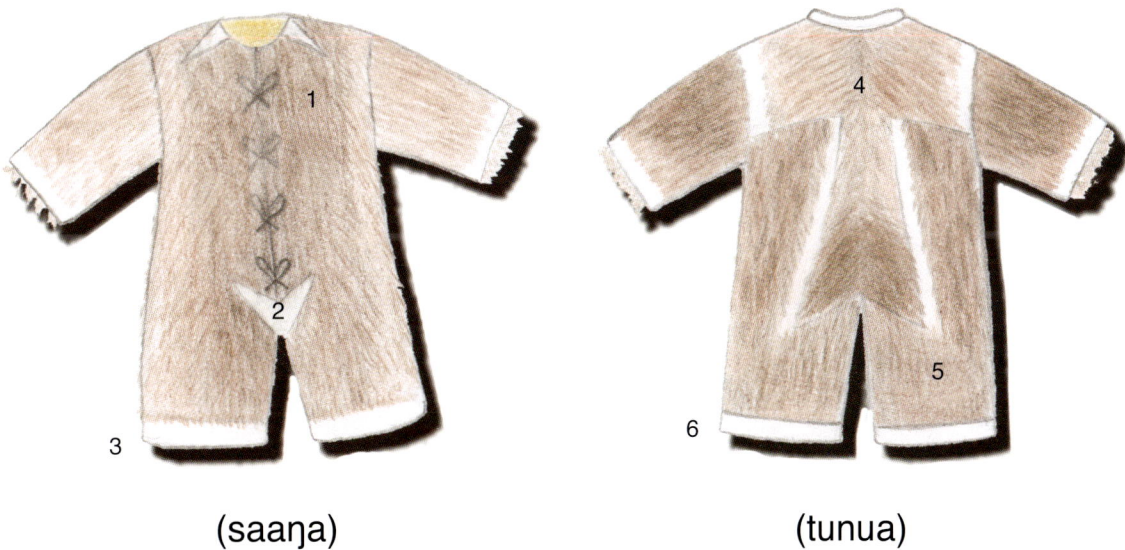

250

*Taliqpiñmun qulliqpiamiñ:
Joelie Sanguya piḷaktuq natchiġmik
taġium sikuani uniamun ikuaksrat
natchiqsaaŋit iñugiaktuat qimmit
niqiksrautiŋit.*

*Iglauruni nullaqtuniḷu taġium sikuani
qavsiñik allagiigñik
savalġutituqtuksraunaqtuq
iḷisimalluataġluniḷu qanuq
atuġnaqtilaaŋiññik.*

*Kaŋiqḷugaapigmiut ski-doo-nik
aturraqsigamik-qaŋa,
savalġutauruksraunaqtuq allanik
suli iḷisimmatinik. Tamatkua
savalġutit piitchuksrauŋipiallaktut
iglauruni taġium sikuani pagmapak.*

*Samma 1973-mi tamaani
aġnaiyaaq tigummiruq unaamik
taliqpigmiñi aasii niksigmik
saumigmiñi, sivuani savalġutit
qavsiiñi kiŋuġaaġiiñi atuqtaŋit
pagmapagmun-aglaan.*

# Kaŋiqługaapigmi taġium sikuani savalġutit; uqaluiḷḷu sivuniŋiḷḷu

| | | | |
|---|---|---|---|
| ᖃᒧᑏᒃ | *Qamutiik* | Uniaq | Uniapiat 16-foot-tun takivlutik aŋuniaġunnat agraqtuutit |
| ᖃᒧᒃᑳᒃ | *Qamukkaak* | Uniaqhaurat | Naisuurat uniat 12-foot-tun atuġuugai usiakitkamik |
| ᖃᒧᑏᒃ ᑕᑭᔫᒃ (ᐊᐅᓪᓛᕈᑏᒃ) "ᖃᒧᑎᑯᑖᒃ" | *Qamutiik takijuuk (Aullaarutiik) "Qamutikutaak"* | Uniaġruat | Takkiit uniat 24-foot-tun agraunnat suġauttanik |
| ᓯᑭᓗᒃ | *Sikiluk* | Skiituuq | Kukiḷuunnaq |
| ᓇᐳ | *Napu* | | |
| ᓇᐳᐊᕇᒃᑯᑏᒃ (ᓵᓗᕿᓂᑦ) | *Napuariikkutiik (Saalurkinit)* | | |
| ᓇᐳᓕᐅᑎᑦ | *Napuliutit* | Nimiqsruutit | Uniat iglaaŋata nimiqsruutaat |
| ᑲᓗᑎ ᓴᕕᕋᔭᒃ | *Kaluti savirajak* | Kaluutaq saviłhaq | Saviłhaq kaluutiŋa skiituum |
| ᑲᓗᑎ ᐊᒃᑐᓇᖅ | *Kaluti aktunaaq* | Kaluutaq | Skiituum kaliutaŋat akłunaaq |
| ᑑᖅ | *Tuuq* | Naaqpauraq | Sikusiuġunnaq kilaaġunnaq sikumi, natchiġnik qakittauti, sikumun tuuq, qanŋuutaunaġmiuq supayauranun |
| ᐅᓈᖅ | *Unaaq* | Naaqpauraq | Sikusiuġunnaq kilaaġunnaq sikumi, natchiġnik qakittauti, sikumun tuuq, ivrutiginaġmiuq supayauranun |
| ᓇᐅᒃᑯᑎ | *Naukkuti* * | Naulaq | Nauliksautiŋat niġrutinun, tukaqtiligaaq tuukkaŋani ipiusiutaullammiuq |
| ᓂᒃᓯᒃ | *Niksik* | Niksik | Saviłhaq niksik ipuqaġuuruq takitilaaġiigñik, qakitchiutigivlugu piḷautigivlugu niksigaurautigivlugulu qanupayaaq |
| ᕿᒻᒥᑦ | *Qimmit* | Qimmiġit | Uniaġaunnat |
| ᕿᒻᒦᑦ | *Qimmiit* | Qimmit | qimmiŋit |
| ᕿᒧᒃᓰᑦ | *Qimuksiit* | Uniaġaqtuat | Uniaġaqtuat suġauttatiglu qavsiugaluaġlit |

# Kaŋiqługaapigmi taġium sikuani savalġutit; uqaluiḷḷu sivuniŋiḷḷu ligu



| | | | |
|---|---|---|---|
| ᕿᒧᒃᓯᖅ | *Qimuksiq* | Uniaġaqtuat | Iglauruni qimmiñik; iglauniq qimmiñik |
| ᕿᒧᒃᓯᖅᑎ | *Qimuksiqti* | Uniaġaqti | Uniaġaqti qimmiñik |
| ᐃᐱᐅᑕᐃᑦ (ᐃᐱᐅᑕᖅ) | *Ipiutait (Ipiutaq, singular)* | Ipiutchiutit | Ipiutchiutit kaliutamun |
| ᓲᐴᔫᒃᑯᕕᒃ | *Suppuujuukkuvik* | Taquaqaġvik | Taquun, taquaqaġvik qiruk puugullaruq igniġvignik, taquanik suli allanik suġauttanik saagaŋit uniani |
| ᐊᓄᐃᓐᓇᖅ * | *Anuinnaq* | | Anuliaq qiḷiqsruqługu atausimiñ akłunaamiñ |
| ᐊᓄ | *Anu* | Anu | Anu savaaq taniktaniñ naakka natchiġmiñ iḷiktiaguvlutik miquat, qimmiñun naakka iñugmun qamuutigivlugu |
| ᓇᕿᑕᕈᑦ | *Naqitarut* | Naqitaġun | Naqitaġutiŋat uniat |
| ᓴᓐᓂᕉᔭᖅ | *Sanniruujaq* | Siñaaq | Tuugaaq, nagruk, naakka savilhaq pitugviuruaq qimugvianun |
| ᐅᖅᓯᖅ | *Uqsiq* | Uqsi | Qimmiġit pituutaat kaliutamun |
| ᐱᑑᒃ | *Pituuk* | Pitugvik | Pitugviŋat qimmit unianun |
| ᐹᖅᑎᕋᐅᑦ | *Paaqtiraut* | Siñaaq | Siñaaqtun iłłuni uqsiutaqaqłuni pitugviŋat |
| ᐃᑳᖅᓴᐅᑎ | *Ikaaqsauti* | | Iḷḷayaitkun qimmiñun |
| ᑐᒡᓕᕈᑏᑦ | *Tuglirutiik* | | Uniat kaliutaŋat |
| ᖃᓕᐊᕈᑕᖅ | *Qaliarutaq* | Sivua | Uniat sivua |
| ᖁᑭᐅᑦ | *Qukiut* | Suppun | Niġrutinun nannunun suppun |
| ᐊᒃᑐᓇᐅᔭᖅ | *Aktunaujaq* | Akłunauraq | Supayaanun naqitaġun qimmiḷḷu isuutaŋiññun |
| ᓴᕕᒃ | *Savik* | Savik | Supayaanik piḷaktuni kipisiruni niġiruni unnii |

| | | | |
|---|---|---|---|
| ᑭᓪᓗᒃ | Killuut | Uluaqtuun | Aniuliqun apuyyanun, killiġutinun, uqquutaq tupiġnun iñugnun qimmiñun suġauttanullu anuġimiñ piqsiġmallu |
| ᑎᓕᐅᕈᑦ & ᐅᒃᑯᓯᒃ | Tiiliurut/Ukkusik | Tiiliuġun | Utkusik tiiliuġvik suli utkusik kukiuruni igniġvikun |
| ᖃᓗᕋᐅᑦ | Qaluraut | Piksrun | Aputaiyaun sikumi |
| ᐅᒥᐊᖅ | Umiaq | Umiapiaq | Umiaq kukiḷuktuni naakka aŋuniaqtuni |
| ᐅᒥᐊᖕᖑᖅ | Umianngaq | Umiaqhiuraq | Natchiqsiuġuurut tuvvamiñ umiaqhiuramik |
| ᖃᔭᖅ | Qajaq * | Qayaq | Kukiḷuktuniḷu aŋuniaqtuniḷu qayaq |
| ᐃᐳᑏᑦ | Iputiit * | Iputit | Ipputiŋit umiaqhiurami |
| ᐃᐳᕝᕕᒃ | Ipuvvik | | Aŋuutim irviŋa |
| ᐊᖑᑎ | Anguuti | Aŋuaq | Umiam aŋuutaa |
| ᐸᐅᑎ | Pauti | Paaqtuuti | Qayaqtuqtuni aŋutaat |
| ᐱᓱᑎ | Pisuuti | Iḷḷaqtuun | Sikum ataani qiruk atautiłlugu anmuktuun iḷḷaqługu kuvriġñaqtuq |
| ᓂᐅᑕᖅ | Niutaq * | Kiŋataun | Tasitaq amiq aqvaluqtuamun qirugmun niġrunmun ipiutchiutivlugu aasii immam ataani kiŋatakługu niġrun |
| ᑎᓗᒃᑑᑦ | Tiluktuut * | Tiluktuun | Aputaiyaun sikuiyaullu kautaqługu kalikumiñ naakka amiñiñ |
| ᖃᐃᖅᖃᒃᓴᐅᑎ (ᐱᐊᒃᓴᐅᖕᒧᑦ) | Qaiqqaksauti (piaksaungmut) | Aglu | Saviłhaq putuuqtaq uniat ataanun pitukługu agluuruq |
| ᐸᓇ | Pana * | | Aniuliqun saviuraqtuun apuyyanun savaunnaq iḷiktuutit aputinun ipuqaġuuruq tuugaamik naakka nagrugnik |
| ᓂᓕᓯᐅᐃᑦᑐᖅ | Niglisuittuq | Uunaqtuaqaġvik | Uunaqtuaqaġvik niuqqanun |
| ᐃᖑᕆᖅ | Inguriq | Siksraaq | Siksraaq unianun naqitaġutauruaq suġauttanun, tupqum natqata siksraaŋa, killiġutchiqtuni qaaqutaq, naagga puuksraaq |

254 *Taliqpiñmun qulliġmiñ: Umiuraq
uniani usiaġigaat uiñiġmuksaqłutik.
Natchiqsiutaat uiñiġmi.*

*Apuyyaŋat savalġutillu niksik
suppun unaaq savik anu savik
uluaqtuun*

*Akitiq Sanguya aqłaiyaġaa iḷuaniñ
apuyyaq*

*Kaŋiqługaapigmiut Akitiq Sanguya
savakkaa qulliŋa apuyyami*

# Kaŋiqługaapigmi taġium sikuani savalġutit; uqaluiļļu sivuniŋiļļu ligu

| ᑐᒃᑐᕋᔭ | Tukturaja | Ukiullik | Aitqiuġun natqanun ikuvġaġivlugu naagga siksraagulugu annuġaagulugu |
|---|---|---|---|
| ᓇᑦᑎᕋᔭᒃ | Nattirajak * | Natchiñġaq | Ikuvġaq, alliġaq annuġaanullu siļaŋŋaaq |
| ᑐᐱᖅ | Tupiq | Tupiq | Tukkuŋat |
| ᖁᑦᑕᓕᐊᓗᒃ | Qullialuk | Qulliġruaq | Qaummaqun |
| ᓱᐳᔪᖅ | Supuujuuq | Siuġruk | Uunnaaqutaq kukiugunnaq |
| ᐅᖅᑰᓴᐅᑦ | Uqquusaut | Igniġvik | Igniġviit qanusipayaanik ikummatiqaqtuat |
| ᐸᑎᐅᔭᖅ | Patiujaq | Patquraq | Qulliq qaunnamiñ uqsruq naakka taniktanik savaaq uunnaaqun |
| ᐸᓂᒃᑲᒃ | Panikkak | Qallun | Niuqqaunnaq |
| ᐊᓗᑎ | Aluuti | Aluuttaq | Niġiñiun |
| ᑮᓪᓚᔪᖅ | Kiillajuuq | Kigmautik | Supayaanun kigmautik atuġnaqtuk |
| ᓴᓇᕐᕉᑎᑦ | Sanarrutit | Savalġutit | Allagiit savalġutit |
| ᐅᓕᒪᐅᑦ | Ulimaut | Anauttaq | Sikutaunnaq naakka niqinun anauttaq |
| ᐴᒃᑕᔪᖅ | Puuktajuuq | Piñŋuqtaq | Saviuraq imuraġaaq savautauruq suliuġunnaq niġiruniunnii |
| ᑲᓱᒃ | Kasuk | Ikun | Ikirrun igniġvigmun naakka ikitchiruni |
| ᒥᖅᑯᑎ | Miqquti | Mitqun | Miquqtuni naagga allaiyairuni |
| ᐃᕙᓗᙳᐊᖅ | Ivalunnguaq | Taniktaq ivalu | Iļaaqtuiruni, miquqtuni |
| ᐃᐸᕋᖅ | Iparaq | Ipiutaq | Ipiutaŋa naulam natchiqsiuqtuni nannugniaqtuni, akłunaaliaq quagruitchuq aliyaiłłuniļu quagruligaaniñ |

255

# Kaniqtugaapigmi taġium sikuani savalġutit; uqaluiḷḷu sivuniŋiḷḷu ligu

| ◁ᑕᖅ | *Aliq* | | Akłunaaq maptupayaaq atuġnaqtuaq qialġunmun niġrutinun aŋiruanun aġviqsun aŋiruanunlu niġrutinun |
|---|---|---|---|
| ᒍᑭᑲᖅ | *Tuukkaq* | Tuukkaq | Sikua aŋiruanun aŋiruanun niġrutinun atuġuugaat |
| ᓇᐅᑕᖅ | *Naulaq* | Naulaq | Naulik natchiġñun |
| ᐃᒧᖦᕕᒐᖅ | *Igluvigaq* | Apuyyaq | Apunmik savaaq tukkuvik |
| ᐱᖅᓯ̇ᒃ (ᐱᖅᓯ̇ᒃ) | *Pirraak (savirajaak)* * | Agluk saviłhak | Agluk saviłhak |
| ᐱᖅᓯ̇ᒃ | *Pirraak* * | Agluk | Supayaamik savaak |
| ᐃᖦᔪᖅ | *Ijjuq* * | Agluk | Agluk nunamik savaak |
| ᐸᑕᐅᒍ̇ᖅᑎᑭᑎ | *Palaugaaqtiruti* * | Agluk | Nipirrun iḷauŋaraq palauvagmik sikum nipirrutaa aglunun |
| ◁ᐅᒃᑎᑭᑎ | *Auktiruti* * | | Nipirrun niġrutit auŋannik savaaq atuġuuraŋat sikunik agluliuqamik |
| ◁ᒃᒍᑕᑦ | *Aksaluat* * | Kuyapigaurat | Aŋiruanun niġrutinun qakirruti |
| ᐅᖕᒋᑦᑎ◁ᖅ | *Ujarattiaq* | Kautauraq | Kautauraq supayaanun |
| ᑭᑭ◁ᒃ | *Kikiak* | Kikiak | Kikiak |
| ᐸᑕ | *Pala* | Uqsriqsiun | Uqsriqsiun siuġrugnun |
| ᖅᑐᑕᖅ | *Qulliq* * | Qullipiaq | Iñuit uunnaqutaat qulliŋat, kukiugunnat, uqsrumik ikummatiqaqłuni, tupiġmi naakka aullaaġvigmi aglaan atupiaŋaiŋaruq iŋiḷġaaġnisun, kisian iñuit katinmata qiñiyunaqutauruq |
| ᒪᓂᖅᑕᑦ | *Maniksat* * | Ipiġaq | Qulliŋun qaummaqutauruaq ałunauraugaluaġli naagga piḷiaq nunamiñ |
| ◁ᖅᑕᑦᒃᑕᑦ | *Aksaliktat* * | Ipiġaq | Ipiġaq savaaq nunamik |
| ᐱᒍ◁ᑦ | *Pituat* * | | Qulliqaġvik qirugmik savaaq |
| ◁ᐅᒍᑦᑦ | *Paugusiit* * | | Qakirvik qulliġum qulaani paniqsiiruni |

| | | | |
|---|---|---|---|
| ᐃᖅᖢᐅᐱᖅᕕᒃ | Irngausiqvik * | | Puggutaŋa kutittuam uqsrum qullimiñ |
| ᐃᐴᓂᖅᕕᑦ | Innirvit | Iññiutaq | Ammit tasiqsruġviat |
| ⊲ᐅᒃᑑᑎᑦ | Pauktuutit | Pauktuutit | Qirugnik pauktuusiat tasitchigamik nunami |
| ᐃᑐᐱᕈᖅ | Ilupiruq | Iḷupaaq | Kaliku katchiŋani apuyyam aulaitqutauvluniḷu unnaaqutauvluniḷu, pualuuglu natchiġñik qaaqałutik iḷupaaligaak tuttunik |
| ᓄᖅᓯᑎᑦ | Nuqsutit | | Qiruit paugit iḷupaaŋanun apuyyam |
| ⊲ᑦᑕᕻᒻᒃ | Alliraarmik * | | Amiġmiñ qamuusiaq. Qamutaat amiq uniagivlugu iñuum naakka qimmim qamuktaa |
| ⊲ᑦᑕᓂᖅ | Alliniq | Ikuvġaq | Ammit alliġat tuttaanun |
| ⊲ᑦᑕᖅᕚᖅ | Alliqpaaq | Alliġaq | Alliġaŋat tuttaat uunnaaqutauvluni qiiyannamiñ naagga aiḷaġmiñ |
| ᖅᑭᖆᒃ | Qipiik | | Uligruaŋat, naakka puuksraaq piḷiaq kalikuniñ |
| ᑐᑎᕆ⊲ᖅ | Tutiriaq | Turvik | Tuttu naakka nanuġaq nikpaġmata tugmaġvia sikumi, tugmaqpaluiqsaqługu natchiġum alluaŋani |
| ᐃᑯᖅᖃᐅᑕᖅ | Ikurrautaq | Ivrutaq | Kivigaunnaq ivruqługu |
| ᑲᐅᑕᖅ | Kautaq | | Siku ipiutchiqługu akłunaanik natchiayaaqsiuġuurut apuyyaŋiññi |
| ᓴᒃᑯᑦ (ᖅᑯᑭᐅᒡᒪᖢᑦ) | Sakkut (qukiugmut) | Qaġrut | Supputim qaġruŋi aŋuniaqtuni |
| ᓴᒃᑯ (ᓇᐅᑕᖅ) | Sakku (naulaq) | Naulaq | Aŋuniaġamik satkuŋat, Kaŋiqługaapigmiut uqaluginŋitkaluaġaat, salliit uqaluat |
| ᓄᑐ⊲ᑦ | Nuluat | Kuvrat | Iqalugnun naakka natchiġñun kuvraŋat |
| ᐃᑕᐅᖅᑖᕉᑦ | Iliuqtaarut | Ikuun | Qaiqsaun aglunun sikumiñ naakka qirugniñ naakka aqitchuanik agluqaqtuat qaiqsautaat |
| ᑲᐅᑕᕐᔪᑎᑦ | Kaulajjutit | | Pauktautaa apunmun qirugmik naakka saviłhamik savaaq |

# Kaŋiqługaapigmi taġium sikuani savalġutit; uqaluiḷḷu sivuniŋiḷḷu ligu

| σᵇ<ᠵᶦˢᵇ | Nikpajuuq | | Suppun aaktinŋaruaq allumun natchiq aniqsaaqpan mapqallasivḷugu |
|---|---|---|---|
| ᠵᑯᐊˢᵇᠵᐅᶜ | Sikuaqsiut | | Saviłhaq piġiŋaaq allum qitqanun nalunaiyaun |
| ᐊᠯᐅᑕˢᵇ | Ayautaq | | Nikpajuum iḷaŋa suppun mapqaqpauŋ naulaq iksallasivḷugu natchiġmun |
| σᵇ<ᠵᒧᶜ ᐅᠥˢᵇ | Nikpajuumut unaaq | Naulaq | Suppun mapqaġman naulaġuugaa natchiq |
| ᠴᖴᑎ | Tuuruti | Tuuq | Sikuliqun |
| ᐊᕁᑕˢᵇ | Avataq | Avataqpak | Natchiġñik savaagusuuruat, taniktanik aturraqsiŋarut, avataqpiġmata niġrunmik |
| ᐃᕐᕁᑕˢᵇCˢᵇ | Igiqaqtaq | | Ikkauraniñ savaaq naksiġautiŋat sikumun napauraqtuamun |
| ᕿᐱᠵˢσᐅᑎ | Kivijurniuti | Niksigaq | Niksigaq kiviruanun niġrutinun |
| ᐅˢᑯᑕˢᵇ | Uquutaq | Uqquutaq | Supayaaq qamarriñŋutauruaq anuġimiñ, apun, qiruk, kaliku, allallu |
| ᐅᕝˢᵇ (ᐅˢᵇᑕᐅᑎᶜ) | Uuvaaq (Uqaalautit) | Uqautitaun | Uqautitaun iñugnun uuvaaq (over) tanigniñ uqaluk atuġaat |
| ᑎᶜᓚˢᵇᑯᑎ | Tillaqquti | Aiḷaqtiġun | Amiq nanuutaat aiḷaqtiqamisigik aglutik |
| ᑎᶜᓚᑎᕕᵇ | Tillarivik | | Imaqaġviŋat aiḷaqtiqamisigik aglutik |
| ᑕᠴᐊˢᵇ | Taluaq | | Taalutaq qatiqtaaq tautuquŋiłłutik niġrutinun atuqtaŋat |

*Makkua aippaani atuġiiŋagaluaqtaŋit savalġutit taġium sikuani atuŋaiŋagait.

*Taliqpiñmun qulliġmiñ:
Savilluataqaqtuni
ikayuutaupiallaktuq taunani sikumi
savaktuni aasii aŋuniaqti qavsiiñik
allagiigñik saviḷigaaġuuruq. Una
ikayuutauruq avguiruni iqalukpigmik
niġiraġaaksramik.*

*Natchiqsiuġunmik
niŋitchiyumaaqsirut uiñiġmi.*

*Ilkoo Angutikjuak uqaqtuq
igluuramiñ vhf-kun, taġium
sikuaniqsiuqtuni Kaŋiqḷugaapigmi
piitchuiḷiŋammiruaq pagmapak.*

*Isumatuŋaruq imma iñuk innasimik
tigumiaġunmik niqinik isumaŋaruaq
– ungirlaaq. Natchium
piḷaaniŋaruam amianun niqit
ikuvlugi. Aasii qulaanun uŋiḷlugu
amia aasii miquqlugu, iḷaanni
irakitchuamik akḷunaaliuqḷutik
amimiñ, aasii nuviraqḷugu pututigun
ammim avataani,
qiḷilluatauraqḷuguasii. Qilamik
puuliaq agmaġnaġmiuq
nuqillaksiññaqḷugu qiḷġutaa naagga
kipivlugu akḷunaaŋa qiḷġutaa. Uvani
qiñiġaami iŋaluaŋit ilaaguaŋarut.
Salummaaniŋarut aasii piḷġaqḷugi
tigumiayuġnaqsivḷugit – iŋaluanik
nuvillaijuq (tautuglugu
makpiġaamun avgun uqaġmata
niqisigun).*

# Qaanaaq

## Taliilannguaq Peary

### Ugruk — Bearded seal

#### Amia — Amiq

Atuĝuugaat akłunaaliuqamik, atuŋaksriuqamik, suli ipiĝaqtuutiksriuĝamik. Ugruayaam amiŋit nalualiuĝuugai (mitquiyaqługit aasii qatiqsipkaqługit siļalipkaqługit annuĝarriuĝutigivlugit) aglaan atuqquuĝai. Ikukługu amiq, suli mitquiyaqługu eqaa atuĝaĝigai siŋiksriuqłutik suli ipiĝaqtuutimun nuvuliuĝutigivlugu. Aippaani akłunaaliatik atuĝuuŋagai aiviqsiuqamik suli qilĝutigivlugu aŋuniaqamik taĝium niĝrutiŋiññik. Amia mikiruat natchiit qupivlugu iñugiaktuanun atuĝaĝigai. Iluqaaktun eqaĝlu mamiŋalu paniqtitchuugaik aasii eqaq atuqługu naluanun.

260    *Ugruk*

### Neqaa — Niqi

Ugruum niqaa iñuit niĝisuugaat suli qimmiñun alliuĝutigisuugaat. Iñugiakkaliaqtillugit aŋuniaqtit iluqatik niqinnallarut , qanuq autaaĝniksraŋata pitquraŋit allaŋŋuĝaalaitchut. Niqaa tutquĝnaĝmiuq qaiĝusugnun urraqsiaĝlugu, mamaqsisuuruq, suvaluk niaqua quŋusiviñĝa qiļiutivlugu amiviñiĝmik. Allagiit ugruit atiŋit: *utoqqarsuaq*/ utuqqaq; *qernersineq*/ qiĝñiqtuaq; *naarissoq*/ narraaĝiksuaq; *ussugiatsiaq pualulinnguullunilu nansuarnitsuu−nnguaq*/ ugruayaaq "aitqatilik" nanuqsugnitchuagnik.

### Aataat taiguutaat — Allagiit atiŋit natchiit

Qatqiļļuataŋaruaq taisuugaat qaĝliļigmik / qaĝliļik

*Qernertaq* / Qiĝñiqtaaq

*Allattooq* / Aglaktuuq, utianiŋaruaq

Aippaani ammit tamatkua atullaturaŋit nalualiuĝniaqamik qanuq kitułhaaqłutik mamiŋit. Aglaan *eqaq* maptukiłhaaqłuni allaniñ natchiĝniñ niqaa mamaaĝipialaitkaat, suvaluk qaiĝulignik aŋunaĝman. Aippaani niqaa simmiqsuutigisuuŋammiraat.

*Nannum amia paniqsiqsuq Qaanami.*

## Mamarut Kristiansen

### Nanoq — Nanuq

*Nannup amiatas nallornera* / Qanuq nannum amia autaaġnaqtilaaŋa

*Niŋiġniq* / autaaġniq: Sisamaummata aŋuniaqtit nannuktuaq qatigaannaguuruq; tuglia aasii qitqa uniŋagniñ usuanunaglaan. Aasiiñ ukpataa aviguugaat aqulliigñun iññugnun. Amia salummaanigma iñianikługu uqsruq qavraguugaat.

*Annuġaaġuqtuq* / Annuġaaġuqtuq. Sivulliġilugu, paniqsiqqaaġlugu aasii qitukłiñiaġlugu.

*Quliksaliak nannumiñ* / Nannumiñ quliksaliak: niuŋiksa amianiñ kammisuurut, aasii *kalissui* / isiŋik salliik aġnanun quliksaliuġuugai / aġnat kamiŋisa qulaaŋagun. Amim iḷakua aitqatinun qulipagisuugai, kamignullu. Atuġuummigaat qunŋiñiñ qusuŋŋaaġruliamignun alliñaaġivlugu, tiġigannianiḷḷu atigiliami alliñaaġivlugu. Atuġuummigaat alliqpiaguvlugu miqłiqtum nasautaŋani, suli aġnat quliksaŋigñun nannunun alliñaaġivlugu.

262  *Taliqpiñmun qulliġmiñ:*
*Otto Simigaq tuttusiuqtuq*
*Avanersuami*

*Umigmat*

*Otto Simigaq*
*ukalliqsiuqtuq*

## Tuttu — Tuttu

Qusuŋŋaaġruliuġuurut tuttum amianik. Isiŋigñiñ aasii aitqasivḷutik suli aġnat kammaŋiññun iḷupaaġisuummigaat. Kammisuummiut qaliġuaqtuksragnik kamipiamignun. Tuttut amiŋit qarraaġisuummigait suli alliġaġivlugit uniani.

## Tiriganniaq — Tiġiganniaq

Amiŋit *kapata(k)*-liuġutigisuugaat / atigiliaq tiġiganniat amiŋiññiñ, miqḷiqtut nasautaŋit naagga nasaŋit, aġnat quliksaŋit. *Mauha*-liuġuummiut / isiġviḷiaq pamiuŋaniñ, atuġuummigaat kamignun qulipaġivlugu, aliqsiḷiuqḷugu suli isiġvigivlugu atiginun.

## Ukaleq — Ukalliq

Amiŋit atuġuugai aliqsiḷiuqamik / iḷupaaġinaqtuak kamignun suli *tungi(t)*-liuqḷutik / kammak iḷupaaŋik.

## Umimmak — Umigmak

Amia atuġuugaat qarraaġivlugu / qarraaq suli *tungit* / kamignun iḷupaaġivlugu. Aippaani atuġuuŋammigaat puuksraaġivlugu / puuksraaq.

Qaanaami annuġaat atarut
iñuuniġmun savagniġmullu taġium
sikuani, aglaan qiññaġiksut suli
atuqtuksrauniŋat taġium sikuani
nalaupiallaŋasuuruq. Qavsiñi
kiŋuġaaġiiñi aŋusuqtuat aŋuraġigai
nunamik niġrutiŋi niqigivlugi suli
amiġiksuaqsiuqłutik aġnamik
atuġumiñaqtaŋiññik
annuġarriuġumik nakuulluktuanik
annuġaanik.

Qiñiġaaq: Otto Simigaq atuqtuq
qusuŋŋaaġrugmiñik, nannuniñ
pualuni, nannuniñ quliksani, suli
natchiniñ kamigni.

# Qaanaami annuġaat

*Kapata(k)-ŋata uunnaaktinniaġaa
aŋuniaqti Aipilannguaq Simigatun
qanutun irrituruani tatqiñi.*

# Kapatak

**1.**

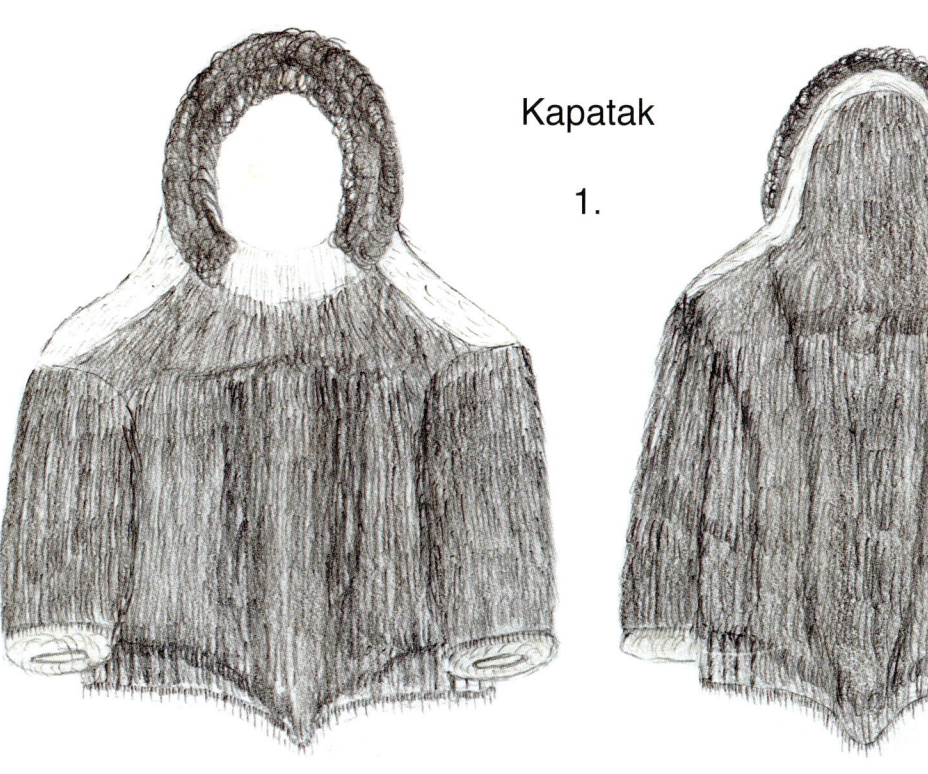

Aŋutim *Kapataa* Saaŋaniñ

Aŋutim *Kapataa* Tunuaniñ

# Qulittaq

**2.**

Aŋutim *Qulittaa* Saaŋaniñ

Aŋutim *Qulittaa* Tunuaniñ

*Savaiġutillu Annuġaallu*

*Ukuak malġuuk atikłiak uunnaaktillagai aŋuniaqtit irrituniqsraŋiññi tatqit.*

*1.* Kapatak, *tiġiganniñ atikłiaq atuġuugaat ukiumi. Saaŋalu tunualu* kapatam *tautugnaqtuk. Quliñik tiġiganniat amiŋiññik atuġnaqtuq* kapata(t)-*liuqsaqtuni, aasii tallimat piŋasunik ammiñik aġnaqtaliuqsaqtuni. Nannum amianiñ qulipaliġuugaat avatiliġuugaat atigi.*

*2. Saaŋalu tunualu aŋutiqtam qusuŋŋaaġruŋata, atuġnaġmiruaq ukiuġruami.*

ᑳ. M. Oshima

266

*Taliqpiñmun saumigmiñ: Aligiluqluq qayaqtuqtuaq upinġaami.*

*(Saumigmiñ) Otto Simigaq, Ilannguaq Qaerngaaq, Martin Uumaaq, suli Naimmanngitsoq Kristiansen-lu uunnaaktut paliumarut taġium sikuani annuġaaqtuqłutik annuġaakaamignik qusuŋŋaaġrugnik (taliqpiqłiq), annoraarraat (quppiġaanik), suli nannuniñ quliksalianik.*

*Uumaŋŋa qiñiġaŋaraŋiñ̃i Qaerngaaq Nielsen-gum taimani iñuiññaq qulit ukiut qaaŋiqsuani iḷitchuġinaqtuq allaŋŋupiaŋaisilaaŋit aŋuniaqtuat annuġaaŋit. Annuġaakaaŋit suniglu amiñik atuqtilaaŋit nuimarusuli anayanaitchuaqsiuġniaqpata suli iḷuiḷḷiuġaluaqatik taunaniinniaġumik taġium sikuani.*

# Annoraarraaq

**1.**

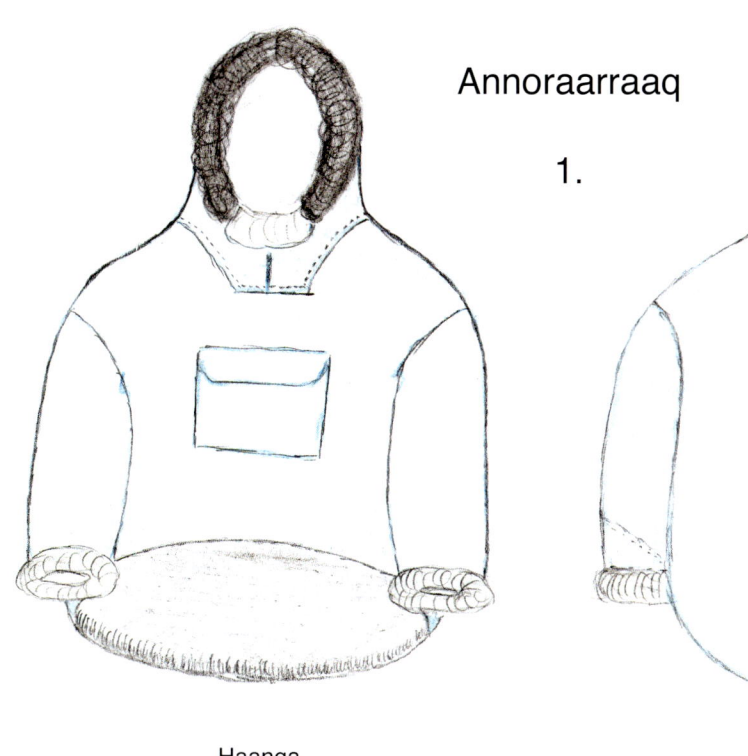

Haanga

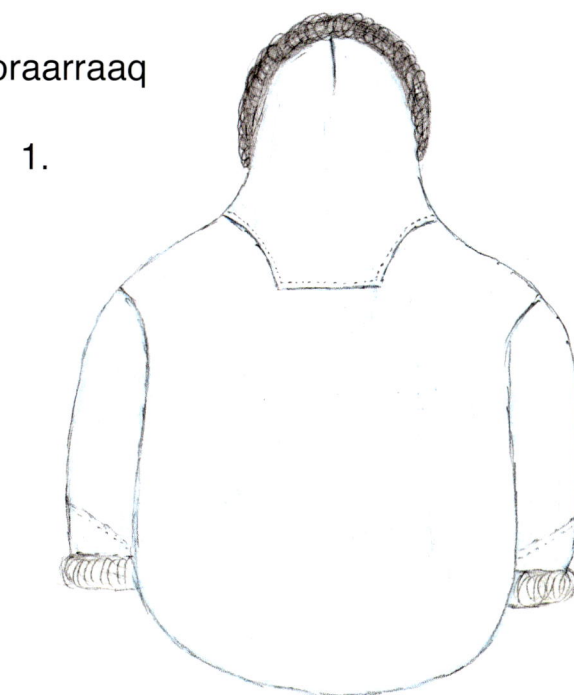

Tunua

# Annoraaq

**2.**

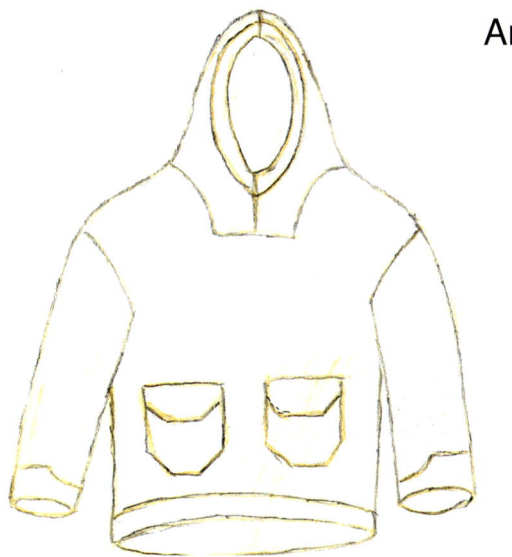

Haanga

Tunua

*1. Annoraarraaq* una uunnaaktuaq *atigiliaq kalikuniñ iḷupaaġuuraat iḷaanni imnaiyaat amiŋiññik aasii tiġiganniat pamiuŋiññiñ isiġviḷiqługu avatiŋisigullu. Iluqatik tamatkua atigit qiḷġutiqaġuurut nasaŋisigun.*

*2. Annoraaq aasii* una atigi *uqitchuaq kalikumiñ piḷiaq aŋuniaqtit iḷupaaġivlugu atigimigni atuġuuraat ukiumi suli atuġuummigaat qayaqtuqamik. Qatiqtaat* annoraat *atuġuugai ilaaguaŋaruani uvluni aŋaiyyuvigni naakka quviasugvigñi katitittuani naagga paptaiqsiruani.*

M. Oshima

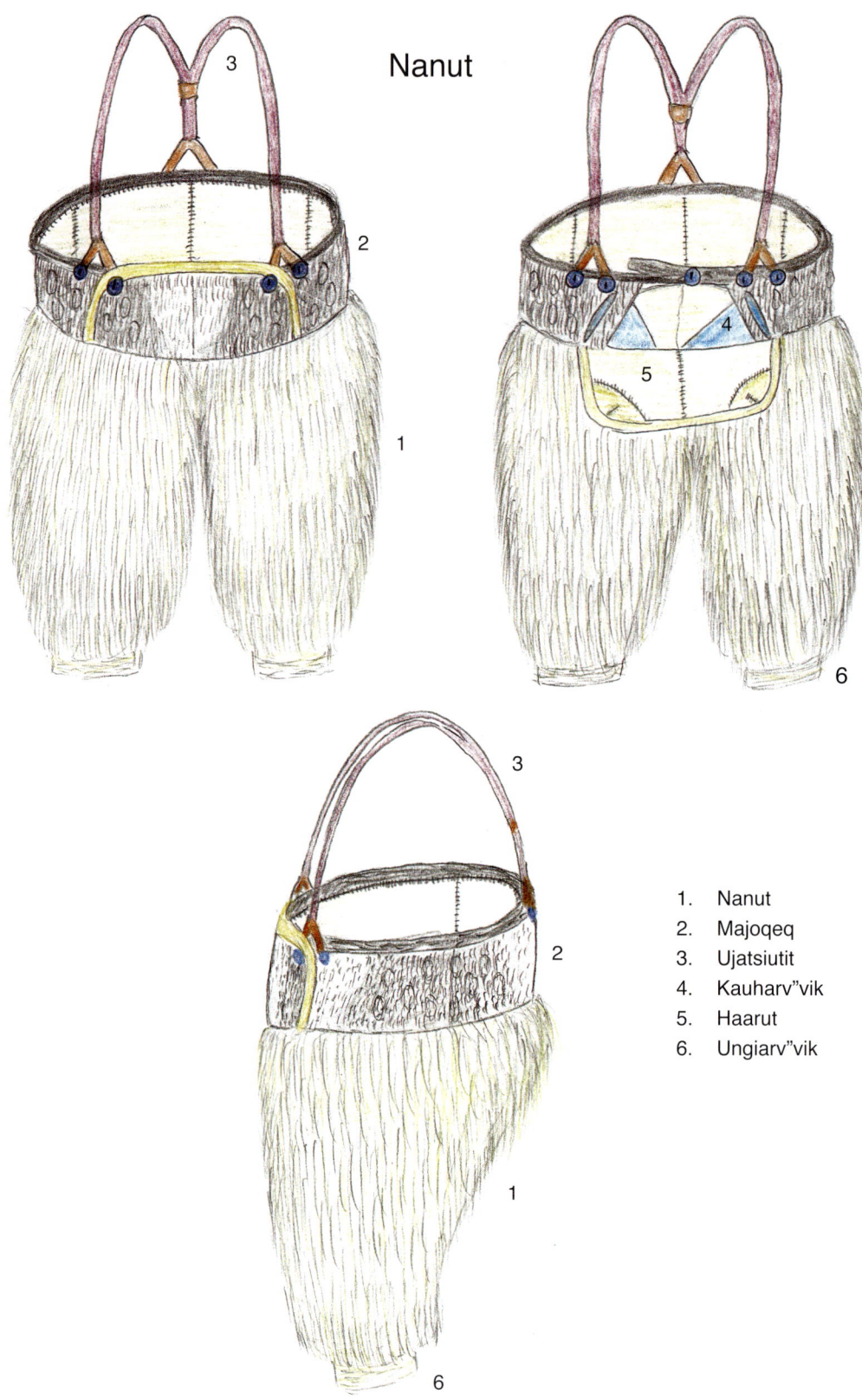

Nanut

1. Nanut
2. Majoqeq
3. Ujatsiutit
4. Kauharv"vik
5. Haarut
6. Ungiarv"vik

268

*Nannuniñ quliksaliat, atiqagait
iḷitchuqqutigisuuraŋit iñuit Inughuiñik
aŋuniaqtinik qiñiqtilaaqtik
taututuaġamiktigik,
anagnaġviksraitchuq
uunnaaktitchikamik
paliumaaqtitchikamiglu. Ammit
uqitkaluaqtut aglaan maqutchiġiitchut
suli savagniḷuktuni
savagnaiḷutausuiñmiut. Nannunik
quliksaliat isumaturualuit
iñiqtaaġipiaġait qanuq ukuniŋa
iḷaqaġuugait, natchiġñik tavsialiġuugai
aasii miquutivlugu kalikunik
aiñiḷiuqługi uunnaaksiaġviginaqtuanik
argagnun (4-lu 5-lu). Siitquata piagun
aasii nannum suli amianik
qulippiqługu quliksaq (6)
ukpinnaqsivḷugu iḷunmun (mitqua
isinmun) naaggaqaa aniñmun (mitqua
aniñmun) nalliakupayaaq kammaŋik
qulipaqaanigmagnik (mauha) naagga
qulipaiñmagnik isiqtuqsaiḷivḷugu anuġi
quliksagnun. Tamatkua quliksat
aŋutiłhiñallu miqłiqtułhiñallu
atuġuuŋagaluaqtaŋit aglaan pagmami
aġnat atuġuusiŋagait nunamukkamik
naagga taġium sikuanukkamik.*

*Taliqpiñmun saumigmiñ: Nannuniñ quliksaliat uunnaaktinŋagait taġium sikuani Inughuit aŋuniaqtiŋit qavsiiñi kiŋuġaaġiiñi.*

*Lene Kielsen Holm uuktuaġaik nannuniñ quliksaliak taunuŋaqsaqami taġium sikuanun. Nannuniñ quliksaliat sitquq qaaŋillaksiññaqługu taktilaaqaqtuk, aglaan kamipiaqtuqłuni atuqtuni tavra naamaraaq nannum uunnautaa putugugnunaglaan. Lene-m taliqpiani natiġmi qusuŋŋaaġruk iļupaaligaaq imnaiyaat amiŋiññik.*

*Taliilannguaq Peary manigaa iġñiiñi Rasmus Peary atuqługik nannuniñ quliksaŋuluuraŋik atigaalu.*

Nahauhaq

Arnap natsia

sakissaq

mano

Haḱiġgaa

aeq

tuno

Haaggaa

tassuŋa puisit
amii piŋasut
atorneqaraġupput

kine

ako

270 *Aġnam natchiq atigaa atuġnaqtuq
ukiuq suŋŋupayaaġman suli
suliqigaluaġli. Natchiq atigaa
nalunaitchuq pamiuqaqłuni
allauvluniḷu aŋutiqtanin natchiġñiñ
atiginiñ.*

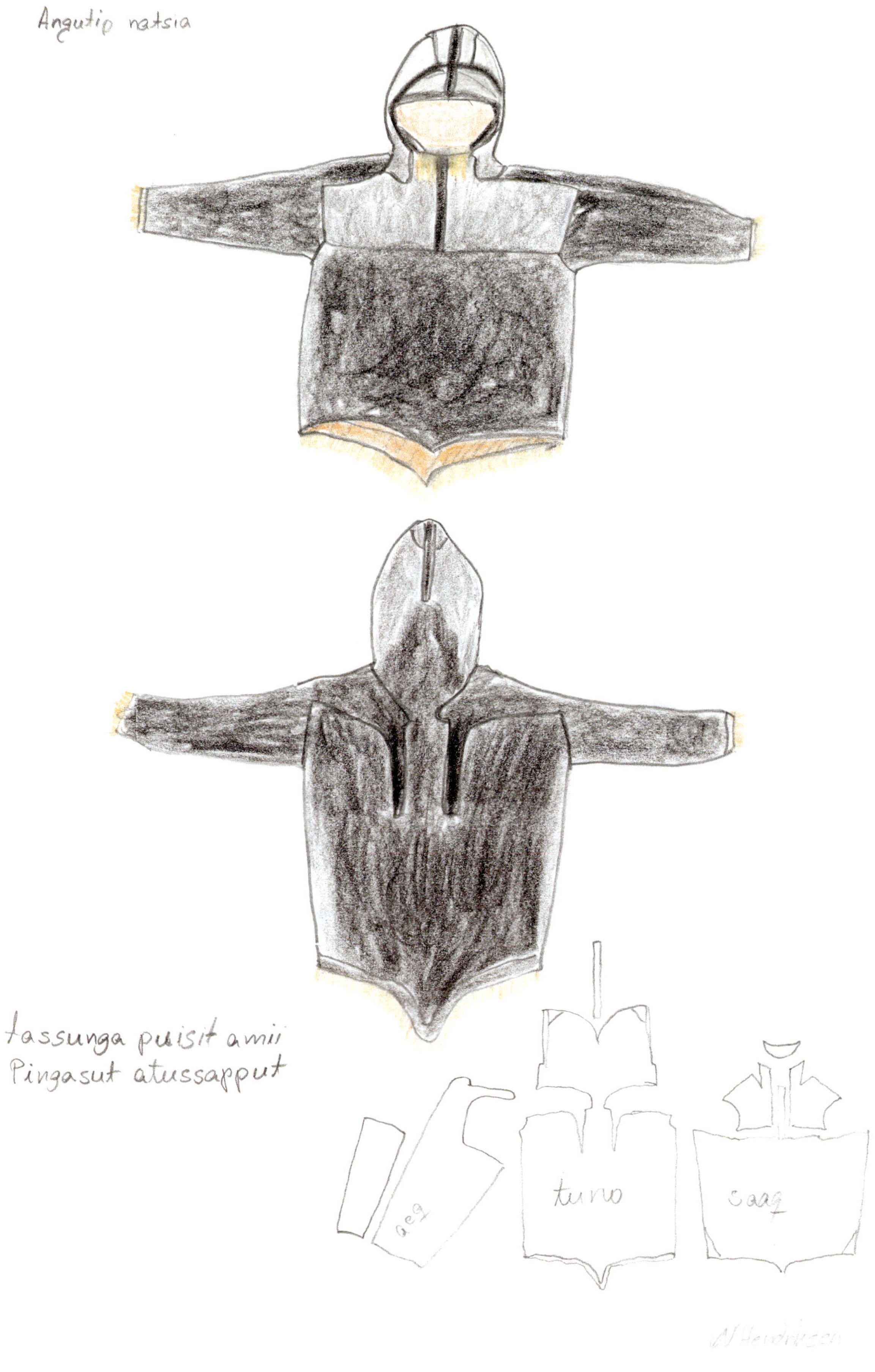

Aŋutip natsia

Aŋutiqtaq natchiġñiñ atigi atuġnaġmiuq ukiuq suŋŋupayaaġman suniglu suliqigaluaġli.

Qulaani: Otto Simigaq natchiq atigini atuġaa suli nannuniñ quliksagni.

Alliq: Ilannguaq Qaerngaaq natchiq atigini atuqługu suli nannuniñ quliksagni.

tassunga puisit amii
Piŋasut atussapput

*qeq*   *tuno*   *caaq*

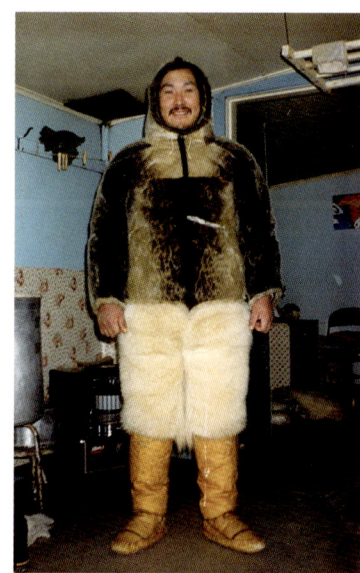

Aeqqatit qitulisaa(t)-*liaŋit Toku*
*Oshima-m siḷatchiŋaruaniñ natchiit*
*amiŋiññiñ qulipaŋaruat nannum*
*amianik, tiġiganniam amianik, suli*
*qimmim amianik.*

## Aeqqatit Qitulisaat

## Pualut

## Aeqqatit Meqqud"dlit

## Mauha

## Tuterissat

M. Oshima

1. Aeqqatit qitulisaat *makua natchiit amiŋanniñ aitqatiliat sunik savakkaluaqamik atuḡuurai uvlutuaḡman. Uunnaaktut suli maqutchiḡiitchut piḷiat ammiñiñ qitukłipkaŋaruaniñ. Qulippiḡuugai nannum amianik naaggaqaa qimmim amianik.*

2. *Ukuak natchium amianiñ piḷiak mitquligaaqługik naaggaqaa qiḷaak iḷupaaksriak atuḡnaqtuak aitqatit nallipayaaŋanni uunnaaksivsaaḡuktuni.*

3. *Pualut uunnaałhaaqtut allaniñ aitqatiniñ amiŋanniñ tuttut, nannut, umigmat, naaggaqaa qimmit atuḡuugai qiiyanaqpagman.*

4. *Aitqatit mitqulgit natchium amiŋaniñ piḷiagurut (uunnaałhaaqtut 1-miñ aglaan unnaaktigiŋitchut 3-miñ) mitquligaaqługu piḷiak aasii utummaŋani mitqua iḷunmuŋavlugu naaggaqaa piiqługu. Qulipak nannum amianiñ naaggaqaa qimmim amianiñ.*

5-lu 6-lu atuqatausiññaḡuuruat allanun aglaan nuimapiaqłutik atuqataurut. Mauha *una qulipaŋa kamŋum anuḡi isiqtuquŋiłługu qulaagun, piitchuksrauŋipiallaktuq uunnaaguktuni. Ukunani qiñiḡaaliani* mauhat *qiñiqtitkai piḷiat tiḡiganniat pamiuŋiññiñ. Tuterissat makua piñḡit nannum amianiñ piñiliat, mitqua aputim tuŋaanun qiḷiqługi kamŋit ataanun atuḡuugai aŋuniaqamik sikuliami. Nannum amiata siaksruipayaaḡuugaa avluḡaaḡniŋa iñuum sikuliami natchiñun tusaatquŋiłłutik aŋuniaqti qallimman.*

## Angutip kamii qitulihaat (men's boots).

*1. Matkua naluat kamŋit atuġnaqtut ukium sulliñipayaaŋani. Natchiq aiḷaqitchiġiiłhaaqtuq allaniñ ammiñiñ, atuŋaŋik (12) ugruk (10, 11, suli 13 iḷiktiun kammisaqtuni). Qulipaŋa irakitchuq qanuq savaunnauvlutik, iraqtukpan ippakkayaqtuq.*

*2. Ihigammaat kamippaat uunnaaktuak qaaŋagun allat kamŋit atuġnaqtuak amiŋanniñ qimmim, imnaim, nannum, naagga tuttum piḷiat mamuqquuk. Matkua qaaŋagun allat kamŋit atuġnaqtut uunnaaguktuni aasii aippaani uunnaaksivsaaġuktuni iḷupaaġnaqtut paliumaruanik ivigaanik.*

*3. Natchium amianik kammiak mitquiġaluaġnagu, qayaġuligniñ naaggaqaa Greenland natchiqmin atuŋakługik ugrugmik. Tamatkua nakuugaluaqtut qiiyanaqtuami aglaan anakkuminaitkai 1 siku aiḷaġman.*

*4. Nannuniñ kammiak mitqua aniñmuŋavlugu nakuupiallaktuk irritusimman. Isiŋanniñ niuŋiksa kammisuurut maqutchiġiiññiqsraŋaniñ mitquata. Tamanna siŋiŋata nuvvivia natchium amiŋaniñ qitukłipkaŋaruami piḷiuġuugaat. Iluqatik kamŋit iḷupaaġuugai tiġigannianik, uqalliġñik, naaggaqaa natchiġñik.*

# Kamŋit Aŋutiqtat

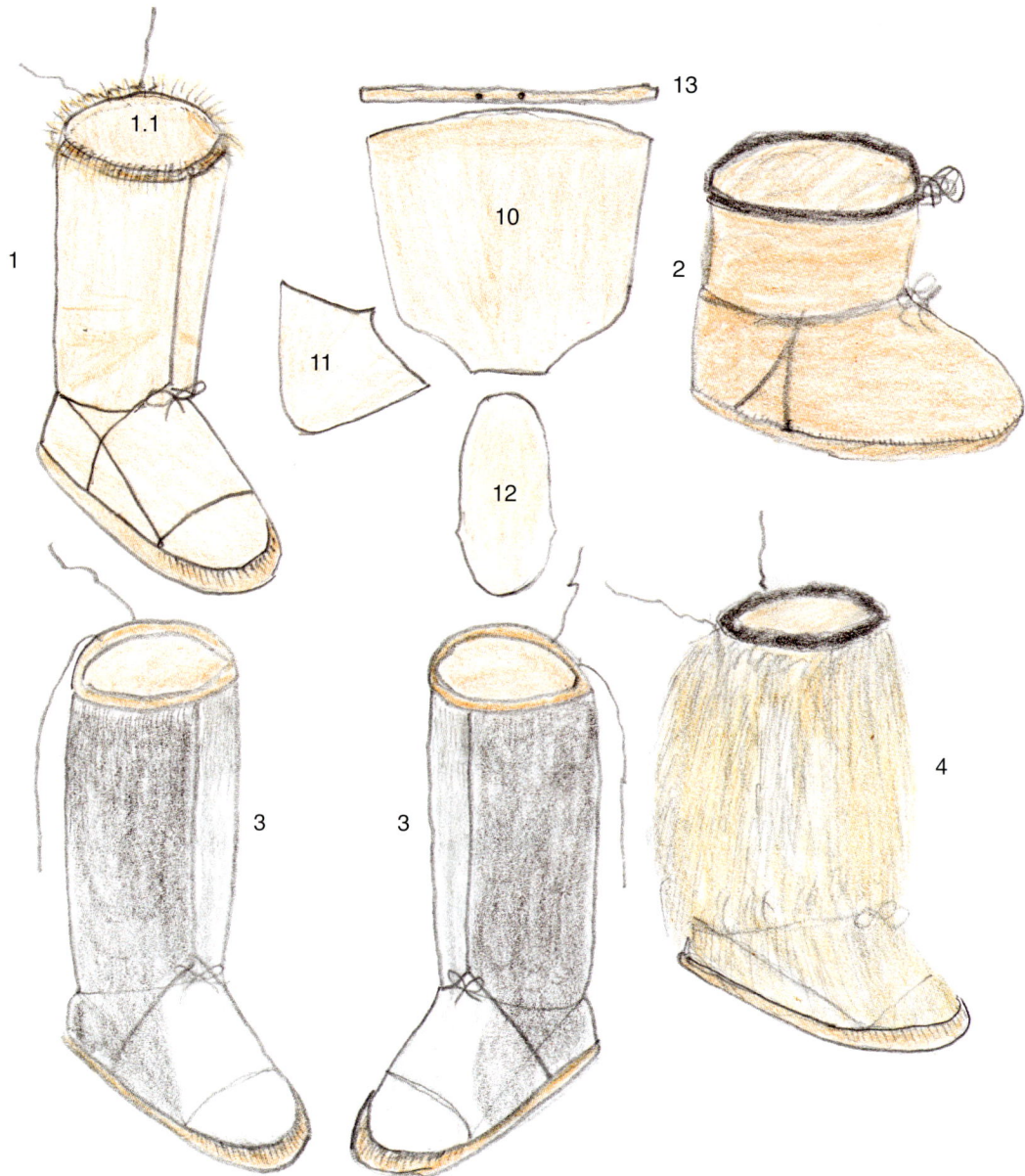

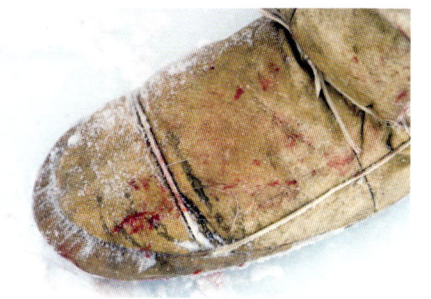

*Taliqpiñmun qulliit
saumianiñ:* Aŋutip kamii qitulihaat
*atuġuugai uvlutuaġman,
savaqłuutigigaluaqamisigik taġium
sikuani qanuqiḷiḷaiḷaak.*

*Minġuiqsiaġviksraqaqami
minġuiqsiaqtuq aŋuniaqtit
igluuraŋani, annuġaatik
niviŋŋaqługit atuġnaqsitqikpata
atuġumiñaqsisaqługit.*

*Nalliġiiksiłługik natchiik kammak
mamuqquuglu (saumigmi) nannuglu
kammak.*

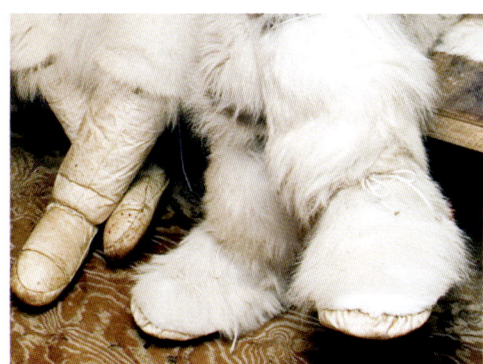

## Aġnaqtaq Kammak

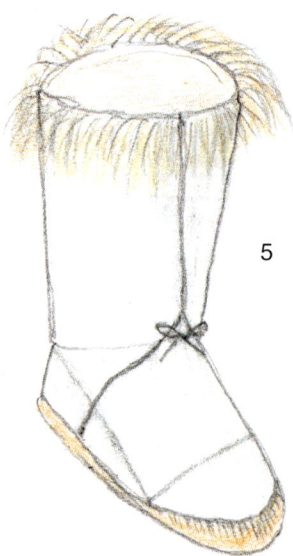

5

276

*Aġnam kamiŋit aŋutiqtatun itqayaġaluaqtut nuimarut allauniŋit.*

*5 qiññaqaġaluaqtuq angutip kami qitulihaat-titun (1) qiñiġaani ittuat aŋutiqtat kamiŋisitun kammiak tainna natchium amiŋaniñ mitquiŋaruatun aglaan qulipaŋata mitqua takiłhaaqtuq (takiniqsraŋaniñ mitquaniñ isiŋigñiñ nannum) qanuq aġnam kamiŋik iññaaġiksuksrauruk. Aŋutiqtatun aġnaqtat iḷupaaġuugai tiġiganniat amiŋiññik, ukalliġñiñ, naaggaqaa natchigñiñ. Aġnat atullagaluaqtut aŋutiqtanik aglaan aŋutit atupialaitchut aġnaqtanik.*

*Taapkua 6-miñ 8-mun kisirrutiqaqtuat iluqatik aŋutillu aġnallu atullagai. Tamatkua isiktuut, isiŋiññiñ tuttut kammiat. 7-lu 8-lu siŋik ugrugniñ siŋiliak naaggaqaa akłunaaniñ.*

*Qulaani: Toku-m aqparrutigai qimmiñi siġliqigaluaqani kamiktuqłuni uqitchuagnik isiktuugnik.*

## Aŋutiqtaglu Aġnaqtaglu Kammak

8

6

6

6

7

*Kamŋit paniqsiaqtut*
*Qaanaami, qiñiġnalluataqługu*
*skateboard-ġaġvik salliqpiasugnaq*
*nunapayaurani.*

# Aġnaqtat

*Aippaani makua annuġaat atuġuuŋagaluaqtaŋit aġnat uvlutuaġman, aglaan pagmami ilaaguaqtanikisian uvluni atuġuusiŋagai.*

*Qulliq (annoraaq, 1-lu 2-lu) kalikumiñ piḷiaq aasii aġnallaa ilimisun qaumaqallaaruq suli kalikumi aglaŋa ilaatali piksraqtaaġiraa. Qaumaŋit qaummaġiksuaq aglagiksuallu naliġaagillatugai.*

*Qaqḷiik (3) tavra qaqḷiik tigigannianiñ piḷiak aasii tavsialiqḷugu kalikumik, niuŋil aqḷayaiññutchiqḷugi kamigruagnik (4), takkiik natchiġñiñ kammiak naaggaqaa uguganiñ (mitquiyaŋaruagniñ). Tuttuniñ atulaaliat mammuqqut iḷaanni iḷupaaġisuugai. Mitquqturuat nannum isiŋiññiñ qulipagisuugait iññaġiquvlugik suli aqḷayaiññutaġivlugi, aasii atuŋaqaqḷutik ugrugnik.*

*Uunnaaktuamik atigituġuurut (5) tigigannianiñ atikḷiamik. Qatiqtaaqaġman saaŋa tavra aġnaqtauruq. Aġnaiyaam atigigikpauŋ qatiqtaaq tamanna tatpauŋa quŋusianunaglaan itchuuruq.*

278

1. Annoraap Haanga
2. Annoraap Tunua
3. Nanut
4. Arnatuut
5. Arnatoortoq Kapatalik

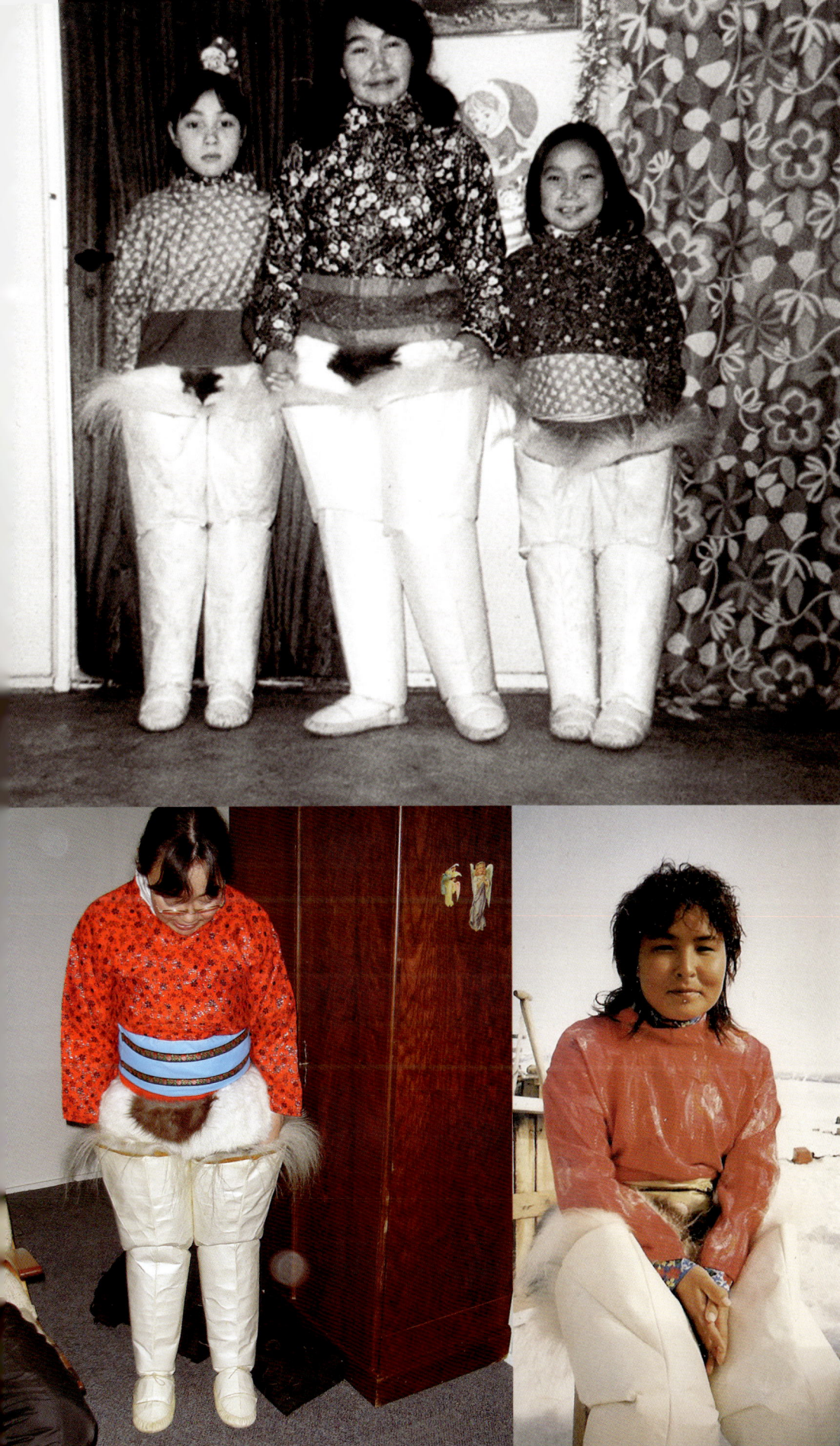

Taliqpiñmun qulliġmiñ: Taliilannguaq
Peary atuqtittaŋa una qiñiġaaq
tautuquvlugit iññaġipiaġataqtuat
aġnat annuġaaŋit aippaaniqsat.
Tautuksigik annuġaallaaŋit
iliŋiñullaa piḷiagurut aġnaiyaanullu
aġnanullu. Saumigmiñ: Tukummeq
Peary, Savfak Peary, suli Pethrine
Duneq.                                    279

Toku Oshima ilaali annuġaamiñi.

Tukummeq Peary ilaatali
annuġaamiñi, qaqḷiigmiñi, suli
atigimiñi 2009-mi.

# Nasat
## Tiġiganniam Amianik Sanaat

A      A

### 1. Nukatpiaġruum Nasaŋa

280   *Tiġiganniat amiŋiññiñ savaat (miqłiqtut nasaŋit piḷiat tiġiganniat amiŋiññiñ).*

*1. Nukatpiaġruum nasaa, nasaq aŋutaiyaaqtaq, suli 2. Niviaqsiaġruum nasaa, nasaq niviaqsiaġruktaq, atiqqayaġaluaqtuk allausiññaqłutik papiŋik (papik (A)-ḷu (B)-ḷu tunuani nalunaitchuk allagiigñiŋik aġnaiyaaqtaġlu aŋutaiyaaqtaġlu. Atausiq tiġiganniam amia atuġnaqtuq nasaliuqtuni.*

*2. Miqłiqtum Tiġiganniaq Atigiŋa uvva miqłiqtum tiġiganniaq atigaa. Agnaiyaaqtami qatiġniŋa tatpauŋa quŋusiġmunaglaan ittuq. Aŋutaiyaam atigaata qaumaŋa allauruq, tiŋukpalaaqtuamik qatiqtaaligaamik tuiqqaŋiksun, aŋutiqtatun atigitun. Qulippiġuugai iluqaaktun nannum amianiñ (tautuglugu qiñiġaaq akiani.*

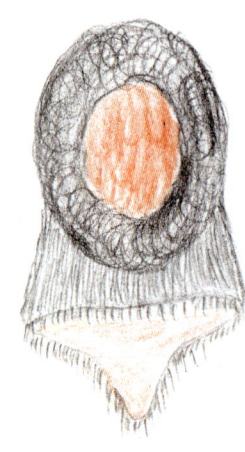  

B      B

### 2. Niviaqsiaġruum Nasaŋa

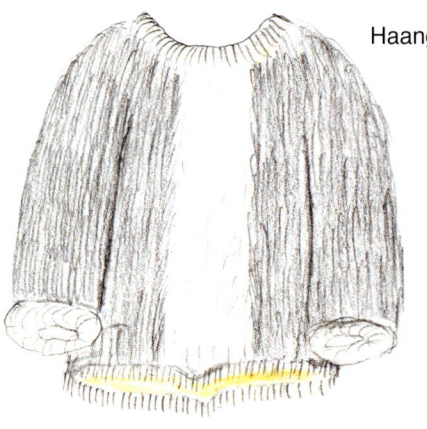

Haanga

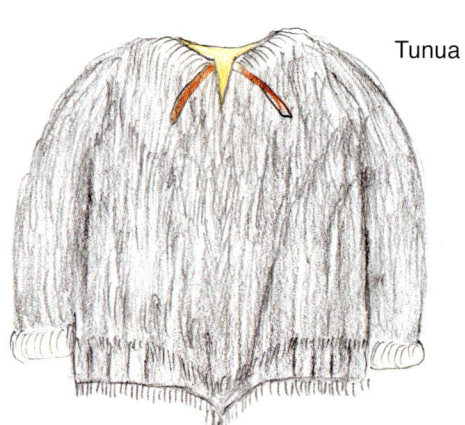

Tunua

### 3. Miqłiqtum Tiġiranniaq Atigiŋa

M. Oshima

*Saumik: Rasmus Peary atuqłuni atuġuukkaŋiññik qaŋaniñ aŋutaiyaat tiġiganniam amianiñ atigi nasaġlu, suli quliksaŋiġlu kammaŋiglu.*

*Qulaani: Toku Oshima qavsiqiuranik ukiuqaŋaruq uumani qiñiġaami. Atuqtuq aġnaiyaaqtanik annuġaaġisuuŋaraŋiññik qaŋaniñ, tiġiganniat amiŋiññiñ atigiliaq qatiqtaaligaaq saaŋani, naisuurak qaqłiik tiġiganniat amianniñ piḷiak, suli takkiiq atigaa aktilaaqaqtuaq mikiruuramik.*

Qaanaam Savalġutiŋit

Taġium sikuani savalġutiŋit Inughuit Qaanaaġmiut atiqqayaqtut savalġutiŋisitun Kaŋiqługaapigmiullu Utqiaġvigmiullu, qiñaaġivlugu aŋuniaġniq suli anayanaitchuakun iglauniq sikumi. Aglaan allauniqaġmiut. Inughuit sivunniŋarut skituut atuġuŋiłługit aŋuniaqamik, uniaġaġniq tammaisuŋiłługu aŋuniaqamiglu iglaukamiglu, Unianiqłuvut savaaguŋarut usiallasivļugit aŋiruanik aŋuranik, natchiit, nannut, suli aivġit, tuŋiutauyumiñaġmiut suli. Taġium sikua tavraŋŋatchiaq aulaviñallaruq tamaani, aasii nullaqamik taġium sikuani tavra tupiqtik nappallaksiññaġaġigaat uniamik qaaŋanun. Anayanniuġnaq aasii apqusaaqamirruŋ qilamik naŋiaqtuuyumiñaqłutik. Aŋuniaqtillu qimmisiglu paammaaġiikłutik savagaqtut. Qimmit atusuŋaiññaġuuvlugit iļisimalluaqtaqtut savaaksramignik, pirruġiksut, suli aŋuniaqtit iñuiññaq tallimat sippiqługit qimmiñik atuġaqtut usiaqtuksraukamik uqumaitchuanik. Savalġutit savvaaġiksipiaqługit savagaġigai, qaunagilluataqtuksrauvlugit tamaani qiiyannami nunami, suli iñuuniaqtuat taġium sikuani iluqaaktun siġļiġnaiłuniļu suraksrauqpaqaqłuniļu ittuq, suli isumaturuakun savaaguruq.

Tainnaptauq Utqiaġviksullu Kangiqtugaapiktullu ilaaguaqtaaguruanik uqaluqaqtut Qaanaaġmiut savalġutitigun taġium sikuani. Mumigñaġmata sivuniqsiñaġmatalu taniktun aglautiŋagivut aglaan iļaŋit uqaluit mumiksiġiitchut taniktun. Qiñiġaaliaŋisa Maassannguaq Oshima-mlu Niels Miunge-vļu tautuktitkai qanutun suunnaqtutilaaŋiļļu suli qanutun isumaturuakun savaagutilaaŋit Inughuit savalġutaisa.

*Qulaani: Taġium sikuani savalġutit mininŋaitkai pagmapak Qaanaami atuqtavut uqautitautit aiñiġmiutaullaruat. Atuyuġnaqsivļugit savaŋagait suli uqautitautit aiñiġmiutaullaruat ikayuutaupiksuaqtut atusuŋaiññaqquuġait taunani taġium sikuaniqsiuqtuat (Valentine Duneq-tun, uqautitaurriļļaruaq taġium sikuaniñ iglaullaġmi uniaġaqłuni).*

Uqausiġiniaġuptigi Qaanaami savalġutit nalunaitchuq isagutiruksraurugut qimmiñiñ. *Qimmeq*, Kalaałłit Nunaanni qimmiq, aippaaniqsauruq kiŋuniiqaqłuni sivulliiñiñ Kalaałłit Nunaannuurriŋaruaniñ Iñugniñ. Tamatkua qimmit savvaqturut nuimaruaġisuugait saŋŋivḷutiglu tuniqtuvlutiglu. Kalaałłit Nunaanni savaaġigaat allaŋŋuġnaiyaqsaqługu taamna qimmiq allanik qimmiñik salliñmuutillaiyaġlugit qaaŋiġlugu Arctic Circle allaŋŋuquŋitkaluaqługu qimmiqtik suli sivunniŋavlutik qimmiñik kiikaa atuġukłutik sivunipiaŋisigun atuġukługi, skituut ayaktuqługi aŋuniaġniaqamik. Pagmanunaglaan qimmit piitchuitchut iñuuniaġniġmi taġium sikuani Avanersuaq-mi.

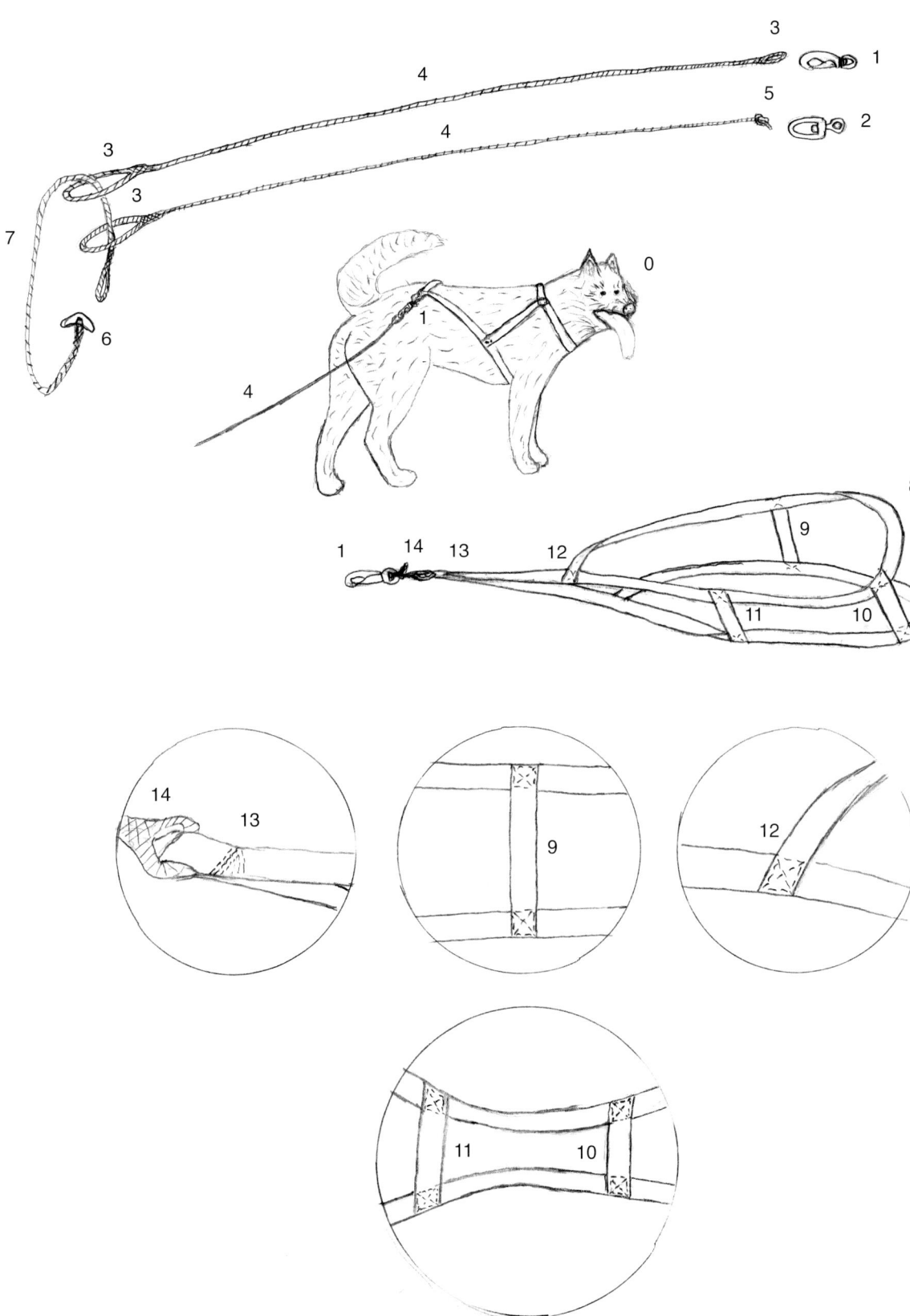

0. *Qimmeq* — Qimmiq, Kalaałłit qimmiat
1. *Peerraut* — Sinaaq
2. *Qissarut* — Pituun (Uqsiq)
3. *Orria*
4. *Ipiutaq* — Ipiutaq
5. *Unnguaq* — Uqsiq
6. *Peerraut* — Naktitaun
7. *Nug"git* — Uksiutaq; pituutat pitugviat uniat sivuani
8. *Anoq* — Anu
9. *Aariaqut* — Ikaaġun; qimmim anuŋata qulaaniittuaq
10. *Qoorutaa* — Ikaaġun; qimmim anuŋata sivuġaaniittuaq
11. *Hakiaqut* — Ikaaġun; qimmim narraaŋani ittuaq anuŋani
12. *Atsern"nga* — anum miquġvia
13. *Papid"dleraq* — anum pitugvia
14. *Tud"dleq* — ipiutam pitugvia

2009

M. Oshima

286 *Taliqpiñmun qulliġmiñ:* Qamutit usiaġuurut iñugnik, suġauttanik, suli aŋuraŋiññik ikaaġutivlugit sikukullu aputikullu. Qamutit *aktilaaŋit allagiiḷḷarut qanuq atuġniaqtilaaŋagun savaaġivlugu. Unialiuġutiŋit allaŋŋuŋarut qaŋaniñ (uuktuutigivlugu qannianik qirugnik atuqtut, sauniŋiḷaanik, suli plastic-nik agluliġuusiŋagait, sikuŋiḷaamik), aglaan qiññaŋa allaŋŋuŋaitchuq qavsiñi kiŋuniġiigñi. Uumani Otto Simigam agluni plastic-git savakkait.

Kaŋiqługaapigmiut uniaŋisun siatqiksuatun inŋitchut, Qaanaamiḷi uniaŋit kaivḷuutaqaqtut aquani aŋalatchiġiaqsisaqługu qaiġiiḷakun sikukun, suli savinnaqtuatigun ikaaġviksrakun nunami.

Iḷaanni qimmit-unnii usiaqtuksrausuugait allat qimmit uniami. Toku Oshimam qimmiŋa piyaqquŋaruaq usiaqsiqsuq.

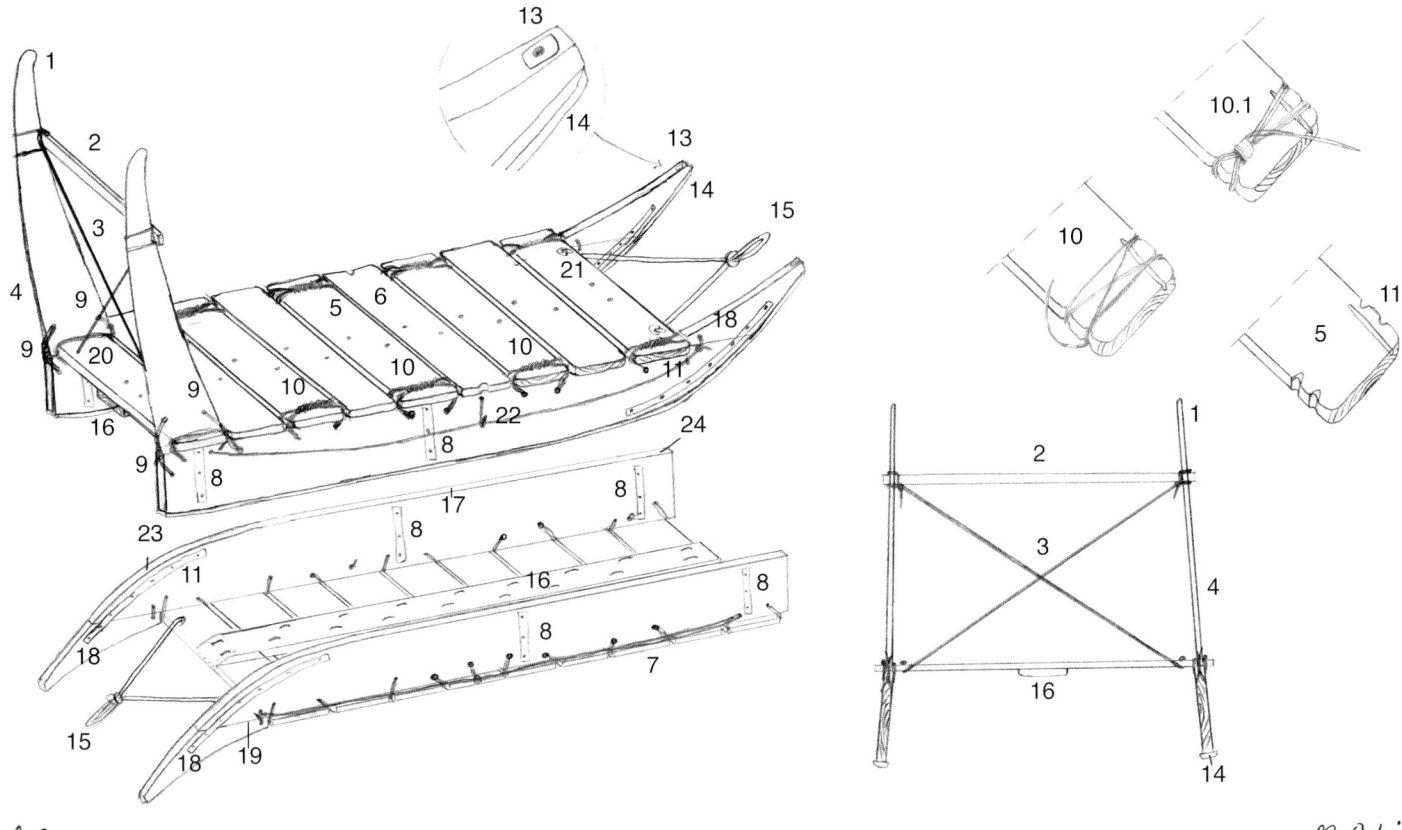

2009

M. Oshima

1. *Aagiaq* — Kiamġuaġvik
2. *Hannerut (Napuq)* — Kiamġuavium ikaaġutaa
3. *Nuluuti* — Nimġutaq
4. *Napariaq* — Kiamġuaġvik
5. *Napoq* — Iglaaq
6. *Nakkariikkut*
7. *Naqatarv"vik* — Naqitaqpik
8. *Attatit* — Uniam aquata payaŋairrutaa
9. *Naparissiutit* — Kiamġuaġvium Nimiqsraġvia

10. *Napuliut* — Uniam iglaaŋata nimiqsruutaa
10.1 *Nunarraktorninga* — Uniam sikua
11. *Niaqqerrorningi*
12. *Kooqqerrorninga* — Agluata kikiagvia
13. *Muliktorninga* — Agluk
14. *Perd"dlaat* — Kaliutaq
15. *Pituk* — Uniat qitqata payaŋairrutaa
16. *Napuarnaviikkut* — Agluŋata aluŋa
17. *Qamutit alui* — Uniam sikua
18. *Uerneq*; or *Qaliarut* — Uniam sivua

19. *Perninga* — Uniam aqua
20. *Eqqord"dleq (Eqqua)* — Uniat aqua
21. *Hiud"dleq (Hivua)* — Uniat sivua
22. *Nunad"dlak* — Naqitaqpik
23. *Qinngua* — Sivuata ataa
24. *Kimmia* — Sikuata aqua

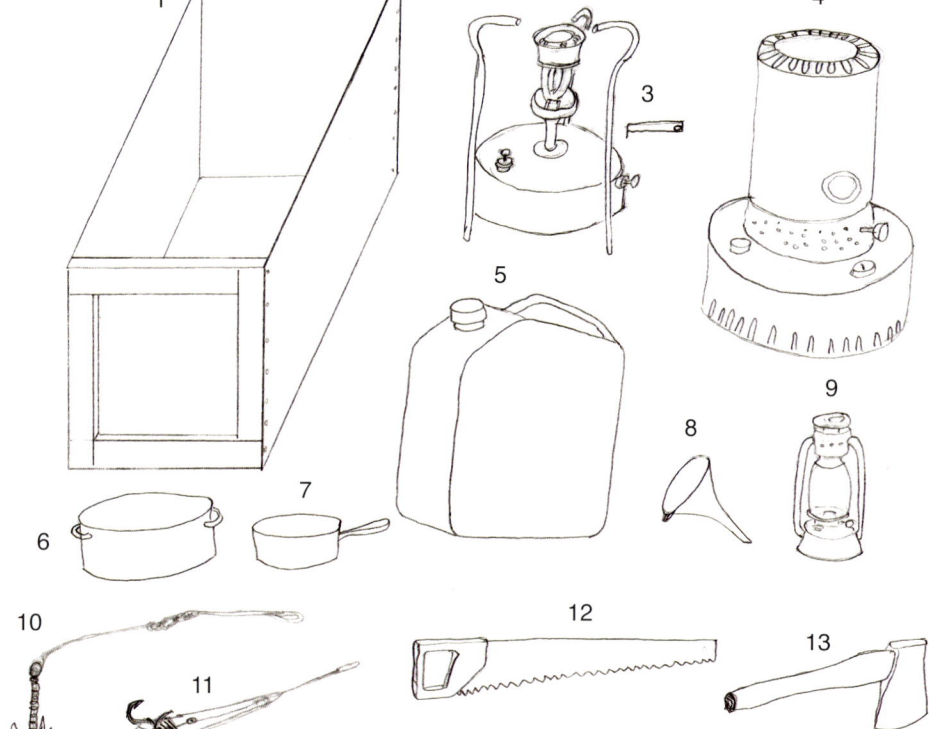

# Qud"dleqarv"vik

288 *Uuma qiñiġaaliam qiñiqtitkaa qud"dleqarv"vik (qulliq/ittugluqaġvik). Ittugluqaġvik imaqaġuuruq piqaqtuksraupiaqtaŋiññik annagniaġumik, ittugluk, uqsruksraŋa, qulliq, uunnaagun, utkusiit uunaqtualiuġviksrat, uluaqtuun apuyyaliuġun, iqaluksiuġutit, suli supayaamun atuġnaqtuaq anauttaq.*

*Alliq: Otto Simigam ikitkaa ittugluk qamanġani qulliqaġvium.*

1. *Qud"dleqarv"vik* — Qulliġruam puuŋa
2. *Qud"dlipaluk nipitooq* — Qulliġruaq
3. *Qaqilerut* — Qulliġruam suvluutaa
4. *Kiappalaarut* — Qulliġruaq
5. *Orroqarv"vik* — Uqsruqaġvik
6. *Qulissiut* — Ikkusik
7. *Tiiliorut* — Tiiliuġun
8. *Kug"givik* — Kuviuġvik
9. *Naneruarv"vik* — Naniġuaq
10. *Aahiutit* — Niksipiaq
11. *Eqqattaakkat*
12. *Pilaktuutit* — Uluaqtuun
13. *Ikuutaq* — Anauttaq

# Ippiarruk

2009

M. Oshima

*Qulliqaġvium igḷua nuimaruaq savalġutiqaġvigisuummiraat uniani itqirvik, kalikuġruaniñ piḷiaq pituŋasuuruaq kaivḷuutinun. Irvigigaat atusuŋaiññaġuuraŋiksa savalġutit tavrani tigusiññaagusuurut.*

*Qulaani: Toku Oshimam itqirvia 2007-mi qiñiġaaq.*

14. *Tarrartuut* — Taġġaqtuun
15. *Kiliorut* — Ikuun
16. *Hord"dluerrihit* — Savalġun
17. *Hihak* — Agiun
18. *Kikiait* — Kikiagit
19. *Ad"dlunauhaq* — Akḷunauraq
20. *Ippiarruk* — Puukataq

21. *Equutiggiaq* — Iquun
22. *Innerit* — Ikutit
23. *Iluliggat sako* — Qaġrut
24. *Iluliggat qaqqamuumut* — Qaġrut
25. *Qernngutit* — Iriġruak
26. *Haviup pooq* — Savium puuŋa
27. *Ipiggaut* — Ipiksaun
28. *Haviit* — Saviit

29. *Annanniut (Anna™)* — Aqiunnaq
30. *Pujorriut* — Taktuksiun
31. *Qummoroortautit* — Qaummatitautit
32. *Uinngiaqtaut* — Uviññiuqsraun
33. *Tarrartuut* — Taġġaqtuun
34. *Qiulerrumut pooq* — Imaaqtuam puukataŋa

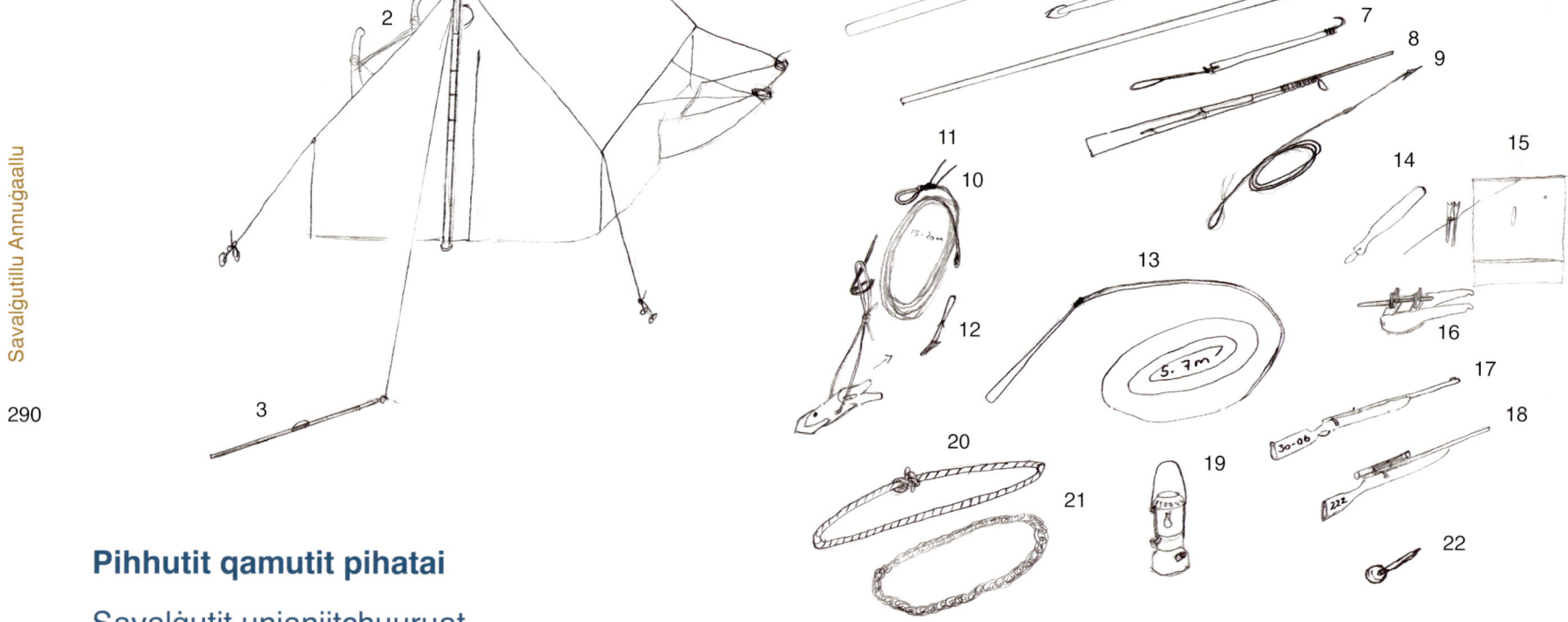

M. Oshima 2009

## Pihhutit qamutit pihatai

### Savalġutit unianiitchuuruat

*Savalġutit ittuksraupiallaktuttauq aŋuniaqtuniḷu igliqtuniḷu taġium sikuani. Takiruat unianun iḷisiññaġuugai nimiqługi kalikuġruamik, naakka ammiñik, naakka allat uqummatit aquppivigisuuraŋit aŋuniaqtim. Suġauttapayaat irviḷḷaaŋiññun iḷisuugait ayuġnaiqługit atuqtuksraġuġmata, aglaantauq katagumiñaiqługit unianiñ suksraaquŋitkaluaqługit iglaullaġmik.*

1.  *Tupeq* — Tupiq
2.  *Qamutit id"dliuhut* — Uniat tupqum natqani
3.  *Toorut* — Tuuq
4.  *Unaaq* — Naulaq
5.  *Tooq anguigartalik* — Unaaqpauraq
6.  *Puid"dlait* — Sikuliqun
7.  *Niggik-tig"gut* — Niksigaq
8.  *Iimaq* — Naulaq
9.  *Ad"dlunaitsiaq* — Akłunaaq

10. *Qilertoraa* — Immuaq
11. *Ad"dlunaaq* — Akłunaaq
12. *Hakkoq* — Naulaq
13. *Iparautaq* — Ipiġaqtuun
14. *Tiluktuut* — Tuluun
15. *Tarraq* — Uquutaq
16. *Qamutaarruit* — Qamugauraq

17. *Qaqqamooq heqquut* — Suppun
18. *Sako heqquut* — Suppun
19. *Qaamahoruluk* — Qulliġruaq
20. *Kinataqqut ad"dlunauhaq* — Kiŋataun uniaġaqtuanun akłunaamik savaaq
21. *Kinataqqut kalunnerit* — Kiŋataun saviłhamik savaaq
22. *Qiputaq* – Qimmit kisaŋat

Qulaani: Uqausiġianiktaptiktun uniat tuŋiutigisuugait (2) tupiq nappaqługu uniat qaaŋanun (1) uqqirvigiksuq, aglaan qilamik nuutchumiñaqłutik annagniataktuksraugumik. Avanersuaġmiut aŋuniaqtit ataramik taġium sikuani savaktuaġuuruat anayanaitchuakun igliġniq sivuniqaqtuq qilamik naŋiaqtuullaniġmik siku iḷaanni allaŋullagruaqpan.

Saumigmi: Taġiumi savalġutiŋiksa iḷaŋat nunami salliqpiami atuġuuraŋat qavsiñi kiŋuvaaġiigñi tavra taalutaq (15; Qaanaaq) (taalutaq Utqiaġvigñi; taluaq Kaŋiqługaapigmi). Atuġaatsuli Avanersuaġmi aŋuniaqtit pagmapak, taamna taalutaq uniaqhauranun pitukługu tavra aŋuniaqtim atuġaġigaa qalliḷḷasivḷugu qaksri tautuktitkaluaqani. Piitchuipiallaktuq savalġutiŋiñ̄i Inughuit taunani taġium sikuani atuqtaŋiñ̄i.

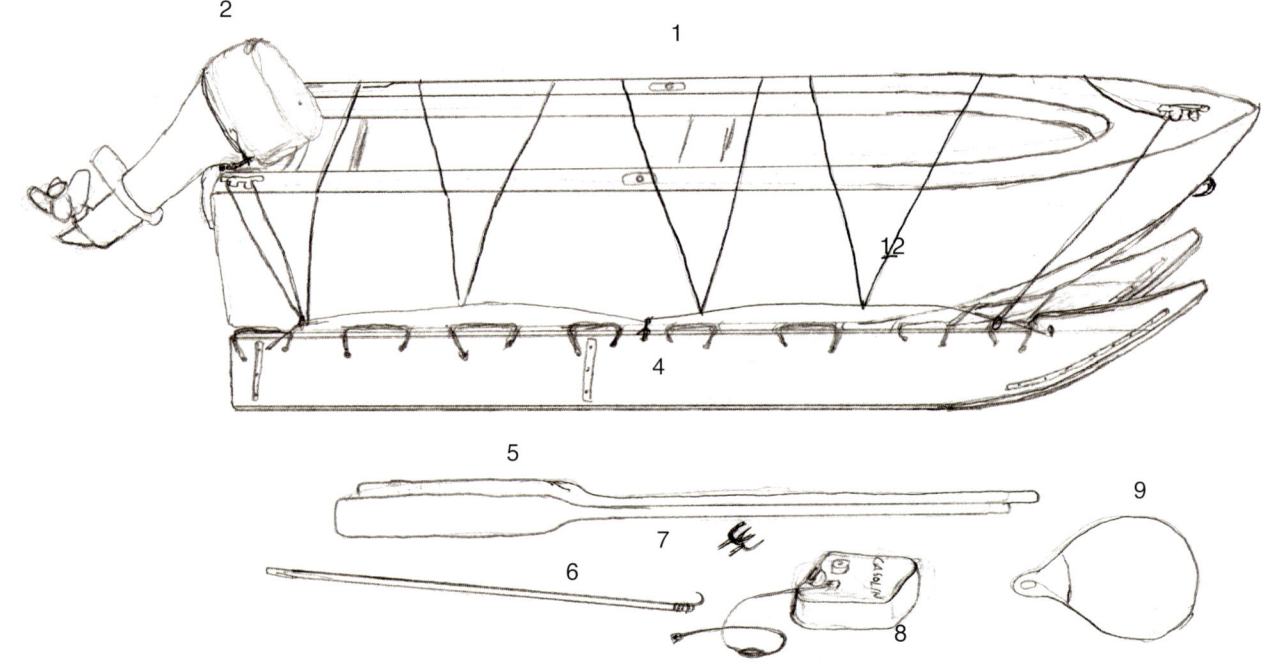

# Umihhihartoq

292

## Umiirautit umiallu

Inughuit aŋuniaġuugait qiḷalukkat qayyaniñ, uiñiġmi, suli upinġaami. Aŋuniaqtim nauliqqaaqtuksrausuugaa qayyamiñ aasii aquvatigun igniqutituqtuaq umiaq ikayuġumiñaqtuq tulautisaġmarruŋ qiḷalugaq. Umiat igliġutisuugait taġium sikuagun umiirautinik atuqḷutik, usiaġmivḷugit sut aŋuniaġutitiglu suġauttatiglu. (tautuglugi 1-21).

Qulaani: Qiḷalugaq tulautiyyaġaat ikayuqtiqaqḷutik umiaqtuqtuanik aŋuqqaaqḷugu qayyamiñ.

Akiani, qulliġmiñ alliġmun: Aŋuniaġiaqsaqtuat saavitkaqsigaat umiaqtik, kaluqḷugu qayaq. Pagmapak allaŋŋupiaŋaitchuq.

Ilannguaq Qaerngaaq itqanaiyaġaa umiani upinġaami aŋuniaġniksramiñun.

1. *Umihhihartoq* — Umiurautit
2. *Aquuteralak* — Igniqun
3. *Qainnihartoq* — Qayyam uniahauraŋit
4. *Qamutit upernngaarriutit* — Upinġaksrami uniat
5. *Pautit* — Ipuutik
6. *Niggik* — Niksik
7. *Paorv"viit* — Ipurvik; iputik iniŋik
8. *Orroqarv"vik* — Uqsruqaġvik
9. *Avatauhaq* — Avataqpak
10. *Heqquutip puunga* — Supputim puuŋa
11. *Heqquut* — Suppun
12. *Naqatarut* — Naqitaġun
13. *Qud"dleqarv"vik* — Qulliġruam puuŋa
14. *Unaaq* — Naulaq
15. *Norraq* — Naulam ipuutaa
16. *Anguigaq* — Qalugiaq
17. *Pautit* — Paaqtuuti
18. *Tuukkaq* — Tuugaq
19. *Aleq* — Akḷunaapiaq
20. *Avataq* — Avataqpak
21. *Niutak* — Kiŋataun

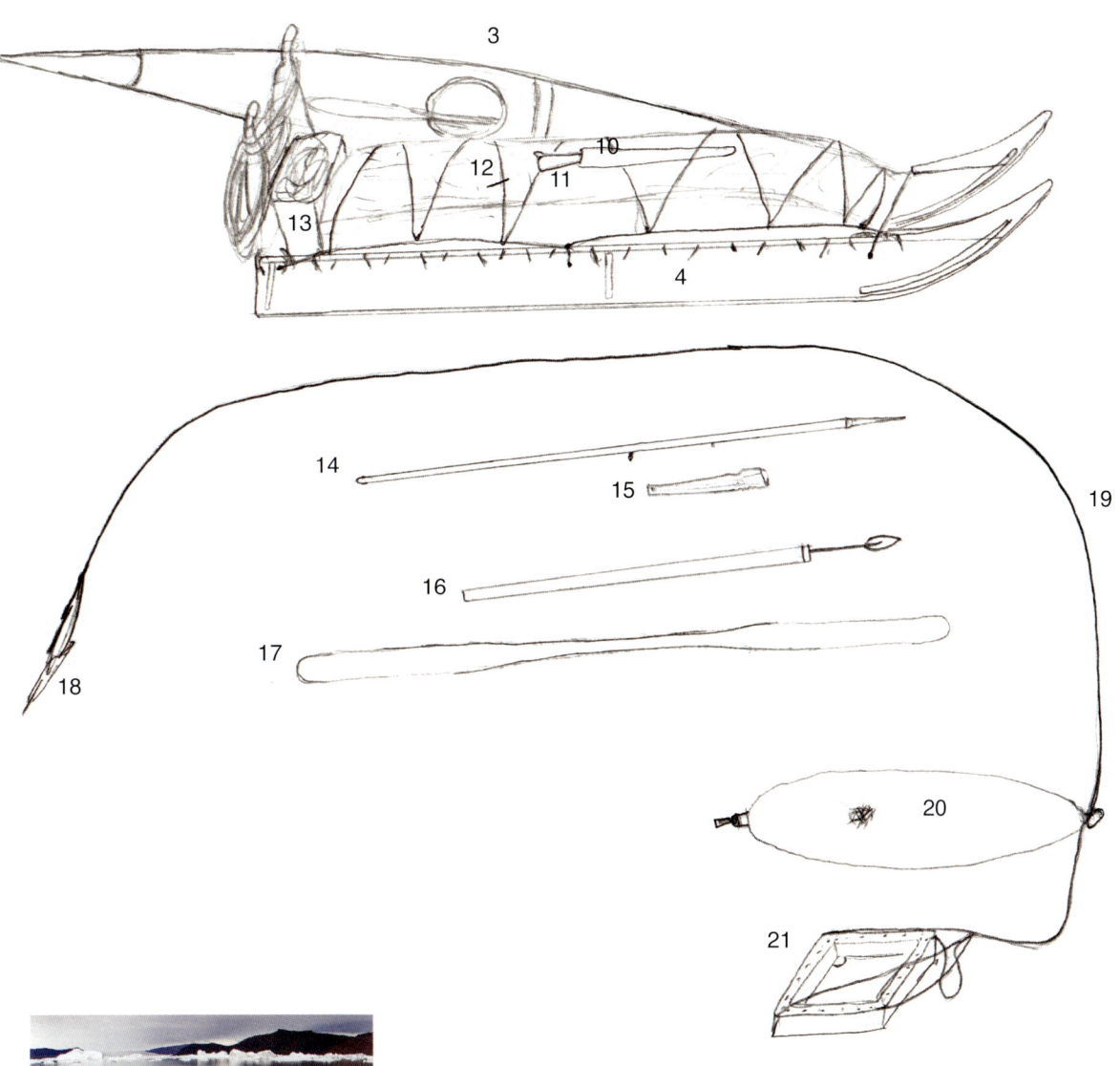

Savaḷġutiḷḷu Annuġaallu

## Qainnihartoq

### Qayyirautit

*Suġauttat taġium sikuaniqsiutiḷḷu taġiuqsiutiḷḷu atautchikuapiksuaġuurut. Inuit ayuulgutilaaŋatun salliq nuna taapkuak avinnaitchuk; agmaruaq taġiuq isagutisaaġutigigaa taġium sikuata. Iluqaiññi nunaaqqiñi tautuktaptinni makpiġaami "Sikum Sivuniŋa"-mi tavra paaġviŋak agmaruam taġiumlu taġium sikuatalu aŋuniaġviḷḷuatapiaġataq, niġrutit katirvipiaġataŋat, aŋuniaqtiḷḷu.*

1. *Ulu* — Uluuraq
2. *Errorrit*
3. *Kiliutaq* — Kiḷiutaun
4. *Tooq anguigartalik (Tikaagutilik)* — Tuuq qalugialik
5. *Unaaq (Hikuhiut (Tikaagutilik))* — Naulaq tuvamiutaq
6. *Unaaq (Qajaarriut)* — Naulaq qayyaqtuun
7. *Norraq*
8. *Iimaq* – Naulam sikua
9. *Hakkoq* —Naulam ulua
10. *Tuukkaq (Qilalugarniut)* — Tuukkaq
11. *Aleq (Qilalugarniut)* — Tukaqti qiḷaluganun
12. *Ad"dlunaaq* — Akḷunaaq
13. *Avataq* — Avataqpak
14. *Puerv"vik & Himiaq* — Puviġvia avataqpaum
15. *Hanneriviaq* — Avataqpaum simiutaa
16. *Niutak* — Avataqpaum kiŋatautaa
17. *Pautit* — Paaqtuun
18. *Peerraut*
19. *Orreq* — Naktitaun
20. *Tiluktuut* — Tiluun
21. *Havik* – Savik
22. *Innerv"vik* — Iññivik
23. *Inniaq* – Iññiaq
24. *Inniut* — Turrutaa

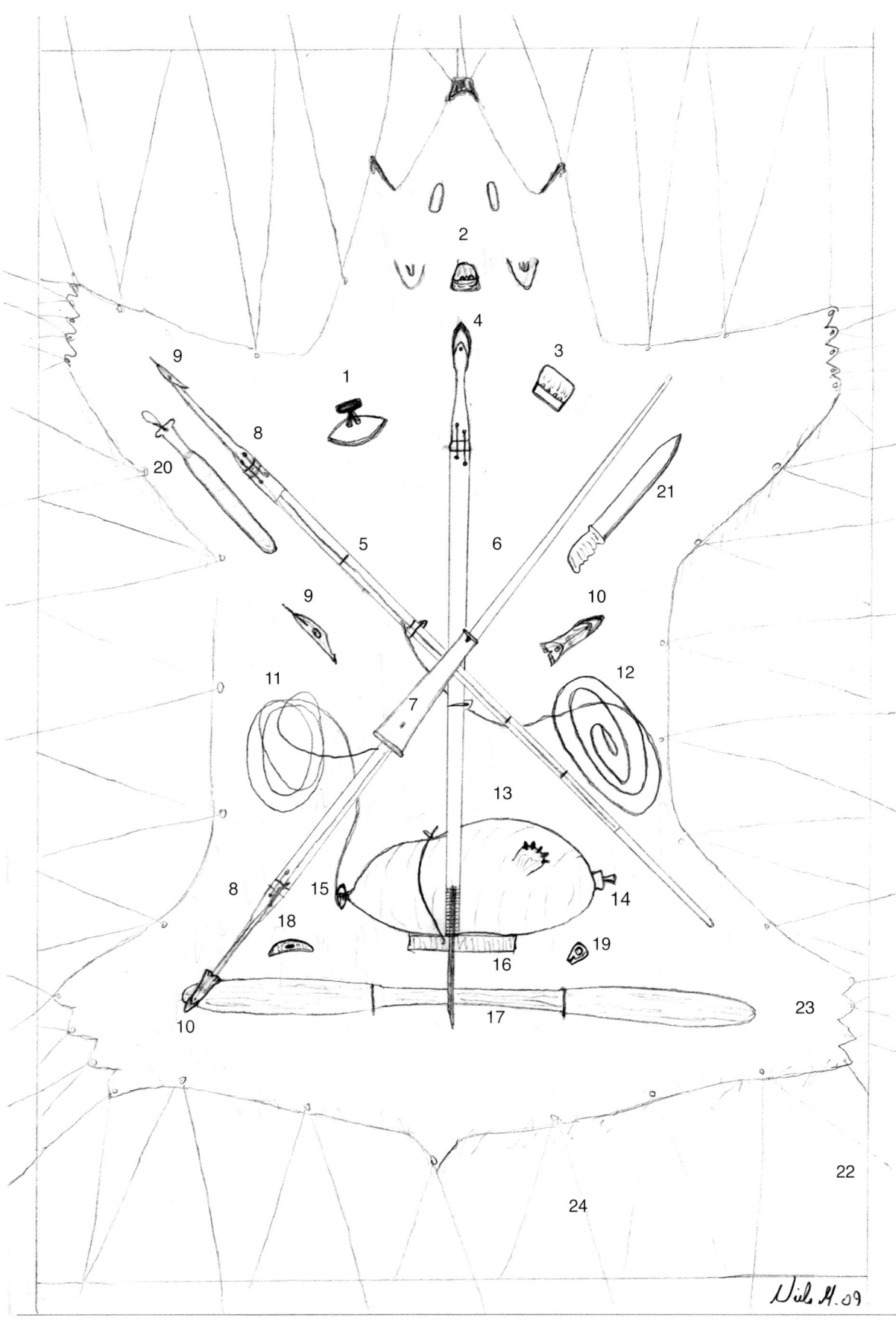

Qaanaaġmium qiñiġaaliuqtim
Niels Miunge-m iñiqtaa una
qiñiġaaq manivḻugit atupiksuaqtaŋit
Inughuit savalġutit taġium sikuani,
inillauraaqḷugit nannum amianun
iññiamun iññivigmun.

# Uqausiġiniŋa Taġium Sikua

Siku ataramik allaŋŋuġaqtuq, Iñupiallu Iñuiḷḷu naaggaunnii Inughuit, taiguutiqallaagaat iñugiaktuanik siku quliaqtuaġillasivḷugu taġiuqtik sikusaġniqqaaŋaniñ, allaŋŋuġniŋagun suli augmauŋ-unnii ukiuq naaḷugu. Nalunaiġivlugu quliaqtuaġillasivḷugu allagiiktilaaŋanik nalupqisugiŋitkaat. Piyaqquutaiññiq iñuggusipta pitqusia iḷiñŋavlugu aasii qaaŋiqsillasivḷugu kiŋuniiŋiññun iñugiaktuanun.

Sikum ḷḷsImaniŋa tunŋaruq allagiiksillasivḷugil siku qanusiugaluaġman sikukun taiguutillaaŋisigun. Taggisiŋisa sikum nalunaiġuugaa qanusiutilaaŋanik suli qanuq savaŋatilaaŋanik. Savaguuruq kaŋiqsiḷḷasisaqḷugu sikumik naipiqtuqtuaq naagga sikumik atuqtuaq. Urriqutigillaglugu Kaŋiḷugaapigmiut uqaluat *quvviqquaq* sikusaqqaaġmauŋ aullaqisaaġniŋa, uqaluk maŋŋuqaqtuq *quvvig*-mik mumiḷḷavlugu qulvimik (qiammatun). Taavsruma uqaluum *quvviqquaq* quliaqtuaġigaa kaŋiqsiñaqsivḷugu puyuq argunmiñ tiŋinman tainnali uqaluŋisa quliaqtuaġillamagaat. Maani Utqiaġvigñi *Qimmiaġrugauraq* uqalugigaalli siku patiktinŋamman aglaan aularagaaqḷuni nipaa quliaqtuġaa. *Qimmiaġrugauraq* maŋŋuqaqtuq qimmimik taamnaasii sikum nipaa qimmiaġruuraq qiammatun tusaġnaqtuq. Taapkuak uqaluuk urriqutauruk uqaluit iñugiagniŋanullu kaŋiqsimmataa ititilaaŋagullu.

Ukunani makpiġaani sikukun taiguutit mumigniŋiḷḷu atuġivut qaisauvlutik sikumik uqaqtauŋaruaniñ. Sikum uqaluŋit siġḷiġnaqpaŋitkaluaqtut aglaan qiñiqtitchaqḷugu ikusiŋaruat nuimaruaġiraŋit uqausiġimmatigit. Taggisit sikukun tupagnaġniaġaluaqtut taiguaqtuanun iñuuŋitchuanun taġium siñaani. Uqalugnik atuqtut sikumun ilaanun naagga aniumun, piqaluyagnun, siḷamun unnii qimmiñun naagga nunaŋisa atiŋiññun.

Uqaluit atuġmagit ilaanun sikumun uqaluuruat, aglaan suli uqaluit uumani makpiġaami qiñiqtitauruat inuŋagaluaqtut qiñiqtitausiññaqtut. Ikusiruat uqaġmata igḷutuŋaramigniglu kaŋiqsimmatautquvlugiḷḷu. Taiguaqtuat iḷisimatqugivut nunaaqqiḷḷaani uqausiŋit allagiikłutik uqaqtauruam uqaluŋatun aglaŋarut.

Nunaaqqiḷḷaani qiñiġaaliuqtit qaitchiŋarut qiñiġaaliamignik uqausiġiraq qiñiqtitchaqḷugu uumani avgunmi. Qiñiġaaliaŋit kamanaqtut qanutun qiñiqtitchivḷutik qanutupiaq kaŋiqsimmatiŋat taġium sikuagun ititilaaŋa, kamanaqtuallu allautilaaŋiḷḷu atitilaaŋiḷḷu, qiñiqtitchimmata qanuqitilaaŋannik taġium sikua ilimigni.

Qiñiqtualiat qaisaurut atiniŋisigullu allagiiksilaaŋisigullu. Qiñiġaaliuqtuam uqaluatigun qaisaurut qiñiqtualiuqtim nunaaqqiḷḷaaŋani.

# Ivunġiḷḷu Puktaallu

Ivunġiḷḷu puktaallu nalunaiġaqtut sikumi. Qiñiġnaqtut taavaŋŋasaaq aasii nalunaiñŋutauvlutik. Natqanun tunŋavlutik (kitchisat) ikayuutaurut tuvvamun payaŋairrutauvlutik. Piqaluyait imiqtaġvigigmiut naagga sikutaġviummiut.

298   *Qaanaaq*

*Puktaaġruaq avalliqaqłuni sikuliamik. Sikuliaq ulinmauŋ kiviktitauruq imaiġmauŋ aasii anmukłuni, quppaqaġuuruq avataa imaqaqłuniasii. Puktaaġruat apisuugait avataatigun. Uqaluvsaat apun (snow), taġium natqa (ocean floor), imaq (ocean water), suli itimniq – immam iḷuaniittuaq siku. Qiñiġaaliuqti: Toku Oshima, Qaanaaġmiu.*

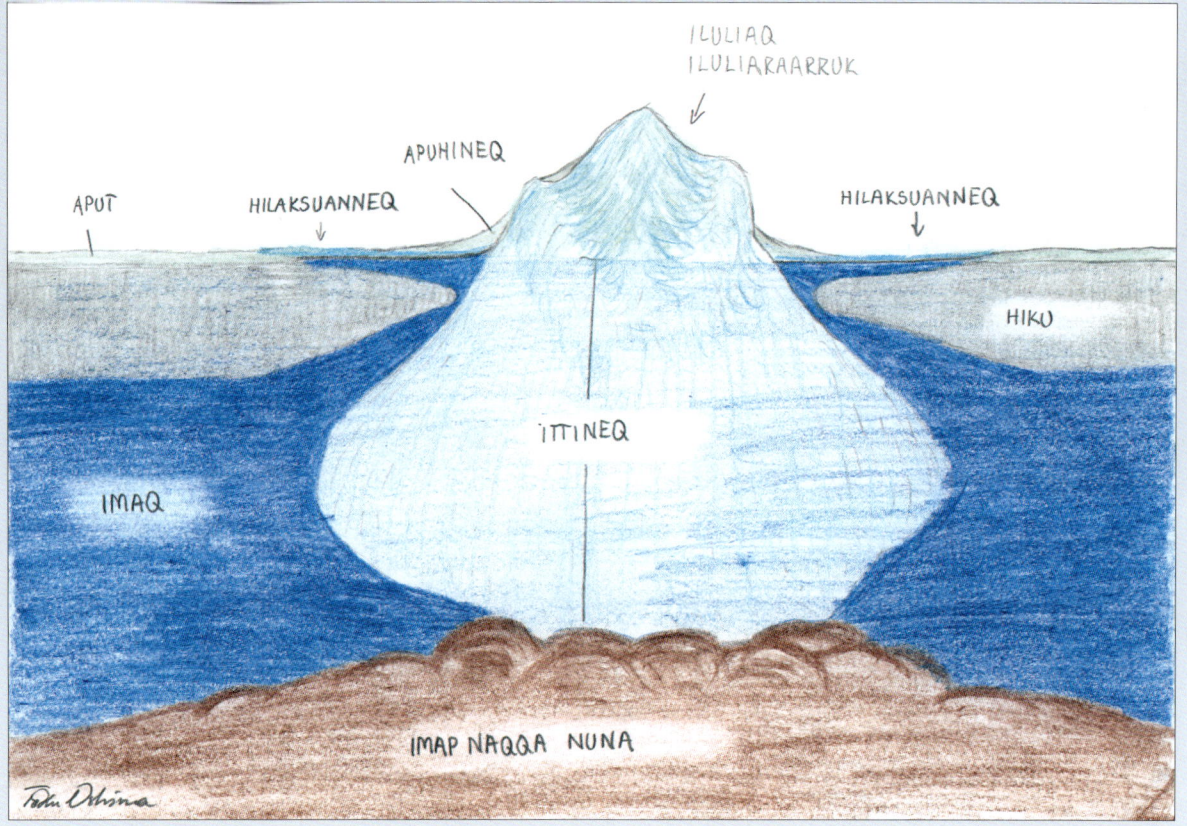

09-09

**Kaŋiqługaapik** 299

*Piqaluyak sikutauruaq
sikuliamun. Piqaluyait
qanusipayaaguyumiñaqtut allaniglu
atiqaqłutik. Qaiqsapait piqaluyait
atiqaqtut* nattinnaq-nik *(2) maŋŋua*
nattiq *(natchiq) qiññaqaqłuni
natchiqsun qakimaruatun.*

*Piqaluyait immam iļuaniitchuurut
(alliviñiq [4]) ikkalgisitchuugaa
(kitchisat) ikayuutaurut tuvamun
payaŋaiyautauvluni. Qiñiġaaliuqti:
Joelie Sanguya, Kaŋiqługaapigmiu.*

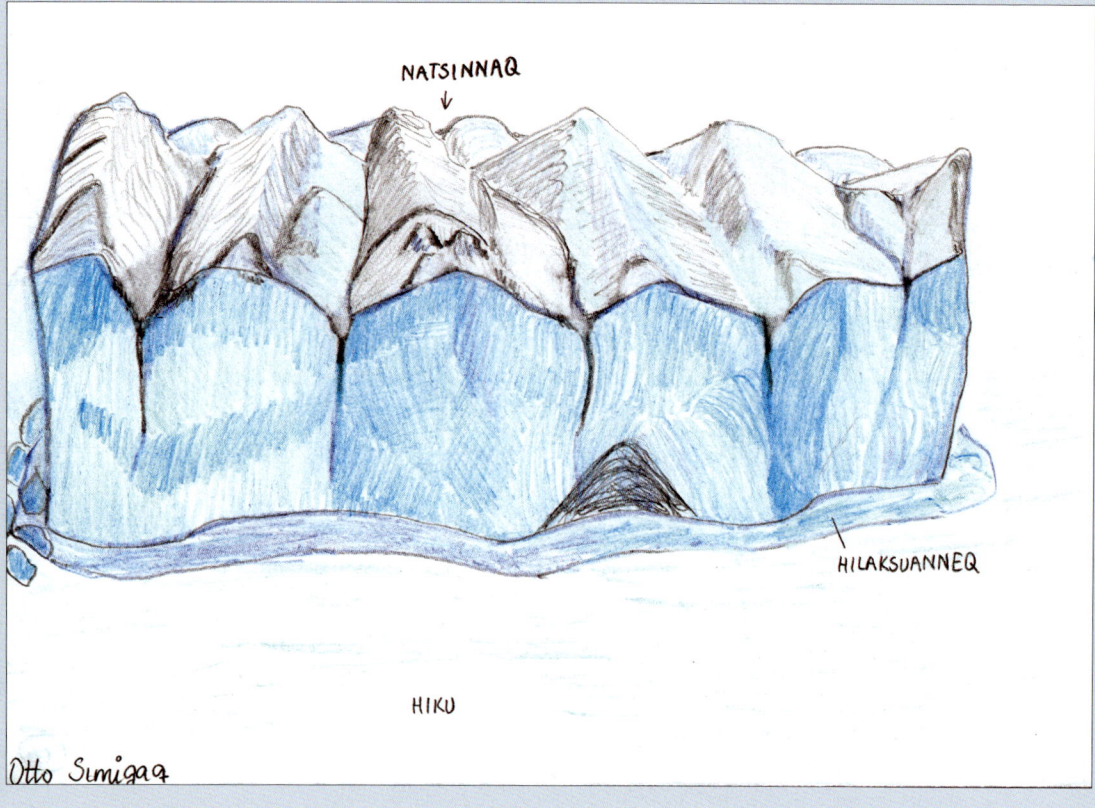

## 300 **Qaanaaq**

*Piqaluyait atiqaġmigai Qaanaaġmiut
(natsinnaq) natsinnatguuq.
Qutchiksut aglaan qaiŋitchut qaaŋit.
Taamna piqaluyak sikkutauruq
sikuliamun aasii avataagun
quppaqaqłuni immagaġuuruq.
Qiñiġaaliuqti: Otto Simigaq,
Siorapalugmiu.*

Nattinnaarruk *puktaaguruq*
natsinnaqtun *aglaan qaiqsuq qaaŋa
quppaiłłuni aglaan avataa
quppaummiuq aasii immagaqłuni.
Qiñiqtualiaŋa: Otto Simigaq,
Siorapalugmiu.*

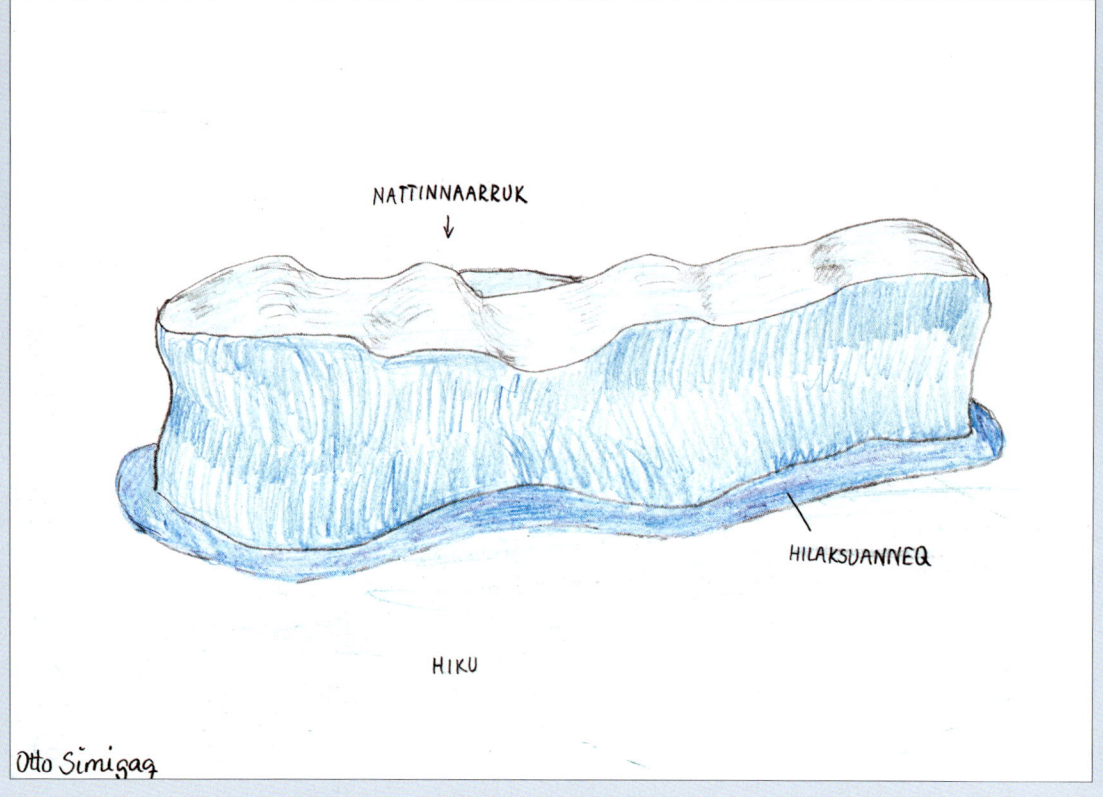

### Utqiaġvik

*Puktaat qanusipayaagusuummiut. Qinigaaliuti: Joele Sanguya, Kaŋiqługaapigmiu.*

### Kaŋiqługaapik

*Saġvamlu anuġimlu kilautisuugaa saakłivługulu siku (nigajutat [2]) sikunaqsimmauŋ. Natchiġit atuġuugaat saalġut alluliuġvigivlugit (7) allut. Quppat itchuurut puktaat avataanni aglaan ikaaġnaguurut. Qaliġiiksinnitigun (Pilargiarniq [3]) Una piqaluyak sikkutauŋaruq sikuliamun aasii navvaŋi katagaŋarut (katagarniit [4]). Unali piqaluyak saniġaagun tittaqaqtuq aukkamiuŋ imaq sikutitqikłuni. Unali siku (nillariktiq [1]) sikkutaulammiuq taġiumi narvani piqaluyagniunnii. Qaummaqtuq diamond-tun, Imarluk (5) savaaġigaa ulitaġaqtuam immaktinmauŋ.*

## 302    *Qaanaaq*

*Napaayuit taiguusiqaġai iluliaq napajungaq. Una siku ikkalġisaq avatiqaqłuni sagranik suli immaktinniqaqtuq avataa (*hilaksuarneq*). Qiñiġaaliaŋa: Toku Oshima, Qaanaaġmiu.*

*Anuġimlu saġvamlu tiŋŋiqsisuugaa siku aasii siqumiłlugu suli qaliġiiksitaqługu qutchiksivļugit aasii ivuniļiuqłuni (*hiku ivuhoq*). Qiñiqtualiuqtuaq: Otto Simigaq, Siorapalugmiu.*

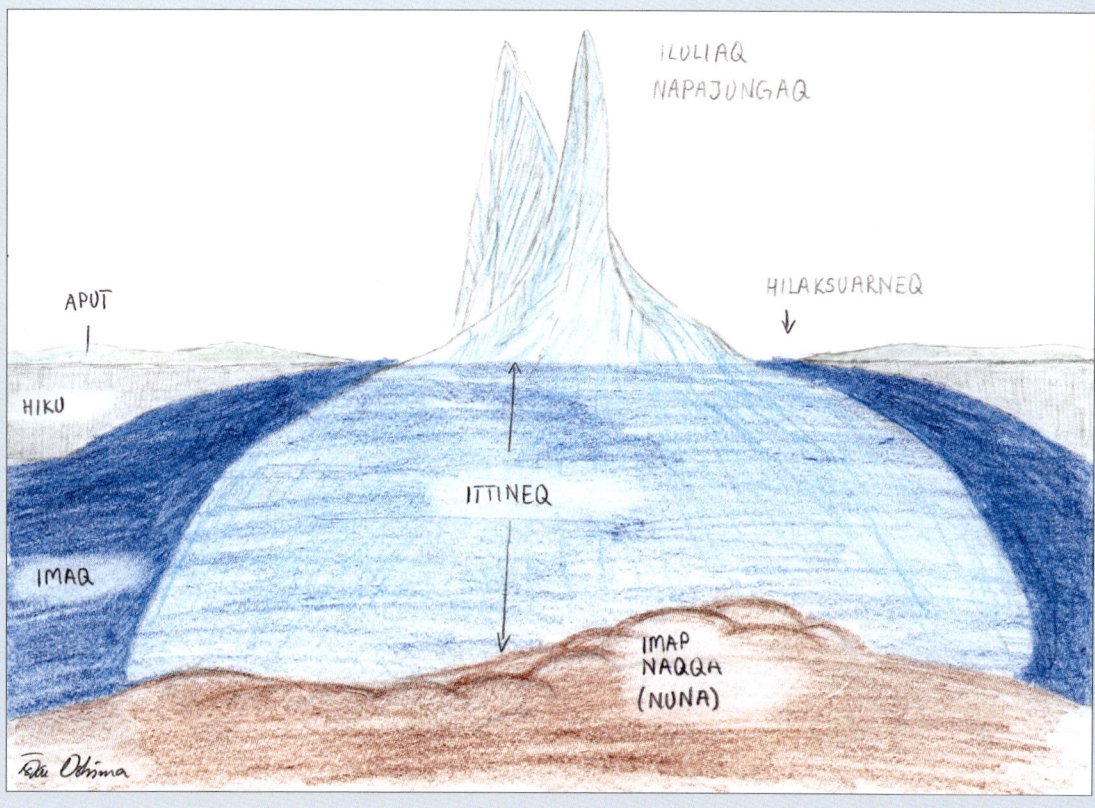

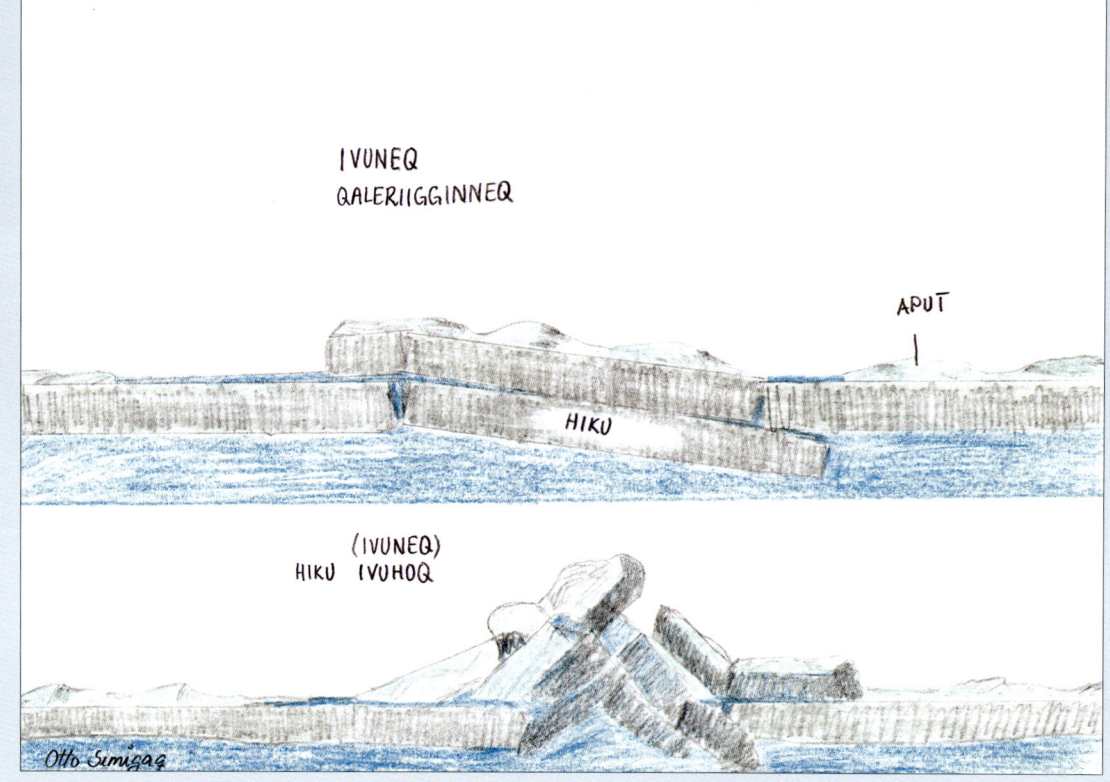

MANIILAQ
MANIILARRAAQ

Otto Simiġaq

303

**Qaanaaq**

*Siku qaiġiiḷaq qaligiiksitaŋaraq
siqumniġnik uniaġaġnaġman
taiguġaat maniiḷaq aglaan
uniaġaġnaiñman taiguġaat
maniilarraaq. Qiñiqtualiaŋa: Otto
Simigaq, Siorapalugmiu.*

**304**   *Utqiaġvik*

*Ivunġit qutchigmata iglauviksraq siġḷiġnaġuuruq sikumi kukiḷuktuni. Qiñiqtualiaŋa: Iġñaviñam, Utqiaġvigmiu.*

*Taġiuq tiŋŋiqsimman ivuniġit iḷaŋit qutchiksisuurut nalunaiḷḷautaqłutik aasii nalunaiññutaugaqsivḷutik (napaiyuk). Qiñiqtualiaŋa Iġñaviñam, Utqiaġvigmiu.*

### Utqiaġvik

*Anuġiḷu saġvaġlu atautchikuaġmagnik siku qaliġiiksitchuummigaa piquŋasivḷugulu (piquniq). Qiñiġaaliaŋa Tuukkam, Utqiaġvigmium.*

*Taġiumlu auktuamlu sikum augniŋata kusulukkisuugaat piquniq. Qiñiqtuami aŋullu qimmiġlu nikpaqtuk piquniġum qaniŋani. Qiñiġaaliaŋa: Tuukkam, Utqiaġvigmium.*

305

# Putullu Quppallu

Quppallu augniġiḷḷu anayanaġaluaqtut kukiḷuktuni
aglaantauq niġrutit allutuġvigisuugaiḷḷu
niġiñiaġvigisuummigaiḷḷu niġrutipayaat, aasiivsauq
aŋuniaġviḷḷautaummiut. Killat niġrutit piḷiullagaluaġmigai
ilimiktun aglaan saġvaŋata niġimmigaittauq ataaniñ.
Qupisuuruq sum aulanmauŋ siku, anuġiugaluaġli,
qaiḷḷiugaluaġli, saġvamunnii suli apuġmauŋ unnii
sikum.

**Kaŋiqługaapik**

*Quppallu uiñiġlu qiñiġnaġuurut siku
qanutun maptugaluaġli (sikutuqaq
[1]) nallipayaaŋanni titiqqat. Aiyuġat
(aijurat [4]) quppaurut
sikullaiġuraaġmauŋ qupiruat aasii
sikutqiŋiłlugit. Apun augmauŋ
immaktinnit (immaktinnit [3])
imaġaurrisuurut. Apun aġiñmauŋ
saakłivḷuni siku taiguġmigaat*
immaktinniġ-*mik. Qiñiġaaliaŋa:
Joelie Sanguya, Kaŋiqługaapigmiu.*

### Kaŋiqługaapik

307

Qiñiġaaq una sikuŋaiġmauŋ aurraqsimmauŋ. Qiñiġaamiuvva aiyuġat (aajurat [1]) qaksriġiḷḷu natchiġit suli immaktinnit (2). Immaktinnit kilautiŋasuummiut aasii maŋaqsivḷugit (killat [3]). Immaktinnit kurriŋasuummiut aasii maqivlutik quppanunlu killanullu. Qiñiqtualiaŋa: Joelie Sanguya, Kaŋiqługaapigmiu.

### Utqiaġvik

Uiñiłaurat taiguutiqaqtut nigayunik niġrutit atuġuugai aniqsaaġvigivlugit aġviqtun puisaġataqtuatun uumani qiñiġaaliami. Qiñiqtualiaŋa Tuukkam, Utqiaġvigmiu.

### Utqiaġvik

*Allunik taiguġai Iñupiatun natchiġit aniqsaaġviŋit. Natchiġum agmapkaġuugaa allua ukiupak savakługu aasii agliḷaaqługu upinġaami. Aasii qakimavigivlugu siqiññaraaġmauŋ Inuit atuġmigai kiviqsruġvigivlugu. Aŋuniaqtit kiviqsruġuurut kautauramik kivvisiqhutik samuŋa natqanun. Kiviqsruutaa qanuq aulamman tasamma quliaġaa saġvaŋa aasii siku suniaġman iḷisimallasivḷutik. Qiñiġaaliaŋa Igñaviñam, Utqiaġvigmiu.*

308 *Natchiit alluqaġuurut qaiqsuami (qaiqsuaq). Qaiqsuaq natchimun ikayuutauruq nanuq tautullasukługu. Qiñiqtualiaŋa Tuukkam, Utqiaġvigmiu.*

*Ilannguaq Qaerngaaq qiñiqtualiuqsimaruq qiñiqtitchaqługu natchiġum apuyyaŋa (nunarrak) sikum (hiku) qaaŋani arguani sikuuram (iluliaraaruk). Natchiġitguuq apuyyisuurut aniuvakturuakun sikum qaaŋagun ivavigivlugiḷḷu iriqsimavigivlugit, aakaŋa anisuuruq alluagun, piayaani uniłługu apuyyamun (apuhineq) iriqsimagaluaqłuniḷu qiiyannamiḷḷu nannut pisaġillamammigai naimallavlugi apuyyaŋata iḷuani. Nannum uupkallamagaa apuyyaq aasii pisaġivlugu natchiaġruk.*

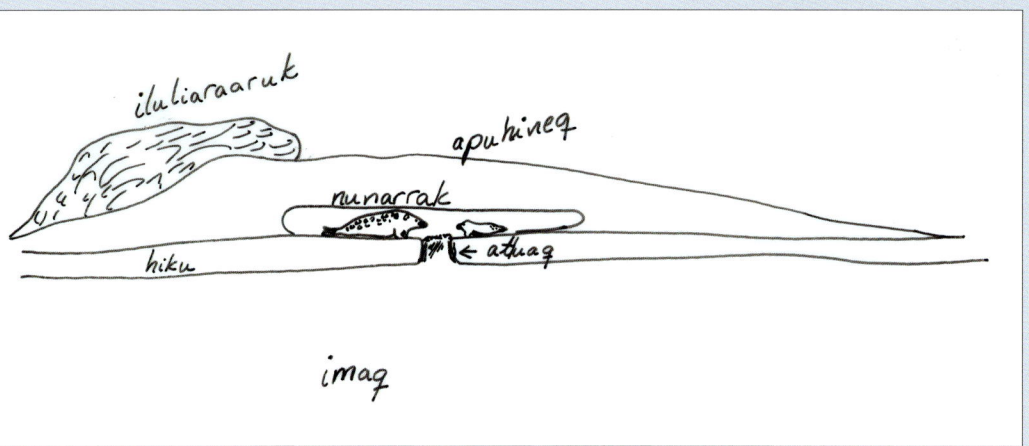

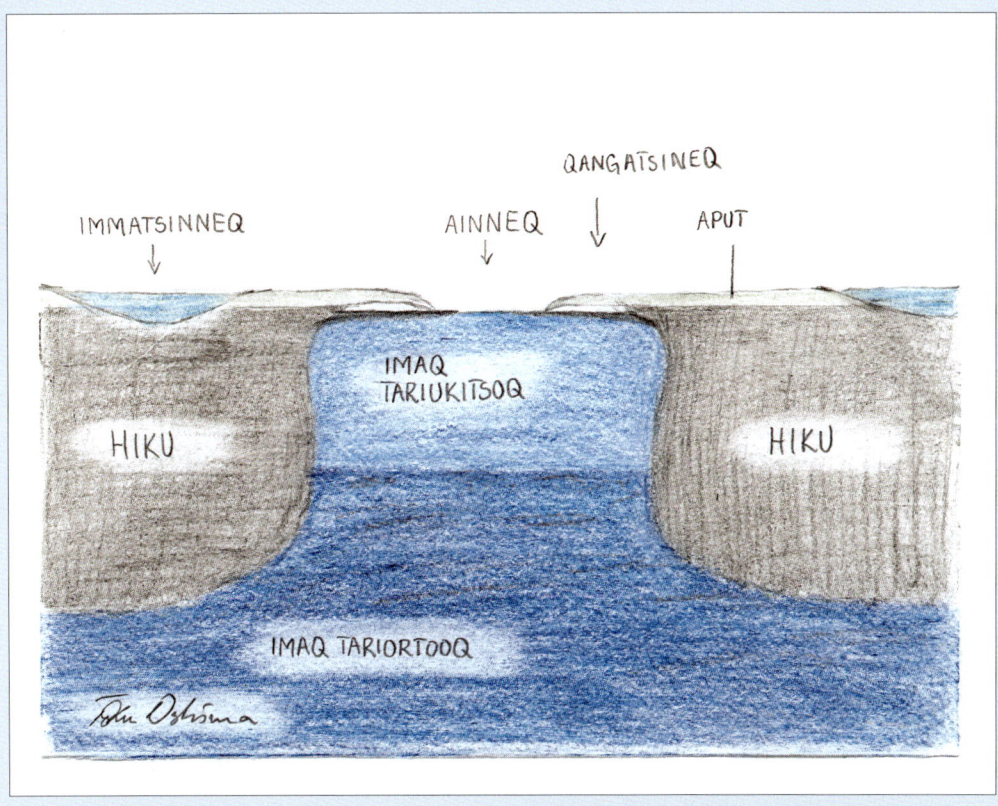

**Kaŋiqługaapik**

Nigajutat *(1) nigayut uiñiłaurat agmapkaġaġigai anuġimlu saġvaŋatalu. Nigayuq sikkutimmauŋ sikua saatchuuruq avataaniittuamiñ sikumiñ aasii taiñiqaqłuni nigajutaviniq (nutaqutaq). Alluqaġuuruq (agluit [2]) innasiq saalġuq niġrutit allutik agmapkaqługit. Uniaġaqtuaq qiñiqtualiami qaiqsuakun (maniraq [4]) iglauruq. Qiñiqtualiaŋa Joelie Sanguya, Kaŋiqługaapigmiu.*

**Qaanaaq**

*Upiṅġaksrami apun augman immaktitchuuruq (immatsinneq). Imiq tamanna taġiuġniitchuq kiñiqtinmauŋ (ainneq) aasii qaananiñ ikiaqtisiññaqłuni (imaq tariukitsoq) qaaŋanun taġiuġnitchuam (imaq tariortooq). Iḷaanni quppat apisiññaŋasuurut nalunaqsivḷugi quppat, naŋiaġnaqsivḷugi kukiḷuktuanun quppam aktilaapiaŋa nalunaqsivḷugu. Qaŋattaaq innasiq atiqaqtugguuq inna – qangatsineq. Qiñiġaaliaŋa: Toku Oshima, Qaanaaġmiu.*

*(Siḷamiñ qiñiqtuni) Nakkaġniq
(Ainneq) qaanaami isuqaġuurut
nunam siñaani aasii taunuŋa
taġiumun ayuuqḷuni, quppat suli
siñaaniitchuummiut ulitaġaqtuam
aulaniŋit, quppat maqivigivlugi
auktuam aputim (kusinneq) aasii
autqigaaqḷugu pimmauŋ
itisisuumarut ikaayuġnaiqḷugit.
Tamatkua puktaat taiguusiqaġaiḷḷi
"higgard"dlugguit" naagga
puktaanik. Qaimġuq (Qainngoq)
sikugisuugaat siñaata qaaŋani
qaiḷḷiġit naakka ulitaġaaqtuam
sikupkaqḷugu siñaa. Nunaaqqiñi
qaviamik siñiqaqtuani qaimġuq
ikayuutausuuruq sukaiḷiḷaaqḷugu
nuŋuqsruġniŋa siñaata.
Qiñitualiaŋa: Toku Oshima,
Qaanaaġmiu.*

*(Siḷamiñ qiñiqḷugu) Quppat
isagutisuurut nunamiñ naakka
puktaaniñ aglaan iḷaanni
kasuutisuitchuk aasii iglaunaqḷutik
naŋaqḷugit quvluŋaitchuakun.
Qiñiqtualiaŋa: Toku Oshima,
Qaanaaġmiu.*

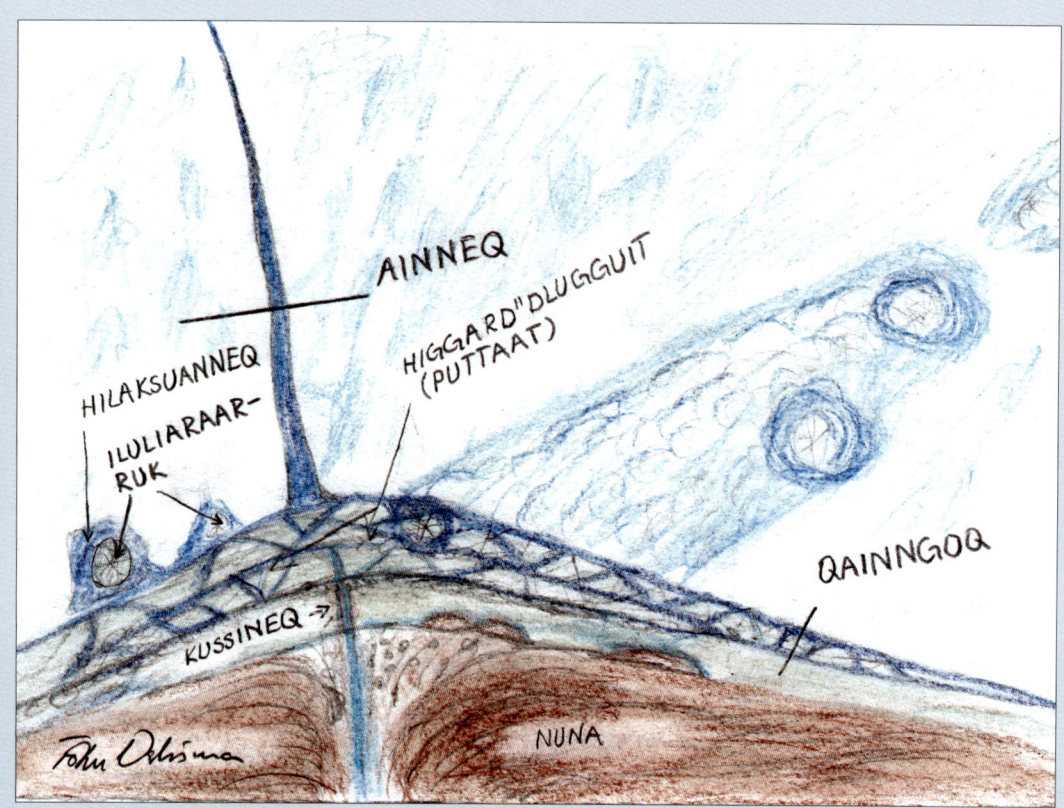

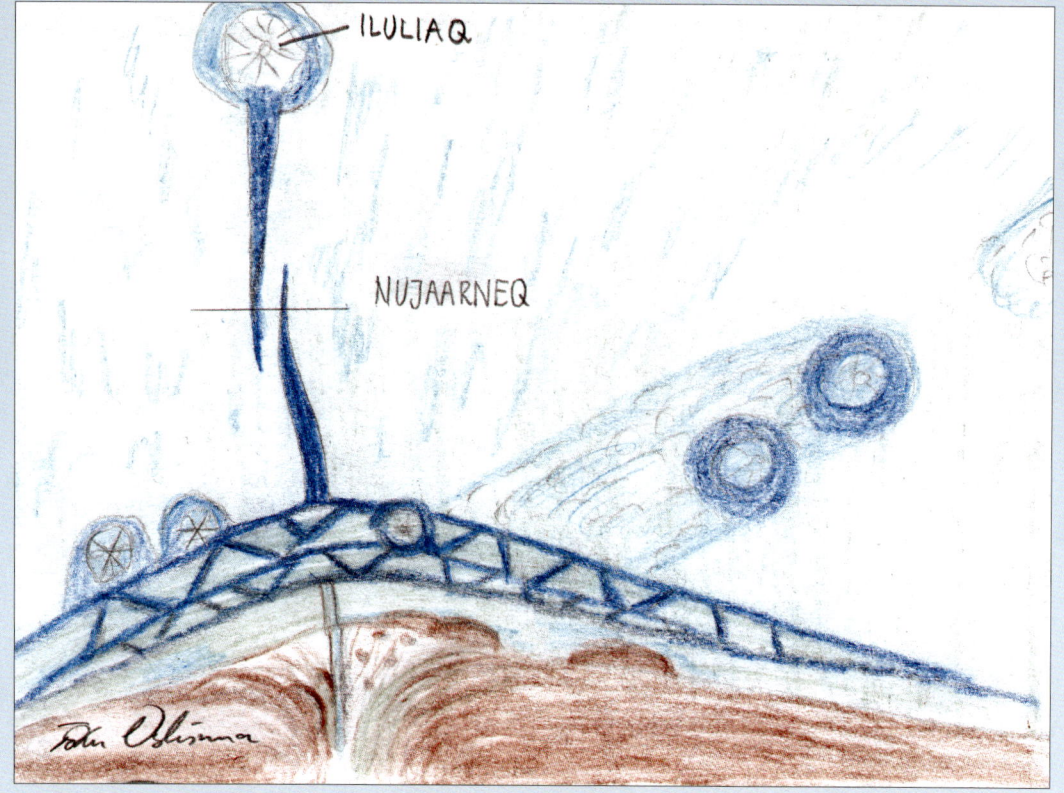

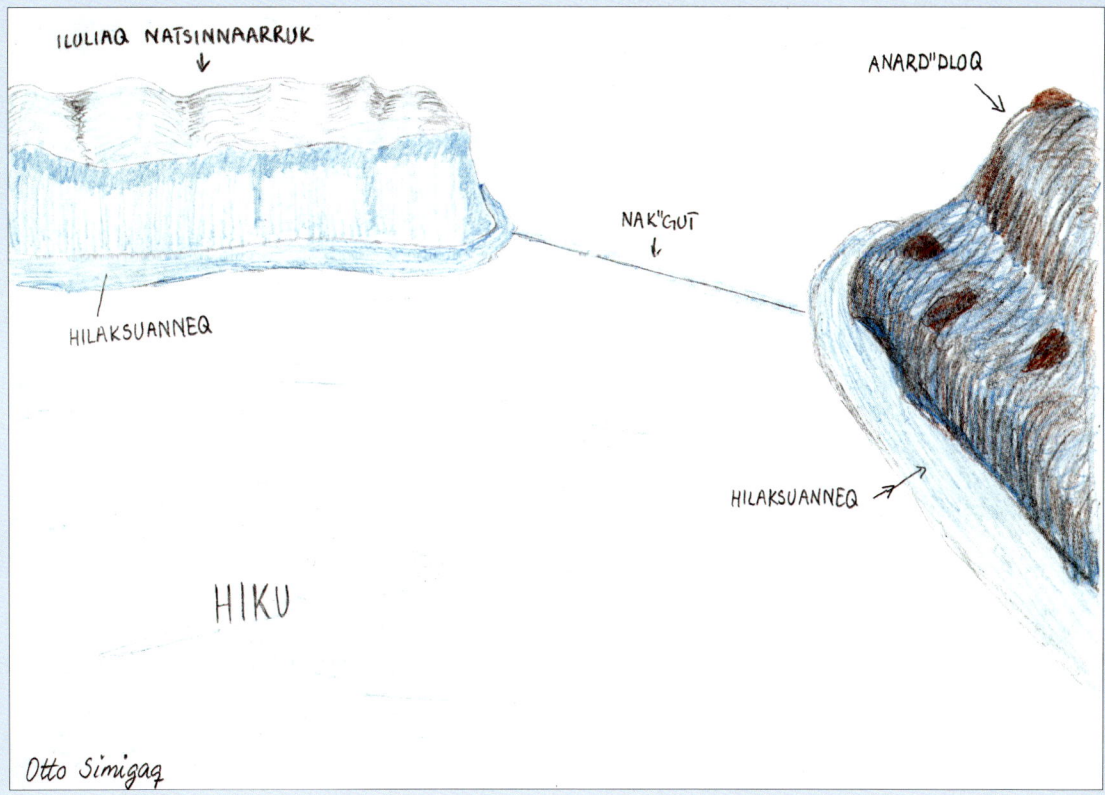

ILULIAQ NATSINNAARRUK

ANARD"DLOQ

NAK"GUT

HILAKSUANNEQ

HILAKSUANNEQ

HIKU

Otto Simigaq

Hilaksuanneq *iḷisuuruq immaktinmauŋ samaŋŋamiñ quppatigun avataaniittuam uyaġaum naakka puktaam (iluliaq) avataani sikuqaqłuni. Quppaqaġuurut avatiŋit. Qikiqtallu puktaallu sikutqigmagi taisuugai 'nak"gut'. Aasii* natsinnaarruk qaiqsapak siku quppaiḷaaq qaaŋani. Anaġlu (anard'dloq) aasii siku uyaġaulaaqłuni qiññaŋa ipqummatun. Qiñiqtualiaŋa: Toku Oshima, Qaanaaġmiu.

(*Qulaaniñ qiñiqługu*) *Quppat inmata kaŋiqłuk ikaaqługu taisuugai ikaarraut. Tamatkua quppat takilġaqłutik sivisuvlutiglu allagiigmiulli siñaani ulitaġaqtuam. Quppaŋiññiñ (higgat)* siñaaniitchuuvlutik. *Qiñiqtualiam quliaqtuaġmigait nuna qainngoq suli iluliaraarruk, siñaanisuli qiñiġnaqtuq tupeqarv"vik, tupiqtuġvik savaaq uyaġagnik inikaaŋiññi.* Qiñiqtualiaŋa: Otto Simigaq, Siorapalugmiu.

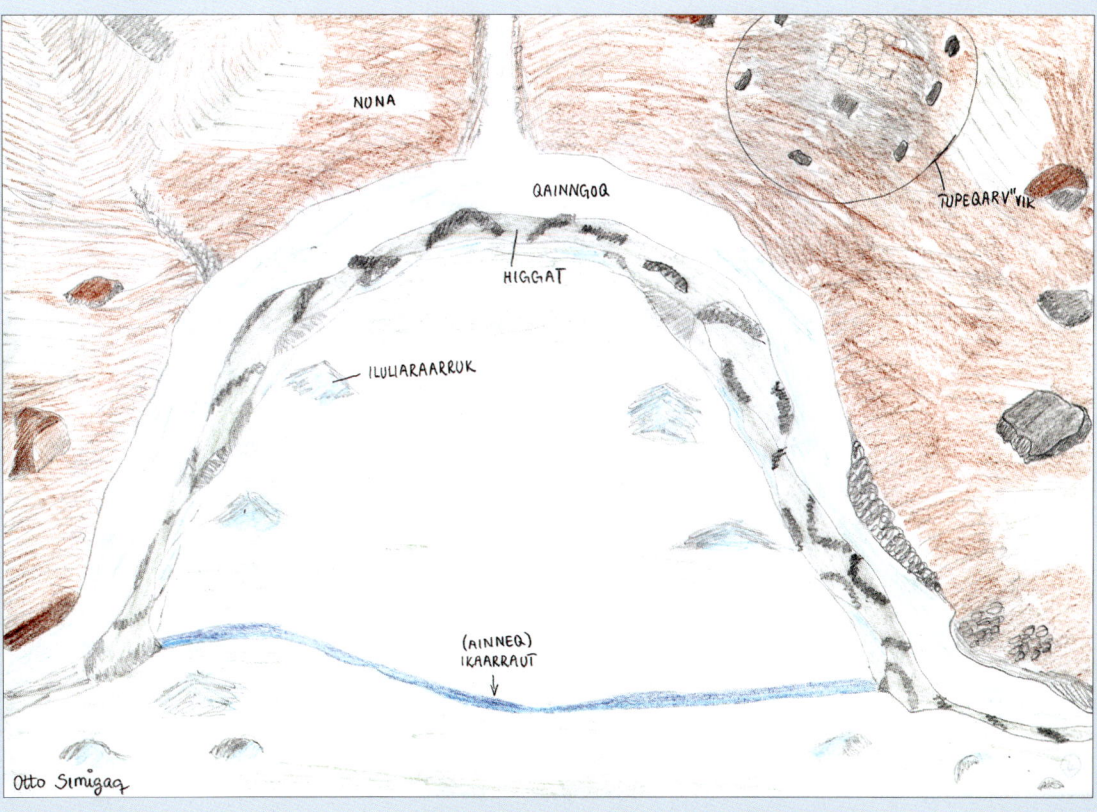

NUNA

QAINNGOQ

HIGGAT

TUPEQARV"VIK

ILULIARAARRUK

(AINNEQ) IKAARRAUT

Otto Simigaq

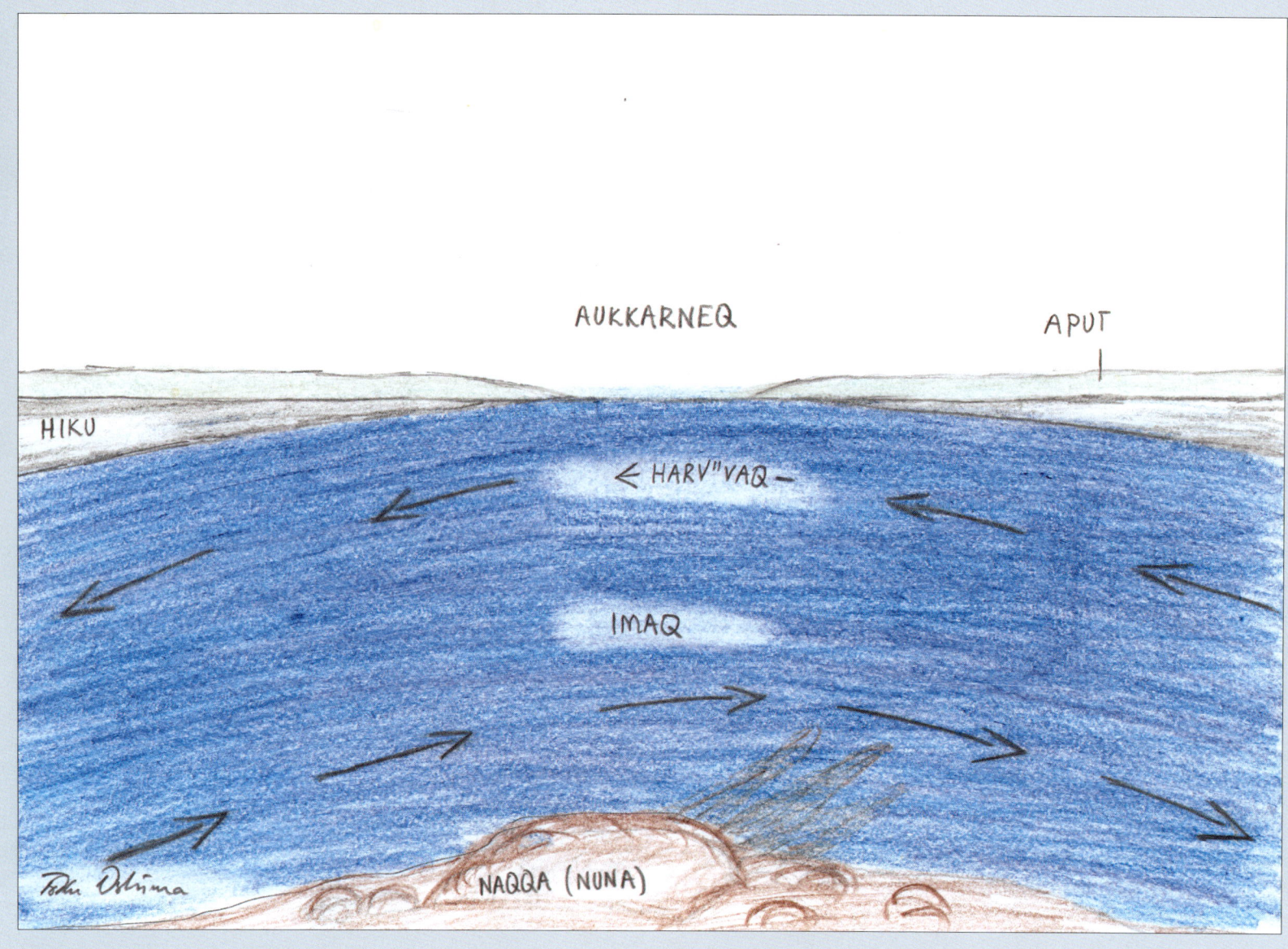

**Qaanaaq**

*Saġvaqturuami inini saġvam nuŋuqsruqługu sikum ataa kilautisuugaa. Una nigayuq taiguġaalli aukkarneq anayanaqtuq sikua saałłuni qaŋattaaqaqłuni pisuuvluni apunmik (qaŋgattineq) siñaani. Qiñiqtualiaŋa Toku Oshima, Qaanaaġmiu.*

# Kasuutiniŋa sikum nunamun

Kasuutiviak sikumlu nunamlu ittuksraummiuq
payaŋaiyautausaqługu tuvvamun. Iñugnullu
saavirvigivlugulu tulagvigivlugulu sikumun. Sikulu nunalu
kasuutisuuruk siñaaniłu taġiumlu natqani. Natqani
kasuġmani ulitaġaqtuam piyuaġuugaa quvluqługulu
ulitqataġvigivlugulu savaguugaa siñaa.

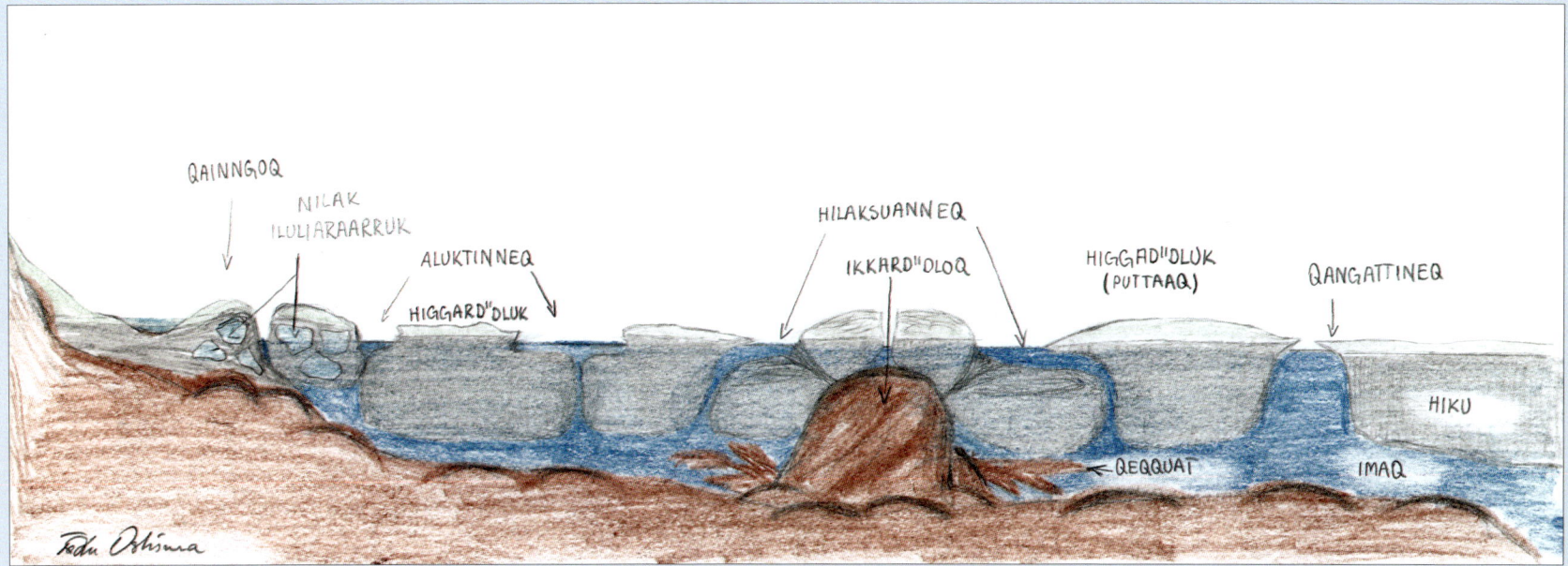

*Qaanaaq*

*Qiñiqtualiaq una upiṅaaġmauŋ, ukiuqsaqqaaġman
qainngoq-mik sikuqqaaŋagaa, qaiłłiġumlu ulitaġaqtuamlu
sikuvlugu. Navvakuviŋit piqaluyailłu puktaallu siñaaniittuat
sikuqqaaġmauŋ iłłarrutisuurut. Qaimġuġmun ulitqigaqtuam
siku siñaaniittuaq quvluġaġigaa suġaiñġunun (ḥiggat)
savatqigaqługu. Ulittuam qaiġiiłiłłagaġigaa
upiṅaksramipiksuaq. Iglausuġnaiġuugaa ulittuam
immitqigaaqługit quppat anayanaqsivlugit ikiqtusivlugit
(hilasuanneq) qaŋattaaq nalunaiŋagaat qiñiqtualiami.
Puktaatunnii quvluġuugai ulitqigaaqtuam.*

*Ulittuam kivigmauŋ siku uyaġagniñ maptusimmatun
piraqtuq aasii qutchiksivsaaqługu uyaġait qaaŋanun
ulinŋaiġmauŋ. Tainna pitqigaaġmauŋ uyaġait qaaŋaniittuat
qutchiksisuurut sikumiñ puktagiññaqtuamiñ aasii
iglausuġnaqłuni. Qeqquat taġium natqani
nalunaiġuummiuq. Qiñiqtualiamik savaaŋa Toku Oshima,
Qaanaaġmiu.*

314

## Qaanaaq

*Iḷaanni puktaat siñaata qaniŋani payaŋaiqsitauraqtuq (higgat) siñaanun aasii ulinmauŋ kiviktitkaluaġnani qaamilvigivlugu qaaŋagun, aasii qaaminniq tamanna qiqinmauŋ taiguġaat quaksuanneq. Tainna qiqinmauŋ iḷaŋa imġum taġiuġnitpaiłuni qiqitqilaitkaa irriġruamiunnii. Siġłiġnaqsivsaaqługuasii siñaagun iglauniq. Savaaŋa Toku Oshima, Qaanaaġmiu.*

*Nunam siñaani qiñiqtualiaq Qaanaami, siñaata sikuŋa iḷaqaġuuruq sikuliamik Qaimġumik piqaluyagnik puktaaniglu siqumġaqtanik. Qaiġiiłuni iglausuġnaitchuuruq nunamiḷḷu sikumi unnii tulaksaqtuni. Savaaŋa Toku Oshima, Qaanaaġmiu.*

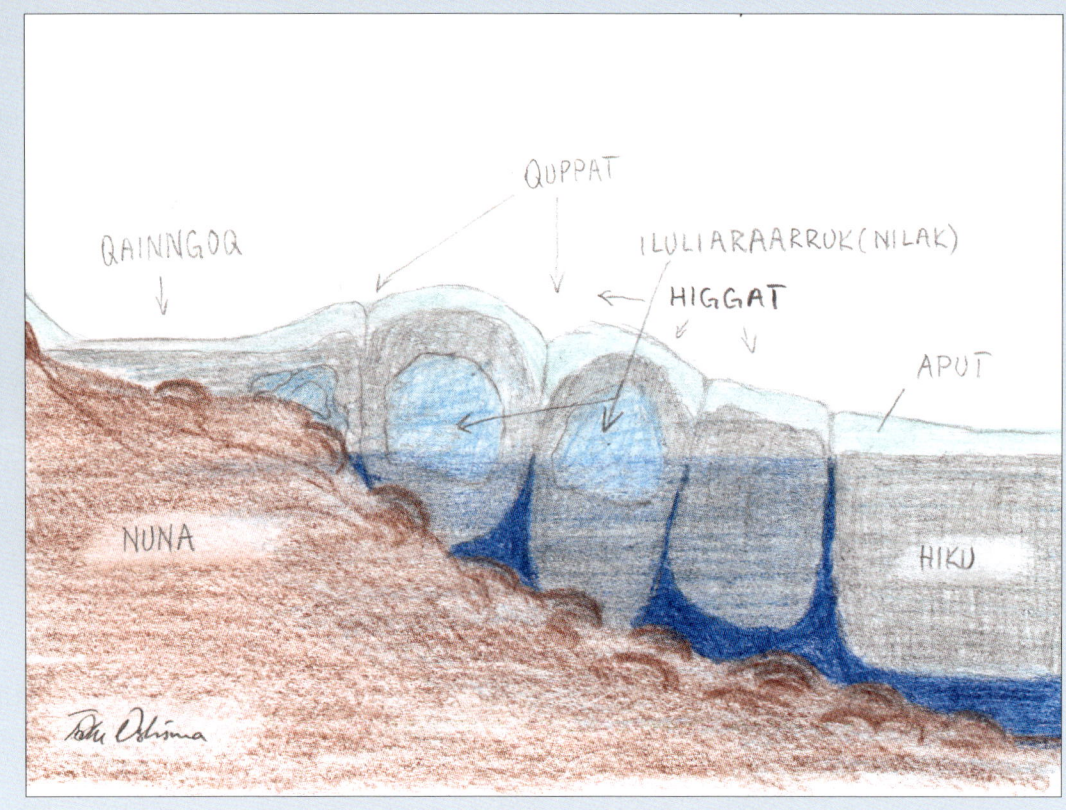

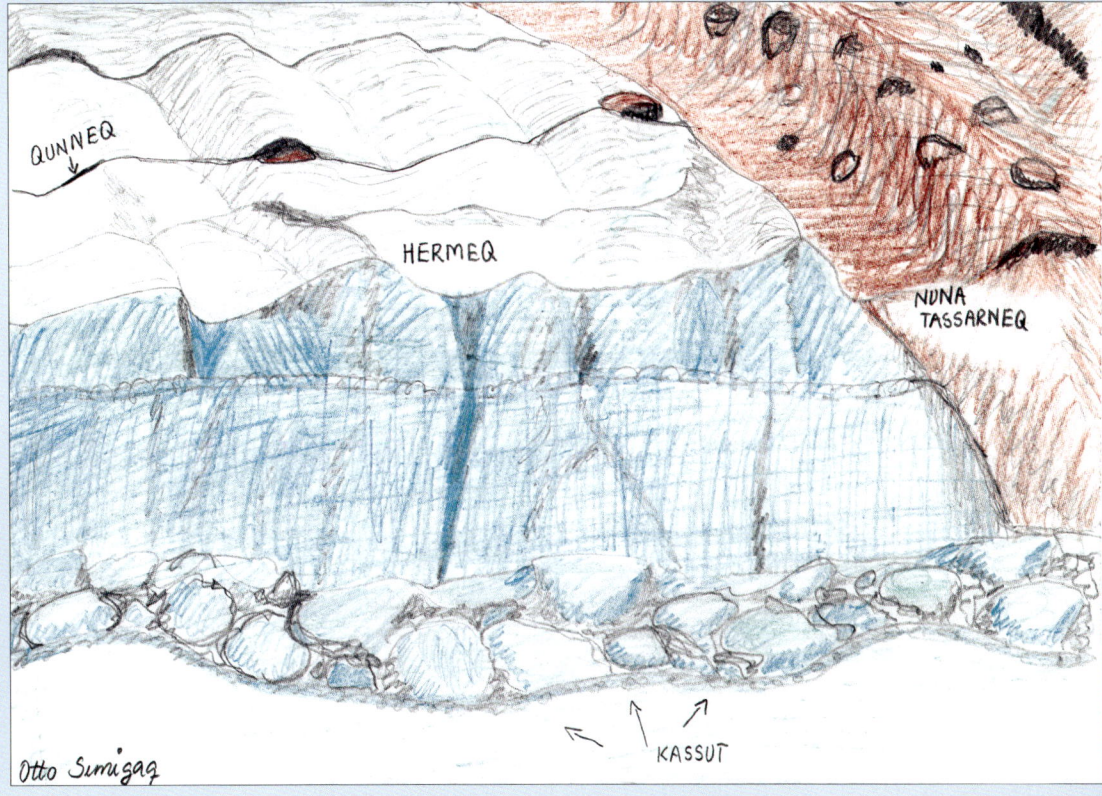

### Qaanaaq 315

Piqaluyaqaġmiuq (hermeq) katagaqtauruanik nunamiñ taġiumun. Tamatkua piqaluyait siqumitchuurut mikikɬivɬugit aasii illaqsruutauvlutik ukiupak sikkutauruamun. Savaaŋa: Otto Simigaq, Siorapalugmiu.

### Utqiaġvik

Ukiuqqaaġmauŋ siñaagun uiñŋammauŋ qaiɬɬiġumlu ulitaġaaqtuamlu sikupkaġuugaa siñaaŋ qaimġumik. Payaŋairrutausuuruq siñaanun nuŋuqsruqpaitchuamun qaiɬɬiġuġmauŋ. Savaaŋa Tuukkam, Utqiaġvigmiu.

## 316 *Utqiaġvik*

*Alaska-mi tuvaq payaŋaiqsausuuruq
kitchisanik ivuniġnik qutchiksuanik.
Naŋiaġnaiññiqsraŋa itchuuruq
siñaaniñlu sivulliŋiñullu ivuniġit.
Taiguġaat igniġnamik.
Naŋiaqtuuvigisuugaat igniġnaq
ataaqtuqtuat. Savaaŋa Tuukkam,
Utqiaġvigmiu.*

*Siku maŋaqsiŋaruaq natqaniñ
taiguġaalli anaġlumik. Aqiya tamanna
iḷḷaksruutausuummiuq ivuniġnun,
naakka isuqpaiñman imaq qiqinmauŋ.
Savaaŋa Tuukkam, Utqiaġvigmiu.*

**Kaŋiqługaapik**

*Ukiusaqqaaġmauŋ sikuqqaaġuugaa
sikuliamik (sikuaq) qamanġani
sikuaqtaliġmivḷugu siñaagun
qaimġumik (qainngoq)
ulitaġaġniŋaniñ. Savaaŋa Joelie
Sanguya, Kaŋiqługaapigmiu.*

# Uiñiġmiñ taunuŋanmun

Tuvam siñaa quvianaġuuruq igliġvigivlugu sikum puktaakkaluat naagga sarriqpaum suli niġrutit aŋuvigivlugit suli aŋuraksrat atuġaat nunagimmatun. Tuvam siñaa imaqtusisuummiuq sarriqpaliuqługu tasamuŋa suli uiñiqaqłuni sarri qiñiġnaqługu. Suli sarri tulaktinmauŋ uvsiksivlugu pisuummiuq imaqpaluiqługu siḷalu sikulu suli saġvaŋa qaunagivlugu nalliŋat naŋiaġnaqsippan tulakkumaaqłutik naumavlutik.

318 **_Utqiaġvik_**

_Immiŋammauŋ taġiuq uiñiliqigaat maani Utqiaġvigñi. Aġvagniaqtit nunagivlugu atuġaat aġviqsiuqamik, ataaqtuqłutik tuvvam siñaani aġviġit iglauŋŋaisa ataułługu Utqiaġvik. Igñaviña, Utqiaġvigmiu._

## Utqiaġvik

*Uiñiqaġman qiiyanaqłuni
anuġaiñmauŋ sikuliaġuugaa uiñiq.
Sikuliaq saannami taaġuuruq,
qatiqsimmauŋ qaaŋa
payaŋaiġuuruq aasii
pisukataġnaqsivḷuni.
Unaaqpauraqaqłutik
sikuliaqsiuġuurut. Qiñiġaaliaŋa
Tuukkam, Utqiaġvigmiu.*

*Sikupqaurat aŋiŋitchuat taisuugai
siqumniġnik. Aŋuniaqtit qiñiġuurut
siqumniġnik ataaqtuqtillugit naagga
upinġaami aivvagniaqtillugit
tuvaiganigmauŋ. Qiñiġaaliaŋa
Igñaviñgum, Utqiaġvigmiu.*

320 **Utqiaġvik**

*Puktaat aŋiruat qiñiġnaġuurut
ilaagun ittuat aglaan aŋipiaqtuat
qiñiġnavigruallaiqsut puktaaġruanik
taiguqtaŋit, tammaqsiiññaqtut
iraqtuniqsraŋiḷḷu utuqqauniqsraŋiḷḷu
sikukput allaŋŋuqsiiññaqłuni.
Qiñiġaaliaŋa Iġñaviñam,
Utqiaġvigmiu.*

**Kaŋiqługaapik**

*Tuvam siñaa allagiiguuruq sikum
maptutilaaŋa (1), payaŋaitchuaq
taiguġaat tuvvamik (2) iglauvigiksuq
nullaġvigigmivḷuniḷu, iiguaġuugaa
tuvam siñaa, sikuliaq tamanna
iiguaġutauruaq saałhaaġmatun
itchuuruq tuvamiñ ayuuqtuni
aġiñaġmatullu qiiyanaqmatullu ittuq.
Kukiḷuyunaġmivḷuniḷu tamanna
taiguġaat sikuliaviñiġmik (3) (4).
Sikuliaviñiġum tamanna
iiguavsaaġutaa aasii taiguġaalli
uiguaqmik (4) saałhaaqłuni siñaaniñ
sikuliaviñiġum. Iḷaanni
pisukataġnaiñmiuq. Qiñiġaaliaŋa
Joelie Sanguya, Kaŋiqługaapigmiu.*

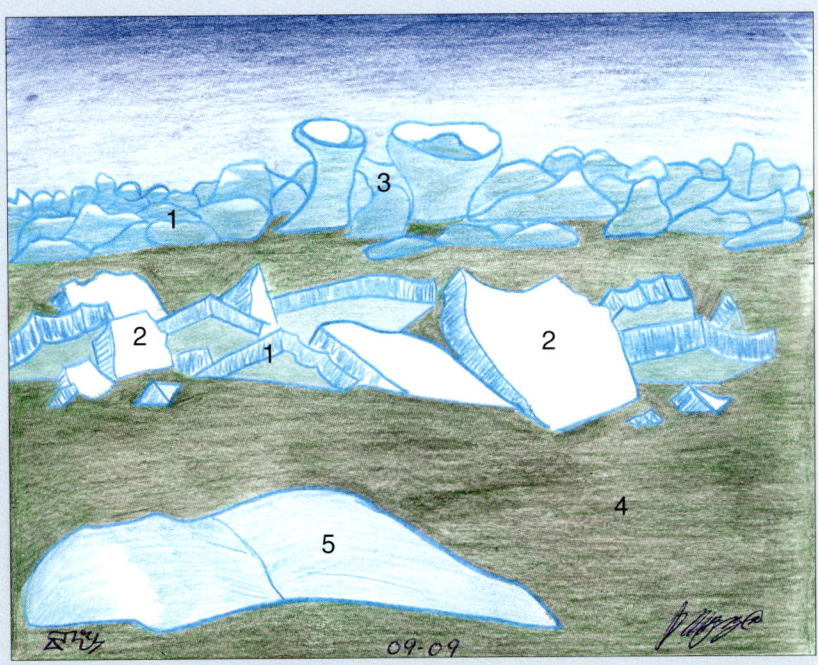

## Kaŋiqługaapik

Kangiqtugaapik iġġiñiiłłuni kaŋiqłuulaaqtuq.
Kaŋiqługniñ aniruni taġiuŋannun sikua
qaiġiitchuummiuq qanusipayaat allagiiksuat sikut
katitchuummiut atautchimun. Tamatkua qaiġiiḷaurat
puktaaġurallu ivvutiłaurat taiguġaiḷḷi maniilat-nik.
Qiqqutiŋavlutik sikuliamik qaiqsuamik taiguġaiḷḷi
maniraq [4] iglausuġnaqtuaq naŋaġaqłuni. Uumani
qiñiġaaliami qaiqsuat taiguġaiḷḷi sikutaqaq
maptupiaŋitkaluaqtuq aglaan iglauyunaqtuq. Maniiḷat
iḷaqaġuummiut sikuliam ivvutiŋiññik, (sikurataaviniq [2])
naagga piqaluyagnik (sikutaqaq [3]). Ivuniġauraŋit
siqumġurat quagrulaaqłutik aasii piqaluyait piŋutun
iłłutik upiġaami autqigaaqłutik anuġimlu puktaaniḷḷu
siqummatat [5] sikkutausuummiut. Qiñiġaaliaŋa Joelie
Sanguya, Kaŋiqługaapigmiu.

## Qaanaaq

(Qulaaniñ qiñiqtuni, alliq aasii saniġaaniñ qiñiqługu)
Tuvam siñaani iiguaq (hikup hinaa) taiguġaatli hinerut-
mik. Maptutilaaŋa nalunaitchuq (hikup hinaa) tuvami
qutchiuraqłuni iiguamiñ (hinerut), suli
aputtaqtuurałhaaqtuq utuqqauvluni iiguamiñ.
Qiñiġaaliaŋa Otto Simigaq, Siorapalugmiu.

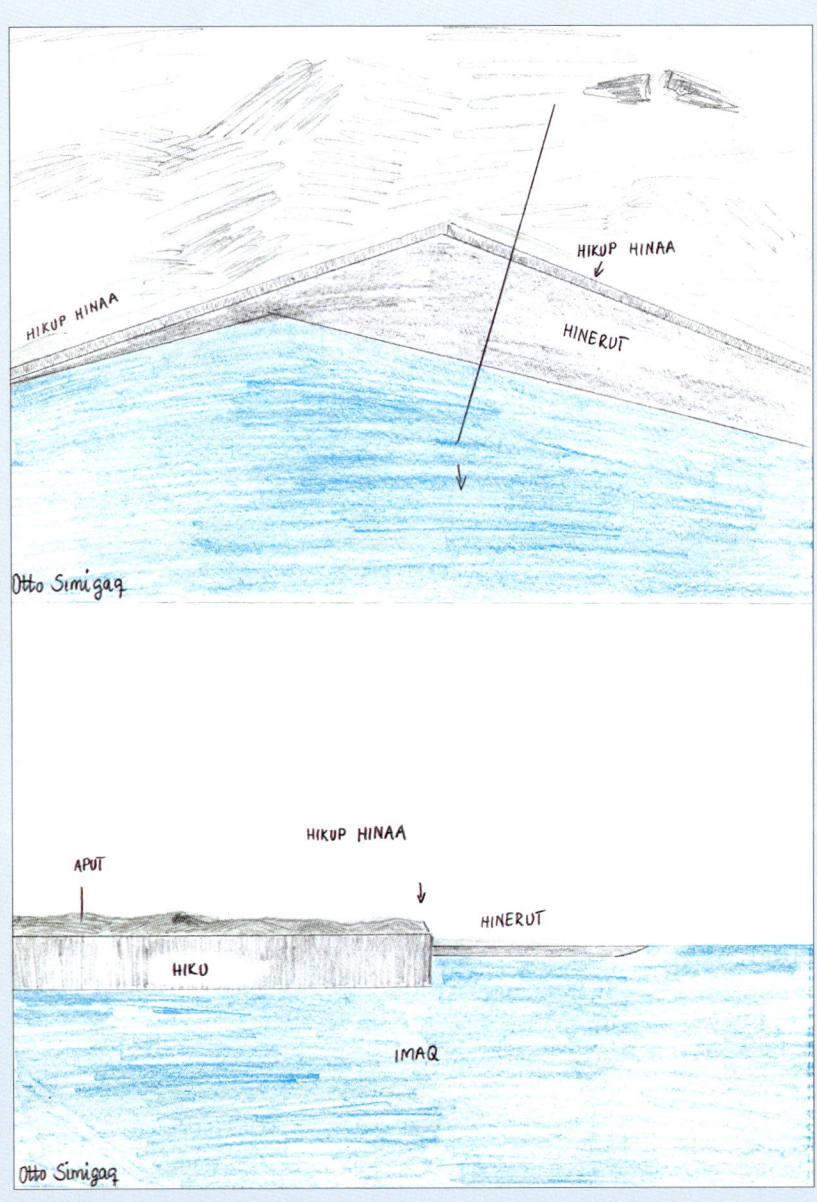

# Taġium Sikuagun Uqaluit: Utqiaġvik

| | | | |
|---|---|---|---|
| Taġium sikua | Taġium sikua | Killiŋiqsinniq | Augniġum immaktinmagit siñiŋit narvat naagga kaŋiqłuit |
| Qinuaqtaliqsuq | Sikuqqaaqsaġman taġiuq; taktuktun ilaa immam iļuani | Qaaminniq | Ulittuam immaktinniŋa |
| Sikuliuraq | Sikuqqammiaq, aġiñaqtuqsuli | Aputaiññiq | Apiŋaitchuaq siku |
| Sikuliaq | Saattuaq siku, pisukattaġnaqtuq | Qaiqsuaq | Qaiqsuaq siku ivuniġiļaaq |
| Sikuliaġruaq | Siku maptuuq anayanaitchuaq | Qaiġiiļuuraq | Siku iļaŋa qaiġiitchuuruq |
| Tuvaġruaq | Payaŋaitchuaq tuvaq | Qaiġiiļaq | Siku qaiŋitchuaq |
| Piqaluyak | Piqaluyak siku taġiuġniitchuq | Iglaunaqtuq | Iglauvigiksuaq siku |
| Puktaaq | Puktaraġaaqtuaq siku | Ivuniġaurat | Ivuniġit qutchiŋitchuat |
| Alliviñiq | Ivuniġit alliŋit immam iļuaniittuat | Ivuniq/Ivuŋit | Siku apuġman qaliġiiksitaġniŋit |
| Yuayuk | Saġvak paaġutiruak, anayanaġuuruk | Igniġnaq | Nunamun qaniłhaat ivuniġit, umiaqtuqtit naŋiaqtuuvigisuugait |
| Nigayuq | Sikuŋaitchuaq imaq aularaġaqtuam agmapkaqtaŋa | Piquniq | Ivuniġum siku qaŋattaqtitchuugaa |
| Sikuqqammiaq | Sikuqammiŋaraa | Nutaġun | Quppaq sikutqiŋaruaq |
| Augniq/Aunniq | Auktuam immaktinniŋa upiŋġaksrami | Nutaqutaq | Tuvvami quppatchauraq |
| Saġvaqturuq | Nunam nuvuġaŋisa qaniŋani saġvaturut | Uiñiq | Imaq aatchaġmauŋ |
| Killaq | Killaq augniq | Aayuġaq/Aiyuġaq | Tasiġmi naagga narvani aiyuġat ivuniļiġuurut |
| Kilautiŋaruq | Augniq sikukun tapiglautiŋaruaq | Quppaq | Quppaq |
| Allu | Natchiġum aniqtiġivia | Qimmiaġrugauraq – qimmiayaaq | Sikum nipaa tatiraġaġman qimmiaġruuratun nipatchuuruq |
| Immaktinnik | Augniġum sikum qaaŋa immaktinmauŋ upiŋġaksrami | | |
| Isuqtuq | Suaqłuulaaqtuaq imaq | | |

322

| | | | |
|---|---|---|---|
| Siqumniq | Tamalaruq siku | Kitchisaq | Puktaaġruat ikalġisat |
| Quvluŋaruq | Siku quppaulaaqtuaq | Sarri | Siku igliqtuaq akiani uiñġum |
| Aulaniq | Sikum aularuam uitqataġniŋa | Tuvaq | Siku ataruaq nunamun |
| Siñaani | Uiñim siñaa naagga taġium siñaa | Sikłaq | Sikuliqun apqusiuqtuni |
| Qaimġuq | Ulitaġaqtuaq naagga qaiḷḷiġit sikkutiqqaaŋa taġium siñaani, allagiiguuruq ukiuraġaġimman | Isuq | Suaqłuulaaq imaq |
| Nunam siñiŋa, taġium siñaa | Tuvvaq patiktinman nunam siñaanun | Iŋiuliit | Anuġaiġmauŋ qaiḷḷiġit tulaktinniŋit |
| Suġaiñŋuq | Puktaaġruat aŋiruat suġaiḷaq | Nippaq | Niġrutinik utaqqiuqtuni tuvvam siñaani |
| Puktaaġruaq | Aŋiruaq puktaaq | Irri | Qiyannaq |
| Suġaiñŋuqpak | Aŋiruapiat suġaiłłutik piqaluyaullammiuq | Ulit | Taġiuq ulitchuugaa imaq qutchiqsimmauŋ |
| Anaġlu | Aqiyyiñŋaraq siku natqanun tutaġaġimman | Taġiuqsiutikput | Taġiumiqsiuġun umiaq |
| Napaayuq | Naparuaq siku, qutchiksuaq siku nalunaiñŋutausuuruq | Palusagnaq | Kiluagnimiñ anuġim niġummaaktuam siku tulaktitchuugaa |
| Uupkaaqtuq | Navgutimmauŋ siku qaŋattaaq uupkaaġmatun | Yuayuk | Saġvaġlu anuġiḷu paaqsaaġiigmagnik |
| Siqummaġniq | Navvaŋit siqumittuam sikum | Sagraq | Mikiruat puktaat |
| Puktallaktuq | Alliviñiq tasamaŋŋamiñ puktallaktuaq siku | Nigayuqpak | Sikuŋaiññiq imasugruk |
| Miġialaaqtuq | Qiqqutiŋaitchuat ivunitchaurat miġialaaġuurut | Kurriñiq | Augniġit kasuutiŋak kuugauraq |
| *Aŋarraqtuq | Siku mumiksittuaq tununmun | Qaisaġnaq | Uŋallamiñ saġvaq |
| Muġaliq | Apunlu sikupqaurallu tipigamik aqitchuurut | Piruġaġnaq | Nigiqpagmiñ saġvaq |
| Kitchisaq | Puktaaġruat ikkalġisat | Iḷumuktuġniq | Iḷumuktuqtuaq saġvaq |

# Taġium Sikuani Taggisit: Utqiaġvigñi, iigut

| | |
|---|---|
| Atchaġnaq | Aniñmun saġvaq |
| Iḷumuktuqtuaq | Iḷumuktuqtuaq saġvaq |
| Aulaniq | Igliqtuaq siku nutqallaavluni |
| Atuagnaq | Anuġi tuvvamiñ saniñmuktuqłuni |
| Nuvuġaq | Nuvuġaq nunami naakka sikumi |
| Nuvuġauraqpak | Amisuuraq nuvuġaq |
| Iḷuliaq | Kaŋiqłuum ualiñaaŋa |
| Pituqqiq | Aġviġit puktallaguurut pituqqikun |
| Kaŋiqłuk | Tuvvami kaŋiqłuk |
| Maniḷiñaaq | Ataaqtuqtuat inilluataŋat alatkaummiruaq aġviġñun |
| Puktaaġruaq | Sikuġruaq puktaaq |
| Nigayuq | Sikuŋaitchuaq sikum qitqani |
| Uivraluktaq | Siku katakłuni palunmauŋ |

324

# Taġium Sikuagun Taggisit: Kaŋiqługaapik

| | | | | | |
|---|---|---|---|---|---|
| Siku | Siku | Sivuniŋa imġum qiqinniŋanun, taġiuġnitkaluaġli naagga taġiuġniitkaluaġli, taġium sikuata uqalua | Sikurataaq | Sikuliaq | Sikutitchauraq 2.5"-tun maptutilaaŋa |
| Qainngujuq (process); Qainnguq (result) | Qaimġuq | Cake-tun qaaruni qiñiyunaqsisaqługu savaaqaġmatun ulitaġaqtuam sikkutaa siñaani, qaiḷḷiġumlu siqiłhatitaqtuamlu, ulitaġaqtuamlu savaaŋa qiqitchaqqaaġman | Sikuliaviniq | Sikuliaq | Sikuliamiñ maptuuraqtuaq apiŋaiłłuni, sikuliaġaqtuq tuvaqtanikmauŋ, iḷaŋŋautausuuruq aasii sikuatqikłuni taġiuq iluqani sikuliallammiuq. Uqaluuŋitchuq quppat sikkutaanun, uqaluummiuq siḷam aġiñaġniŋanun sikuliami. Uqalugimmigaa aputaitchuam sikum qiiyannaŋa. |
| Qinuaq | Muġaliq | Taġium sikusaġniqqaaŋani tipiraqtuq aniulu sikupqauratlu sayaiñmatun, iḷiraqtuq qiqinŋaiłłuni, muġaliq immam qaaŋani puktaruaq | Niumattainnaq | | Qaniq sikuliam qaaŋani qatiqsiŋaruaq, sikum savaaŋa siḷamŋiḷaaq. Aġiñaġniŋata sikum qaaŋaniñ sikuaqtaġniŋa qatiqsivḷugu. Aniuvait qaaŋa taġiuqniitchuaq allia taġiuġniłługu. Qannium qaaliġmagu immiuġutaullaruaq. Ittuq apiqqamiatun natiġnat ivigaani maniġniunnii. |
| Quvviqquaq | Qinuaq (Qinu) | Qulvimmatun uqaluk ittuq (quvviq), sikuqqaaġniŋani taġium | | | |
| Qisuk | Qisuk | Taktuk avaŋŋa qiñiqtuni immam siiqsipqaqtuam taktuguutaa | | | |
| Qisuktuq | Avyuqtinniq | Siiqsipkaġniŋa taġium nalunaitchuaq qalliruni | Sikutuqaq | Maptupayaaq Sikuliaq | (1) Sikutitchiaq 2'-tun maptutilaalik (2) Sikuliaġruaq |
| Sikuaq | | Sikkutiqqaaŋata sikua maptukisuuraqtuaq payaŋaiłłuni qinumiñ, immam taġiuŋata aqiñmatun ititchuugaa. Anuġimlu saġvamlu siqumitchuugaa. Narvani sikua payaŋaiñmatun ittuq taġiugiłłuni. | | | |

# Taġium Sikuani Taggisit: Kaŋiqługaapik, Iigut

| | | |
|---|---|---|
| **Tuvaq** | | Maptupayaami sikumi. Natchiġum alluanun itchuaqtuni katchiŋa sikum immam qaaŋaniittuaq tuvaġmik taiguġaat; saanman siku alluamun itchuaqtuni imałhiñaq tautugnaqtuq. Alluami katchiŋa sikum immam qaaŋaniittuaq taiguġaat tuvaġmik. |
| **Sikutuqaviniq** | Piqaluyak | Ukiutqium sikutaa tipiraŋa samaŋŋamiñ (Pond Inlet tuŋaaniñ) piqaluyaum qaaŋa taġiuġniitchuuruq Immluġvigiksuq. |
| **Puktaaq** | Puktaaq | Puktaat qutchiguurut immamiñ, qaiŋammiut nunamiñ naagga taġiumiñ savaaq, tipisuummigai siñaanun |
| **Nillariktuq** | | Qaummaqtuaq siku taġiuġniitchuuruq iļaŋa, narvaniñ, puktaaniñ naagga piqaluyagniñ qiñiġnaġuuruq. Immagniŋa puktaat naagga piqaluyait. Quppanun qiqqutitqigmauŋ qaummaġuuruq diamond-tun iļivļuni. Narvani sikukun itchuaqtuqtuni, natqa tautuktuni tavragguuq *Nillariktu(q)*-kkun itchuaqtuqtutin. |
| **Nigajutat** | Nigayuq | Uiñiq agmapqataġman saġvam naagga anuġim (igļuataunnii uimapkallagaa) sikuliamiunnii qiqitqaaġman nigayuq qiñiġnapiksuaġuurut. Saġvaturuami suli anuġituruanni. |
| **Nigajutaviniq** | Saalġuq | Nigayuq sikuqqammiaq saatchuuruq avataaniittuamiñ sikumiñ. |
| **Kujjiniq** | Kurriñiq | Immaktinniġit (1) nunamiñļu sikumiļu, kuugaurisuurut quppanunlu allunullu taġiumi. Piqaluyagni nunami kurriñiġit qiñiġnaġummiut. Kuugaurat (2) siñaani nunam, kurriññisuurut nunamiñ auktuam taġiumun. |
| **Aukkarniq** | Aulaniq | Uitqataġvia saġvaŋata aŋalattaŋa kuugugaluaġli uiñiugaluaġman. |
| **Sarvaq** | | Kilaaġutiniq kurriñiġniġum maqigami agmapkaqtaŋa naagga immam qipivļuni maqqivigiraŋa. |
| **Killaq** | | Killat tapiglautiŋaruat sikukun, killat sikumi auktuam killaġutiraŋit. |
| **Augutiniq** | | Augniŋa sikum augutimmauŋ qaaŋaniñ sikum uyaġaktun, natchiqsun, taġium nautchiaŋisun, allallu. Siqiñġum maŋaqtaat augutisuugait. Savautaullammiuq. David Iqaqrialu quliaqtuaġmiuq kuvraŋa qiqqutimmauŋ alluami uyaġagmik augusiġñiġaa. Augutimmauŋ kuvrani naamavlugu tuuġaluaġnagu amullaksiññaġniġaa. |

| | | |
|---|---|---|
| **Aglu** | Allu | Niġrutit aniqsaaġviŋit natchiġit, ugruit, aġviġit, aiviġiḷḷu alluqallaarut. Saanŋaan siku natchiġit puivigitqigaaqługu alluŋa siqiłhatitqigaaqługu maptusiraġigaa qulaa. Kukigmignik savagaġigaat alluŋata qulaa initusivḷugu apuyyaqtuqamik. Iqaluit agmapkallammigaat nigayuuraq iñugiakłutik puuminmata kiavalukłutik. |
| **Immaktinniq** | Immaktinniq | Augniġum imaqsuliaŋit, taġium naagga nunam sikuanik quliaqtuq. Imaqsuit upinġaksrami ukiukkaluamiḷu taġium sikua nuŋuqsruġmauŋ saġvaŋata apun aġiññamiuŋ immam immaktinniq tavra. |
| **Imarluit** | | Sikum qaaŋani immaktinniġit anuġim aqiyyiññavlugit imaŋa salumaiñmatun iḷiraqtuq. |
| **Isuqtuq** | Isuqtuq | Suaqłuulaaqtuaq imaq sikum qaakkaluaŋani naagga kuugniunnii. |
| **Imaqquit** | | Matkua inmiut siñaani ulitaġaġviata quppaŋani, ulitqigaaqtuam. Immaktinniŋi quppakun immiġaġiraŋit agliraqtut aasii nuŋuqsruqługu siku qulaaniñ allianiñŋiḷaaq. |
| **Qaaminniq** | Qaaminniq | Sikum qaaŋani immaktinniq taġiumi naagga kuugni uqaluuruq. Kuugit qaamitaġałhaaqtut taġiumiñ. |
| **Kiviniku** | Sikum alliŋa | Kiviŋaraq siku. Immaktinmauŋ sikum qaaŋa immam uqumaiññiŋata kivitittaġigaa siku. Aputim suli sikum qaaŋaniittuam aġitkami siḷam uqumaiḷimmauŋ siku anmugaġigaa, taġiumi naagga nunami atiruq uqaluk. |
| **Aputainnaq** | Apigiññaŋaraq | Qaunakłaaġnaqtuq apigiññaŋammauŋ kuuk naagga quppaq. Aputim qaaŋa kataŋammatun iḷisuuruq qiñiqtuni. Anayanaqtut nalunaqsimmata payaŋaiñmatun qiññaqaqłuni. |
| | Anngiujaq | Kikiagum niaquata naagga tuutauratun aktigivlutik sikupqaurat kiavalukłutik iglaugamik aqvaluŋaaqsiraqtut. Puggutauratun aglikamik tavragguuq *Anngiujaq*. |
| **Maniraq** | Qaiqsuaq | Qaiqsuaq siku |
| **Ikkalukisaaq** | | Qaiġiiḷauraq siku. Nalunaitchuq iglauvigiruni qaiŋitchuaq. |
| **Maniilagalaak** | | Qaiġiiḷaq siku kalvinaiłłuni iglaunaqtuaq aglaan saquuqłuni pillugnaqtuaq. |

327

# Taġium Sikuani Taggisit: Kaŋiqługaapik, Iigut

| | | |
|---|---|---|
| Maniilaaq | Qaiġiiḷat | Qaiġiiḷaq siku, apqutiksramik qiñaavluni pillugnaqłuni. Qutchiksuamiñ nasitchuni iglauviksraq siġġaġnaipayaaqtuq. |
| Maniilaatualuk | Qaiġiiḷaqpait | Iglauvigigumiñaitchaŋa uniat, skituut, uniaġaqtuam unnii, pisukataqtuni pillugnaqpalliġaluaqtuq; allakun aullaġitchi. |
| Tumittuq | | Iglauviksrauŋiḷaq, nanut nunaŋat. Uqaluk taamna atuvigruuraŋitkaat. |
| Ivuniq | Ivuniq | Suġaiġut apuġmata tuvamun. Qalliġiiksinmauŋ siku tavragguuq ivunġit. |
| Tuqqujaktinniq | Piquniq | Ivuruam sikum tupiqtun iḷivlugu savagmauŋ aŋigaluaġman mikigaluaġman unnii, natchiġit alluliuġvigillaammigai qaŋattaaqaqłutik. |
| Quglungiq | Siñiġruaŋa | Ukiumi uiñiq agmagaluaqłuni qiqitqigmauŋ umitqikłuni ivutinik suli aġianiqnik nalunaiqsauvluni. |
| Nagguti | Nakkaġniq | Uiñiq siñaaniinniłłuni aglaan unani sikumi ittuq, puktaaniñ naagga nunam nuvuaniñ aullaqisaaqqaaqłuni nakkaġniġit qikinmatigit Iñuit tuvraqługit natchiġñiaġuurut. |
| Iqparniq | Nutaqutaq | Quppaq ikaayuġnaitchuaq Imaqaqtillugu, ikaayuġnaġmivḷuni qiqinmauŋ, nutaqutat qiqitqigmatigit taiguġai *Iqparnik*-nik. |
| Aajuraq | Aiyuġaq | Uiñmauŋ upinġaksrami aiyuġat umitqisuitchut, sikutqiḷaiñmigai. |
| Nuttaq | Quppatchauraq Quvluġniq | Qupiqqammiat amitchuurut aulayyaŋaiłłutik. Sikua qupigiññaqłuni aulayyaktuam qupipkaġaġigai. |
| Niiqquluktuq | Qimmiaġrugauraq | Sikum nipaa apuŋaluni aularaġaaġman. Qaiḷḷiġuġman sikut tatiraġaaqłutik nipaa tavra quliaqtuġaa. Ukium sulliñipayaaŋagun nipaa tusaġnaġaqtuq. |
| Siqummaaniq | Sagra | Sikut puktaat tiŋŋiqsiŋaiłłuni puktaraġaaqsiññaqtuat. |
| Naggurniq | Quvluġniġit | Quvluġniġit qavsiit savaaġiraġigai sikum aulayyaktuam naagga siḷagiitchuam. |

| | | |
|---|---|---|
| **Aulaniq** | Aulaniq | Taunuŋa ayuuqtuni puktaaġruat qaaŋiqługi kitchisauruat tuvvamun aulaniq ataramik qavaŋŋamiñ igliqtuq, siku iglauruaq nuna tuvraqługu tasamaŋŋaqpaaġruk taġiumiñ. |
| **Sinaaq** | Tuvam siñaa | Uiñiġum siñaa tuvvami |
| **Sigjaq** | | Nunam siñaa |
| **Qungniit** | | Quppat nunam siñaaniittuat ulitaġaqtuam savaaġivlugi. |
| **Pilagiarniq** | | |
| **Piqaluyak** | | Puktaaq |
| **Nattinnak** | | Qaiqsuamik qaaqatuat puktaat mikigaluaġlit naagga iłaŋit aŋipiaġataqtut. |
| **Piqalujagjuaq** | | Puktaaġruaq qutchiksuaq. Anayanapiaġataqtut qanittuni siqummaġmata. |
| **Anarluk** | Anaġlu | Salumaiłaq siku uyaġagniglu aqiyamiglu iłaksruutiqaqłuni siku, uyaġait katagaġvigimmauŋ piqaluyak, aasii iłaŋŋautiliġatagmauŋ uyaġaulaaq siku, salumaitchuuruq. Natqanun tutqataqtuam salumaiłisuummigaa siku. |

| | |
|---|---|
| **Uijjallaktuq** | Puktaaq nivġallaŋaruaq, tautuktuni qaiqsaŋaruatun puktaamik nivġallaŋavalliqsuq. |
| **Nuvulik** | Puktaaq |
| **Uviqtuq** | Qaaŋaraq puktaaq. |
| **Sirmik kataktuq** | Nunam piqaluyaŋaniñ iłaŋŋautauqqammiqsuaq puktaatchauraq. Taamna siku allagiigñik atiqaqtuq nunamiinŋaan taiguutaa *Sirmik*, suli Aujuittuq, immamugman aasii piqaluyauvluni. |
| **Aujuittuq** | Nunami piqaluyak, apun ukiupak auganisuitchuaq. Auganisuitchaŋa apun ukiupak aġiñaaqłunisuli taigaat Aniuvak aasii ukiutqikpauŋ sikuŋŋuqłuni. *Auyuittuq* taiguutaa, aasii apun auŋitkami sikuŋŋuqataullaruq piqaluyagmun. |

329

# Taġium Sikuani Taggisit: Kaŋiqługaapik, Iigut

| | | | |
|---|---|---|---|
| Suraktuq | Siqummaq | 1.Quanguvaluktuq<br>2.Qiqqaattivaluktuq | Nipaa aputimi pisuaqtuam siqquqtuagnik naagga qiqsragnik kamiqaqtuam, nipattuq pisuaqtuaq kamiqaġmatun qiqsranik. Pisukataqtuaq aputimi nipaa niġrutitunnii tuttu unnii. Nipaa nalunaitchuq naalaġniruni apuyyaniñ. |
| Siqummaq nilak | Siqummaqtuam navvaŋa | | |
| Aqqaumaninga piqalujaut | Puktaam allia immam iḷuaniittuaq. Piŋasuni naagga qulitununnii aŋiłhaaqtuq allia qulaaniittuamiñ. | | |
| Puktallaqtuq | Puktallaktuaq, siku immam iḷuaniñ puktallaktuaq navvaqutaugaluaġli alliniñ puktallaktuaq. | Tuvaruqpalliajuq | Sikum maptusisiiññaġniŋa; tuvaŋŋuqsiiññaqtuaq. |
| Uukaqtuq | Siku aullaqtittaŋa | Sikutattiqtuq | Sikuŋaiñŋaan siku tipigamiuŋ qaniłłuni (Iñuit qaniŋani) anuġimlu saġvamlu tipiraŋa. |
| Illaujaq | | | |
| Uiguaq     Uiguaq | Sikuliaġutaa tuvvam, uiñiġmun atavluni. Imaqpagmun iglausaġnaqtuq maptuuraġman, tavragguuq *Uiguaq*. | | |
| Agluaq     Alluaq | Iñuum iqaluksiuġvia sikumi. | | |
| Tuvaijaqtuq | Tuvaq aullaġmauŋ upinġaksrami. | | |
| Sikurluktuq | Qaiġiiḷaq siku maniiḷaqtun aglaan qaiġiiḷaq manna savaaguruq siḷagluktillugu. | | |
| Sirmik | Nunamiittuaq piqaluyak. | | |

330

| | | | | | |
|---|---|---|---|---|---|
| Qangajjaniq | Qaŋattaaq | Qaŋattaaq tuvvam siñaani. Uiñiq sikuiġutiŋaruq qaŋattaam qulaa uupkaqsiññaaq kisiŋŋuqługu; anayanaqtuq, kataktaġviginaqtuq, ukiuqtutilaaŋatun qaŋattaaqallaruq. | Kagvait | | Piqaluyaum uqaluŋisa iḷaŋat. Kaŋiqługaapigmium uqaluginitkaluaġaat iḷaŋisa atuġuugaat. Piqaluyam siḷataani katchiŋa qutchiŋitkaluaġli, Kaŋiqługaapi piqaluyak *sikutuqaq*-mik taggisiqaġaat. |
| Piturniq | | Tatqiq naaġuġman ulinniŋata qutchiksiḷgutilaaŋa suammagmatun. | Naanguaq | | Maniġaq aniuvak (iñuum narraŋatun) taġiumi tautugnaġuummiut. |
| Pukajaaq | Pukak | Qivliqsiŋaraaq apun, apiqqammiam ataaniipiksuaġuuruq. Apuyyaliugaksrauŋitchuq, aglaan immiuġvigiksuq. | Sikkujjaujuq | | (1) Immamiñ amusukkaluaqługu (umiaq, natchiq) saałłuni maptusitchiaqtuksraugaa siku; suli (2) Aġviġit apqutaiġutimmagit nigayu |
| Quasaq | Quasiraq | Quayaġnaqtuaq sikum qaaŋa. | | | |
| Quaraaluk | | Qiqinŋaraaq, quayaġnaġniaqtuq. | | | |
| Tisijualuk (tisijua, tisimat, tisijuq) | | Apipkaŋaraŋa anuġiqpaum nunami naagga sikumi, piiyaqsiġiaqtuq savigmik naagga unaamik. | Quaqtuq | | Qiqsraq, qiqitinŋaraq. |
| | | | Mannguumajuq | Mauya | Apun auktuam aqikłimmauŋ. |
| Qiluqqaijaqtuq | | Qiqiłłuni siku mikłimman qiqinnaqsimmauŋ. Nalunaitchuq siku qiqinmauŋ mikłiñiŋata quvluġuugaa. | Tisaingajuq | | Siku payaŋaiġman aqitchuuruq, payaŋaiḷaq siku quayaġnaitchuq, sikuugaluaqtuq aqitchuq. |
| | | | Siiqsinniq | Siiqsinniq | Imaq sikum qaaŋanuktuqtuaq; kuuktun maqimman taġium sikuata qaaŋanun aasii qiqiłłuni. |
| Ququttittuq | | Uitkaluaqługu umitqiqtinmauŋ (akunnakitchuami, uvlupaiññaq naagga uvlaakumman). | | | |

331

# Taġium Sikuani Taggisit: Kaŋiqługaapik, Iigut

| | | |
|---|---|---|
| **Piquarniq** | | Siku qaiġiitchuaq, uyaġagnik suaqługnik ulitaġaqtuam sikkutikamigit qaiġiiḷiraġigai, ukiupak agliḷḷagaqtuq. |
| **Tujjaanaqtuq** | | Uniaġatuaġmata sikumi sikum qaaŋa auksaqqaaġmauŋ immaktinniġit natqani siku ipiksiŋaraqtuq qimmit aasii aluŋit kiḷḷiaqługit. |
| **Akia** | | Aanitchiani, uiñiqaġman aasii akiani qiñiġnaqłuni siku qanitkaluaġli naagga uŋasikkaluaġli aglaan qiñiġnaqtuq. |
| **Tuvaqtaq** | Puktaaq | Puktaaq piqaluyaugaluaġli maptugaluaġli umiamik qakinaqtuq. |
| **Puktaila** | Miġialaaq | Ivuniġit ataaniñ navgutivluni siku puktallaktuaq, qaiġuurut tainnasit immam ataaniiłutik. Upinġaksrami tautugnaġuurut. Anayanaqtuq miġialaaġman. |
| **Punnirniq** | | Apun aġiñŋaruaq taġiumik, lard-tun qiññaqaġmatun. |
| **Masangniviniq** | | Aputtaqtumman sikum qaaŋa uqumaiḷivḷuni siku anmuktinmauŋ immaktitchuuruq, apun aġittaŋa qiqinmauŋ tavragguuq *Masangniviniq*. |

| | |
|---|---|
| **Aputaangajaaq** | Muġaliqtun aqisuuraq siku naaqpauraq tuuġutillaktuni anmuguktuq, ukiuqtutilaaŋatun qiñiġnallaruq. |
| **Aqilluaqtuq** | Sikuqqaaġmauŋ sikuliaq iglauyunaġuuruq, aasii apimmauŋ sikuŋa aqiġḷisuuruq anayanaqsivḷugu, sikuliaq apimmauŋ uquqsaġmatun siku pigamiuŋ aqikłisuuruq. |

# Taġium Sikuagun Taggisit: Qaanaami

| Term | Variant | Definition |
|---|---|---|
| Hikuapajaannguaq | Sikuqqammiaq | Saanniqsraq siku taġiumi naagga narvani |
| Hikuaq | | Sikuqqamiaq maptusiuraqtuaq, taġiumiḷu narvaniḷu. Saluaġmauŋ quayaġnaqtuq. |
| Anngiuhat | Kiapku | Qaiḷḷiġum siku aŋalanmauŋ aulataġivlugu aqvaluqsiḷḷagaġigaa siḷaavyaktun iḷivḷugu aŋigaluaġli mikigaluaġli. |
| Qinuaq | Qinu | Anuġim sikupqaurat siqumillagaġigai mikḷivḷugit aputitunkavsak. Anuġim tipiraġigaa nunam siñaanun, nunam siñaani naagga unani taġiumi itchuuruq. Aputitun qiññaqallaruq immami, tugmaġnaitchuq qinuaq. |
| Qinorruaq | | Qinuatun maptuuraḷhaaqłuni umiaqtuyuġnaitchuq, tugmaġnaiñmiuq. |
| Hiku | | 1)Taġium sikua, 2)narvat sikua, suli 3)ais kuriimlu |
| Hikuliaq | | Sikuqqammiaq taġiumiḷu narvaniḷu iglauyunaqtuq. Quayaġnaġmiuq. |
| Haard"dloq | | Saattuaq sikuqqammiaq, iglauviginaitchuaq. |
| Eqinnikkalaat | | Qinuaġlu saattuaġlu sikut siquminmagi saakłiraġigai qaummałuktun navguluulaŋaruatun qimmit aluŋit kiḷiḷḷagai, iñuitunnii kiḷiġvigisuummigai. |
| Hikuliamineq | | Sikuliaq maptusiruaq, sikuliaq maptusimmauŋ kanipialaitkaa qaaŋagun. Quayaġnaiñmiuq, iglausuġnaqtuq. |
| Maaneq | | *Qinorruaq*-tun aglaan unanisaaq taġiumi piruaq, siqumniġit quppam iḷuaniittuat naagga uiñiġmi sagrat qiqqutimmagit maptusivsaaqługu. |
| Hikuuhaq/ Hikuuharraaq | | Utuqqaq sikkutauŋaruaq sikuqqaaġmauŋ-qaŋa, apuyyiññagaa (agiuppineq) naagga apisiññaŋaruaq |
| Angnerruartorng | | Ukiuqtutilaaŋatun sikuiḷaitchuaq; upinġaksrapak auŋitchaŋa aasii sikkutauvsaaqłuni |
| Hikuuhaq | | Samaŋŋamiñ qairuaq maptuupiaq siku, piqaluyaullammiuq |
| Qainngoq | Qaimġuq | Ulitaġaqtuam sikkutaa taġium siñaani, qaiḷḷiġum unnii maptusisuugaa |
| Kussineq | | Kuugauraq nunamiñ taġiumun maqiruaq. Imaq maqiruat qaimġum qaaŋagun naagga puktaam. |
| Higgat | | Akunġanni qaimġumlu taġiumlu sikuata. Sikut agliḷḷagaġigai qaiḷḷiġumlu ulitaġaqtuavlu; navyaatun ittuq (ikusiktun naagga argaum navyaaŋatun) nunamiḷu taġiumiḷu; narvaniqługni ulitaġaqtuani itchuummiu, taġium siñaanipiksuaq |
| Higgard"dluk (Puttaaq) | | *Higgat*-guuq iglausuġnaiġmagit nunamiñ taġiumun upinġaksrami taiguutiŋat *higgard"dluk*, tamatkuagguuq puktaagummiut |
| Qunnerit/Quppat | | 1.Agmaniŋa quppam aŋiruak sikuk akunġagniittuaq siñaata quppaŋani; 2.Quppat qanusipayaat nunam piqaluyaŋiññi. |

# Taġium Sikuani Taggisit: Qaanaaq, Iigut

| | | |
|---|---|---|
| **Aluktinneq** | Augniġit | Immaktinniq quppat qaaŋagun; upinġaksrami augman immaktitchuugai, auktuam immaktinniŋa tavra *Aluktinneq*, augutimmauŋ aasii uyaġak tavrali *Hilasuanneq*. |
| **Qauksuanneq** | | Imaiġmauŋ taġiuq tuvaq anmuktitchuugaa, aasii tuvaq naqikłivluni ulitqataqtuam quppaŋanun kaliviłłuni, ulinmauŋ aasii naqikłiŋaruaq siku puktallaŋiñman ulittuam qaamirvigivlugu, qiqinnami tavra *Qauksuanneq*, taġiumiļu narvaniļu sikuuruq. |
| **Hilaksuanneq** | | Immagman avataa uyaġaum taġiumiñ nuimaruam naaggaqaa ivuniġum avataa, aumasuuruq naagga qiqumasuuruq; tainnallaruq taġiumi naagga narvani. |
| **Qaaminneq** | | Niġrun alluamiñiñ puimman siqiłhatitchuuruq aasii qiqiłłuni, tavragguuq *Qaaminneq*. |
| **Maneraq** | | Qaiqsuaq siku; qaiqsuat ayuuġnaqtuat taavuŋasaaq. |
| **Maniilakkalaaq** | | Qaipiaŋitchuaq; qaŋattaligaġviqaqtuaq siku; qimmiit payaŋitkaat. |
| **Maniilaq** | Maniitchuq | Qaiġiitchuaq siku; uniaġaġnaqtuq aglaan. |
| **Maniilarraaq** | | Qaiġiiļaq siku; iglausuġnaitchuq uniaġaqtuni. |
| **Putsinneq** | | Imaq aputilik apiŋaruam taġium sikuata qaaŋani; *agiuppineq*-mi itchuuruq. |
| **Immatsinneq** | Immaktinniq | Immaktinniq apiŋaruam qaaŋagun taġium sikuata |
| **Qud"dlunneq** | Imuniq? | Ivuniuraaqsaqtuam tinuuqtaa siku piġitiłługu qunmun navigmiñagulu |
| **Aukkarneq** | Auktinniq | Imaq tuvvami savaaŋa sukaruam saġvam nuŋuqsruqługu sikum ataa; nigayuugaluaġmauŋ naagga quppaq, anayanaqtuq. |
| **Aputainnaq** | | Apimmauŋ uiñiq iluqani, anayanaġnigaat. |
| **Harv'vaq** | Saġvaq | Saġvaq |
| **Ainneq** | Saġvaq | Saġvaq |
| **Nujaarneq** | | Malġuk uiñiġik saniġaqłiġiikłutik ikaaġnaqłunisuli sikukun. |
| **Ikaarraut** | Ikaarrak | Quppaq akunġagni malġuk nunnak kaŋiqłuuk ikaaġnaqtuaq (iļuliam sikuakun) |
| **Nutarng"neq** | Naqtuġniq | Quppaq taġium sikuani agmaŋaitchuaq, qupiŋaruaq qaummałuktun, agmaŋitchuq. |
| **Aulaneq** | | Siku navgutimman aasii aullaqivluni, mikiruat unnii aŋiruat unnii. |
| **Imartaq** | Imaq | Uiñiq taġiumi qinuaŋaiñŋaan uiñŋaruq |
| **Imartamineq** | | Uiñiq qiqqutimmauŋ |

334

| Term | Alt | Description |
|---|---|---|
| Aulassanneq | | Siku auyallagmauŋ quvluqłuniḷu, aullaŋiłłuni aglaan |
| Hinaa | Tuvvam siñaa | Tuvvam siñaa |
| Hinerut | | Sikuliaq tuvvamiittuaq kukiḷugnaqsiŋaruq. |
| Tinumihaartoq | | Siqumniġit tatiraġimmata aulavlutik nipiŋat (qaiḷḷiġum) |
| Nagk"gornerit | Iḷaŋŋaqtuqtaŋa | Tuvvamiñ iḷaŋŋaqtuqtaŋa, ukiumiḷu upinġaamiunnii |
| Puktaat | | 1) Siku siquminman puktaalisuuruq; 2) puktaat iḷaullammiut quppani siñaaniittuani |
| Hiku ivuhoq (ivuneq) | | 1) Siku ivummauŋ qutchiksivḷugit; 2) nunamun qaatqutallammiut ivuniġruat |
| Haliunneq | | Ivuŋit saliaktuam savaaŋit, *paaqtuat*-ŋiḷaaq. |
| Auttoqqunneq | Killautiniq | Maŋaqtuaq augutimmauŋ kilautivluni sikukun |
| Ad"dlu | Allu | Niġrutit aniqsaaġviat |
| Kid"dlaq | Putu | Sikumi putu; allaniḷu putut – qirugni, uyaġagni, suni. |
| Kid"dlinneq | | Sikuqqammiaq qaiqsuaq quppani sikkutauruaq nunamlu sikumlu akunġanni, siñaata quppaŋaniunnii |
| Agiuppineq | | Apun sikum qaaŋani naagga qaaŋani supayaam, siqquqtuaq apun qimuagruktinŋaruaq naagga aqvaluŋaaqsivḷugu (narraŋatun) anuġim apiŋaraŋa |
| Qimiagguk | | Aniuvak qamanaaniittuaq; supayaaq qamaniġmiillaruaq. |
| Qangattineq | Qaŋattaaq | Apun naagga siku qaŋataruaq immam qulaani (quppam qulaaniḷu) |
| Nunarrak | | Natchiġum apuyyaŋa. |
| Apuhineq | Aniuvak | Qamaniŋani apiniq; natchiġit apuyyisuurut innasimi aputimi; qaaŋa tugmayunaqtuq pisukataqtuni aglaan natchiġit apuyyivigisuugaa ataani. |
| Qaleriigginneq | | Sikut apuġmata aasii qaliġiiksiłłutik qaaŋaniñ nalunaġuurut iḷaanni, puturuni aasii iḷitchuġivluni qaliġiiksinŋatilaaŋit. |
| Kakiat"toq (hoqqoriggoq) | | Isuitchuaq imaq; salumaruaq imaq. |
| Ihoqtoq | Isuqtuq | Suaqłuuruaq imaq; isuqtuq imaq. |
| Hermeq | | Puktaaġruaq auyuiḷaq. |
| Nilak | | Piqaluyak naagga nalvamiñ taġiuġniitchuaq siku; imiġiksuaq. |
| Iluliaraarruk (sermermiit) | | Puktaakuluuraq |
| Kassut | | Siqumniġit puktaat naagga sikupqaurat savaaŋa aŋirualuum puktaam siquminman |
| Iluliaq | | Puktaaq |

335

# Taġium Sikuani Taggisit: Qaanaaq, Iigut

| | | |
|---|---|---|
| Iluliaq napajungaq | Napaayyuk | Napaayyuk siku |
| Iluliarraaq | | Aŋiruapiaq puktaaq |
| Anard'dloq | Anaġlu | Suaqłuulaaqtuaq siku |
| Natsinnaq/ Natsinnaraaq | | Sikuqpapiaq qutchiłak, qulaata qutchiktilaaŋa atigaluaqtuq aglaan qaapiaŋa qaiŋitchuq. |
| Natsinnaarruk | | *Natsinna*-tun aglaan qaaŋa qaiqłuni quvluŋaiḷaaq. |
| Uukkartoq | Uupkaaqtuq | Qaŋattaaq navigman ataiqłuni; uupkaaġman; piqaluyam auyuiḷam iḷaŋa uupkaaġman. |
| Ihittoq | | Iñuk naagga qimmiq imaaġman; puktaaq siquminman immamun. |
| Oq"rad"dlattoq | | Puktaaq uvaaġman. |
| Putad"dlartoq | | Puktallagman supayaaq immam iḷuaniñ. |
| Itsineq | | Umiam naagga puktaam allia imam iḷuaniittuaq. |
| Qeqquat | Iŋalugaaluk | Iŋalugaaluk |
| Immap naqqa | Taġium natqa | Taġium natqa |

336

# Taiguutiŋi Sikum Maptutilaaŋagun

| | | | |
|---|---|---|---|
| Tiŋŋivigmiñ | Hikuapajaannguaq | Sikuqqammiaq | 0 – 5 mm |
| Amiġaiqsivigmun | Hikuaq | | 0 – ca 5cm |
| | Anngiuhat | Kiapku | 0 – 2 cm |
| Sikkuvik | Qinuaq/Qinorruaq | Qinu | 2 – 15 cm |
| Sikkuvigmiñ | Hiku | Siku | 5 cm + |
| Nippivigmun | Hikuliaq | Sikuliaq | ca 5 cm |
| | Haard"dloq | | 1 mm – ca 5 cm |
| | Eqinnikkalaat | | 0 – 5 mm |
| | Hikuliamineq | | 5 – 50 cm |
| | Maaneq | | 50 cm – 2 m |
| Umiaqqavik | Hikutoqaq<br>Hikutoqarraang | | 50 – 150 cm |

ca=miksrautchaqługu

340

Uuma makpiġaam kaŋiġigaa savaaq naanŋaruaq *Siku-Inuit-Hila* (Sea Ice-People-Weather) savaaguŋaruaq Utqiaġvigñi (Barrow, Alaska); Kangiqtugaapigmi (Clyde River) Nunavutmi Canada-miittuami; suli Qaanaami, Kalaałłit Nunaanni, 2006-miñ 2010-mun. Sivuniqaŋaruq *Siku-Inuit-Hila* savaaq atautchimuktitchaqługi Inuiḷḷu, Iñupiallu, Inughuiḷḷu, suli qimilġuurit ullautiruat uqaqatigiiglutik iḷisimmatimignik, apqusaaŋaramignik, suli iḷitchuġisaqłutik taġium sikuagun iḷisimaruaniñ. Iḷauŋaruat savaamun atiŋit aglausimarut makpiġaam uuma sivulliqsaaŋani. Nuimaruaġiłhaaŋagikput kaŋiqsiḷḷuataġukługu iñuiḷḷu taġiuvlu sikua qanuqigiiksitchuutilaaŋak avanmun irrituruam sikuani – amikii qanuq taġiumi iñuusuuruat taġium sikua kaŋiqsimavarruŋ suli qanuq atuġuuvarruŋ? Tavra aullaqirugut, allakaaġiigñik savaaqallavluta allakaaġiigñik kaŋiqallaavluta qanuqitilaaqsaaqsigiput taġium sikua qanuġlu atuġuutilaaŋannik iñuŋiññun nunallaat taapkua piŋasut suli allaŋŋuġniŋa taġium sikua nalunaiqsaqługu, qanuġlu allaŋŋuutaata aksiatilaaŋit iñuit, suli qanuq iñuit iliŋit paaŋatilaaŋat tamanna allaŋŋuqtuaq. Una makpiġaaq atausiuruq qimilġuugapta savaapta taŋiŋisa. Tainna savaaġiyumasaqługu isagutiŋaitkaluaqtugut isagutisaqaptigu savaaqput aglaan savaqatigiiktilluta qavsiñi ukiuni tainna isummiqsauŋarugut. Una makpiġaaq *Sivuniŋa Sikum Sikuata* iñiqtauŋaruq iḷitchuġivluta nuimatilaaŋanik siamittuksrautilaaŋanik qanutun iḷisimmataat iñuit suli qanuq iḷimmagaan siku, qanuġlu atausiŋŋuqatausuutilaaŋannik sikumun atuqsiññaqtuaġaluaġnagu, qanuq ittualiuqsiññaġaluaġnagu, qanuq ukium sulliŋagun allaŋŋuġaaġniŋa qiñiqsiññaġaluaġnagu, suli qanuq allaŋŋuŋatilaaŋa qiñiqsiññaġaluaġnagu. Itiruaq iḷisimman kisimi inŋitchuq, aglaan sivuniŋit iñugiaktut sikum sulliñipayaaŋisigun taputivlugit taapkua uqausiġisukługit makpiġaamun pituktavut Aimaaġvik, Niqit, Atanġiññiq, suli Savalġutillu Annuġaallu. Uuma makpiġaam piviksriġaatigut uqausiġiyumiñaqsivlugu sunik sivuniqaqtilaaŋa siku uvaptinnun, qavsiḷḷu allat sivuniŋit iñugnun tamaani sikumi iñuuruanun.

Una avgutaa makpiġaam qiñiqtitchiruq savaamik Siku-Inuit-Hila-mik sunik qimilġuuŋatilaaŋiññik suli sut qimilġuuŋaraŋit iḷauŋisilaaŋiññik makpiġaami *Sivuniŋa Sikum Sikua*-ni. Allat makpiġaaliat taiġuaquyumagivut qiñiqtuallu qiñiqtuaquyumagivut atuŋaravut *Siku-Inuit-Hila* savaaġikaptigu, aglausimarut aquani makpiġaam, allatigulli qiñaaruat savaaptinnik uqaluŋit, qanuġlu sivuniqsiŋatilaaŋalli qimilġuuŋaraptinnik, suli uqausiġivlugu qanupiaq qimilġuuŋatilaaptinnik.

Sutiĝun

Savaami *Siku-Inuit-Hila*-mi savaqativut simmiqsuutiŋarut iḷisimmatimignik taĝium sikuagun malĝuuktigun simmiqsuutikun: (i) ullautillaavlutik piŋasunun nunaaqqiuranun sikumullaavlutik iḷitchuĝisaḷutik sunik iḷisimmatiqaqtilaaŋiññik qanuĝlu atuĝuutilaaŋa taĝium sikua inillaaŋiññi; suli (ii) iñiqsivḷuta savaqatigiiksranik iḷisimaqpaktuanik taĝium sikuanik taapkunani nunaaqqiḷḷaani kasimallaaruksranik uqausiĝisaĝlugu iḷisimmatiktik taĝium sikuagun suli savaaĝilugit savaaksrat nunauraliuĝnikun naaggaqaa aglautilugit uqaluurat atuĝnaqtuat taĝium sikuagun uqaqtuni, utuqqanaat uqaluŋit pituglugit, qiñiĝaaliuqtitchilutik, suli kaŋŋiulluataĝlugit iḷitchuĝiratik qimilĝuukamik.

Ullautillaakamik nunaaqqiḷḷaamignun iglauvigillaaraġigaat taġium sikua, naipiqtuqługu, qanuqiḷiuqługu taġiuŋata sikua, suli iḷitchuġiniaqłutik qanuq atuġuutilaaŋanik. Ullautiraġaqamik tavra taġiumugaqtut, katiłłutiglu nunaaqqimi uqausiġivlugu taġium sikua, suli isiqattaallaavlutik iḷammiuqłutik. Ullautiraġaqamik allallu nunaaqqim iñuŋit kasimaqatauraqtut kasimaqatigivlugit qimilġuurivullu iḷisimariḷḷu. Inughuivullu Inuvullu Iñupiallu iḷavut ullautiraġaqamik piviksraqaġaqtut atuġumiñaqlugu iḷisimmatiktik taġium sikuagun allamiittuamun sikumun suli atullasivḷugi iḷitchiqqammiatik iḷisimmatitik, suraġautchit, savalġutit, suli qanuq qiñaaġisuuratik allauługu qiñillasivḷugit ilimik apqusaaŋaramigniñ. Qimilġuurit ullautiruat piviksraqaġaġmiut iḷisaaqtik inipiaŋani qiñillasivḷugu, iḷisimmatiŋit nunaaqqiġmiut iḷisaġvigillasivḷugu, suli qaitchiḷḷasivḷutik iḷisimaraġmignik taġium sikuagun. Iluqaġmigaglaan simmiqsuutiviksraqaŋarut supayaatigun, iluqaġmik savaqativut taġium sikułhiñaŋagunnjilaaq aglaan suraġalguniġmiktigun, quliatuatigun, mitaaġutitigun, annuġaatigun ('atigin uuktuaġumiñaqpigu?'), savalġutitigun, piuraaġutimiktigun, qiñiġaatigun, atuutitigun, aŋayuunnatigun, niqitigun, allatigullu.

Atautchimukkapta taġium sikuani nunaaqqiuraniḷu (uqausiġigaluaġmiñagit mitchaaġvigñi suli nullaġvigñi apqusaaqtavut) iḷitchuqqutiptinnik simmausiutiraqtugut niġiugiŋisaptigun. Kaŋiqługaapigmiut atullasiŋarut anuliuġniġmik iḷisamignik Qaanaaġmiuniñ. Iḷavut tavra aglaurriliqtuuraġaqtuq qanuq maktagmik atuqłuni niqłiuġniġmik Utqiaġvigmiuniñ (aullasiġñiglu uamittuni!). Iglauqatigiikłuta avilaitqatigiiksilluataġaqtugut savaqatigiit qanuq savaqatigiit atautchimunmuutiqaqłuta avanmun. Tainnamik sivunmugummatiqaqtitkaatigut savaaptinnik, qanuq iluqata uvaptinnuġruiññaq savaŋaiqsugut naaggaunnii iḷisimman kisian sivuniġiŋaiġikput aglaan avanmun ikayuutiliqsugut. Iluqapta tunulliḷiqsuutirugut, aasii iñiqsiyumaaqsikapta Sivuniŋa Sikum-mi, iluqatik savakpaŋarut savaallaamignik qanuq qiksiksrautiqaqłutik immali allat qaitchirualli isummatigivlugit.

Utqiaġvigñiḷi iḷisimaruat savaktit aullatiŋagai Joe
Leavitt-gum, aasii Joelie Sanguya Kaŋiqḷugaapigmi,
aasii Toku Oshima-li Qaanaami. Taapkua aŋuniaqtillu
utuqqanaallu piyummatiqaqpakḷutik kasimaraqtut
savaaq taamna iglaupkaqḷugu uqausiġivlugulu pitukḷugi
makpiġaanun sut uqausiġiratik taġium sikuagun
(uuktuutigilugu, taġium sikua qanuq itilaaŋa tavrani
tatqimi qaŋaniñ allauniŋa uqausiġivlugu, taġium
sikuata suraġaġniŋit uqausiġivlugit, sut anayanaqsiruat
nalunaiqḷugit, aŋuniaqtuat qanuq iglauruksraŋit
uqausiġivlugit, tainna, tainna). Sunik uqaġniaqtilaaqtik
sivunniuġutigiraġigaat iluqatik. Aquvatigun, iluqatik
savaktuat taaptumani savaami sivunniuqtut
makpiġaaliuġukḷutik taimani aqulliġmi ullautigamik
Kaŋiqḷugaapigmun 2008-mi, taapkua iḷisimaruat
savaktit sivunniuqtut sisamanik uqausiġiraksranik
makpiġaaksrami: Aimaaġvik, Niqit, Atanġiññiq
(iglauruni), suli Savalġutillu Annuġaallu. Tavra malġugni
ukiuni taapkua iḷisimarit, ikayuqsiqḷutit iñugiaktuaniñ
nunaaqqiḷḷaamigniñ iñugnik uqausiġigai, aglakkai,
qiñiġaaliuġai, nunauraliuġai, qiñiġaġai suli qanuġlimaa
qaaŋiqsitchumiñapayaaġamiktigik qaaŋiqsitkai
iḷisimaratik taapkunuuna sisamatigun
uqausiġiaksratigun makpiġaami qaaŋiqsitchuktavut
taġium sikuagun – sumik sivuniqaqtilaaŋanik iñugnun
iñuuruanun taġium sikua atuqḷugu.

Iḷisimarit savaqatigiiksuat aglautiŋagai iluqaisa uqausiġiŋaratik savaktiqaqłutik savaaqaqtuamik aglaurriñiġmik pituktitqaaqługi uqaluŋi pitugvigmun aasii uqaluŋit aglautivlugit taniktun (Maakulu Nancy Leavitt-lu Utqiaġvigñi, Igah Sanguya Kaŋiqługaapigmi, Toku Oshima-lu Poul Alex Johnson-lu Sansue Jensen-lu Qaanaami). Savaaksraq taamna iglauŋŋaan Shari Gearheard iḷauŋaruq kasimapayaaġmata iḷisimarit Kaŋiqługaapigmi Gearheard-lu Lene Kielsen Holm-lu ullautiŋaruk kasimaruanun iḷisimariñun Qaanaami malġuiqsuaqłutik malġuugnun savaiññiqsun sivisutigiruanun 2009-mi aasii Holm utiŋaruq Qaanaamun 2012-mi kasimmatigisaqługi savaktillu qaitchiŋaruallu makpiġaaliaksraq qimilġuusaqługu. Henry Huntington-lu Andy Mahoney-ļu ullautiŋaruk Utqiaġvigñun iļausaqtuqłutik kasimaruanun atausimiļu malġuugniļu uvluni kasimaruani 2008-mi, 2009-mi, suli 2010-mi.

Iḷisimarit qimilġuuŋagaat iluaqsruqługulu savaaqtik. Uuktuutigivlugu una, uqaluurat taġium sikuatigun atuġnaqtuat kasimallaakamik nunaaqqiurani aglautiraġigai aasii avanmun taiguaqtillaavlugit. Aasii savaqatigiiḷḷaa iliktik savaaqtik iḷuaġaluaqtilaaqługu, naamagaluaqtilaaqługu, aglautilluatanagaluaqtilaaqługu supayaaq iluaqsruġnaġumiñaqtuaq iluaqsruqługu, iḷaanni iḷitchuġivlutik sunik minitchiŋatilaamignik allat nunaaqqiurat aglaaŋit qiñiqtuaqqaaqługu. Qiñiqtualiuqtit-suli uumuŋa makpiġaamun qiñiġaaliatik

iluaqsruŋammigai uqautiqqaaqługit Utuqqanaallu iḷisimarillu, aasii Kangiqtugaapigmi savaktit qiñiġaqtinŋarut qiñiqtualiuqti iḷisimatquvlugu qanuq makitasuunaqtilaaŋat, naaggaqaa savalġutimik atuqamik qanuq qiññaqaġuutilaaqtik, naagga supayaaq sukuluuraugaluaġli ikayuutauyumiñaqtuaq qiñiġaaliuqtuanun taġium sikuani aŋuniaqtuanik. Kangiqtugaapigmiļu Qaanaamiļu miqłiqtut miŋuaqtuqtit uqausiġiŋagai iglauniqtik taunani taġium sikuani aasii qiñiġaaliuqłutik quliaqtuaġiramignik aasii *Sivuniŋa Sikum-mi* makpiġaami iḷauvlugit. Qaanaamiļu Utqiaġvigñiļu iḷisimarit siḷakkuaqłutik uqausiġiŋagaat uqausiġianiktamikkun tusaasukłutik, tusaavsaaġukłutik suli iñuit qanuq allanik isummatiksranik piqaġasugalugit. Taaptumani savaami taŋŋiŋarut uqaluŋit, allagiiñiñ uqaluit atuqługit, iḷisimariniñ, avanmun uqausiġivlugit sut naaggaqaa uqausiġiramiktigun taġium sikuagun, ullautiruat qimilġuurit apiqqutiŋikkun, suli avanmun uqausigiraŋiññiñ iñugniñ nunaaqqiuraniñ, utuqqanaaniñ, nunaaqqiuruaniñ, qiñiġaaliuqtiniñ, suli nutaġaalugniñ. Utqiaġvigmiut aglakpaŋarut. Qaanaaġmiut nunauraliuqpaŋarut, qiñiġaaliuqłutiglu qiñiġaaniglu qaitchivlutik. Kaŋiqługaapigmi sut uqausiġiratik qiñiqtualiuŋagait suli qiñiġaaliuqłutik. Qanuq naammiaġiiksinniaqługit qaitchaŋit savaŋaitkivut aglaan piviksriļļaavlugit qaitchiviksraŋat atunim nunaaqqiļļaam qaitchuktaŋa iniksraqaqtiłługu iliŋisa qaitchuktamiktitun.

Ilimik sivunniuqłuni suna savaaġiruni naapiallakługu suna uqausiġianignaiłłuni piuq. Naaggaunnii nunaaqqim iñuṇit iluqaisa isummaalaitkivut iluqaisigun qaitchaptigun quliaqtuatigun, iḷisimaraksratigun, qiñiġaatigun, suli isummatitigun iluqaisigun uqausiġiraptigun uumani makpiġaami. Iñullaam isumaṇa kisian qiñiqtitkikput, qavsisigun uqausigiaksratigun, aasii qimilġuuqługit nuimaruaġikkaṇi kisian taapkua iñuit tavraniittuat. Uqautikaptigit iñugiaktuat avilaitqativut, iḷavut, naaggaqaa savaqativut, maniravurguuq uumani makpiġaami iłuaqtuakuaŋanasuginaqtut qanuq isummatigisuutilaaŋat taġium sikua taapkunani piṇasuni nunaaqqiurani. Tainnaitkaluaqtuq, allatigun isummatiqaqtuanik iñuqaqpaluktuq taaptumani makpiġaami inṇitchuanik, sulliñġaṇit taġium sikuata uqausiġiṇitchavut suli ilisimmatillu qanuġlu allatigun atuġnaqtilaaŋa taġium sikua uqausiġiṇitchaqput, naaggaunnii nalliummatit uuktuṇisavut. Tainna iñullaa qiñiṇavlugu kisian tavra sivunġa sikum nuimagiłhaaŋagikput suupiaqtilaaŋa siku kaŋṇiuġnialasiññaġaluaġnagu.

351

Sutigun

Tainna taġium sikuanun ullautiraġaġaluaqtugut savaqatigiikkumiñaqtuanik qimilġuuriksraqłutalu Siku-Inuit-Hila-mi savaaġiŋammigikput iñiqsivłuta nunaaqqiḷḷaani qimilġuuriksranik taġiumik taapkunani piŋasuni nunaaqqiurani. Andy Mahoney, savaqatigiit taġium sikuanik iḷisimariqpaŋat, nunaaqqiuramiḷḷu iḷisimaruaŋiññik iḷaalliqłuni, iñiqsirut savayuġnaqtuamik payaŋaitchuamik savalġutiksraŋannik, qirugnik pauktuqługu siku, pittuqivługit alġuranik quaqsaaġautinun ataruanik, tainna naipiqtuġniaġaat taġium sikua apullu suraġaġniŋik naipiqtuġukługik siqumitchaġniŋanun qaaŋaniñ alliqpiaŋanunaglaan. Nunaaqqiġmiut iḷisautiŋagait qanuq nappaġnaqtilaaŋiññik sikuqqaaqtuġlu, Savaiññik akunnituaŋanni aulanipayaaŋa naipiqtuqługu suli siquminmivługu siku siqumitkaqsimman anayanaqsimman iglauniksraq sikukun. Qanuqitilaaġutinik iḷitchuġiraŋisa iḷisimapkaġai taġium sikuakun savaqatigiit aasii savaktit iḷitchuġipkallasivługit taġium sikua qanuqitilaaŋanik. Nunaaqqiurani naipiqtuqtiniñ iḷitchuġiraŋisa savalluatapayaaqtillasiŋagaat qaunaksriñiq sikumik.

Savaaq Siku-Inuit-Hila manniŋagaat U.S. National Science Foundation-gum (Nalunairrutaa NSF award BCS 0624344 "HSD: *The Dynamics of Human-Sea Ice Relationship: Comparing Changing Environments in Alaska, Nunavut, and Greenland*") aasii aŋalatkaat National Snow and Ice Data Center (NSIDC), Cooperative Institute for Research in Environmental Sciences (CIRES), University of Colorado Boulder. NSIDC-tkut qimilġuuriŋat Dr. Shari Gearheard, savagviqaqtuaq Kaŋiqługaapigmi, qaukłiuŋaruq qimilġuuruani savaaptigun. Iñugiaktut tunullisiqsuqtillu manniqsiruallu ikayuutaupiallaktuat iñiqsiñiġmun uumiŋa makpiġaamik *Sivuniŋa Sikum-mik*. Atiŋit paqinnaqtut avgunmi taiguivigmi qaitchiruanik.

*Siku-Inuit-Hila* savaaq nauŋaruq qimilġuuniłhiñamiñ avilaitqatigiiñun savaqatigiiñun kiikaa qiñaaruanik kaŋiqsiḷḷuataġukługu taġium sikua allaŋŋuqsiiññaqtuami nunami atuqłutik nunaaqqim iñuŋiññik suli qimilġuurit iḷisimmataannik. Taimmasuli uuma makpiġaam avataagun, *Siku-Inuit-Hila* savaaq isagutisaaġvigigaat allat savaat qimilġuuniġit taġium sikuagun allani irrituruam nunaiññi aasii apiqqutit nuiruat savaqatiiksigun savaaġisukługi isummianiŋarut manniġuuruanun manianikkai savaaġiyumavlugit qimilġuuyumavlugit. Canada-ġmiullu Kalaałłiḷḷu iḷauŋaruat sivunniuganiŋarut iḷaanni uniaġaġłutik igḷuaniñ igḷuanugukłutik. Naaggaunnii tuvraqsaġlugu Kalaałłit Utqiaġvigñugniŋat qaŋasaaq uniaġaqłutik. Isumalaaġutiksrat iñugiaktut avanmun availaitqatigiiksitqammiŋaruani, sikumkii piyumiñaqtitpatigi…

# Aullaaqataqtuat

## Qaanaaq, Kalaałłit Nunaanni, Paniqsiqsiivik, 2007-mi

**Nunaaqqimi Aullarriŋit:** Mamarut Kristiansen, Toku Oshima, Qaerngaaq Nielsen (Savissivik)

**Iñupiani Iḷisimarit, Utqiaġvigmiut:** Warren Matumeak (Uvluaq), Joe Leavitt (Qaliaq), Nancy Leavitt (Qiġñagaaluk)

**Inuit Iḷisimarit, Kaŋiqługaapigmiut:** Ilkoo Angutikjuak, Joelie Sanguya, Igah Sanguya

**Qimilġuurit:** Yvon Csonka (Nuuk), Shari Gearheard (Kaŋiqługaapik/Boulder, Colorado, Lene Kielsen Holm (Nuuk), Andy Mahoney (Boulder, Colorado)

## Utqiaġvik, Alaska-mi, Umiaqqavigmiḷu Suvluġvigmiḷu 2007-mi

**Nunaaqqimi Aullarriŋit:** Tiġitquuraq, Uvluaq (Utqiaġvigñi 2007-mi aullarrik) Qaliaq, Qiġñagaaluk

**Inughuit Iḷisimarit, Qaanaaġmiut:** Qaerngaaq Nielsen (Savissivik), Mamarut Kristiansen, Toku Oshima

**Inuit Iḷisimarit, Kaŋiqługaapigmiut:** Ilgoo Angutikjuak, Joelie Sanguya, Igah Sanguya, Geela Tigullaraq

**Qimilġuurit:** Shari Gearheard (Kaŋiqługaapik/Boulder, Colorado), Henry Huntington (Eagle River, Alaska), Andy Mahoney (Boulder, Colorado)

## Kangiqtugaapigmi, Nunavut-mi, Umiaqqavigmi, 2008-mi

**Nunaaqqimi Aullarriŋit:** Ilkoo Angutikjuak, David Iqaqrialu, Laimikie Palluq, Jacopie Panipak, Joelie Sanguya, Igah Sanguya, Geela Tigullaraq

**Iñupiat Iḷisimarit, Utqiaġvigmiut:** Uvluaq, Qaliaq, Qiġñagaaluk

**Inughuit Iḷisimarit, Qaanaaġmiut:** Qaerngaaq Nielsen (Savissivik), Mamarut Kristiansen, Toku Oshima

**Qimilġuurit:** Yvon Csonka (Nuuk), Shari Gearheard (Kaŋiqługaapik/ Boulder,Colorado), Lene Kielsen Holm (Nuuk), Henry Huntington (Eagle River, Alaska), Andy Mahoney (Boulder, Colorado)

# Iḷisimarit savaqatigiikłutik kasimaraġaqtuat

## Qaanaami:

**Aullarri:** Toku Oshima
Mamarut Kristiansen
Qaerngaaq Nielsen (Savissivik)
Ilannguaq Qaerngaaq
Qaavigannguaq Qisuk
Ole Petersen
Qulutannguaq Jerimiassen
Uusaqqak Henson
Uusaqqak Qujaukitsoq
Taliilannguaq Peary
Otto Simigaq (Siorapaluk)

## Utqiaġvigñi:

**Aullarri:** Qaliaq
Qiġñagaaluk
Maaku
Uvluaq
Ugiaqtaq
Alivrun

## Kaŋiqługaapik:

**Aullarri:** Joelie Sanguya
Igah Sanguya
Ilkoo Angutikjuak
David Iqaqrialu
Laimikie Palluq
Jacopie Panipak

# Taiguaksrat Iḷisimavsaaġuktuni

Blackman, Margaret. 1992. Sadie Brower Neakok: An Iñupiaq Woman. University of Washington Press.

Bockstoce, John. 1995. Whales, Ice, and Men: The History of Whaling in the Western Arctic. University of Washington Press.

Brower, Charles. 1994. Fifty Years Below Zero: A Lifetime of Adventure in the Far North. University of Alaska Press.

Erlich, Gretel. 2010. In the Empire of Ice: Encounters in a Changing Landscape. National Geographic.

Krupnik I., Aporta C., Gearheard S., Laidler G., and Kielsen Holm, L. (editors). 2010. SIKU: Knowing Our Ice: Documenting Inuit Sea-Ice Knowledge and Use. Springer.

Malaurie, Jean. 2003. Ultima Thule: Explorers and Natives in the Polar North. W.W. Norton Press.

Malaurie, Jean. 2007. Hummocks: Journeys and Inquiries Among the Canadian Inuit. McGill Queens University Press.

McGhee, Robert. 2002. Ancient People of the Arctic. University of Washington Press.

McGhee, Robert. 2007. The Last Imaginary Place: A Human History of the Arctic World. University of Chicago Press.

Nuttall, Mark (ed.). 2007. Encyclopedia of the Arctic, Volumes 1-3. Taylor & Francis.

Wenzel, George. 1991. Animal Rights, Human Rights: Ecology, Economy, and Ideology in the Canadian Arctic. University of Toronto Press.

## Iḷisimavsaaġuktuni *Siku-Inuit-Hila* savaakun

Huntington, H.P., Gearheard, S., Mahoney, A., and Salomon, A.K. 2011. Integrating Traditional and Scientific Knowledge Through Collaborative Natural Science Field Research: Identifying Elements for Success. *Arctic* 64(4): 437-445.

Huntington, H.P. Gearheard, S., and Kielsen Holm, L. 2010. The Power of Multiple Perspectives: Behind the Scenes of the *Siku-Inuit-Hila* project. In: Krupnik, I., Aporta, C., Gearheard, S., Laidler, G.J., and Kielsen Holm, L., eds. SIKU: *Knowing Our Ice*. Dordrecht, Netherlands: Springer: 257-274.

Mahoney, A., Gearheard, S., Oshima, T., and Qillaq, T. 2009. Sea Ice Thickness Measurements from a Community-Based Observing Network. *Bulletin of the American Meteorological Society* 90: 370-377.

Mahoney, A., and Gearheard, S. 2008. *Handbook for Community-Based Sea Ice Monitoring*. NSIDC Special Report 14. National Snow and Ice Data Center, Boulder, CO. http://nsidc.org/pubs/special/nsidc_special_report_14.pdf

Kalaallit Nunaata Radioa (KNR) TV, 2007. Documentary film on the *Siku-Inuit-Hila* project, "Inuit Isaannit Silaannaq" (Greenlandic). http://www.knr.gl/kl/tv/15-05-2007-inuit-isaannit-silaannaq (last accessed February 3, 2013).

Sutiġun

## Nalunaiyaun Qiñiġaŋaruaniglu Qiñiġaaliuqtiniglu